一流本科专业一流本科课程建设系列教材

Python 人工智能应用与实践

主　编　沈建强
副主编　司呈勇　李　筠
参　编　周　颖　何　杰　齐　悦　泮海燕　王立奇

上海理工大学一流本科专业系列教材

机械工业出版社

本书在校企合作的基础上编写而成，在讲述人工智能理论的基础上突出工程应用性与实践性，选用了适用于人工智能项目研发的 Python 编程语言。第 1 章为人工智能导论。第 2 章介绍 Python 程序设计基础。第 3 章介绍 Numpy、Matplotlib 与 Pandas。第 4 章介绍 sklearn 及 Inforstack 免费网上机器学习组件功能。第 5 章介绍数据预处理。第 6 章与第 7 章分别介绍监督学习与非监督学习常用算法，并分别使用 Inforstack 学习平台建模和 Python 语言编程实现。第 8 章介绍语音交互、视觉处理与 OpenCV 图像处理。第 9 章介绍人工神经网络与深度学习及 Tensorflow、PyTorch 的应用。第 10 章为人工智能综合应用案例。

本书既可作为高等院校开设人工智能、大数据分析课程的教材，也适合 Python 学习者及人工智能、大数据分析技术人员作为学习或参考用书。

本书配套教学课件、习题答案和源代码。读者如需获取进一步的教学及技术支持可联系作者（电子邮箱与 Inforstack 网络学习平台入口见本书前言）。

图书在版编目（CIP）数据

Python 人工智能应用与实践 / 沈建强主编 . —北京：机械工业出版社，2023.10
一流本科专业一流本科课程建设系列教材
ISBN 978-7-111-74240-1

Ⅰ . ① P… Ⅱ . ①沈… Ⅲ . ①软件工具 – 程序设计 – 高等学校 – 教材
Ⅳ . ① TP311.561

中国国家版本馆 CIP 数据核字（2023）第 218482 号

机械工业出版社（北京市百万庄大街 22 号 邮政编码 100037）
策划编辑：王玉鑫 责任编辑：王玉鑫 赵晓峰
责任校对：梁 园 张 征 封面设计：王 旭
责任印制：李 昂
河北环京美印刷有限公司印刷
2024 年 1 月第 1 版第 1 次印刷
184mm×260mm · 18 印张 · 446 千字
标准书号：ISBN 978-7-111-74240-1
定价：59.00 元

电话服务 网络服务
客服电话：010-88361066 机 工 官 网：www.cmpbook.com
010-88379833 机 工 官 博：weibo.com/cmp1952
010-68326294 金 书 网：www.golden-book.com

机工教育服务网：www.cmpedu.com

前 言

本书是在与企业共建人工智能课程的基础上，校企合作编写而成，并获上海理工大学一流本科专业系列教材立项资助。全书突出人工智能企业应用与项目研发实例，强调工程应用性与实践性；提供入门门槛较低的机器学习、大数据分析在线实验平台，平台不仅可用于教学，也适用于企业轻松构建人工智能与大数据应用平台。本书推荐“树莓派 + 摄像头 + 小音箱 +USB 传声器”为硬件配置的人工智能实验套件，实验平台为实时处理视频、图像和语音交互提供了实验条件。本书在应用案例环节介绍中选用了性价比高的 Dobot Magician 作为实验用智能机械臂，让读者在实践中理解与掌握人工智能理论与技术的精髓。

本书第 1 章为人工智能导论，同时介绍了开放的 Inforstack 人工智能与大数据应用在线平台，及人工智能实验套件的构成。第 2 章介绍了 Python 程序设计基础。第 3 章介绍了科学计算、可视化与数据分析库 Numpy、Matplotlib 与 Pandas 的操作及使用。第 4 章介绍了机器学习与 sklearn 机器学习库，以及 Inforstack 机器学习组件的功能。第 5 章介绍了数据预处理。第 6 章与第 7 章分别介绍了监督学习与非监督学习算法及模型评价方法，并对应用案例分别用 Inforstack 平台建模分析和 Python 语言编程实现。第 8 章介绍语音交互、OpenCV 图像处理与视觉处理基础及应用。第 9 章先介绍了人工神经网络与深度学习基础知识，然后对 Tensorflow、PyTorch 及其应用做了简要介绍。第 10 章例举了四个人工智能综合应用案例，前两个案例介绍用 Inforstack 平台实现客户流失建模与评估和商品价格预测，应用案例三用 Python 语言实现基于深度学习的产品缺陷检测，应用案例四在介绍本书推荐的人工智能实验套件和 Dobot 机械臂的基础上，介绍了用 Python 语言实现的垃圾智能分拣系统。

上海理工大学的沈建强、司呈勇、李筠和周颖编写了第 2、3 章及第 1、4、8、9 章中的部分章节。泮海燕、何杰和齐悦编写了第 5 ～ 7 章及第 1、4、10 章中的部分章节。王立奇编写了第 8、9 章中大部分章节及第 1、10 章中的部分章节。本书由沈建强担任主编，上海仪酷智能科技有限公司与上海久湛信息科技有限公司的工程师参与了本书的编写工作，并提供了实验用在线学习平台与软硬件设备。施耐德电气的陈斌对本书的编写给予了大力支持，北京科技大学何杰教授对本书的编写提出了建设性的意见，云南大学的沈逸凡也为本书的编写做出了贡献，在此深表感谢。

本书配套教学课件、习题答案和源代码。读者如需获取进一步的教学及技术支持（包括配套教学用人工智能实验套件），可通过邮箱 usstshen@163.com 联系作者。与本书配套的 Inforstack 免费实验平台网址为 http：//web.inforstack.com：13100/work/flow（用户名：上理工 AI。密码：shangligong123!），网站首页配有平台使用的快速入门视频链接。

由于编者水平有限，若有疏漏或不当之处欢迎批评指正。

编 者

目 录

第 1 章 人工智能导论

本章介绍了人工智能技术的发展历程、人工智能的概念及发展方向，并推介了两款人工智能学习软硬件平台。

1.1 人工智能技术及其发展

1.1.1 人工智能技术的发展历程

1943 年麦卡洛克（Warren McCulloch）和皮茨（Walter Pitts）将神经元当作一种二值阈值逻辑元件，首先提出了人工神经元模型。1950 年，被称为人工智能之父的阿兰·麦席森·图灵（Alan Mathison Turing）发表论文《计算机器与智能》，为后来的人工智能科学提供了开创性的构思，提出著名的“图灵测试”理论：如果一台机器与人类进行非接触对话，在相当长时间内不能被辨别出其机器身份，那么称这台机器具有智能。1956 年 8 月，在美国达特茅斯学院举行了历史上第一次人工智能研讨会，会议主要发起人约翰·麦卡锡（John McCarthy）与马文·闵斯基（Marvin Minsky，人工智能与认知学专家）、克劳德·香农（Claude Shannon，信息论的创始人）、艾伦·纽厄尔（Allen Newell，计算机科学家）等科学家一起，讨论用机器来模仿人类学习以及其他方面智能的主题。会后，“Artificial Intelligence”（人工智能）这一概念被真正确定下来，1956 年也因此而被称为人工智能元年。此后，人工智能发展达到了第一个高潮，尤其在数学和自然语言上取得了一些突破性成果，直到 20 世纪 70 年代中期，因工程的复杂程度，以及当时的计算机性能与数据库的规模限制，人工智能技术的发展遭遇到了瓶颈。进入 20 世纪 80 年代，“专家系统”的出现及其在实际应用中创造出来的巨大商业价值，使其成为当时人工智能的主要研究与发展方向。20 世纪 80 年代末到 20 世纪 90 年代中期，随着人工智能应用规模的不断扩大，“专家系统”也逐渐显露出其维护费用高、应用领域狭窄、知识获取难、推理方法单一、缺乏分布式功能和数据库兼容等方面的局限性，导致人工智能技术的发展又一次进入了低潮期。2000 年以后，随着计算机性能的不断提升，以及互联网、大数据、云计算和神经网络等相关技术的飞速发展，促进了人工智能技术的实用化创新研究。图像分类、人脸识别、语音识别、人机对弈和无人驾驶等人工智能技术迎来爆发式增长的新高潮。进入 21 世纪，包括中国在内的世界上许多国家，已经把“人工智能”提升到国家科技战略发展地位。

1.1.2 人工智能技术简介

1. 人工智能的概念

人工智能（Artificial Intelligence，AI）是一门研究以计算机来模拟人的某些思维过程和智能行为（如学习、推理、思考和规划等）的学科。人工智能技术涉及计算机科学、心理学、哲学和语言学等多学科交叉融合，它通过揭示智能的实质，以制造出一种新的能以与人类智能相似的方式做出反应的智能机器。

近 30 年来人工智能技术获得了迅速的发展，在很多学科领域都获得了广泛应用，并取得了丰硕的成果。人工智能基于计算机科学、处于思维科学的技术应用层次，已逐步成为一个独立的分支，无论在理论和实践上都已自成体系。相关研究领域主要包括知识表示、自动推理和搜索方法、机器学习和知识获取、知识处理系统、自然语言理解、计算机视觉、智能机器人、自动程序设计等方面。

2. 人工智能的研究方向

人工智能领域的研究前沿正逐渐从搜索、知识和推理领域聚焦到机器学习、深度学习、计算机视觉和机器人等领域。人工智能技术目前的主要研究内容与方向涉及：

（1）机器学习

机器学习包含深度学习，是人工智能技术的核心。它是研究使机器具备与人一样的学习能力，借助计算机来模拟或实现人类的学习行为，以获取新的知识或技能，以及重新组织已有的知识结构，使之不断改善自身的性能。

（2）语音识别

语音识别是指识别语音，并将其转换成对应文本的技术。同时，文本转语音也是这一领域内另一研究方向。现代语音识别系统依赖于云，在离线时可能就无法取得较理想的效果。百度、科大讯飞等在语音识别方面都取得了比较突出的成果。

（3）计算机视觉

计算机视觉是指机器感知环境的能力。这一技术主要涉及图像生成、处理、提取、表示、识别和图像的三维推理等方面。物体检测和人脸识别是目前比较成功的研究方向。

（4）智能机器人技术

机器人学研究机器人的设计、制造、运作和应用，及其计算机控制、传感反馈和信息处理系统。机器人可以分成固定机器人和移动机器人两大类。固定机器人通常被用于工业生产，移动机器人主要有空中机器人、货运机器人、服务机器人和自动载具等。

（5）文本挖掘

文本挖掘主要是指文本分类，该技术可用于理解、组织和分类结构化或非结构化文本。其完成的主要任务有句法分析、情绪分析和垃圾信息检测。有歧义和偏差的数据是文本挖掘和分类领域的研究难点。

（6）机器翻译

机器翻译也称为自动翻译，是人工智能的重要方向之一。它是利用计算机将一种自然语言（源语言）的文本自动翻译成另一种语言（目标语言）。俚语、行话等内容以及医疗等专业领域的机器翻译会比较困难。

未来自动驾驶汽车等人工智能新技术的进一步发展与应用，还将依赖于包括物联网、云计算、边缘计算、大数据和人工神经网络等一系列技术的支撑。

3. 人工智能、机器学习与深度学习间的关系

人工智能是让机器模拟人类的思维模式，它是一个宽泛的概念；机器学习是人工智能核心组成部分，它提供了神经网络等很多算法模型作为实现人工智能的途径；深度学习是机器学习的一个重要的新分支，它专注于拥有众多层数（深度）的神经网络算法，不同

于机器学习能够适应各种数据量，深度学习需要大量数据，并配备具有强大运算能力的硬件才能突出其优势。

1.1.3 Python 语言与人工智能

Python 是人工智能领域中使用最广泛的编程语言之一，它与人工智能之间有着密不可分的关系。首先，Python 已成为人工智能应用与研发的首选编程语言，在人工智能领域被广泛应用的各种库及相关联的框架大多是以 Python 为主要语言开发出来的，如谷歌的 Tensorflow 大部分代码都是 Python。其次，Python 具有丰富和强大的免费安装的扩展库，包含对应人工智能、机器学习的不同功能与算法，还能够方便地使用 C 语言、C++ 语言等编写扩充模块，无缝地与数据结构和常用人工智能算法一起使用。以第 4 章介绍的 scikit-learn 机器学习库为例，使用 Python 编程、调试不仅开发效率高（或许几行代码就能解决问题），而且它还能提供其他计算机语言的应用程序设计接口（API）。此外，Python 还拥有强大而高效的科学计算、数据可视化和分析库，如 Numpy、Scipy、Pandas 和 Matplotlib 等。未来将是大数据、人工智能爆发的时代，大量数据的处理、分析正是 Python 的最大优势。最后，Python 还是一种简单易学、提供交互式编程环境的面向对象的程序设计语言。

1.2 教学实验平台推荐

1.2.1 Inforstack 大数据应用平台

Inforstack 大数据应用平台是一款集数据接入、数据处理、数据挖掘、数据可视化和数据应用于一体的软件产品，如图 1-1 所示。它秉持“智能、互动、增值”的设计理念，面向用户提供自助式数据探索与分析能力，帮助用户快速发现数据意义与价值。它集成了大量的分类、聚类、关联规则、时间序列预测和深度学习的分析挖掘算法。数据分析过程以工作流的形式进行处理，对数据的每一个操作都以节点形式来处理，每一种方法就是一个节点，同时可以利用平台提供的二次开发接口对节点进行扩充。对于数据分析和数据挖掘的结果，也提供了丰富的图形展现方式，并且可以将结果和对应的图形发布到网页上进行展示。

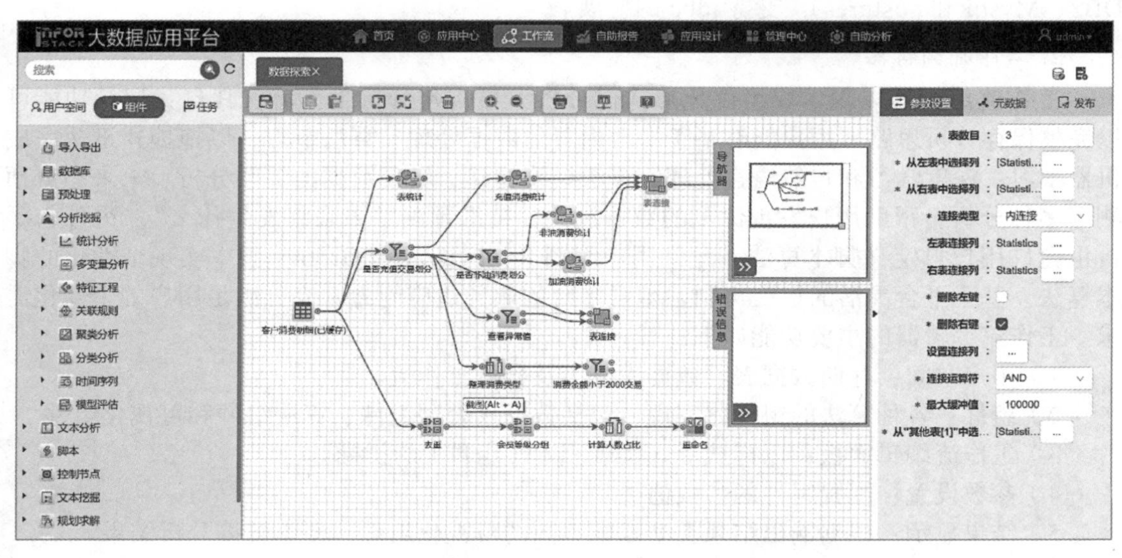

图 1-1 Inforstack 大数据应用平台

Inforstack 大数据应用平台主要功能由工作流编辑器、自助报告、应用设计、应用中心、用户门户和管理中心组成，各模块之间的关系如图 1-2 所示。

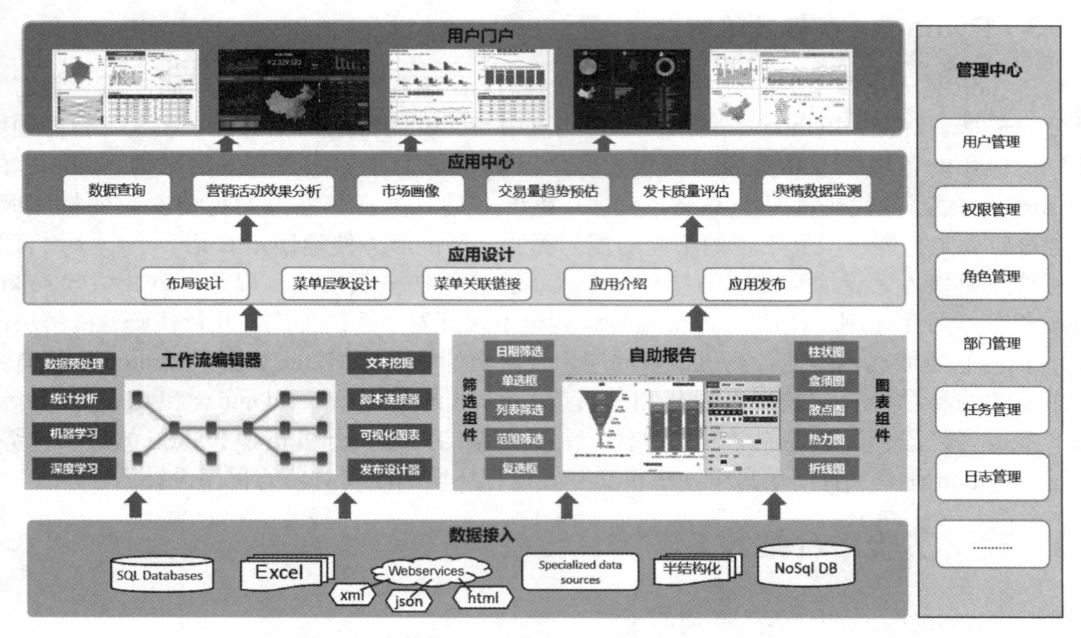

图 1-2　大数据应用平台各功能模块之间的关系图

1. 数据接入

Inforstack 大数据应用实验平台支持文件和数据库的数据接入。实际用户系统最常见的数据是保存在数据库中，并且在不断更新中，使用数据库数据来制作报表和构建分析模型，报表内容和分析结果会随着数据库的更新而更新。

1）文件类型：支持 Excel 文件和文本文件（txt、csv）。

2）数据库连接：支持各种主流数据库（如 hive、neo4j、elastic search、Oracle、DB2、Mysql 和 postgres），支持 jdbc 的扩展。

2. 工作流编辑器

工作流编辑器以积木式组件化形式供分析人员构建分析工作流，其自我记录功能可以完整保存分析思路。用户能够基于平台内置的数据处理、算法节点，以拖拽式迅速完成机器学习、深度学习和自然语言处理等算法模型构建，实现数据的关联分析、未来趋势预测等多种分析，帮助用户发现深刻的数据洞察，精准预测“未来将发生什么”。另外，平台也允许用户自定义脚本算法，允许用户编制 R、Python 和 Groovy 脚本实现个性化的脚本算法。基于平台灵活的扩展机制，增强平台的业务适应能力，充分满足用户的个性化需求。工作流编辑器的主要功能如下：

1）用户空间：存储数据表、数据库标签及分析工作流。

2）组件：各种算法的组件化实现，包括数据预处理组件、算法组件和可视化组件。

3）工作流编辑面板：以拖拽形式实现积木（组件）的拼插。

4）参数设置：配置组件的参数值。

5）结果显示：根据输出结果类型匹配不同的可视化组件，便于解读分析结果。

6）发布：数据分析工程可以发布供其他人员使用的输入、分析参数及结果。

整个分析流程设计基于拖拽式节点操作、连线式流程串接和指导式参数配置，用户可以通过简单拖拽、配置的方式快速完成挖掘分析流程构建。

产品组件主要包含如下模块：

1）基本组件：允许用户从文件和数据库资源（文本、Excel、Oracle 和 DB2 等）中导入和集成数据，对数据进行各项操作（删除 / 生成变量、过滤、合并和转换格式等），提供数据可视化功能（柱状图、饼图、散点图、箱图和热图等）。

2）分析组件：提供丰富的统计分析（t 检验、方差检验和相关性分析等）和数据挖掘（关联分析、分类、回归、聚类、时间序列和深度学习等）功能。多种模型的可视化功能（双曲线树、关联规则图和分群视图等）可以帮助决策者更直观地理解生成的模型，做出可执行的决策方法。

3）高级分析组件：提供了分类 / 聚类工作室、交互式决策树分析等功能，用于提高分析人员的工作绩效。Inforstack 还提供了分析应用接口，用户可以集成使用原先使用的第三方工具（R/Python）实现的功能。

4）数据库组件：使用数据库组件，用户能够方便灵活地使用 Oracle、MySql 等本身功能强大的数据库内部数据处理和数据挖掘工具，保证了分析的高效和数据的安全。

3. 自助报告

自助报告是所见即所得的仪表盘设计工具，包含丰富的交互控件和图表组件，提供拖拽式的操作，让用户能够随时更改观察数据的维度、指标，将数据以丰富的图表方式，进行迅速、直观的表达，同时借助联动、钻取和链接等交互操作，发现数据内部的细节规律，让用户能够在操作交互过程中与数据进行直接、实时的对话，探索潜藏的数据规律，深度诠释“过去发生了什么？为什么会发生?”，自助报告主要功能如下：

1）交互控件：提供丰富的控件供选择，如列表框、下拉框、选择框、单选框和日期控件等。

2）图形控件：丰富的控件可供选择，如普通表、统计表、交叉表、柱状图、组合图、饼图、折线图和热图等。

3）布局面板：定义筛选参数和结果展示的布局面板，可以自由拼接布局。

4）自动聚合：提供了平均值、最大值、最小值、总计和计数等聚合方式。

5）报告设置：丰富的主题可供选择。

6）编辑 / 预览：编辑模式编辑应用页面，预览模式预览页面效果。

4. 应用设计

应用设计可以方便快捷地将分析成果组合拼装为一个数字化应用产品，并发布到应用中心，业务人员可以按需申请使用，主要功能如下：

1）应用布局：支持双导航、顶部导航和左导航三种模式。

2）菜单设置：树形层次结构，快速定义应用菜单项。

3）关联内容：将自助报告和工作流服务与菜单关联起来。

4）发布：将设计好的数字化应用发布到企业应用中心，业务人员按需申请使用。

5. 应用中心

应用中心类似于手机 App 商店，汇聚企业内所有的分析应用产品，通过浏览应用的详细信息，用户可以根据需要获取下载到用户门户使用。

6. 用户门户

用户自定义的分析工作桌面，排放用户下载的分析应用，单击应用即可打开，查看报表内容及分析结果。

7. 管理中心

管理中心提供基于实际管理的组织架构、人员和角色等定制维护，提供全方位的管理功能，主要功能如下：

1）系统管理：用户及权限的创建、编辑和删除等操作。

2）计划任务管理：计划任务的调度管理。

3）任务管理：任务不同状态的查询和管理。

1.2.2 语音与视觉智能实验套件简介

1. 语音与视觉智能实验套件硬件组成

套件包括树莓派（已烧录语音与视觉智能镜像的核心主控板）、电源适配器（给主板供电）、USB 转 Type-C 电源线、可伸缩网线（为整个套件配置网络）、USB 声卡（用于连接音箱和传声器）、小音箱（将音频信号变换为声音）、传声器（声音录入）和摄像头（用于图像识别等的使用）。以上配件均为一件。

2. 套件开箱配置

（1）软、硬件环境的搭建

硬件准备：一台计算机，一套人工智能创新套件，2.4G WiFi 或者热点。

软件准备：该套件整个使用过程无须下载本地版软件，可直接线上操作使用。建议使用谷歌或火狐浏览器，用于登录到可视化编程界面 AIBlockly 上，如果计算机还未安装，先在计算机上下载安装浏览器。

（2）套件组装

1）取出主板，确认插好 SD 卡。

2）将小音箱插入主板的 3.5mm 音频接口，打开音箱开关。

3）连接 USB 声卡到主板的 USB 接口。

4）将传声器插入 USB 声卡的 mic 接口。

5）连接电源适配器，电源接口为主板上的 Type-C 口，先不用通电。

图 1-3 为套件组装。

3. 套件基本使用

（1）开机

1）将组装好的智能创新套件接通电源，等待开机。

2）树莓派灯亮的时候表示智能创新套件成功开机，如图 1-4 所示。

3）开机之后要等待大概 10s，小音箱会播报 IP 地址（若未播报 IP，先查看网络配置进行网络配置），记录此 IP。

注意： 确保小音箱蓝灯亮起（小音箱一定要插到底），如果蓝灯无法点亮，先给小音箱充电。

（2）登录 AIBlockly

1）确保当前正在使用的计算机与智能创新套件连接到了同一网络。

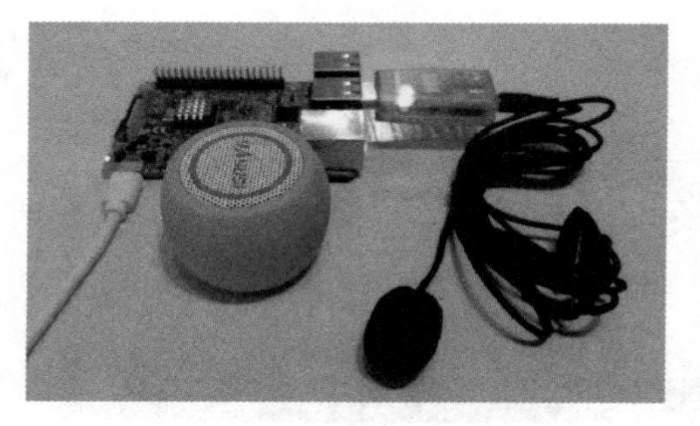

图 1-3　套件组装图

图 1-4　成功开机示意图

2）打开浏览器，在浏览器地址栏中输入小音箱播报的 IP 地址，按 <Enter> 键，进入可视化编程界面，如图 1-5 所示。

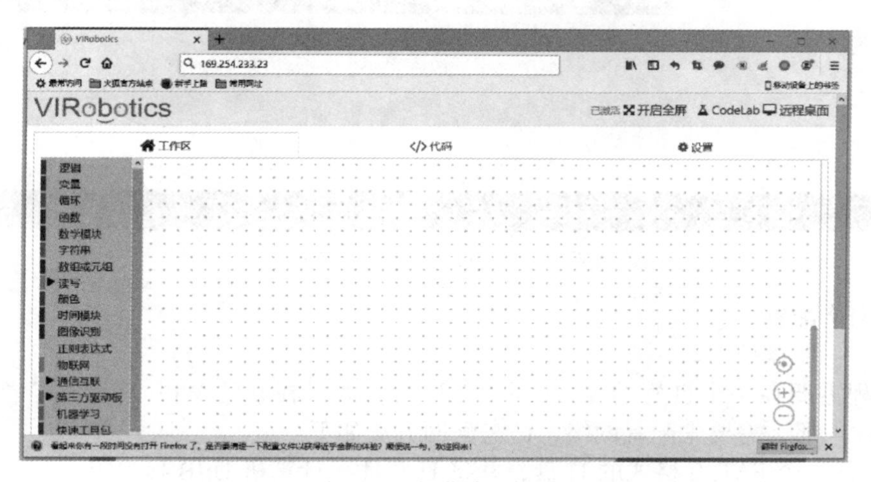

图 1-5　可视化编程界面

（3）关机与重启

1）从浏览器输入 IP 地址进入 AIBlockly 页面，单击“设置”选项卡，如图 1-6 所示。

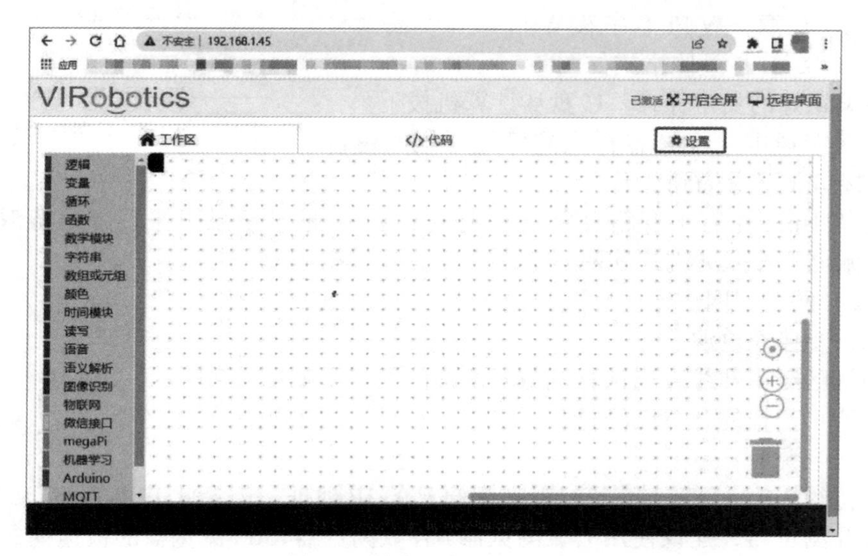

图 1-6　单击“设置”选项卡

2）可以看到控制中有关机和重启按钮，按需选择操作即可，管理页面如图 1-7 所示。

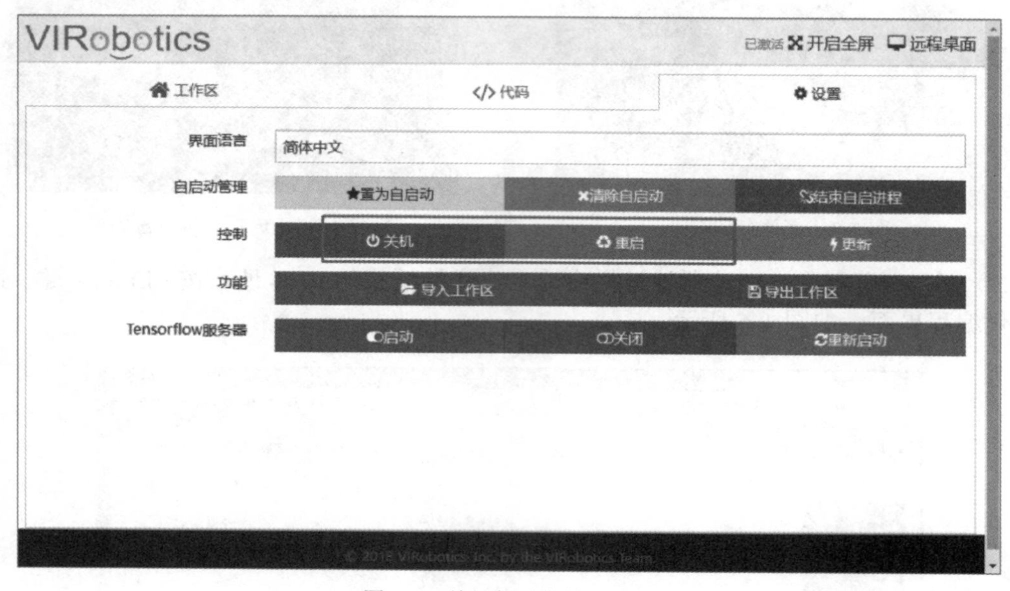

图 1-7 关机与重启管理页面

（4）网络配置

方法一：U 盘配网。

该过程需要在一个良好的 WiFi 环境下进行。如果在新的 WiFi 环境下，首次使用人工智能套件，那么需要先配置网络，U 盘配网方法如下：

1）准备一个 FAT32 格式的 U 盘，并将 U 盘插入计算机 USB 接口上。

2）在 U 盘根目录中新建一个名字为“wifi”的 txt 文本文件（文件名固定，不可更改）。

3）文本文件中新建内容：文本第一行内容为此时计算机实际连接的 WiFi 名字。文本第二行内容为 WiFi 的密码（**注意**：*WiFi 名字及 WiFi 密码都要顶格写，不要留有空格*），具体格式如图 1-8 所示。

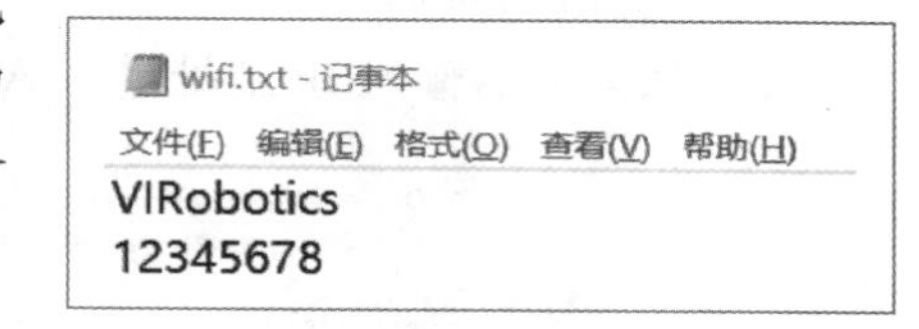

图 1-8 U 盘配网格式

4）将编辑好的文本保存，U 盘从计算机拔下。

5）树莓派通电，将 U 盘插入到已经开机的树莓派的 USB 接口（确保插到底）。

6）等待 1min 左右小音箱会播报 IP 地址，将 IP 地址记录下来，则树莓派配网成功（其他树莓派也可按照此方式配网）。

方法二：网线配网。

1）先不要接通电源。

2）确认已经用网线直连计算机与开发板的网口，如图 1-9 所示。

3）确认小音箱的开关已经打开。

4）接通电源。

5）等待约 30s，会听到音箱自动播报自己的 IP 地址，记录此 IP 地址。

6）打开浏览器，建议使用火狐浏览器 / 谷歌浏览器 /360 浏览器的极速模式。

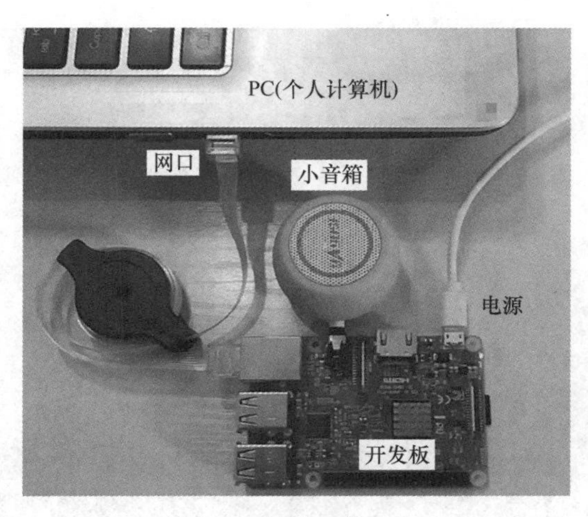

图 1-9　网线直连计算机与开发板的网口

7）在浏览器中输入树莓派播报的完整 IP 地址，按 <Enter> 键，进入网页。

8）进入 AIBlockly 操作界面，单击“远程桌面”。

9）进入远程桌面界面，如图 1-10 所示，单击“链接”按钮。

10）输入密码：raspberry。

11）进入桌面，单击框内的图标，如图 1-11 所示。找到计算机连接的 WiFi（如本机连接的是名字为 HONOR 20 的 WiFi），单击输入密码，单击“确定”按钮。

图 1-10　远程桌面界面

12）至此，可以拔掉网线，开发板已经被配置到 WiFi 上了，只要 PC 也连在同一个 WiFi（局域网），就可以通过这个新播报的 IP 地址来登录，不必再借助网线直连。

13）连接成功后断开开发板电源，重新启动即可。

方法三：另一种网线配网。

1）先不要接通电源。

2）确认已经用网线直连计算机与开发板的网口，如图 1-9 所示。

3）确认小音箱的开关已经打开。

4）接通电源。

5）等待约 30s，会听到音箱自动播报自己的 IP 地址，记录此 IP 地址。

6）Windows 系统运行 PuTTY Configuration，填写播报的 IP 地址，如图 1-12 所示，端口 22，选择“SSH”模式，单击“Open”按钮。

7）在终端窗口登录。用户名：pi。密码：raspberry（输入密码时，不显示密码字符）。

MAC 系统的等效方法：打开终端，执行命令 ssh pi@xxx.xxx.xxx.xxx（@ 后面是刚才的 IP 地址），然后输入密码 raspberry 登录系统。

8）执行命令：sudo raspi-config。

9）依次选择 System Options → Wireless LAN，填写 WiFi 的 SSID 与密码，完成后单击“Finish”按钮。

图 1-11　单击框内图标

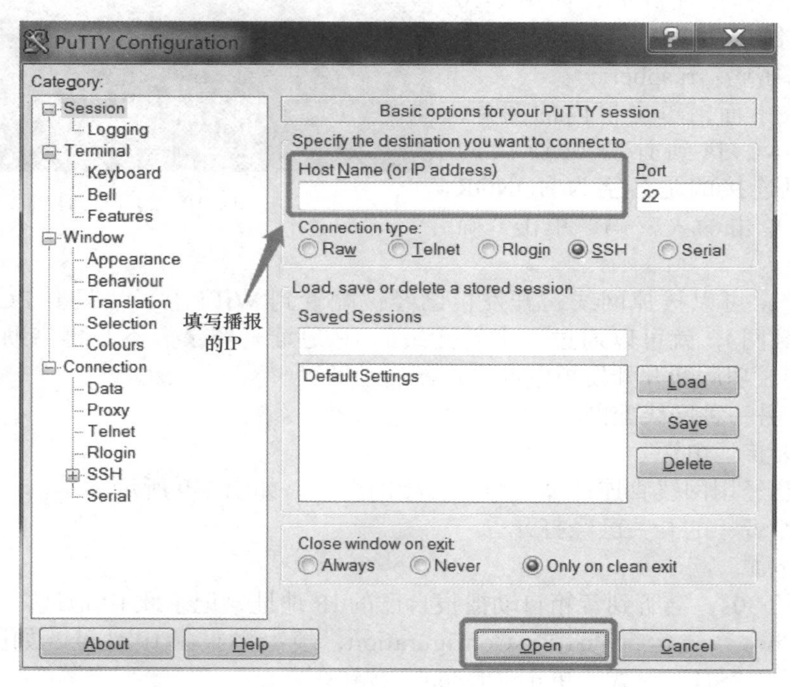

图 1-12　填写播报的 IP 地址

10）执行重启命令：sudo reboot。

11）重启之后，将播报无线网卡 IP 地址。

注意：只要 PC 也连在同一个 WiFi（局域网），就可以通过这个新播报的 IP 地址登录，不必再借助网线直连。

4. 文件传输与编程

（1）FTP 文件服务终端

借助 FileZilla 等 FTP 工具，可以实现开发板与 PC 之间的快速文件传输。

1）打开 FileZilla，页面如图 1-13 所示，主机填写开发板的 IP 地址。用户名：pi。密码：raspberry。端口 22。单击“快速连接”按钮。

2）本地站点是 PC 的文件系统，远程站点是开发板的文件系统。通过双击、拖拽等操作，就可以实现两端的文件传输。

（2）远程桌面登录与编程

1）打开 PC 上的浏览器，地址栏输入开发板的 IP 地址。

2）单击右上角的“远程桌面”。

3）输入密码 raspberry 登录（上述网页同时也是智能音箱的 AIBlockly 编程环境）。

4）登录后，就可以在开发板系统的图形化桌面上进行各种更加直观、便捷的开发操作。

图 1-13　FileZilla 页面

习　题

1-1　什么是人工智能？

1-2　人工智能的主要发展方向有哪些？

第 2 章

Python 程序设计基础

本章较全面地介绍了 Python 程序设计语言的基础语法、程序的控制结构、内置函数、常用模块的导入与调用，数值、字符串、列表、元组、字典与集合数据类型，函数、模块及包、面向对象的编程、程序异常处理、Tkinter 用户界面设计、文件与数据库操作等内容。

2.1 基础语法

2.1.1 Python 语言概述

1989 年荷兰人 Guido von Rossum 以实现一种易学易用、可拓展的通用程序设计语言为出发点，设计了 Python 语言的编译 / 解释器。1991 年第一个用 C 语言实现的 Python 编译器 / 解释器公开发行。2000 年发布的 Python 2.0 增加了许多新的语言特性，2008 年又发布了不完全兼容此前的 2.0 版的 Python 3.0。

Python 语言具有以下主要特点：

1）Python 是一种面向对象、解释型程序设计语言。语法简洁、清晰，比较容易学习和掌握。

2）Python 作为高级程序设计语言隐藏了许多机器层面上的实现细节。程序员可专注程序的逻辑，而不是具体的机器实现细节。

3）Python 语言具有开源、免费的特征。用户可自由下载、发布软件复制，可自由阅读、使用和改动源代码。

4）Python 程序具有良好的跨平台、易于移植的特性。可运行于 Windows、Linux 和安卓等许多操作系统平台。

5）拥有丰富和强大的库，具有良好的可扩展性。大量实用且高质量的扩展库可供用户直接调用，因此常被称为胶水语言。

2.1.2 Python 语言安装与配置

IDLE 是集成于 Python 的简洁开发环境，用户可从 https：//www.python.org/downloads/ 网站选择适合于不同操作系统的安装文件，并下载相应版本的 Python 安装程序和帮助文件等。如选择 64 位 Windows 操作系统，可下载名为 python–3.7.0–amd64.exe 的文件。整个安装及配置步骤如下：

1）双击安装程序 python–3.7.0–amd64.exe，出现如图 2-1 所示 Python 安装界面。

2）勾选“Add Python 3.7 to PATH”复选框，单击“Customize installation”（如图 2-1 所示）。

3）勾选“pip”复选框，然后单击“Next”按钮，Python 安装选项如图 2-2 所示。

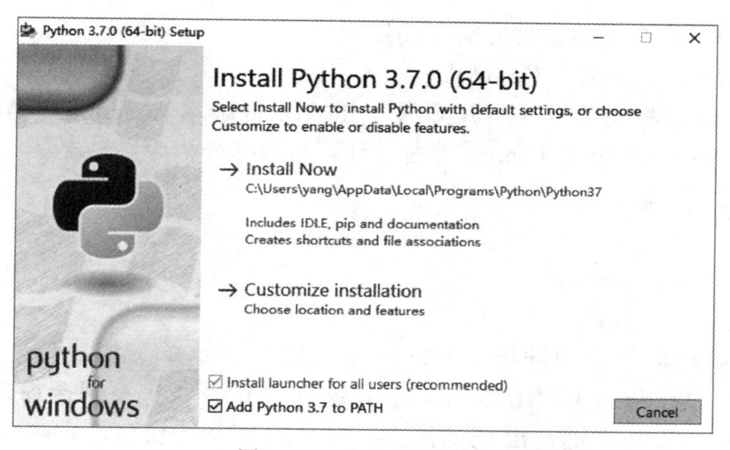

图 2-1　Python 安装界面

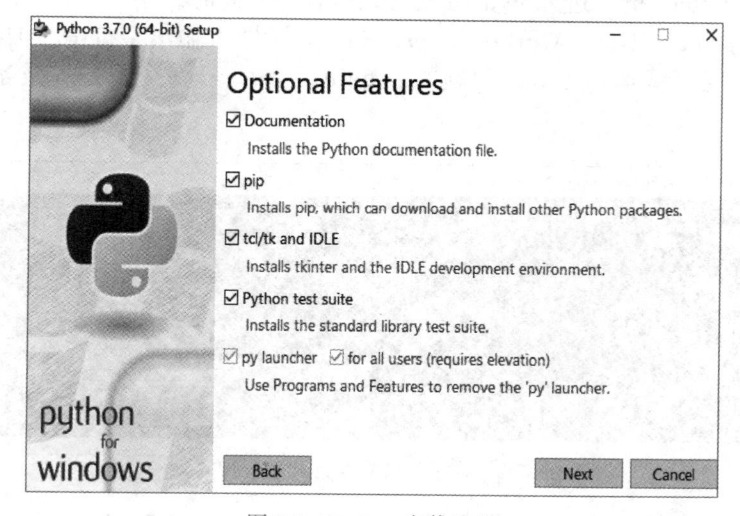

图 2-2　Python 安装选项

4）勾选“Add Python to environment variables”复选框，并选择 Python 的安装路径，然后单击“Install”按钮，Python 安装高级选项如图 2-3 所示。

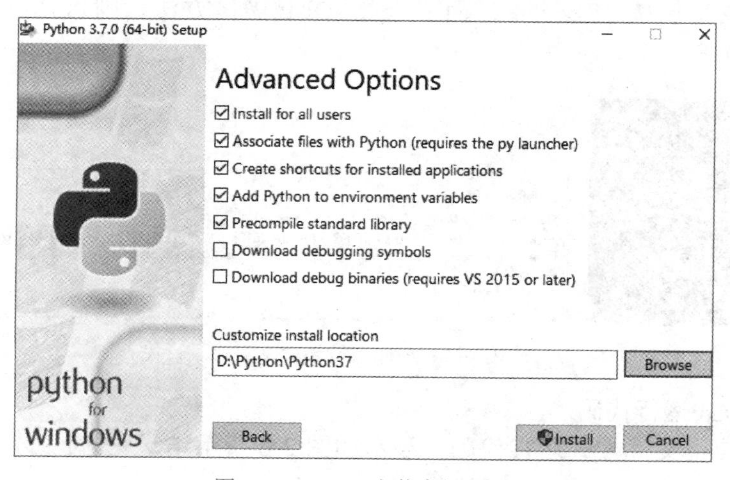

图 2-3　Python 安装高级选项

5）等待安装结束后，将出现安装成功提示。

6）单击“Close”按钮，安装结束。

在本书的第 3 章将安装、使用开源的 Python 发行版本 Anaconda，Anaconda 集成了 Numpy、Scipy、Matplotlib 及 Pandas 等科学计算与数据分析库。

2.1.3 Python 基础语法

1. 运行第一个 Python 程序

（1）交互方式运行代码

在 Windows 开始菜单中选择“Windows 系统”子菜单下的“命令提示符”选项，或同时按 <Win（Windows 标志键）+R> 组合键可打开命令行控制台窗口，在窗口中输入“CMD”后按 <Enter> 键，出现如图 2-4 所示的命令行窗口。在命令行窗口中输入“python”后按 <Enter> 键，进入 Python 交互式解释器。此时，用户可在提示符“>>>”后面输入命令行：print（"Hello World!"），按 <Enter> 键即可输出字符串“Hello World！”。若要退出 Python 交互式运行方式，可输入“quit()”命令，命令行方式交互式运行代码如图 2-4 所示。

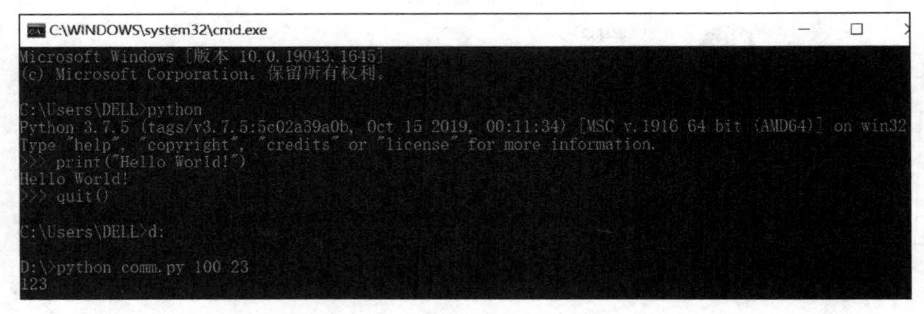

图 2-4 命令行方式交互式运行代码

选择开始菜单下的 Python 子菜单中的“IDLE（Python 3.7 64–bit)”选项也可进入交互式 Python 解释器，使用 IDLE 集成开发环境交互式运行代码如图 2-5 所示。启动 IDLE 集成开发环境后，如需查阅 Python 技术帮助文档可选择 IDLE 的 Help 菜单中的“Python Docs”选项（或直接按 <F1> 键）；而要查阅 IDLE 操作方法，则可选择 Help 菜单中的“IDLE Help”选项。

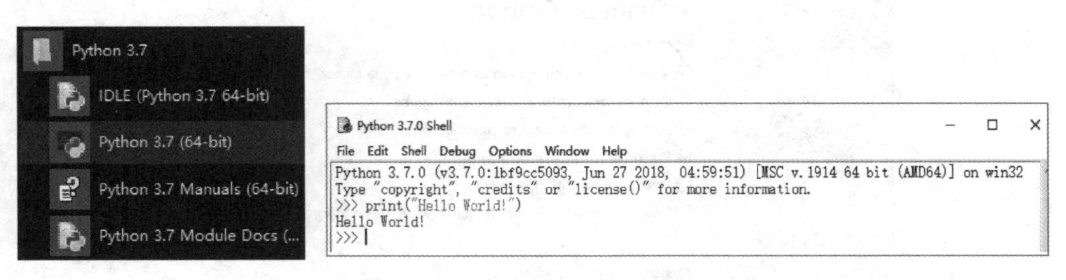

图 2-5 使用 IDLE 集成开发环境交互式运行代码

（2）文件方式运行代码

【例 2-1】使用文件方式运行代码，显示如图 2-6 所示结果（注：“#”之后的内容为本行代码的注释）。

图 2-6　使用文件方式运行代码显示结果

操作步骤如下：

1）启动 IDLE 集成开发环境后，选择“File”菜单中的“New File”命令打开编辑窗口。

2）在编辑窗口中输入如下程序代码：

```
from tkinter import *                # 导入 tkinter 模块用于设计界面
win = Tk()                           # 创建窗体对象
win.geometry("400x300")              # 创建窗体对象大小：宽 x 高（中间是字母 x）
win.title("我的窗口")                 # 设置窗口标题，字符串使用双引号与单引号都可以在横坐标
                                     #x=200，纵坐标 y=10 位置的 Label 组件中显示文字（窗口左
                                     # 上角为坐标原点）
lab1 = Label(win,text = '上海理工大学中德国际学院欢迎您').place(x=120,y=10)
bm = PhotoImage(file = 'SHC1.png')# 显示的图像文件与 Python 源程序在同一目录下
lab2 = Label(win,image = bm)         # 在创建标签对象 lab2 中显示图像
lab2.place(x=20,y=50)                # 定位 lab2 标签对象左上角坐标点为 (20, 50)
win.mainloop()                       # 程序结束语句，循环执行并进入等待和处理事件状态
```

3）代码输入完成后单击“File”菜单中“Save As”命令，选择文件保存盘符、路径，并输入文件名（默认扩展名为 .py），再确认保存文件代码。

4）按 <F5> 键或选择“Run”菜单中的“Run Module”命令可运行程序，并得到如图 2-6 所示的使用文件方式运行代码显示结果。

（3）带命令行参数方式交互运行代码

1）使用 IDLE 集成开发环境创建 D：\comm.py 源程序文件，实现求两个命令行参数的整数和功能，文件输入代码如下：

```
import sys                                   # 导入 sys 模块
print(int(sys.argv[1])+int(sys.argv[2]))     # 命令行第 1 和第 2 参数由字符串类型转换为整
                                             # 型数
```

2）在如图 2-4 所示界面中输入 D：<Enter>，然后输入 D：\>python comm.py 100 23< Enter >。

sys.argv[0] 将接受文件名 "comm.py"，第 1 参数 sys.argv[1] 和第 2 参数 sys.argv[2] 分别接受字符串 "100" 和 "23"，传入程序的两个字符串型参数均被 int() 函数转换成整型

数，然后相加输出的和为 123。注意如参数不被转换成整型数而直接相加，则输出结果为 "10023"（加引号的字符串相加完成的操作是将两个字符串进行连接）。

2. 程序的输入与输出

（1）print() 输出函数

print（ ）函数的格式：print（*objects, sep=' ', end='\n', file=sys.stdout）。

参数说明：objects 可以是任何类型的对象，符号 * 表示数量不确定（允许同时输出多个对象值），多对象间用逗号分隔；sep 决定多个输出对象值之间的分隔符，默认是空格；end 指定输出的结尾符，默认是换行符 '\n'；file 表示输出的目标位置，可输出到文件，默认值是 sys.stdout（标准输出：显示屏）。

【例 2-2】使用 print() 输出函数示例。

```
print('1','+','2','=',3)
print('hello','world')                    # 一次输出多个对象，中间默认用空格隔开
print('hello','world',sep='!')            # 一次输出多个对象，中间用指定的“！”隔开
print("My name is")                       # 默认以换行符结尾
print("Mary.")
print("My name is",end=' ')               # 以空格作为一行结尾（即不换行）
print("Mary.")
```

运行输出：

```
1 + 2 = 3
hello world
hello!world
My name is
Mary.
My name is Mary.
```

（2）input() 输入函数

该函数返回字符串类型，格式：变量 =input（' 提示信息 '）。

如提示信息缺省，则不显示提示信息。键盘输入数据再按 <Enter> 键后，输入数据将作为一个字符串返回（忽略换行符），并将返回结果赋给变量。如需输入整数或实数，则要使用 int() 或 float() 函数进行数据类型转换，还可用 eval() 函数计算输入字符串所表示的表达式的值。

【例 2-3】使用 input() 函数输入数据示例。

```
''' 用连续三个单引号或连续三个双引号可包括多行注释，本行及以下 2 行均为注释
a=(input(" 请输入整数值：")) 的功能是输入字符串到变量 a，提示信息用双或单引号均可
print('a=',a+1)：在 Python 中字符串型数加整数值将出错 '''   # 本行注释结束
a=int(input(" 请输入一个整数到 a：")) 
print('a=',a)
b=float(input(" 请输入一个带小数的浮点数到 b：")) 
print('b=',b)
print('a+b=',a+b)                         # 整数可与浮点数相加，结果为浮点数
c=eval(input(" 请输入一个整数到 c：")) 
print('c=',c)
print('c 的数据类型：',type(c))            #type() 函数显示变量的数据类型
d=eval(input(" 请输入一个浮点数到 d：")) 
print('d=',d)
```

```
print('d 的数据类型：',type(d))
e=eval(input(" 请输入表达式值（例如输入 10-25）："))
print(' 表达式值 =',e)
```

运行输出：

```
请输入一个整数到 a：12<Enter>
a= 12
请输入一个带小数的浮点数到 b：3.14< Enter >
b= 3.14
a+b= 15.14
请输入一个整数到 c：34< Enter >
c= 34
c 的数据类型：<class 'int'>
请输入一个浮点数到 d：34.55< Enter >
d= 34.55
d 的数据类型：<class 'float'>
请输入表达式值（例如输入 10-25）：10-25< Enter >
表达式值 = -15
```


3. 标识符的命名规则

1）文件名、类名、模块名、变量名及函数名等标识符的第一个字符必须是字母或下划线 '_'。

2）标识符的其他的部分可由字母、数字和下划线组成，且区分大小写。

3）标识符不能使用关键字（构成计算机语言保留字的专用标识符）。例如：Abc、id_12、_123 等都是合法标识符，3abc（数字开头）、hello&world（中间用非法字符）、if（关键字）等则均为非法标识符。

4. 数值类型

Python 定义了 Number（数字）、String（字符串）、List（列表）、Tuple（元组）、Sets（集合）和 Dictionary（字典）共 6 种标准数据类型。这里先介绍数字和字符串类型及其运算。

（1）数字类型及运算

1）整型（int）：不带小数点的正或负整数类型。

2）浮点型（float）：带小数点的实数类型，浮点型也可用科学计数法表示（如 1.56e4 就是 $1.56 \times 10^4 = 15600$）。

3）复数（complex）类型：复数由实数部分和虚数部分构成，可用 a + bj 或 complex（a，b）表示，虚部以字母 j 或 J 结尾（例如：3+6j）。

4）布尔值（bool）类型：只有两个取值 “True” 和 “False”，表示逻辑 “真” “假” 的类型（例如：3>5 结果为 False，3>=3 结果为 True）。当布尔值与数值类型做数值运算时 True 表示 1、False 表示 0（例如：True+1 的结果为 2）。

注意： Python 属动态语言，给变量赋值无须先声明类型。例如：执行 x=1 后 x 为整型变量，再执行 x=1.2 后 x 就变为浮点型变量了。此外，Python3 未保留长整型（long）。

1）算术、关系运算符。表 2-1 为常用算术、关系运算符列表。其中，关系运算的运算结果为布尔值。

表 2-1　算术、关系运算符列表

算术运算符	运算名称	举例	关系运算符	运算名称	举例
+	加法	12+3 结果为 15	<	小于	12<3 运算结果为 False
–	减法	12–3 结果为 9	>	大于	12>6>3 结果为 True
*	乘法	2*3 结果为 6	<=	小于或等于	12<=3 结果为 False
/	除法	13/5 结果为 2.6	>=	大于或等于	12>=12 结果为 True
//	整除	13//5 结果为 2	==	等于	3==5 运算结果为 False
%	取余数	13%5 结果为 3	!=	不等于	a=3 ； b=–5 a!=b 运算结果为 True
**	乘方	2**3 结果为 8			

2）逻辑运算符。表 2-2 为常用逻辑运算符列表。表中，0 为 False，非零数为 True。

表 2-2　逻辑运算符列表

逻辑运算符	运算名称	功能说明	举例（一行输入多条语句用“;”分隔）
and	逻辑与	二元运算符，2 个操作数有假出假	a= False；b= True；a and b 返回结果 False a = 2；b= True；a and b 返回结果 True
or	逻辑或	二元运算符，2 个操作数有真出真	a = False；b = True；a or b 返回结果 True a = False；b = False；0 or b or a 返回 False
not	逻辑非	一元运算符（只有 1 个操作数），真、假取反操作	a = True；not a 返回结果 False a=0；not a 返回结果 True

3）位运算符。位运算符是对操作数按其二进制形式逐位进行运算，表 2-3 为位运算符列表。

表 2-3　位运算符列表

<table>
<tr><th>位运算符</th><th>运算名称</th><th>功能说明</th><th>举例</th></tr>
<tr><td>&</td><td>位与</td><td>对应位按位“与”运算，有 0 出 0</td><td>a=9 ； b=3 ； a & b 返回结果 1（对应二进制运算：1001 & 0011=0001）</td></tr>
<tr><td>|</td><td>位或</td><td>对应位按位“或”运算，有 1 出 1</td><td>a=9 ； b=3 ； a | b 返回结果 11（对应二进制运算：1001 | 0011=1011）</td></tr>
<tr><td>~</td><td>位非</td><td>二进制按位取“反”操作</td><td>a = 3 ； ~a 返回结果 –4（3 对应二进制数按位取反，包括最高位符号位变 1，补码为 –4）</td></tr>
<tr><td>^</td><td>位异或</td><td>二进制对应位“不同”取 1，相同取 0</td><td>a=9；b=3；a ^ b 返回结果 10（对应二进制运算：01001 ^ 00011=01010）</td></tr>
</table>

此外，还有位左移 a<< n（将 a 中的二进制数依次左移 n 位，最低位补 0），位右移 a>>n（将 a 中的二进制数依次右移 n 位，移出位丢失，最高位补符号位）。

4）表达式与运算符优先级。表达式其实就是一个或多个运算的组合，在一个表达式中出现多种运算时，按照运算符优先级顺序进行表达式运算。一般而言，运算符的优先级从高到低顺序如下：乘方→乘、除、取余、整除→加、减→关系运算符→逻辑运算符。括号内的运算符具有最高优先级，因此可以通过加括号改变运算顺序；关系运算符中大于（大于或等于）及小于（小于或等于）优先级高于等于和不等于；逻辑运算符中逻辑非优先级高于逻辑与运算，逻辑与优先级又高于逻辑或运算。此外，同优先级运算按照从左到右次序，多层括号则由里层向外层运算。

（2）字符串类型及操作

用一对单引号或双引号括起来的字符序列称为字符串（string）。例如 'abc_123'、"256.8"、" 你好 " 都是字符串。字符串与后面章节介绍的列表和元组类型同属序列类型。为便于比较学习，对相似的运算与操作函数将在序列类型公共操作章节中一并介绍。

1）字符串常用方法。Python 是面向对象的程序设计语言（有关“面向对象”的概念可参见本书 2.6.1 节）。字符串类型定义了一些方法（操作），可以通过以下格式调用字符串对象的方法，实现对字符串对象的相关操作：字符串类型对象 . 方法 ()。

表 2-4 为字符串对象的常用方法，其他字符串方法将在后面章节介绍。

表 2-4　字符串对象的常用方法

方法	功能	举例
find()	返回子串在原字符串中首次出现的位置，如没找到子串，则返回 –1	s ="Python programming language is one of object-oriented programming languages"；s.find（'programming'）返回 7（第 1 个字符位置为 0）
lower()	将字符串中所有的大写字母转换为小写字母	s1= "PythonABC"; s2 = s1.lower() 返回新字符串 s2 的值为 'pythonabc'，s1 字符串的值保持不变
upper()	将字符串中所有的小写字母转换为大写字母	s1= "PythonABC"；s2 = s. upper() 返回新字符串 s2 的值为 "PYTHONABC"，s1 字符串的值保持不变
strip()	删除字符串首尾两端的指定字符（默认为空格）	s1="***Python***"; s2=s1.strip('*') 返回新字符串 s2 的值为 'Python'，s1 字符串的值保持不变

2）转义字符与字符串格式符。转义字符以“\”开头，后接某些特定的字符或数字。Python 中常用的转义字符及含义见表 2-5。

注意：当“\”被用在行尾时被视为续行符，表示下一行将继续输入本行未输完的代码。

表 2-5　常用转义字符及含义

转义字符	含义	转义字符	含义	转义字符	含义
\b	退格符	\n	换行符	\f	换页符
\\	一个反斜杠 \	\r	Enter	\ooo	3 位八进制数对应的字符
\'	单引号 '	\t	水平制表符	\xhh	2 位十六进制数对应的字符
\"	双引号 "	\v	垂直制表符	r 或 R	字符串前加 r 或 R 表示该字符串不转义

Python 支持格式化字符串的输出，常用于将一个值插入到有字符串格式符的模板中。常用的字符串格式符及含义见表 2-6。

表 2-6　常用的字符串格式符及含义

格式符	输出格式	格式符	输出格式
%c	字符输出	%o	有符号八进制数
%d	有符号十进制整数	%f	浮点数，用 %m.nf 格式输出数占 m 列，其中保留 n 位小数输出
%s	字符串输出	%e 或 %E	科学计数法表示浮点数
%u	无符号数	%x 或 %X	十六进制数输出

【例 2-4】转义字符与字符串格式符的使用示例。

```
a = 0xFF                                    #0x 后跟十六进制数
print('十六进制数 0xFF 转换成十进制为：%d' % a) # 在占位符 %d 位置以十进制输出 a
b=65                                        #65 是 'A' 字符的 ASCII 码
print("ASCII 码 %d 代表：%c" % (b,b))
print('\101')                               #3 位八进制数 101 是 'A' 字符的 ASCII 码，因此
                                            # 输出字符 'A'
print('\x41')                               #2 位十六进制数 41 是 'A' 字符的 ASCII 码，因
                                            # 此输出字符 'A'
c = 22500000
print('22500000 转换成科学计数法为：%e' % c) # 在占位符 %e 位置以科学计数法格式输出 c
d='这个字符串中只输出 1 个 \\'                #2 个连续反斜杠表示输出一个反斜杠 \
print('%s' % d)                             # 输出字符串 d
e=-2.315
print('%f 与 %3.2f' % (e,e))                #分别以浮点数默认格式和保留 2 位小数格式输出 e
```

运行输出：

```
十六进制数 0xFF 转换成十进制数为：255
ASCII 码 65 代表：A
A
A
22500000 转换成科学计数法为：2.250000e+07
这个字符串中只输出 1 个 \
-2.315000 与 -2.31
```

5. 常量、变量及赋值

（1）常量与变量

常量就是不能变的量，比如 π 的值 3.14 就是一个常量（常数）。在 Python 中，习惯用全部大写的变量名表示常量：PI = 3.14159265359，但在 Python 中的常量只是一个习惯上的用法，实际上 PI 的值也是可以被改变的。

变量是程序设计语言中能储存计算结果或能表示值的抽象概念。变量可以通过变量名访问，用于表示可变的数据。

（2）赋值

在 Python 中通过赋值创建变量，并将值与对应的变量名字相关联。通过赋值语句对变量进行赋值的语句格式：<变量> = <表达式>。

其中“=”为赋值运算符，“=”左侧是一个变量，“=”右侧是一个表达式（由常量、变量和运算符构成），赋值语句实现将表达式的值赋值给变量。

1）复合赋值、链式赋值与变量数据交换。

赋值号与运算符可以组成复合赋值语句。a=a+12；b=b*14；c=c/12 可以缩写成 a+= 12；b*= 14；c/= 12 等。

链式赋值实现多变量赋相同的值。例如：a=b=19 等同于 b=19；a=b（a 与 b 都等于 19）。

可实现 x 与 y 变量存储数据相互交换的语句：x，y=y，x。

2）赋值对象内存示意图。Python 是动态类型语言，即由变量的赋值自动确定其类型。通过赋值变量可以指向（引用）任何类型的对象，同时 Python 还是强类型语言，即每个变量指向某种确定类型的对象，因此指向某些不同类型对象变量间的运算会出错（例如执

行 a=6；b='7'；a+b 将出错）。

【例 2-5】对变量 a 与 b 进行赋值交换，并验证赋值与引用变化的关系。

```
a=12        #a 指向值为 12 的 int 型实例对象（整型数也是对象）
b=-12       #b 指向值为 -12 的 int 型实例对象
print('a 与 b 交换前的值：','a=',a,'b=',b)
print('a 与 b 交换前：','a 中存储地址 ',id(a),',b 中存储地址 ',id(b))
            #id() 函数显示变量的存储地址
            # 以下代码通过中间变量 t 对变量 a 与 b 进行赋值交换
t=a         # 变量 t 和 a 同时指向（引用）对象实例 12
a=b         # 变量 a 和 b 同时指向（引用）对象实例 -12
b=t         # 变量 b 和 t 同时指向（引用）对象实例 12
print('a 与 b 交换后的值：','a=',a,'b=',b)
print('a 与 b 交换后：','a 中存储地址 ',id(a),',b 中存储地址 ',id(b))
a,b=b,a     # 变量 a 与 b 直接进行赋值交换
print('a 与 b 再次交换后的值：','a=',a,'b=',b)
print('a 与 b 再次交换后：','a 中存储地址 ',id(a),',b 中存储地址 ',id(b))
```

运行结果：

```
a 与 b 交换前的值：a= 12 b= -12
a 与 b 交换前：a 中存储地址 140706398958192, b 中存储地址 1727327051536
a 与 b 交换后的值：a= -12 b= 12
a 与 b 交换后：a 中存储地址 1727327051536 ,b 中存储地址 140706398958192
a 与 b 再次交换后的值：a= 12 b= -12
a 与 b 再次交换后：a 中存储地址 140706398958192, b 中存储地址 1727327051536
```

图 2-7 为【例 2-5】中赋值对象内存示意图，示意了按（1）到（5）顺序执行赋值语句后，变量 a、b 及 t 中存储的对象地址变化过程（图中箭头表示变量中存储了指向对象的存储地址）。由于每次运行代码计算机都会动态分配变量 a 与 b 中的对象存储地址，本例用 id() 函数获得本次程序运行最初分配给变量 a、b 指向的对象存储地址为 140706398958192、1727327051536。

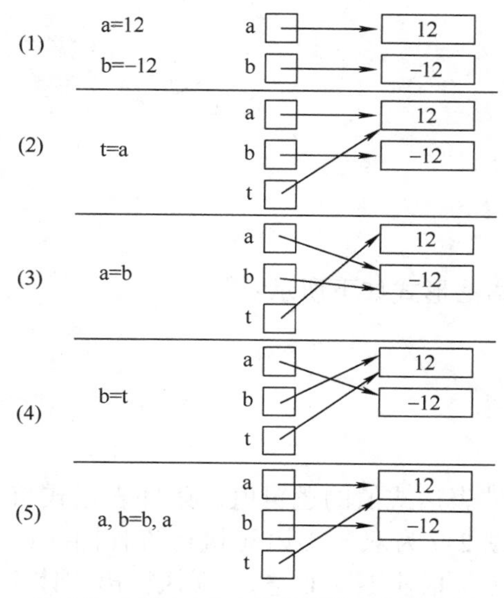

图 2-7 【例 2-5】中赋值对象内存示意图

2.2 程序的控制结构

程序的三种基本结构：顺序结构，程序中各个操作按照在源代码中的排列顺序执行；选择结构，判断特定条件后选择其中一个分支执行；循环结构，在程序中需要重复执行某个或某些操作，直到条件为假或为真时才退出循环。

2.2.1 选择结构

1. 单分支语句

单分支语句语法形式如下所示：

if　条件表达式：

语句体

关键字 if 后面为判断条件表达式，然后加一个冒号。图 2-8 为单分支语句执行流程图。当表达式结果为真（包括非零、非空字符串）时执行语句体，语句体包含的语句前必须缩进相同的空格数（通常缩进一个 Tab，或 4 个空格）。

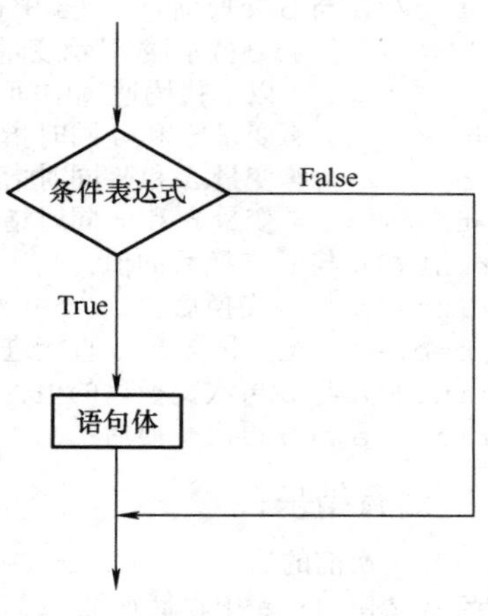

图 2-8　单分支语句执行流程图

【例 2-6】任意输入三个浮点数，使用单分支语句编程按从小到大顺序：x，y，z 输出。

```
x = float(input('x='))          # 输入三个数，转换成实数后赋值到 x,y,z
y =float(input('y='))
z = float(input('z='))
if x > y:                       # 如 x > y 较小数交换到 x 中，否则 x 中保留较小数
    x, y = y, x
if x > z:                       # 如 x > z，则 z 为最小数并交换到 x 中，否则 x 中保留最小数
    x, z = z, x
if y > z:                       #x 中已为最小数。如 y > z，则把 y 中最大数交换到 z 中
    y, z = z, y                 # 否则（即 y≤z），z 中保留最大数不变
print(x, y, z)                  # 三个实数按从小到大顺序：x, y, z 输出
```

运行输出：

```
x=2.8<Enter>
y=78<Enter>
z=-34<Enter>
-34.0 2.8 78.0
```

2. 双分支语句

双分支 if/else 语句的语法形式如下所示：

```
if  条件表达式：
    语句体 1
else:
    语句体 2
```

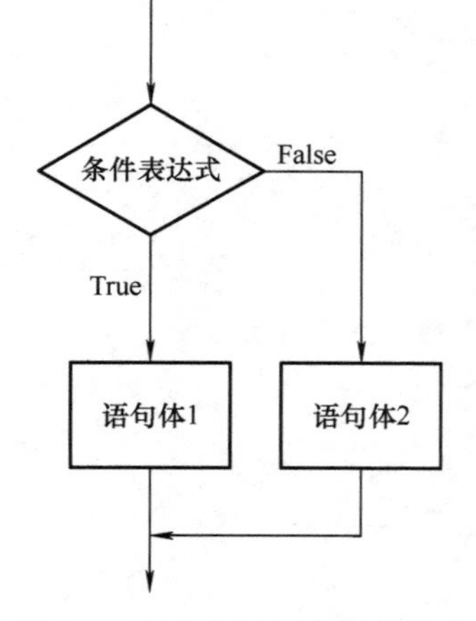

图 2-9　双分支语句执行流程图

双分支语句先判断条件表达式值的逻辑值，条件表达式与 else 后面均有一个冒号。图 2-9 为双分支语句执行流程图。如果条件表达式的结果为真（包括非零、非空），则执行语句体 1

中的操作；否则条件表达式为假（包括零、空），则执行语句体 2 中的操作。

【例 2-7】输入一个整数，判别其是否能同时被 5 和 7 整除。

```
a=int(input(" 输入一个整数: "))
if a%5==0 and a%7==0:                    # 判别除 5、除 7 的余数是否同时为 0
    print(a," 能同时被 5 和 7 整除 ")
else:
    print(a," 不能同时被 5 和 7 整除 ")
```

运行输出：

```
输入一个整数: 35< Enter >
35 能同时被 5 和 7 整除
```

3. 多分支语句

图 2-10 为多分支语句执行流程图，多分支语句的语法形式如下所示：

```
if 条件表达式 1:
     语句体 1
elif 条件表达式 2:
     语句体 2
…
elif 条件表达式 n-1:
     语句体 n-1
else:
     语句体 n
```

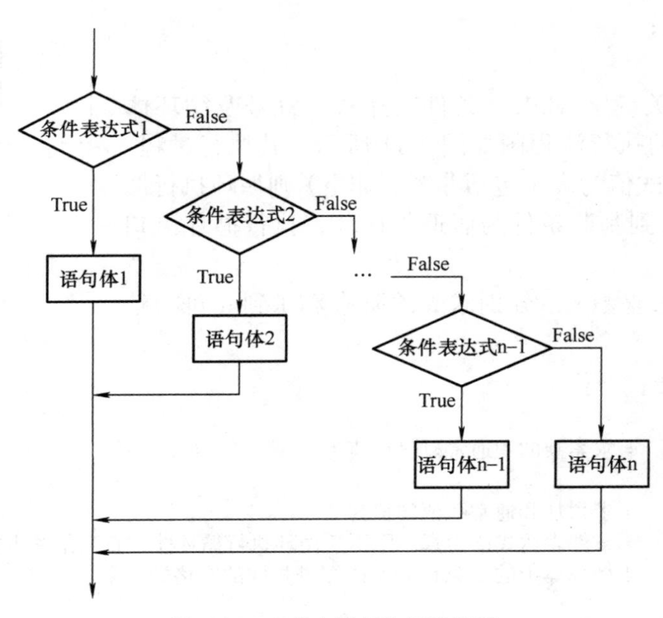

图 2-10　多分支语句执行流程图

【例 2-8】编写石头、剪刀、布游戏程序（数字含义：0- 石头、1- 剪刀、2- 布。游戏规则：石头胜剪刀、剪刀胜布、布胜石头）。计算机使用随机函数产生随机整数 0、1、2；玩家手动输入整数 0、1、2。

```
import random   # 导入 random 随机函数模块后，可使用模块内包含的随机函数
```

```
print(" 数字含义：0- 石头、1- 剪刀、2- 布 ")
player = int(input(" 请出拳：")) 		# 玩家出拳
computer = random.randint(0, 2) 	# 计算机使用随机函数，产生随机整数：0、1、2
print(" 你出 {0}，计算机出 {1}".format(player,computer))
''' 3 个连续单引号或双引号之间为注释：format() 函数格式化输出字符串，字符串 {0} 位置替代输出 format() 函数中第 0 个参数变量 player，在 {1} 位置替代输出第 1 个参数变量 computer '''
if (player == 0)and(computer == 1)or(player == 1) \ # "\" 为续行符，"与" 优先 "或" 运算
    and(computer== 2)or(player==2)and(computer == 0): # 判别条件为真，则玩家胜
      print(' 玩家获胜！ ')								# 玩家胜
elif player == computer: 					# 非玩家胜，且判别此条件为真则平局
      print(' 玩家与计算机平局！ ')
else: 										# 非玩家胜，也非平局则计算机获胜
      print(' 计算机获胜！ ')
```

运行输出：

```
数字含义：0- 石头、1- 剪刀、2- 布
请出拳：0< Enter >
玩家出 0，计算机出 1
玩家获胜！
```


2.2.2 循环结构

1. while 循环语句

while 语句的语法形式如下所示：

```
while  条件表达式 :
循环体
```

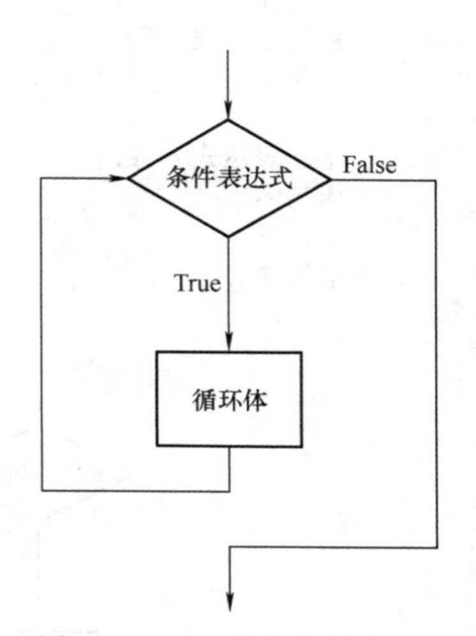

图 2-11 while 语句执行流程图

while 循环由关键字 while、条件表达式、冒号及循环体构成。while 语句的执行流程图如图 2-11 所示。其执行过程：只要计算条件表达式值为真（包括非零、非空）则循环执行循环体中的语句，直到判断条件为假退出循环，执行循环语句的下一条语句。

【例 2-9】输入整数 n，分别求 n 的阶乘和 1 到 n 间的整数和（含 1 和 n）。

```
n=input(" 输入整数 n：")
n=int(n)
d=1 				# 求累乘的积通常赋值初值为 1
m=1
s=0 				# 求累加和通常赋值初值为 0
while m<=n: 		# 条件表达式值为真，则不断循环执行循环体，直到条件表达式值为假
      d*=m 			# 循环体中的 3 条语句必须缩进相同的空格数
      s+=m
      m=m+1 		# 产生下一个整数
print(n,"!=",d,";sum=",s)
```

运行输出：

```
输入整数 n：6
6 != 720 ;sum= 21
```

2. for 循环语句

for 循环的语法格式如下：

```
for 循环变量 in 序列
    循环体
```

循环变量依次遍历序列中的每一项值并执行循环体，直到序列（可迭代对象）中没有值可取时循环终止。图 2-12 所示为 for 语句执行流程图。

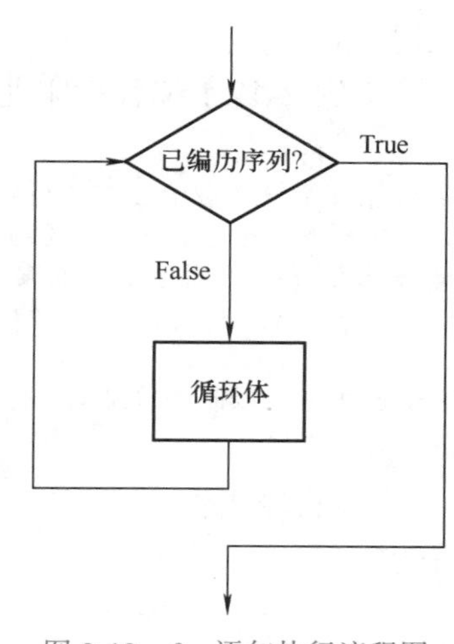

图 2-12　for 语句执行流程图

Python 提供一个 range() 函数，可以生成一个整数序列，用来产生 for 循环的循环操作次数。函数调用格式：range（起始数字，结尾数字，步长）。

起始数字默认从 0 开始，结尾数字 –1 是产生的最后一个整数，步长默认为 1。

【例 2-10】用 for 循环语句重写【例 2-9】代码。

```
n= int(input(" 输入整数 n: "))
d=1;s=0
for m in range(1,n+1):          # 每次循环 m 依次递增（步长为 1）取 1 到 n 间所有整数
    d*=m
    s+=m
print(n,"!=",d,";sum=",s)
```

运行输出：

```
输入整数 n: 6
6 != 720 ;sum= 21
```

3. 嵌套循环

嵌套循环指一个循环体里可嵌入另一个循环，而且允许多重嵌套循环。

【例 2-11】编写秒表计时程序。

程序说明：程序含三重循环，设外循环控制变量 hour（计时）、中循环计数变量 minute（计分）、内循环计数变量 second（计秒）实现计时功能。运行程序注意多重循环各控制变量变化规律与时：分：秒计时显示的对应关系（内循环完成全部循环计数，变量 second 置 0，中循环计数变量 minute 加 1；中循环完成全部循环计数，变量 minute 置 0，外循环计数变量 hour 加 1）。程序共被执行 24 × 60 × 60 次循环，图 2-13 为程序正运行至“0 时 2 分 3 秒”时的显示界面，可见内循环计数满 60，变量 second 置 0，中循环计数变量 minute 加 1。

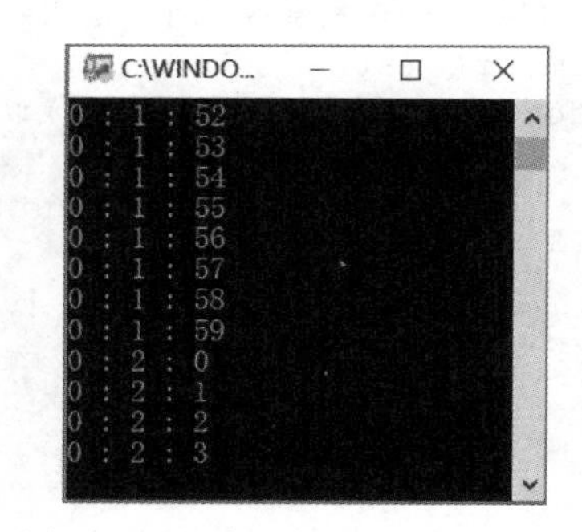

图 2-13　程序运行至 0 时 2 分 3 秒

```
import time                                  # 导入 time 库
for hour in range(24):                       # 外循环产生时计数
    for minute in range(60):                 # 中循环产生分计数
        for second in range(60):             # 内循环产生秒计数
            print(hour,':',minute,':',second)  # 显示当前 时 : 分 : 秒
            time.sleep(1) # 调用 time 库的 sleep() 函数暂停（延时）1 秒
```

代码以 ex2_11.py 保存，在计算机中找到该文件后鼠标双击运行文件，运行界面如

图 2-13 所示。

【例 2-12】编程打印九九乘法口诀表（输出格式见程序运行输出）。

```
for i in range(1,10):
# 外循环变量 i 取值 1~9（行号），i 为打印行号，内循环变量 j 决定打印第 i 行的第 j 列
   for j in range(1,i+1):          # 行列号相等（j 取值 i）时对应对角线位置
# j 取值 1~i（列号），j 取遍列号（完成所有内循环）后进入下一轮外循环
      print('{0}*{1}={2}'.format(i,j,i*j ),end='\t')
                                   #3 个输出值依次在 {0}、{1}、{2} 位置显示
#end="\t" 以制表符结束，作用是对齐表格数据
   print()                         # 换行
```

运行输出：

```
1*1=1
2*1=2	2*2=4
3*1=3	3*2=6	3*3=9
4*1=4	4*2=8	4*3=12	4*4=16
5*1=5	5*2=10	5*3=15	5*4=20	5*5=25
6*1=6	6*2=12	6*3=18	6*4=24	6*5=30	6*6=36
7*1=7	7*2=14	7*3=21	7*4=28	7*5=35	7*6=42	7*7=49
8*1=8	8*2=16	8*3=24	8*4=32	8*5=40	8*6=48	8*7=56	8*8=64
9*1=9	9*2=18	9*3=27	9*4=36	9*5=45	9*6=54	9*7=63	9*8=72	9*9=81
```

4. continue 和 break 语句

break 语句在 while 循环和 for 循环中都可以使用，一般放在 if 选择结构中，一旦 break 语句被执行，将使得整个循环提前结束；continue 语句的作用是终止当前循环，并忽略 continue 之后的语句，然后回到循环的顶端，提前进入下一次循环。

【例 2-13】编写程序，输出 10 ～ 100 之间的所有素数（只能被 1 和本身整除的正整数，称为素数或质数）。

```
# 判断 i 是否是素数：将 i 依次被 2~i 的平方根间的所有整数除，若都除不尽，则 i 为素数
import math                         # 导入数学库
for i in range(10, 101):            # i 取从 10~100 的整数
    mark = True                     # 设置当前 i 是否为素数的标记逻辑变量 mark 为真
    for j in range(2,int(math.sqrt(i))+ 1):
                                    # 循环控制变量 j 取值 2~i 的平方根的取整值
        if i % j == 0:              # i 是否能被 j 整除
            temp = False            # 能被某个数整除，则不是素数并设置 mark 为假
            break                   # 不是素数，退出本层次循环
        else:
            continue                # 进行下一次循环
  if j>=int(math.sqrt(i)) and mark:          # 如 i 不能被 2~i 的平方根整除，i 为素数
        print(i,end=' ')                     # 不换行输出素数
```

运行输出：

```
11 13 17 19 23 29 31 37 41 43 47 53 59 61 67 71 73 79 83 89 97
```

2.3 内置函数、常用模块的导入与调用

2.3.1 常用内置函数

Python 内置的不需要导入任何模块就可以直接使用的常用函数称内置函数。除前面

已经介绍了 print()、range()、float()、int() 、input() 和 eval() 等常用内置函数，表 2-7 列出部分常用内置函数（不含用于序列数据结构的内置函数），用于序列数据结构的内置函数将在后面做专门的介绍。注：表中的“[ ]”表示可选项。

表 2-7 部分常用内置函数（本表不含用于序列数据结构的内置函数）

内置函数	功能	内置函数	功能
abs（x）	求数字 x 的绝对值（如求复数的绝对值，返回值就是该复数的模）	ord（x）	返回字符的 Unicode 码（十进制形式）
round（x[，n]）	对 x 进行四舍五入，保留 n 位数小数	divmod（x，y）	返回 x//y（整除运算）的商和余数：（商，余数）
len（obj）	求 obj 的长度	chr（i）	返回 Unicode 编码对应的字符

2.3.2 标准库（模块）的导入与调用

1. 常用模块的导入

模块（也称库）是保存了 Python 代码的文件，在其内部能定义函数、类和变量。把相关的代码存放到一个模块中能让此代码段更易用、易读。Python 自带的标准库无须安装，只需先通过 import 方法导入便可使用标准库中的方法。对于 Python 的第三方库则需要先进行安装（部分还需要配置），然后通过 import 方法导入才可使用库中的方法。

（1）导入模块方式

1）导入模块方式一。在 Python 中用关键字 import 来导入某个模块。导入模块方式一格式如下：

```
import 模块名                                # 导入模块
```

2）导入模块方式二。如只需要用到模块中的某个（或某些）函数，则只要导入指定的函数即可，此时使用的导入模块方式二格式如下：

```
from 模块名 import 函数名 1，函数名 2…
```

当需要导入模块中所有的函数时还可使用省略函数名的语句格式：from math import *。

（2）常用标准库介绍

1）math 模块。表 2-8 为常用数学库函数功能列表。可采用下面 2 种方式实现 math 模块的所有函数的导入：import math 或 from math import *。模块中定义的求绝对值函数 math.fabs（x）与内置函数 abs() 函数功能类似，这两个函数的主要差异在于 fabs() 函数只适用于 float 和 integer 类型，而 abs() 函数也适用于复数；abs() 函数可返回 float 和 int 类型值，而 math.fabs() 函数只返回 float 类型值。同样地，math.pow（10，3）函数与内置函数 pow（10，3）分别返回 float 类型值 1000.0 与 int 类型值 1000。

2）random 模块。表 2-9 为常用 random 模块产生随机数函数功能列表。

表 2-8　常用数学库函数功能列表

函数	功能	函数	功能
math.pi	圆周率：3.141592653589793	fmod（x，y）	返回 x/y 的余数，其值为浮点数
math.e	自然对数 e：2.718281828459045	ceil（x）	向上取整，返回不小于 x 的最小整数
math.inf	正无穷大，负无穷大为 –math.inf	floor（x）	向下取整，返回不大于 x 的最大整数
fabs（x）	返回 x 的绝对值	factorial（x）	返回 x 的阶乘，如果 x 是小数或负数，返回 ValueError
gcd（a，b）	返回 a 与 b 的最大公约数	pow（x，y）	返回 x 的 y 次幂
exp（x）	返回 e 的 x 次幂	sqrt（x）	返回 x 的平方根
log（x）	计算自然对数	log2（x）、log10（x）	分别返回 x 以 2 、10 为底的对数
degree（x）、radians（x）	将 x 由弧度值转为角度值、角度值化为弧度值	hypot（x，y）	返回坐标点（x，y）到原点（0，0）的距离
sin（x）、cos（x）、tan（x）	返回 x 的三角函数值，并且 x 为弧度值	asin（x）、acos（x）、atan（x）	返回 x 的反三角函数值

表 2-9　常用 random 模块产生随机数函数功能列表

函数	功能	函数	功能
random()	生成一个 [0.0，1.0）之间的随机小数，含 0.0 不含 1.0	uniform（a，b）	生成一个 [a，b] 之间的随机小数
seed（a=None）	初始化随机数种子，默认值取当前系统时间	choice（seq）	从序列类型 seq 中随机返回一个元素
randint（a，b）	生成一个 [a，b] 之间的整数，含 a 和 b	shuffle（seq）	将序列类型 seq 中元素随机排列，返回打乱后的序列
randrange（start，stop[，step]）	生成一个 [start，stop）之间以 step 为步长的随机整数	sample（pop，k）	从 pop 类型中随机选取 k 个元素，以列表类型返回

3）其他常用模块。

① 专用于复数运算的模块 cmath 示例：

```
import cmath                 # 导入 cmath 模块
cmath.sqrt(-2)               # 求 -2 的平方根，结果为复数：1.4142135623730951j
```

② datetime 日期时间模块示例：

```
import datetime                           # 导入 datetime 模块
print("今天是 %s"%datetime.date.today())  # 在 %s 位置输出函数值：今天是 2022-09-04
dt=datetime.datetime.now()                # 获取当前日期时间后，下行语句依次输出元组
                                          # 中日期变量值：
print("日 / 月 / 年：%s/%s/%s"%(dt.day,dt.month,dt.year))
                                          # 输出今天日期："日 / 月 / 年：4/9/2022"
                                          # 以"时：9，分：16，秒：48"格式输出当前时间：
print("时：%s，分：%s，秒：%s"%(dt.hour ,dt.minute,dt.second ))
```

2. 标准库的调用

前面介绍的两种不同模块导入方式在调用模块中的函数时，存在一些调用格式上的

差别。通过以上方式二导入时，调用函数时只能给出函数名，不能给出模块名；使用方式一导入模块时，必须给出模块名。下面以调用平方根函数 sqrt（x）求 25 的平方根为例，说明两种模块导入方式在函数调用上的差别：

```
import math                 # 使用方式一导入 math 模块
print(math.sqrt(25))        # 使用方式一导入后，要使用 math.sqrt(25) 格式
from math import *          # 使用方式二导入 math 模块
from math import sqrt       # 使用方式二导入 math 模块中的 sqrt() 函数
print(sqrt(25))             # 使用方式二导入后，要使用 sqrt(25) 格式，函数名前不要加“math.”
```


【例 2-14】应用蒙特卡罗方法求解 π，并计算程序运行时间。图 2-14 为蒙特卡罗方法求解 π 示意图，主要求解步骤如下：

1）随机向单位正方形和 1/4 圆范围内射出大量“飞镖”点。

2）计算每个点到圆心的距离，判别该点在圆内或者圆外。

3）统计射中 1/4 圆的总点数。

4）当总随机点数量足够大，点就能充分均匀覆盖整个单位正方形（边长和面积均为 1）和 1/4 圆（半径为 1，面积为 π/4）范围。

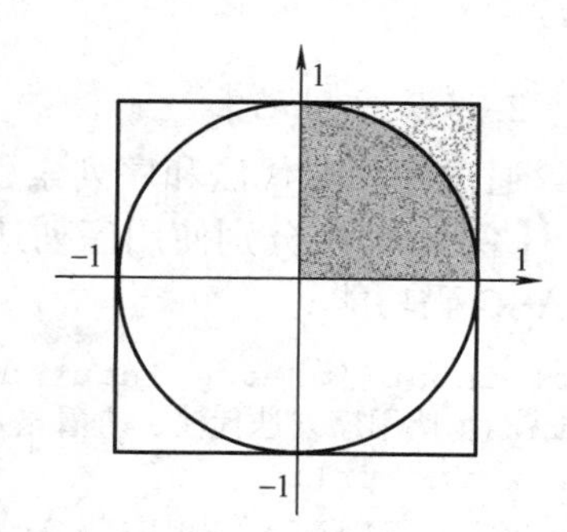

图 2-14　蒙特卡罗方法求解 π 示意图

5）射中圆内的点数除以总点数的比值 =1/4 圆与单位正方形面积的比值，比值数为 π/4。

```
from random import random          # 导入 random() 库函数
import math                        # 导入 math 模块
import time                        # 导入 time 模块
start=time.time()                  # 记录程序开始运行时间到 start
points=200000                      # 设置产生离散点总数
hits=0.0                           # 设置射中 1/4 圆的总点数初值
for n in range(1,points+1):        # 产生 200000 个总离散点
      x=random();y=random()        # 产生 200000 个随机离散点坐标
      d=math.hypot(x,y)            # 求离散点到原点的距离，等价 d=math.sqrt(x×x+y×y)
      if d<=1.0:                   # 判别该离散点是否位于 1/4 圆内
            hits+=1                # 计数射中 1/4 圆的总点数
pi=4*hits/points                   #4π/4 得到 π 值
                                   # 输出 π 值及当前时间与程序开始运行时间差（单位：秒）
print("PI=",pi,"; 程序运行时间 ",time.time()-start," 秒 ")
```

运行输出：

```
PI= 3.14412 ; 程序运行时间 0.09133172035217285 秒
```

2.4　列表、元组、字典与集合数据类型

2.4.1　序列类型

Python 内置序列类型最常用的是列表、元组和字符串。序列中的每个元素都有属于自己的编号（索引），自左起索引值从 0 开始递增。序列可进行索引、截取（切片）、加和

乘等操作。此外，Python 内置了求序列的长度、最大和最小值元素的方法。

1. 序列类型索引操作

以序列类型中字符串为例，说明序列的索引操作：

执行 day = "Sunday 周日 " 后，如图 2-15 所示，索引值自左起从 0 开始正向递增，也可以从右向左反向递减，最后一个元素索引值为 –1。day[0] 等价于 day[–8] 等于 'S'、day[7] 等价于 day[–1] 都等于 ' 日 '、day[3] 等价于 day[–5] 等于 'd'。

索引值正向递增 ⟶

0	1	2	3	4	5	6	7
S	u	n	d	a	y	周	日
–8	–7	–6	–5	–4	–3	–2	–1

⟵ 索引值方向递减

图 2-15　字符串 "Sunday 周日 " 的索引值

2. 遍历序列元素

通过序列迭代法和序列索引迭代法可以遍历序列中的元素。

【例 2-15】分别使用序列迭代法和序列索引迭代法，编程实现查看指定字符串中字符的 ASC 码功能。

```
str1=input('please input a string:')
print(" 使用序列迭代法，查看指定字符串中字符的 ASC 码 :")
for x in str1:
        print('char:',x,',ASC code:',ord(x))
print(" 使用序列索引迭代法，显示字符串中字符的 ASC 码 :")
for i in range( len(str1) ):
        print('char:',str1[i],',ASC code:',ord(str1[i]))
```

运行结果：

```
please input a string:Python< Enter >
使用序列迭代法，查看指定字符串中字符的 ASC 码 :
char: P ASC code: 80
char: y ASC code: 121
char: t ASC code: 116
char: h ASC code: 104
char: o ASC code: 111
char: n ASC code: 110
使用序列索引迭代法，显示字符串中字符的 ASC 码:
char: P ASC code: 80
char: y ASC code: 121
char: t ASC code: 116
char: h ASC code: 104
char: o ASC code: 111
char: n ASC code: 110
```

2.4.2　列表

Python 语言中列表（list）也是一种序列类型。列表用方括号将列表中的元素括起来。列表中元素之间以逗号进行分隔。列表的各数据项可允许是不同的类型。可以通过赋值创建列表，例如：List1= [1，2，3，True]; L2= ["one", "two", "three", "four"]; L3= [3，4.5，"abc"]，则 L3[0] 和 L3[2] 的值分别为 3 和 'abc'。

可以将多维列表（类似其他编程语言中的多维数组）视为列表的嵌套，即多维列表的元素值也是一个列表。二维列表比一维列表多一个索引，访问二维列表元素的格式：列

表名 [行索引号][列索引号]。

例如，定义 1 个 3 行 3 列的二维列表如下：List4 = [["i5"，"16GB"，"512GB"]，["i7"，"32GB"，"1TB"]，["i9"，"64GB"，"2TB"]]

图 2-16 为二维列表 List4 的元素存储图，则 List4[0][1] 的存储值为 "16GB"、List4[1][2] 的存储值为 "1TB"，使用语句 List4[2][2]="4TB" 可将 List4[2][2] 的值由 "2TB" 赋值成 "4TB"。

行列索引	第0列	第1列	第2列
第0行	"i5"	"16GB"	"512GB"
第1行	"i7"	"32GB"	"1TB"
第2行	"i9"	"64GB"	"2TB"

图 2-16　二维列表 List4 的元素存储图

设列表 s=[1，2，3]，对列表的常用操作方法见表 2-10。

表 2-10　列表的常用操作方法

方法	功能	举例
s.append（x）	将 x 添加到 s 列表尾部，列表长度加 1	s.append（"one"）返回 s 值为 [1，2，3，'one']
s.extend（x）	将列表 x 中全部元素添加至 s 列表尾部	s.extend（"one"）返回 s 值为 [1,2,3,'o','n','e']
s.insert（i，x）	在 s 列表的 i 位置处插入 x，该位置后面的所有元素后移	s.insert（1，–2）返回 s 值为 [1，–2，2，3]
s.remove（x）（与 del 语句的区别见表下的说明）	在列表中删除第一个值为 x 的元素，该元素之后所有元素前移，如列表中不存在 x 则抛出异常	s.remove（4）返回提示 ValueError：list.remove（x）：x not in list；s.remove（3）返回 s 值为 [1，2]
s.pop（[i]）	删除并返回下标为 i 的列表元素，缺省 i 则默认弹出最后一个元素；如 i 值超出 s 列表下标范围则抛出异常	x=s.pop() 返回 s 值为 [1，2] 和 x 值为 3；x=s.pop（0）返回 s 值为 [2，3] 和 x 值为 1
s.clear()	清空列表，删除列表中所有元素，但保留列表对象	s.clear() 返回 s 值为 [ ]
s.index（x）	返回列表中首次出现值为 x 的元素的索引号，若不存在该值则抛出异常	s.index（3）返回 2
s.count（x）	统计 x 在列表中的出现次数	s.count（3）返回 1
s.reverse()	对列表所有元素进行逆序排列	s.reverse() 返回 s 值为 [3，2，1]
s.sort（key=None，reverse=False）	对列表中的元素进行排序，key 用来指定排序规则，reverse 取 False 表示升序（默认值），取 True 表示降序	s.sort（key=None，reverse=True）返回 s 值为 [3，2，1]

remove() 方法与 del 语句的区别：用 del 命令删除列表中指定下标的元素，而 remove（x）方法用于删除列表中指定值为 x 的元素。例如要删除 L=［ "one"，"two"，"three"，"four" ］中下标为第 0 个元素（值为 "one"），可使用 del L[0] 或 L.remove（"one"）完成。

此外，列表生成式可以简化用循环语句生成列表。例如，生成一个由 1 ～ 6 的立方数所组成的 L 列表的列表生成式如下：

```
L=[x**3 for x in range(1 , 7)]              # 生成 L 为 [1, 8, 27, 64, 125, 216]
```

假如要生成一个由 1 ～ 6 之间奇数的立方数所组成的列表，其生成式需再加个条件筛选：

```
L=[x**3 for x in range(1 , 7) if x%2 !=0]   # 不能被 2 整除的为奇数，L 为 [1, 27, 125]
```

【例 2-16】编程实现防脉冲干扰的平均值数字滤波算法，程序使用随机函数连续产生 6 个 [5，255] 之间的随机数（用来模拟采集到的 6 个数据）。该算法中心思想是对连续采集到的 n 个数据（本例 n 取 6），去掉其中最大和最小的 2 个数据，将剩余数据求平均值作为本次采集数输出。

```
import random                                          # 导入 random 模块
from math import *                                     # 导入数学库中所有函数
data=[]                                                # 初始化 data 为空列表
s=0
for i in range(1, 7):                                  # 设连续采集 6 个数据
    x=random.randrange(5,256)                          # 产生 1 个 [5, 255] 之间的随
                                                       # 机数模拟采集到的数据
    data.append(x)                                     # 采集到的数据添加到列表 data
    print(x,end=" ")
    s+=x                                               # 求所有采集到的数据和
print ("最大数：",max(data),", 最小数：",min(data))     # 调用求列表中最大、最小数函数
print ("去除最大数、最小数后的平均数：",(s-max(data)-min(data))//4)
```

运行输出：

```
145 63 119 195 136 84 最大数： 195 ，最小数： 63
去除最大数、最小数后的平均数： 121
```

2.4.3 元组

元组（Tuple）也属于序列类型，它用一对圆括号作为边界将元素括起来，其中的元素以逗号分隔。元组中的元素类型也可以不同，元组与列表的主要不同之处在于元组的元素值不能修改。可以通过赋值创建元组，例如：

```
tup1 =(1,0,False,True)
tup2 =("Monday","Tuesday","Wednesday","Friday","Saturday","Sunday")
tup3 = "a", "b", "c", "1", "2"    # 可以省略括号，等价：tup3 =("a", "b", "c", "1", "2")
tup4 =("Monday",)                 # 创建含一个元素的元组时，必须要加一个逗号，否则被视作
                                  # 字符串
```

元组元素值除不能修改外，也无法对元组进行添加或删除元素的操作，但可以使用 del 命令删除整个元组，如 del tup4。

2.4.4 序列的公共基本操作

1. 序列切片操作

序列切片操作用于访问一定范围内的元素，可通过切片操作生成一个新的序列。语法格式：序列名 [切片开始位置 ：切片结束位置 ：步长]。

其中，开始位置、结束位置及步长的默认值分别为序列的起始位置（索引值为 0）、结束位置（索引值为结束位置 –1）及 1。表 2-11 为序列切片操作示例对照表。

表 2-11　序列切片操作示例对照表

切片操作	设字符串 s='123abc'	设列表 s=[1, 2, 3, 'a', 'b', 'c']	设元组 s=（1, 2, 3, 'a', 'b', 'c'）
s[1：4]	'23a'	[2, 3, 'a']	（2, 3, 'a'）
s[0：5] 或 s[：5]	'123ab'	[1, 2, 3, 'a', 'b']	（1, 2, 3, 'a', 'b'）
s[3：7] 或 s[3：]	'abc'	['a', 'b', 'c']	('a', 'b', 'c')
s[0：7] 或 s[：]	'123abc'	[1, 2, 3, 'a', 'b', 'c']	（1, 2, 3, 'a', 'b', 'c'）
s[：：2]	'13b'	[1, 3, 'b']	（1, 3, 'b'）
s[：：–1]	'cba321'	['c', 'b', 'a', 3, 2, 1]	('c', 'b', 'a', 3, 2, 1）
s[–2：]	'bc'	['b', 'c']	('b', 'c')

2. 序列连接、重复与包含判断操作

表 2-12 为序列的连接、重复（加和乘）与判断是否包含的操作示例。

表 2-12　序列的连接、重复（加和乘）与判断是否包含的操作示例

序列操作	设字符串：s1='123'；s2='abc'	设列表：L1=[1，2，3]；L2=['a'，'b'，'c']	设元组：t1=（1，2，3）；t2=（'a'，'b'，'c'）
序列连接	s1+s2 返回值 '123abc'	L1+L2 返回值 [1，2，3，'a'，'b'，'c']	t1+t2 返回值（1，2，3，'a'，'b'，'c'）
重复操作	s1*3 返回值 '123123123'	2*L2 返回值 ['a'，'b'，'c'，'a'，'b'，'c']	执行 t1*=2 后，t1 返回值为（1，2，3，1，2，3）
判断包含	'b' in s2 返回 True	'b' in L2 返回 True	3 in t2 返回 False
判断不包含	'b' not in s1 返回 True	1 not in L1 返回 False	3 in t1 返回 True

【例 2-17】运用序列的乘运算输出如下所示的图形。

```
          #
         ###
        #####
       #######
      #########
     ###########
    #############
for i in range(7):                        # 输出 7 行，i 取 0~6
    print (" "*(10-i),"#"*(2*i+1))        # 逐行输出 10-i 个空格，2*i+1 个 "#"
```

3. 序列的内置操作函数

表 2-13 为序列的常用内置操作函数。

表 2-13　序列的常用内置操作函数

内置操作函数	功能	举例
len（x）	计算序列 x 的长度（序列包含元素个数）	len（'123abc'）返回值 6；len（[1，2，3，'abc']）返回值 4；len（（1，2，3，'a'，'b'，'c'））返回值 6
sum（x）	计算序列 x 中的元素和（元素必须为数值，否则出错）	sum（[1，3，5，7，9]）返回值 25；sum（（1，2，3，'a'，'b'））返回出错提示 TypeError：unsupported operand type（s）for +：'int' and 'str'
max（x）	找出序列 x 中的最大元素值	max（[1，3，15，7，9]）返回值 15；max（（'defabc'））返回值 'f'
min（x）	找出序列 x 中的最小元素值	min（[1，-3，15，7，9]）返回值 -3
sorted()	对元素进行排序，返回排序后的新列表（注意与 sort() 方法的使用区别）	设 s=[11，-2，3，0，8]，①如用 s.sort() 方法，则 s 列表本身的元素被排序，s 返回 [-2，0，3，8，11]；②如用内置函数 t=sorted（s），则 s 列表本身保持不变，而新列表 t 返回 [-2，0，3，8，11]
reversed()	对列表所有元素进行逆序排列（注意与 reverse() 方法的使用区别）	设 s=[11，-2，3，0，8]，①如使用 s. reverse() 方法，则 s 列表本身的元素被排序，s 返回 [8，0，3，-2，11]；②如使用内置函数 t=reversed（s），则 s 列表本身保持不变，而新列表 t（用 list（t）显示）返回 [8，0，3，-2，11]

4. 序列类型间的转换

表 2-14 为字符串、列表和元组间的转换函数与方法列表。

表 2-14　字符串、列表和元组间的转换函数与方法列表

转换函数与方法	功能	举例
list（s）	字符串转换成列表	s="123.45"；list（s）返回 ['1', '2', '3', '.', '4', '5']
tuple（s）	字符串转换成元组	s="123.45"；tuple（s）返回（'1', '2', '3', '.', '4', '5'）
tuple（L）	列表转换成元组	L=['1', '2', '3', '.', '4', '5']；tuple（L）返回（'1', '2', '3', '.', '4', '5'）
list（tup）	元组转换成列表	tup=（'1', '2', '3', '.', '4', '5'）；list（tup）返回 ['1', '2', '3', '.', '4', '5']
"".join（list（L））、"".join（tuple（tup））	列表转换成字符串、元组转换成字符串	L=['1','2','3','.','4','5']；"".join（list（L））返回 '123.45'
s.split（", "）	字符串 s 以 "，" 为分隔符转换成列表；缺省参数则以空格为分隔符转换成列表	s='1,2,3,a,b,c'；s.split(",") 返回 ['1','2','3','a','b','c']

【例 2-18】编写猜英语单词游戏程序。要求随机抽取单词库中的一个单词，将该单词中的所有字母随机选取后乱序重组，由玩家从被乱序的字母组合中猜出正确的单词。

```
import random
# 创建单词库元组
Lib = ("class", "word", "find", "apple", "handbook", "computer","information",
        "master", "semester", "paper", "homework", "break", "smart","system")
print(" 猜单词游戏：把乱序字母组合成一个正确的单词 ")
Continue1="y"
while Continue1.lower()=="y" :                # 把输入的字母转换成小写，判别是否输入 "y"
    chosen_word = random.choice(Lib)          # 从单词库中随机挑出一个单词到 chosen_word
    correct_word = chosen_word                # 保存正确的单词到变量 correct_word
    changed_word =""                          # 创建乱序后单词 changed_word 为空字符串
    while chosen_word:                        # 如 chosen _word 未被删成空串（False）则
                                              # 继续循环乱序组词
        # 根据选取单词 chosen_word 长度，随机产生单词中乱序字母位置 pos
        pos = random.randrange(len(chosen_word))
        changed_word += chosen_word[pos] # 将 pos 位置字母添加组合到乱序后单词
        # 通过切片，将 chosen_word 中 pos 位置字母从 chosen_word 中删除
        chosen_word = chosen_word[:pos] + chosen_word[(pos+ 1):]
    print(" 乱序后单词 :", changed_word)
    guess_word = input("\n 请输入你猜的单词 ： ")
    while guess_word != correct_word and guess_word != "":
        print(" 你猜错了 !")
        Continue2= input(" 还要继续猜这个单词吗 (Y/N)？ ")
        if Continue2.lower()=="n":            # 把输入的字母转换成小写，判别是否输入 "n"
            break                             # 不再继续猜这个单词，退出循环
        else:
            guess_word = input(" 继续猜 ： ")  # 继续猜这个单词
    if guess_word == correct_word:
        print(" 你猜对了 !")
    Continue1=input("\n 是否继续猜单词游戏 (Y/N)?")         # 是否继续游戏
```

运行结果：

```
猜单词游戏：把乱序字母组合成一个正确的单词
```

```
乱序后单词 : nfmnoaiorit
请输入你猜的单词 : ifnmnoiotrr< Enter >
你猜错了 !
还要继续猜这个单词吗 (Y/N)? Y< Enter >
继续猜 : information< Enter >
你猜对了 !
是否继续猜单词游戏 (Y/N)?
```

2.4.5　字典及其操作

除序列数据结构类型外，Python 还提供了字典和集合这样的数据结构，它们属于无顺序的数据集合体，因此不能通过位置索引号来访问其中的数据元素。

字典是 Python 中唯一内建的映射类型，可用于实现通过数据来查找关联数据的功能。字典也被称作关联数组或哈希表，它是一种可变容器模型，且可存储任意类型对象，如字符串、数字和元组等。字典用大括号包含所有元素，每个元素都包含两部分：键和值，每个元素的键和值用冒号分隔（key : value）组成“键：值”对，“键：值”对是无序集合，元素之间用逗号分隔。字典中元素的“键”必须是唯一的，但“值”是可重复的。

1. 创建字典

字典中各元素的键名只能是字符串、元组或数字，不能是列表。创建字典实例如下：

```
dict1={}    # 创建一个空字典
dict2= {'Name': '李四', 'Age': 19, 'Dept': '计算机'}
```

或者可以用内置函数 dict() 创建同上的字典：

```
dict1= dict()          # 创建一个空字典
dict2= dict(Name= '李四', Age= 19, Dept= '计算机')
```

2. 访问字典里的值

访问字典里的值时，把相应的键放入方括号里，例如：

```
print(dict2['Name'], dict2['Age'],dict2['Dept'])# 输出dict2字典的值：'李四'、19、'计算机'
```

3. 修改字典

```
dict2['Age'] = 20     #dict2字典中已存在'Age'键，则更新“键：值”对，'Age'值改为20
dict2['Class'] = "19级2班"    # 因dict2字典中无'Class'键，则增加新的“键：值”对
print ( dict2['Age'], dict2['Class'] )   # 输出：20及'19级2班'
```

表 2-15 为字典的常用方法、内置函数与包含判别运算列表（设 D= {'Name' : '李四', 'Age': 19, 'Dept': '计算机'}）。

D.copy() 与直接赋值字典变量的区别说明：执行 c1=D.copy()；c2=D 后 c1 返回字典新副本，c2 也指向字典 D（c2 存放字典 D 的存储地址，也称引用），但没有创建字典新副本，且 c1、c2 都返回与 D 相同的字典内容 {'Name' : '李四', 'Age': 19, 'Dept': '计算机'}。再执行：id（D）；id（c1）；id（c2）后可分别返回存储地址 2253134645272、2253134053448、2253134645272（每次运行时存储地址可不同，但 id（D）与 id（c2）显示的地址应相同）。可见，D 与 c2 分配相同的字典存储地址：2253134645272。而 c1 分配新字典存储地址：2253134053448。

表 2-15　字典的常用方法、内置函数与包含判别运算列表

方法、内置函数与包含判别	功能	举例
D.get（key，item）	返回指定“键”key 对应的“值”，若指定的键不存在，返回给定的“值”item	D.get（'Age'，' 无 Age 项 '）返回 19，如字典没 'Age' 项则返回 ' 无 Age 项 '
D.items()	返回表示字典的键、值对应表	D.items() 返回 dict_items([('Name',' 李四 ')，('Age'，19)，('Dept'，' 计算机 ')])
D.keys()	返回字典键的列表	D.keys() 返回 dict_keys （['Name'，'Age'，'Dept']）
D.values()	返回字典值的列表	D.values() 返回 dict_values （[' 李四 ',19,' 计算机 ']）
D.clear()	删除字典所有元素，返回空字典 {}	D.clear() # D 返回空字典 {}
D.copy()（与直接赋值字典变量的区别见表下的说明）	返回字典的新副本	c=D.copy() 返回 c={'Name': ' 李四 ', 'Age': 19, 'Dept': ' 计算机 '}
D.pop（key）	删除并返回给定键	age=D.pop（'Age'）# age 返回 19，D 返回 {'Name' : ' 李四 '，'Dept': ' 计算机 '}
D.update（d）	用字典 d 的“键：值”添加到当前字典 D，若两个字典中存在相同的“键”，则以字典 d 中的“值”更新当前字典 D	D.update（{'Number' : 212501，'age' : 21}）# 对 D 字典：修改 'age' 键的值，并添加新元素 'Number' : 212501
len（D）	统计字典 D 的长度（元素个数，也就是“:”的个数）	len（{'Name': ' 李四 ', 'Age': 19, 'Dept': ' 计算机 '}）返回 3
del D[key]、del D	del D[key]：删除指定“键”为 key 的元素 del D：删除字典 D（不同于 D.clear()）	del D['Dept'] #D 返回 {'Name': ' 李四 '，'Age': 19}；del D # 彻底删除字典 D，不同于 D.clear() 是返回空字典 {}
in	判断是否包含	'Age' in D 返回 True；'Class' in D 返回 False
not in	判断是否不包含	'Class' not in D 返回 True

【例 2-19】编写学生成绩管理程序，字典中包含姓名 Name、课程 Course 和成绩 Score。要求输出全体同学信息和课程不及格同学的信息。

```
students=[{'Name': ' 李四 ', 'Score': 79, 'Course': 'Python 程序设计 '},
          {'Name': ' 张三 ', 'Score': 88, 'Course': 'Java 程序设计 '},
          {'Name': ' 赵五 ', 'Score': 50, 'Course': ' 数据库技术 '},
          {'Name': ' 王六 ', 'Score': 96, 'Course': 'C 程序设计 '},
          {'Name': ' 周赞天 ', 'Score': 55, 'Course': 'Python 程序设计 '},
          {'Name': ' 任平 ', 'Score': 67, 'Course': ' 数据库技术 '},
          {'Name': ' 马非 ', 'Score': 49, 'Course': 'Python 程序设计 '}] # 初始化学生列表
print(" 选修课程全体同学信息: ")
for stu in students:
    for key,item in stu.items(): # 输出 students 列表中每个字典元素项 (key,item)
        print(key,item)
print("\n 选修课程不及格同学信息: ")
for stu in students:
    if stu['Score']<60:
            print(stu['Name'],stu['Score'],stu['Course'])
```

运行结果：

```
选修课程全体同学信息:
Name 李四
Score 79
Course Python 程序设计
Name 张三
Score 88
Course Java 程序设计
Name 赵五
Score 50
Course 数据库技术
Name 王六
Score 96
Course C 程序设计
Name 周赞天
Score 55
Course Python 程序设计
Name 任平
Score 67
Course 数据库技术
Name 马非
Score 49
Course Python 程序设计
选修课程不及格同学信息:
赵五 50 数据库技术
周赞天 55 Python 程序设计
马非 49 Python 程序设计
```

2.4.6　集合及其操作

集合类型（set）是一组对象的集合，同一个集合可以由各种不可变类型对象的元素组成，元素间无序且不重复。集合的基本功能是进行成员关系测试和删除重复元素。

1. 创建集合

可以使用大括号或者 set() 函数创建集合。为与创建一个空字典相区别，创建一个空集合 s 必须用 set() 而不是 s ={ }，因为 { } 已被用于创建一个空字典：

```
s= set()   # 创建一个空集合
```

创建一个专业 Dept 集合实例如下：

```
Dept= {'Computer', 'Art', 'Math', 'Chinese', 'Art', 'Automation', 'Trade'}
```

也可以用函数 set() 创建集合：

```
a= set('abc123')                    # 等价于 a= {'1', '3', 'c', 'a', '2', 'b'}
b=set(range(6))                     # 创建集合 b={0, 1, 2, 3, 4, 5}
```

2. 访问集合元素

```
print(Dept)                         # 输出集合中的重复元素 'Art' 会被自动去掉
```

集合对象的主要方法与运算列表见表 2-16（设集合 a= {1, 2, 3, 'a', 'b', 'c'}, b={0, 1, 2, 3, 4, 5}）。

表 2-16　集合对象的主要方法与运算列表

方法与运算	功能	举例
add()	增加（不重复）新元素	b.add（6）#b 返回 {0, 1, 2, 3, 4, 5, 6}
remove()、discard()	都从集合中删除一个指定元素，区别在于如元素不在集合中 remove() 会抛出异常，而 discard() 则忽略该操作	a.remove（'c'）#a 返回 {1, 2, 3, 'a', 'b'}
clear()	清空集合	b.clear() #b 返回空集合 set()
a–b 或 a.difference（b）	差集运算：取一个集合中在另一集合中没有的元素	a–b 返回 {'c', 'a', 'b'}
a|b 或 a.union（b）	并集运算：取两集合的全部元素	a|b 返回 {0, 1, 2, 3, 4, 5, 'c', 'a', 'b'}
a&b 或 a.intersection（b）	交运算：取两集合公共的元素	a&b 返回 {1, 2, 3}
a^b 或 a.symmetric_difference(b)	对称差集：a 和 b 中不同时存在的元素	a^b 返回 {0, 'c', 4, 5, 'a', 'b'}
in	判断是否包含	1 in a 返回 True
not in	判断是否不包含	1 not in b 返回 False

2.5　函数与模块

2.5.1　函数

1. 函数的定义与调用

函数是指一段可以直接被其他程序或代码引用的具有特定独立功能的代码块。函数可以被重复调用，通过更高效地组织和简化代码，以实现代码重用。函数定义格式如下：

```
def 函数名（形式参数）:
    函数体
    return 表达式或者返回值
```

函数名必须符合 Python 标识符的规定。形式参数（形参）可选，即函数参数可有可无，形参间用逗号分隔；形参不代表任何具体的值，只有在函数调用时，通过实际参数（实参）把具体的值赋给形参；函数必须先定义后使用。函数体是语句序列，左端必须缩进空格；当函数有多个参数需要传递时，实参按照位置顺序一一对应地把值传递给形参。函数通过 return 语句返回值（多个返回值以元组形式返回），如没有 return 语句则返回 None（空值）。

【例 2-20】定义函数 circle()，要求输入半径后计算出圆的面积。

```
# 方法一：直接在函数中输出结果，无须返回圆面积
def circle(r):                                 #circle() 函数定义， 形式参数 r 无须
                                               # 定义类型
    area=3.14*r*r                              # 函数中的语句必须缩进相同空格数
    print(" 半径为 ",r," 的圆面积为：",area)   # 直接在函数中输出结果，无须返回圆面积
                                               # 主程序开始
r=eval(input(" 请输入半径："))                 # 主程序与 def 都无缩进空格
circle(r)                                      # 函数调用，实参 r 的值传递给形参 r（实参
                                               # r 与形参 r 是 2 个变量，可不同名）
```

运行结果：

```
请输入半径: 2< Enter >
半径为 2 的圆面积为: 12.56
# 方法二: 函数返回计算出的圆面积值到主程序再输出结果
def circle(r):                     # circle() 函数定义， 形式参数 r 无须定义类型
    area=3.14*r*r                  # 函数必须缩进相同空格数
    return area                    # 返回圆面积 area 的值到主程序
                                   # 主程序
x=eval(input(" 请输入半径: "))
s=circle(x)         # 函数调用，实参 x 的值传递给形参 r，接受函数返回的圆面积值并赋给 s
print(" 半径为 ",x," 的圆面积为: ",s)
```

方法二程序运行结果同方法一。

2. 返回多个函数值

当有多个函数返回值时，可通过以下方式实现：

1）一个函数可以含两个以上 return 语句，以返回两个以上不同的值，程序执行到任何一个 return 语句后，返回对应 return 语句的返回值。

2）return 语句可以返回列表、元组或字典，以返回多个值。

3）默认以元组形式返回多个函数值。

【例 2-21】编写一个输入一元二次方程的二次项系数 a、一次项系数 b 和常数项 c，求解一元二次方程根的程序。

```
import math
# 定义求解一元二次方程根函数，形参 a、b、c 依次接受实参 x、y、z 的值
def solution (a,b,c):
    if a == 0:      # 如二次项系数 a 为 0，则输出 1 个实根
        return -c/b;
    else:
        if b*b-4*a*c < 0:                   # Δ<0 有虚根
            x1=complex((-b)/(2*a),math.sqrt(abs((b*b-4*a*c)))) # 复数表示虚根
            x2=complex((-b)/(2*a),-math.sqrt(abs((b*b-4*a*c))))
        elif b*b-4*a*c == 0:                # Δ=0 有 2 个相同的实根
            x1=(-b)/(2*a)
            x2=(-b)/(2*a)
        elif b*b-4*a*c > 0:                 # Δ>0 有 2 个不同的实根
            x1=(-b+math.sqrt(b*b-4*a*c))/(2*a)
            x2=(-b-math.sqrt(b*b-4*a*c))/(2*a)
# 有 2 个以上函数返回值时，默认以元组（圆括号可省略）形式返回函数值:
        return (x1,x2)
x = int(input(" 请输入系数 a:"))
y = int(input(" 请输入系数 b:"))
z = int(input(" 请输入系数 c:"))
# 调用函数 solution (x,y,z)，实参 x、y、z 的值依次传递给形参 a、b、c
print(" 方程解: ", solution (x,y,z))
```

运行结果：

```
请输入 a:1< Enter >
请输入 b:5< Enter >
请输入 c:4< Enter >
方程解: (-1.0, -4.0)
```

将【例 2-21】最后一行代码 print（" 方程解："，solution（x，y，z））改为：

```
x1,x2= solution (x,y,z)
print("x1=",x1,"x2=",x2)
```

则程序运行结果：

```
请输入系数 a:1< Enter >
请输入系数 b:5< Enter >
请输系数入 c:4< Enter >
x1= -1.0 x2= -4.0
```

3. 函数参数传递

（1）关键字参数与默认参数

关键字参数可通过“键 = 值”形式指定实参值；函数默认参数也称缺省参数（在形参位置定义）。如函数调用时，默认参数有实际值传递，则默认参数值无效；否则使用这个默认值作为形参值。如有位置参数时，位置参数必须在关键字参数或默认参数的前面，但关键字参数与默认参数间不存在先后顺序关系。

【例 2-22】关键字参数与默认参数举例。

```
def display(a,b='理工',c='大学'):          # 位置参数 a 必须在默认参数 b、c 的前面
    print (a+b+c)                          # 字符串连接后打印
# 主程序
display('上海')                  # 实参值：'上海'传递给形参 a，而 b、c 的默认值作为形参值
# 位置参数'北京'在关键字参数 b 前，关键字参数'科技'传给形参 b（b 的默认参数值无效）：
display('北京',b='科技')
# 位置参数'上海'在关键字参数前，关键字参数'中德国际学院'传给形参 c（默认参数值无效）：
display('上海',c='中德国际学院')
```

运行结果：

```
上海理工大学
北京科技大学
上海理工中德国际学院
```

（2）可变参数

可变参数也称不定长参数，用于调用函数传递参数个数可变的场合。可变参数在参数前面加上 '*' 或者 '**'，'*' 和 '**' 表示能够接受 0 到任意多个参数。其中，'*' 表示将没有匹配的值都存放到同一个元组中；'**' 表示将没有匹配的值都存放到一个字典中。

【例 2-23】可变参数举例。

```
def onestar(name,*information):
    print ('Sudent name is %s: '%name)
    for info in information:
        print (info)
def twostar(**information):
    for info in information.items():
        print (info)
# 主程序
onestar('张思')          # 实参值：'张思'传送给 name ,information 接受 0 个参数值
#'张思'传送给 name ，元组（'Python 程序设计',）传送给 information:
onestar('张思','Python 程序设计')
#'张思'传送给 name ，元组（'Python 程序设计', 65）传送给 information:
```

```
onestar('张思','Python 程序设计',65)
#字典{ Name:'李克',Course:'数据库技术',Score:75}传送给 information:
twostar(Name='李克',Course='数据库技术',Score=75)
```

运行结果:

```
Sudent name is 张思:
Sudent name is 张思:
Python 程序设计
Sudent name is 张思:
Python 程序设计
65
('Name', '李克')
('Course', '数据库技术')
('Score', 75)
```

（3）可变与不可变对象参数

在 Python 中，函数参数值是通过引用（存储地址）来传递的。将实参以变量参数的形式传递给函数形参，如函数体内部对该形参值进行修改，函数调用结束后，实参值是否随形参值变化而变化？这要分两种情况来讨论：

1）如果传递的参数变量是一个不可变对象（指整型、浮点型、字符串或元组对象）的变量，函数内部对该形参变量的任何修改都不会对调用者的实参产生影响。

2）如果传递的参数变量是一个可变对象（指列表、字典或集合对象）的变量，函数内部对该形参变量的修改都会同时影响到实参变量，函数调用结束后，实参也能看到相同的修改效果。

【例 2-24】函数可变与不可变对象参数传递示例。

```
def ref_value(a):
    print(a)       #函数参数值是引用（存储地址）传递，实、形参值相同
    print(id(a))   #打印形参 a 存储地址，可验证实、形参变量引用地址相同
    a += a         #如参数值 a 为整型，则产生新的整型 a；如参数值 a 为列表，则列表不变
    print("a=",a)
    print(id(a))   #参数值 a 为整型，则 a 产生新存储地址；如 a 为列表，则列表存储地址不变
#主程序
b = 10             # b 为整型（属不可变对象）
print("调用函数前 b=",b,"，实参 b 存储地址：",id(b))
ref_value(b)
print("调用函数后 b=",b)         # 整型属不可变对象，函数内部修改形参的值不会影响实参 b
c = [1, 3]                      # c 为列表（属可变对象）
print("调用函数前 c=",c,"，实参 c 存储地址：",id(c)))
ref_value(c)
print("调用函数后 c=",c)         # 列表属可变对象，函数内部修改形参的值同时影响实参 c
```

运行结果：

```
调用函数前 b= 10，实参 b 存储地址： 140731320857136
10
140731320857136
a= 20
140731320857456
调用函数后 b= 10
调用函数前 c= [1, 3] ，实参 c 存储地址： 1917681370056
[1, 3]
```

```
1917681370056
a= [1, 3, 1, 3]
1917681370056
调用函数后 c= [1, 3, 1, 3]
```

4. 变量作用域

变量作用域指的是变量有效范围，主要分为两类：局部变量和全局变量。其中，局部变量是定义在函数体内部的变量（形参也是局部变量），只在函数体内部有效；全局变量是在函数外部声明的变量，其作用范围是从定义开始到程序结束，包括变量定义后所调用的函数内部。

函数内部局部变量与全局变量同名时，局部变量屏蔽全局变量，但可以通过 global 关键词将函数内部的变量声明为全局变量，该全局变量可在函数声明位置后的剩余语句中被有效使用。

【例 2-25】变量作用域示例。

```
a=2;b=-2;c=5                    # 在所有函数外部创建全局变量 a,b,c
def fun1():
    a=-2;b=2                    # 函数内部创建局部变量 a,b
    print (a,b,c,end=" ")       # 局部与全局变量同名时，局部屏蔽全局变量，显示局部变量值
def fun2():
    global a                    # 在函数内部存取全局变量 a 的值，要先使用 global 关键
                                # 字声明 a 是全局变量
    a=a+1                       # 全局变量 a 加 1, a=3
    # 如此处使用 c=c+1 则出错，读取的 c 不是局部变量
    print (a, end=" ")          # 打印全局变量 a 的值
fun1()
print (a, end=" ")              #a 在函数外是全局变量，打印全局变量值 a=2
fun2()
print (a, b,end=" ")            # 打印全局变量值 a=3，全局变量值 b=-2
```

运行结果：

```
-2 2 5 2 3 3 -2
```

5. 匿名函数 lambda

匿名函数就是没有函数名的函数，也称为 lambda 表达式。lambda 声明匿名函数定义格式如下：lambda 形式参数 : 表达式。

其中形式参数可以有多个，用逗号隔开。只返回一个表达式的计算结果。

下面分别用函数和 lambda 表达式实现 3 个数相加求和程序：

```
# 以下用函数实现 3 个数相加求和：
def add(a, b,c):
    return a + b +c
result = add(-10,20,30)
print(result)                   # 打印 40
# 用匿名函数 lambda 使得程序变得更加简洁：
print((lambda a,b,c: a+b+c)(-10,20,30))
```

以下是 lambda 表达式的一些更复杂的使用示例：

（1）带判断的 lambda 表达式

```
# 输出 a,b 中的较大数：如 a>b 表达式的值取 a, 否则取 b
print((lambda a, b: a if a > b else b)( -10,20))
```

（2）lambda 表达式用于列表排序

```
# 按成绩'Score'值降序（从高到低）排列students列表：
students=[{'Name': '李四', 'Score': 79, 'Course': 'Python程序设计'},
          {'Name': '张三', 'Score': 88, 'Course': 'Java程序设计'},
          {'Name': '赵五', 'Score': 50, 'Course': '数据库技术'},
          {'Name': '王六', 'Score': 96, 'Course': 'C程序设计'},
          {'Name': '周赞天', 'Score': 55, 'Course': 'Python程序设计'},
          {'Name': '任平', 'Score': 67, 'Course': '数据库技术'},
          {'Name': '马非', 'Score': 49, 'Course': 'Python程序设计'}]
students.sort(key=lambda x: x[' Score '], reverse=True) # reverse项默认为升序排列
print(students) # students列表中的字典元素按成绩'Score'值降序排列输出
```


6. 递归

如果一个函数在内部直接或间接地调用自身被称为递归调用。使用递归的基本思路是把一个大的复杂问题层层转化为一个与原问题相似的规模较小的问题来求解，递归实现必须满足以下两个必要条件：

1）存在递归终止条件，当层层递归调用满足这个条件的时候，递归便不再继续。

2）按照递归调用通式，每次递归调用之后能越来越接近这个终止条件。

【例 2-26】使用欧几里得算法（辗转相除法），编写求两个正整数最大公约数递归函数。

辗转相除法最大公约数递归公式如下（设两个正整数 m>n）：

$$gcd=\begin{cases} n \quad m \bmod \quad n=0 \\ gcd\,(n, m \bmod n) m \bmod n \neq 0 \end{cases} \tag{2-1}$$

```
def gcd(m,n):
    ifm%n==0:
            return n # 如较大数m能整除较小数n，则返回较小数n为最大公约数
    else: # 否则（即m不能整除n），较小数n成为新的较大数，余数作为新的较小数
            return gcd(n,m%n)          # 并继续递归调用函数gcd
# 主程序
print("请输入2个整数：")
m=int(input("m="))
n=int(input("n="))
if m<n:
    m,n=n,m                    # 如m<n，则2数交换
print("最大公约数：",gcd(m,n))
```

运行结果：

```
请输入2个整数：
m=18<Enter>
n=24<Enter>
最大公约数： 6
```

7. 函数式编程基础

Python 还支持函数式编程，函数式编程与普通编程方式相比具有代码简洁、“并发编程”没有循环体等特点。在函数式编程中，函数对象可以赋值给变量（例如求绝对值：fn=abs；fn（−9）结果为 9）；把函数对象作为函数的参数或函数返回值为函数对象的函数

称为高阶函数。

以下简要地介绍一些函数式编程常用函数：

（1）map() 函数

```
list(map(abs,[-2,4,-6, 8,-10]) ) #对列表所有元素求绝对值，输出结果列表为 [2, 4, 6, 8, 10]
```

（2）filter() 函数

使用 Python 内置高阶函数 filter() 过滤输出列表中所有正数元素示例：

```
def posi(x):
  return x>0
print(list(filter(posi,[-2,4,-6, 8,-10])))              # 输出 [4, 8]
```


（3）zip() 函数

使用高阶函数 zip() 实现 2 个列表对应位置元素的相加运算示例：

```
a=[-2,4,-6, 8,-10];b=[1,-3,5, -7,9]
for x,y in zip(a,b):
    print("{0}+{1}={2}".format(x,y,x+y)) # 将 3 个输出值依次在 {0}、{1}、{2} 位置显示
```

运行结果：

```
-2+1=-1
4+-3=1
-6+5=-1
8+-7=1
-10+9=-1
```

（4）enumerate() 函数

用 enumerate() 函数遍历序列中的 5 天工作日元素，并迭代生成当前元素索引位置示例：

```
workday=['Monday','Tuesday','Wednesday','Thursday','Friday']
for i,wd in enumerate(workday,start=1): # 从 1 开始生成元素索引，start 默认从 0 开始索引
      print(" 星期 {0}:{1}".format(i,wd)) # 2 个输出值 i,wd 依次在 {0}、{1} 位置显示
```

运行结果：

```
星期 1:Monday
星期 2:Tuesday
星期 3:Wednesday
星期 4:Thursday
星期 5:Friday
```

2.5.2 自定义模块与包

每个 Python 文件都可作为一个模块，模块的名字就是文件的名字（不带 .py 文件扩展名）。一个模块里可定义多个函数、变量和类（类的相关内容将在后面章节中介绍）。模块可以在其他模块（Python 文件）中用 import 导入，并使用模块中的函数、类和变量。

在设计复杂程序时，如果所有代码都写在一个模块（Python 文件）中，会不利于调试与维护，因此经常需要用到自定义模块。

【例 2-27】自定义模块的导入与调用示例。

```
# 以下为 module2_27.py（module2_27 模块）文件内容：
m=18
```

```
n=24
def gcd(m,n):                           # 求最大公约数函数
        if m % n==0:
                return n                # 如较大数 m 能整除较小数 n，返回较小数 n 为最大公约数
        else: # 否则（m 不能整除 n），较小数 n 作为新的较大数，余数作为新的较小数
                return gcd(n,m % n)
def compare(x,y):
   if x<y:
       return y,x                       # 如 m<n，则 2 数交换
   else:
       return x,y
# 主程序
if __name__=="__main__":                # 如其他模块导入本模块后，在其他模块中以下代码将不被执行
       print("m=",m,",n=",n)
       m,n=compare(m,n)                 # 调用 compare() 函数，使得 m>n
       print(" 最大公约数 :",gcd(m,n))
```

运行结果：

```
m= 18 ,n= 24
最大公约数 : 6
# 以下为例 2-27.py（例 2-27 模块）文件内容：
import module2_27                       # 导入 module2_27 模块
print(" 请输入 2 个整数：")
m=int(input("m="))
n=int(input("n="))
if m<n:
       m,n=n,m                          # 如 m<n，则 2 数交换
print(" 最大公约数 :", module2_27.gcd(m,n))
```

运行例 2-27.py 模块（导入了 module2_27 模块）结果：

```
请输入 2 个整数：
m=32<Enter>
n=48<Enter>
最大公约数 : 16
```

module2_27.py 中如无 if __name__=="__main__"：语句，则“【例 2-27】模块”程序运行结果如下：

```
m= 18 ,n= 24
最大公约数 : 6
请输入 2 个整数：
m=32<Enter>
n=48<Enter>
最大公约数 : 16
```

以上运行结果可以发现如删除 if __name__=="__main__"：，被导入的 module2_27 模块中 if __name__=="__main__"：后面的语句（主程序）会被先执行。

由双下划线 "_ _" 开始与 "_ _" 结尾的变量属 Python 系统变量。如直接执行 module2_27 模块，则 __name__=="__main__" 条件为 True；但如启动执行【例 2-27】模块，则被导入模块的 __name__=="__main__" 条件为 False。即只有从包含 if __name__=="__main__：" 语句的模块启动执行，__name__=="__main__" 条件才为 True，并

执行 if __name__=="__main__：" 后面的语句。

下面再简单地介绍一下“包”的概念与使用。在大型项目中通常需要创建很多模块，为便于维护与使用，还可以把一些相关的模块使用包组织成层次结构。在一个普通文件夹中，创建一个名称为 __init__.py 的文件（文件内容可以是空），那么该文件夹就变成了一个“包”，“包”又可以是包含模块和子包的集合。

以下为创建一个名为 package1 的包来重新实现【例 2-27】的过程：

1）改写例 2-27.py 文件的第 1 行代码内容如下：

```
from package1 import module2_27          # 导入 package1 包中的 module2_27
```

2）在 2–27.py 文件所在的文件夹中新建一个子文件夹，名为“package1”；在 package1 子文件夹中创建空文件 __init__.py；复制 module2_27.py 到 package1 子文件夹中。

然后，执行改写后的例 2-27.py 文件可得到与【例 2-27】相同的运行结果。

2.6 面向对象的编程技术

2.6.1 面向对象程序设计的基本概念

现实世界中的每一个相对独立的事物都可视为一个对象，每个对象都具有描述其特征的属性及附属于它的行为（操作）。例如，一辆车、一栋楼和一个学生都是一个具体的对象，每个对象又有自己的属性数据，如车辆的属性有颜色、车速和车座数等，车的行为（操作）可以包含前行、倒车和加速等。作为计算机模拟真实世界的抽象，可把对象理解为编程的基本单元。操作系统中的窗体、窗体中的按钮，学校教务管理系统中的学生等都是对象。按钮对象上所显示文字的字体、字号和按钮位置等都是对象的属性，而鼠标单击按钮所完成对应的功能就是操作。再如学生对象可包含姓名、专业、课程和成绩等属性数据，也可包括删除、添加和显示学生信息等操作。

通过对象的共同特征可以给对象分类。类是对所有具有共同特征的事物的抽象，是一个抽象的概念。类是一个具有类似特征与共同行为的对象的“模板”。这个模板通过定义属性来存储数据，通过定义操作来使用这些数据，类同时也定义了一套规则来允许或禁止访问它的属性和操作（方法）。类好比是造楼的“模板”（建筑图样），按照“模板”（建筑图样）造出来的一栋栋楼就是一个个具体的对象；又如根据学生类可以创建出一个个实例化的学生对象，每个学生对象都有自己的姓名、专业、课程和成绩等属性数据及操作（方法）。

面向对象的程序设计是一种计算机编程架构，具有封装（把客观事物抽象并封装成对象）、继承（无须改写并允许使用原来的类功能，且可对这些功能进行扩展）、多态性（对象可表示多个类型的能力）三大特性，面向对象程序设计的关键就是如何合理地定义和组织这些类以及类之间的关系，并设计出低耦合的系统，使系统更加易于维护、复用和扩展。

Python 是典型的面向对象的程序设计语言，例如通过赋值 a=12 就创建一个 int 类的对象 a，该对象的值为 2；使用 b="Python" 创建一个 str 类的对象，b 对象的值为 "Python"。

2.6.2 类的定义与对象创建

定义类的语法格式如下：

```
class 类名：
```

```
类变量定义                                    # 成员属性定义
def __init__(self , 对象初始化参数)           # __init__称构造函数，创建对象后被自动调用
        实例变量初始化                        # 进行实例初始化，第一参数 self 表示“本实例”
def 函数名(self , [形式参数])                 # 实例成员方法（函数）定义
        函数体
        …
def __del__(self )               # 析构函数，在收回对象空间之前自动执行，可用于释放
析构函数体                       # 对象占用的资源，如类中未定义析构函数将执行默认析构函数
```

对象又称实例，对象创建的语法格式如下：对象名 = 类名()。

创建对象的过程也叫实例化对象，实例的方法以“对象名 . 方法([实际参数])”的格式被调用。

【例 2-28】定义一个圆柱体类 Cylinder，含有实例属性（半径 r，高 h），类属性（pi），计算和打印圆柱体的圆面积、体积的函数。

```
class Cylinder:                          # 定义类，类名的第一个字母习惯用大写
    pi=3.14                              # 定义类变量
    def __init__(self,a,b):              # 构造函数，实例初始化第一参数必须是 self
        self.r=a                         # 定义本实例变量 self.r
        self.h=b                         # 定义本实例变量 self.h
    def volume(self):                    # 定义计算圆柱体体积的成员函数
        r=self.r;h=self.h=b
        self.v=r*r*h*Cylinder.pi         # 定义存放圆柱体体积的本实例变量 self.v
    def print(self):                     # 定义打印圆柱体的圆面积、体积的成员函数
        print('圆柱体的体积=',self.v)
        print('圆面积=',self.s)
    def area(self):                      # 定义计算圆柱体的圆面积的成员函数
        r=self.r
        self.s=r*r*Cylinder.pi           # 定义存放圆面积的本实例变量 self.s
    def __del__(self):                   # 定义析构函数
        print("c 对象不存在了！ ")
# 主程序
a=float(input("请输入圆柱体的半径:"))
b=float(input("请输入圆柱体的高:"))
c=Cylinder(a,b)     # 创建一个 Cylinder 类的对象 c，初始化参数：a，b
c.volume()          # 参数 self 代表当前对象不需要传值，因此这里无参数调用求体积实例成员函数
c.area()            # 调用对象 c 的求圆面积成员函数 area()
c.print()           # 调用实例 c 的成员函数 print () 打印计算结果
del c               # 删除 c 对象变量，自动执行析构函数 __del__(self)
```

运行结果：

```
请输入圆柱体的半径:1<Enter>
请输入圆柱体的高:2<Enter>
圆柱体的体积= 6.28
圆面积= 3.14
c 对象不存在了！
```

2.6.3 属性

属性有实例属性和类属性两种。

1. 实例属性

实例属性只属于特定对象，有两种定义方式：①在类的构造函数中以“ self. 实例属

性名”的格式定义实例属性；②在类的外面以“对象名 . 实例属性名”的格式定义实例属性。

2. 类属性

类属性是在类方法的外面定义的属性，类属性的值为类的所有实例对象所共享，既可通过类名访问，也可通过对象名访问。当以对象名访问类属性时，实例属性会屏蔽类属性，将读取实例属性值；而当以类名访问类属性时，将读取类属性值。此外，类属性还分成公有属性和私有属性。私有属性名前加有两个下划线“__”，私有属性不能在类外，通过对象名或类名访问。下面举例说明类属性的使用特点：


```
class Student:                # 定义类
    num = 0                   # 定义类属性 num，表示学生数
    sex = "性别"              # 定义类属性 sex，表示性别
Student. num += 1             # 通过类名访问类属性，将学生数加 1
print(Student. num)           # 类名访问，读取并显示类属性，打印：1
print(Student.sex)            # 类名访问，读取并显示类属性，打印：性别
s1 = Student()                # 创建 Student 类的实例对象 s1
s2 = Student()                # 创建 Student 类的实例对象 s2
print(s1.sex, s2.sex)         # 以实例对象名访问类属性，读取共享类属性值，打印：性别 性别
Student.sex = "男"            # 通过类名访问类属性，并修改类属性值
print(s1.sex, s2.sex)         # 再以实例对象名访问类属性（共享类属性值已改变），打印：男 男
s1.sex = "女"                 # 设置对象 s1 的 sex 变量值（此值专属于 s1，并屏蔽、保护类属性值不变）
print(s1.sex, s2.sex)         # 通过实例对象访问 sex 的值，打印：女 男（s2 对象仍共享类属性值）
del s1.sex                    # 删除对象 s1 成员变量的值
print(s1.sex,Student.sex)     # 读取并显示类属性，打印：男 男（s1 对象已恢复共享类属性值）
```

【例 2-29】属性操作示例。

```
class Student:
    age=0
    __score=100                    # 定义私有类属性
    def __init__(self,a,b,c):      # 构造函数，实例初始化
        self.number=a              # 定义本实例属性，注意加 self 前缀
        self.__name=b              # 定义私有实例属性
        self.birthday=c
    def Age(self):
        Student.age=2023-int(self.birthday[0:4])    # 今年为 2023 年，计算年龄
    def print(self):
        print("学生的学号为：",self.number)
        print("学生的名字为：",self.__name)          # 在类内允许访问私有实例变量
        print("学生的出生年份为：",self.birthday)
        print("学生的年龄为：",Student.age)
        print("学生的成绩为：",Student.__score)      # 在类内允许访问私有类属性
        print("学生的性别为：",self.sex)
# 主程序
a,b,c=input("请输入学生的学号、名字以及出生年份（空格隔开）:").split(' ')
s1=Student(a,b,c)                  # 类实例化，创建对象 s1
s1.sex="男"                        # 因类中未定义实例属性 sex，在类外可添加新的实例属性 sex
s1.Age()                           # 调用对象的方法（函数）
s1.print()
#print("s1.name:",s1.__name) 本语句会出错，私有属性变量不能从类外访问
print("Student.age:",Student.age)
```

```
print("s1.number:%s"%s1.number)
print("学生的性别为：",s1.sex)    # 在类外容许访问公有实例属性
```

运行结果：

```
请输入学生的学号、名字以及出生年份（空格隔开）:2123102 丁顾 1996<Enter>
学生的学号为： 2123102
学生的名字为： 丁顾
学生的出生年份为： 1996
学生的年龄为： 27
学生的成绩为： 100
学生的性别为： 男
Student.age: 27
s1.number:2123102
学生的性别为： 男
```

2.6.4 方法

方法可分为实例方法、类方法和静态方法。

1. 实例方法

实例（对象）方法可分为公有方法和私有方法，私有方法名字前加两个下划线“__”。公有方法如前面介绍的，可使用对象名直接调用方法。私有方法不能通过对象名直接调用，可在属于对象的方法中通过“self.__私有方法名”方式调用。此外，如通过类名调用实例方法时，需在实例方法的第一实际参数位置给出对象名。

2. 类方法

在类定义中，以 cls（表示本类）为第一个形参，并使用 @classmethod 进行修饰的方法称为类方法。类方法一般通过类名来访问，也可通过对象实例来调用。不管是使用类还是对象调用类方法，Python 都会将类方法的首个参数 cls 绑定到类本身（类似对象方法首个参数 self 绑定到对象本身一样）。

3. 静态方法

静态方法通过 @staticmethod 进行修饰，既可以使用类名，也可以使用类对象调用静态方法，静态方法中可以对类成员进行操作但不能对实例成员操作。静态方法与类方法使用相对较少。

【例 2-30】实例方法、类方法和静态方法的操作示例。

```
class Student:
    man = 0                              # 初始化类属性，表示男生数
    woman=0                              # 初始化类属性，表示女生数
    sex = "性别"                         # 定义类属性 sex，表示性别
    def __init__(self, sex ):            # 定义构造函数，根据 sex 参数初始化实例
        if sex=="男":
            Student.man+= 1              # 男生数加 1
        else:
            Student.woman += 1           # 女生数加 1
    def sex_output(self):                # 实例方法中，访问类属性，输出男、女生数
        print("男生：",Student.man,"女生：",Student.woman )
    @staticmethod
    def staticsex():                     # 静态方法中，输出类属性 sex，但不能访问实例
        print(Student.sex )
```

```
    @classmethod
    def classsex(cls):              # 类方法中，第一参数 cls 绑定到本类，输出类属性 sex
        print(cls.sex)
# 主程序
p1= Student("男")                   # 创建 p1 男生实例
p1.sex_output()                     # 用对象名访问实例方法
Student.staticsex()                 # 用类名访问静态方法
p1.staticsex()                      # 用对象名访问静态方法
Student.classsex()                  # 用类名访问类方法
p2=Student("女")                    # 创建 p2 女生实例
p3=Student("男")                    # 创建 p3 男生实例
Student.sex_output(p2)              # 用类名访问不同实例方法，第一位置实参要给出对象名
Student.sex_output(p3)              # 用类名访问不同实例方法，第一位置实参要给出对象名
```

运行结果：

```
男生：1 女生：0
性别
性别
性别
男生：2 女生：1
男生：2 女生：1
```

2.6.5 继承性

继承是实现软件复用的重要手段。在继承关系中，新设计的类称为子类或派生类，被继承的类称为父类或基类。子类可继承父类的公有成员，但不能继承父类的私有成员。子类如要调用父类的方法，可以使用内置函数 super() 或使用“父类名 . 方法名 ()”的方式来实现。Python 总是先从当前子类中查找调用方法，如找不到才去父类查找。

定义类的继承语法如下：

1. 先定义父类

```
class 父类名(object):
```

<类体语句>

2. 再定义子类

Python 支持多重继承，即一个子类可以继承多个父类：

```
class 子类名(父类1，父类2,…):
```

<类体语句>

注意：如子类不重写构造函数 __init__，则实例化子类时会自动调用父类的 __init__ 构造函数；如子类重写了 __init__ 构造函数时，实例化子类时就不会自动调用父类定义的 __init__ 构造函数，必须在子类构造函数中调用父类的构造函数。

【例 2-31】继承操作示例。

```
class Parent:           # 定义父类 Parent
    parent_attribute = 10               # 初始化父类属性值
    def __init__(self):                 # 定义父类构造函数
        print ("正在调用父类构造函数")
    def parent_method1(self):           # 定义父类公有方法
        print("正在调用父类公有方法")
```

```
        def __parent_method2(self):         # 定义父类私有方法
            print(" 正在调用父类私有方法 ")
        def set_attribute(self, a):
            Parent.parent_attribute = a
        def get_attribute(self):            # 定义父类公有方法
            print( " 父类属性值 :", Parent.parent_attribute)
            self.__parent_method2() # 允许从父类公有方法中去访问父类（类内）私有方法
class Child(Parent):                 # 定义子类 Child，继承父类 Parent（父类私有成员不能继承）
        def __init__(self):          # 定义子类 Child 的构造函数
            Parent.__init__(self) # 显式调用父类构造函数才能执行父类 Parent 的构造函数
            print( " 正在调用子类构造函数 ")
        def child_method(self):
            super().get_attribute() # 等同于 Parent().get_attribute()，从子类中调用父类方法
            print(" 正在调用子类方法 ")
# 主程序
c = Child()                          # 实例化子类 Child，创建对象 c
c.child_method()                     # 调用子类的方法
c.parent_method1()                   # 调用父类方法
c.set_attribute(-10)                 # 调用父类的方法，修改父类属性值
c.get_attribute()                    # 调用父类的方法，输出父类属性值，并执行父类私有方法
```

运行结果：

```
正在调用父类构造函数
正在调用子类构造函数
父类属性值 : 10
正在调用父类私有方法
正在调用子类方法
正在调用父类公有方法
父类属性值 : -10
正在调用父类私有方法
```


2.6.6 多态性

简单地说多态性就是不同的对象收到相同的消息，产生不同的行为。Python 可通过方法重写和运算符重载实现多态性。

1. *方法重写*

如果在子类中重新定义从父类继承的方法，则子类中定义的方法将覆盖从父类继承的方法。多个子类重写父类方法后，调用不同子类对象的相同父类方法，可以产生不同的执行结果。

【例 2-32】通过方法重写实现计算正方形和圆的面积。

```
class CalcuArea:                                 # 定义父类
        def __init__(self,x):                    # 定义父类构造函数
                self.x=x
        def area():                              # 定义父类计算面积方法
                pass                             # 空语句，没具体功能
class Square(CalcuArea):             # 定义求正方形面积子类，继承父类构造函数及计算面积方法
        def area(self):              # 子类重写父类计算面积方法
                return self.x**2                 # 返回正方形面积值
class Circle(CalcuArea):             # 定义求圆面积子类，继承父类构造函数及计算面积方法
```

```
        def area(self):        # 子类重写父类计算面积方法
                return 3.14*self.x**2    # 返回圆面积值
s=Square(2) # 创建求正方形面积子类实例 s，并调用父类构造函数（参数边长为 2）初始化 s
c=Circle(3) # 创建求圆面积子类实例 c，并调用父类构造函数（参数半径为 3）初始化 c
print("正方形面积:",s.area(),"; 圆面积:",c.area())# 分别调用实例 s、c 的求面积方法 area()
```

运行结果：

```
正方形面积： 4 ；圆面积： 28.26
```

2. 运算符重载

运算符因操作对象的类型不同而执行不同的操作，这种特性被称为重载。Python 的运算符实际上是通过调用对象的对应特殊方法实现的。以加法运算符为例：x+y 实际上是调用特殊方法 x.__add__（y）来实现的。除“+”运算符外，还有运算符“-”“*”“/”“==”“<”“|”（或运算）等对应特殊方法：__sub__()、__mul__()、__div__()、__eq__()、__lt__()、__or__() 等。还有函数 print（x）、len（x）等对应的特殊方法：__str__()、__len__() 等。

【例 2-33】通过运算符重载实现任意两个 Vector 类的对象的相加功能。

```
class Vector:
    def __init__(self, x, y):
        self.x = x
        self.y = y
    def __add__(self,other):                    # 重载加法“+”运算符
        return Vector(self.x + other.x, self.y + other.y)
    def __str__(self):                          # 重写 print() 方法，打印重载加法运算结果
        return 'Vector (%d, %d)' % (self.x, self.y)
# 主程序
v1 = Vector(14,9)
v2 = Vector(6,-8)
print (v1 + v2)
```

运行结果：

```
Vector (20, 1)
```

2.7 程序的异常处理

程序在运行过程中，如出现崩溃或是异常，就需要捕捉异常，并进行异常处理。以下为异常捕捉及处理语句格式：

```
try:
    可能发生异常的代码
except:
    如出现异常将执行的代码
else:
    没发生异常执行的代码
finally:
    无论是否异常都要执行的代码
```

上述语句格式中最后两项可根据需要取舍，“except:”项还可以设置多项对应多个错误的处理。

【例 2-34】输入一个算术表达式，要求用异常捕捉及处理语句捕捉“除数不能为零”

异常，以及“其他异常”（例如输入了非算术表达式）；如无异常则输出算术表达式计算结果；不管是否出错，程序均要求输出“程序运行结束！”。

```
try:                                          # 异常捕捉及处理语句
        c=eval(input(" 请输入算术表达式: ")) # eval() 函数将输入字符串转化为表达式
except ZeroDivisionError:                     # 捕捉表达式输入“除数为零”异常
        print(" 除数不能为零 ")
except:                            # 捕捉表达式输入其他异常，例如：输入非算术表达式
        print(" 其他异常 ")
else:
        print(" 运算结果：", c)    # 未捕捉到异常，则输出算术表达式计算结果
finally:
        print(" 程序运行结束！ ")  # 无论是否捕捉到异常，程序均输出“程序运行结束！”
```

第一次运行结果：

```
请输入运算表达式：9/3<Enter>
运算结果：3.0
程序运行结束！
```

第二次运行结果：

```
请输入运算表达式：8/0<Enter>
除数不能为零
程序运行结束！
```

第三次运行结果：

```
请输入运算表达式：Hello<Enter>
其他异常
程序运行结束！
```

2.8　用户界面设计

2.8.1　Tkinter 用户界面设计

Python 支持多种用于设计图形用户界面的模块，tkinter 模块（"Tk 接口"）是 Python 的标准 Tk GUI 工具包的接口。

1. 图形用户界面设计基本步骤

1）导入 tkinter 模块：import tkinter 或 from tkinter import * 。

2）创建一个顶层容器对象：

```
root = tkinter.Tk()              # 创建窗体对象 root，Tk() 首字母 T 要大写
```

3）设置窗体初始的大小（宽 x 高）；相当于屏幕左上角为原点（0，0），窗体左上角位置坐标为（x，y）：root.geometry（'宽 x 高 + x 坐标 + y 坐标'）。

注意：“宽 x 高”中的“x”是字母。

4）在顶层容器对象中，添加其他组件。

5）调用 pack、grid 或 place 方法进行容器的区域组件布局。

6）进入主事件循环：root.mainloop()。

当容器进入主事件循环状态时，监控容器内部的每个组件，处于循环等待和处理事件状态，并保持图形对象显示状态。

2. 界面布局管理

（1）pack 布局

pack 布局管理方式按组件的创建顺序在容器区域中排列。pack 的常用属性有 side 和 fill。side 属性：其取值为 'top' 'bottom' 'left' 'right'，分别表示组件排列（放置）在上、下、左、右的位置，默认为 top。fill 属性：其取值为 'x' 'y' 或 'both'，分别表示填充 x（水平）、y（垂直）或同时两个方向的空间。

（2）place 布局

place 布局管理方式为指定组件的坐标位置排列（放置），这种排列方式又称为绝对布局。

（3）grid 布局

grid 布局管理方式为采用表格结构组织组件，组件放置在二维表格的单元格中。grid 布局的常用属性有：row（行）、column（列）、rowspan（组件占据行数）、columnspan（组件占据列数）。

3. 常用组件

Tkinter 常用组件见表 2-17，本书受篇幅限制不介绍菜单等组件。

表 2-17　Tkinter 常用组件

组件	功能说明	组件	功能说明
Label 标签控件	用来显示文本和位图	Button 按钮控件	创建、显示按钮，用于执行单击操作
Entry 输入控件	显示、输入及编辑文本内容	Listbox 列表框控件	在 Listbox 窗口显示字符串列表，允许用户选择一项或多项
Radiobutton 单选按钮控件	只能从多个选项中选一项的单选按钮	Checkbutton 复选框控件	提供多项选择框，可打钩选中或取消选中
Frame 框架控件	显示一个矩形区域，可作为容器	Messagebox 消息框	用来显示消息的消息框

【例 2-35】使用标签、按钮控件及 pack 布局管理方式编写运行界面，实现单击“计时”按钮开始倒计时 10s 程序（从第 10s 开始倒计时，每过 1s 减去 1s，减至 0 后再重新从第 10s 开始倒计时）。

```
from tkinter import *                       # 导入 tkinter 模块
root = Tk()                                 # 创建窗体对象 root
root.geometry("100x90+600+300")  # 初始化窗体大小（100x90）、位置坐标（600,300）
lab1=Label(root,text=" 倒计时 10s 程序 ",bg="green") # 在窗体 root 内创建绿色背景的标签
lab1.pack(side="bottom",fill="x") # 在窗体底部横向填满标签 lab1，效果如图 2-17a 所示
#lab1.pack(side="left",fill="y")  在窗体左边纵向填满标签 lab1，效果如图 2-17b 所示
#lab1.pack(side="right",fill="y")  在窗体右边纵向填满标签 lab1，效果如图 2-17c 所示
lab2=Label(root,text="10")                  # 在窗体 root 内创建标签 lab2，标签设置显示数字 10s
lab2.pack()
x=11                                        # 设置倒计时计数变量初值
def start():                                # 定义按钮单击后触发的执行函数 start()
        global x                            # 以下 x 为全局变量
        if x==0 : x=11                      # 计数变量 x 如已被减至 0，则重置初值为 11
        x-=1                                # 计数变量 x 减 1s
```

```
        lab2["text"]=str(x)           # 标签 lab2 显示减 1s 后的计数值
        #lab2.config(text=str(x)) 可使用本语句替代上一条语句实现标签 text 属性值的改变
        root.after(1000,start)        # 延时 1000ms（即 1s）后，执行 start() 函数
b1=Button(root,text="计时",command=start) # 创建"计时"按钮，单击按钮执行 start() 函数
b1.pack()
root.mainloop()
```

a)　　b)　　c)

图 2-17　倒计时 10s 程序 pack 布局的不同效果

【例 2-36】使用 Entry 等控件及 place 布局管理方式，编写运行界面的信息注册系统，如图 2-18 所示。输入姓名、性别和爱好后，单击"提交"按钮弹出确认输入信息消息框。

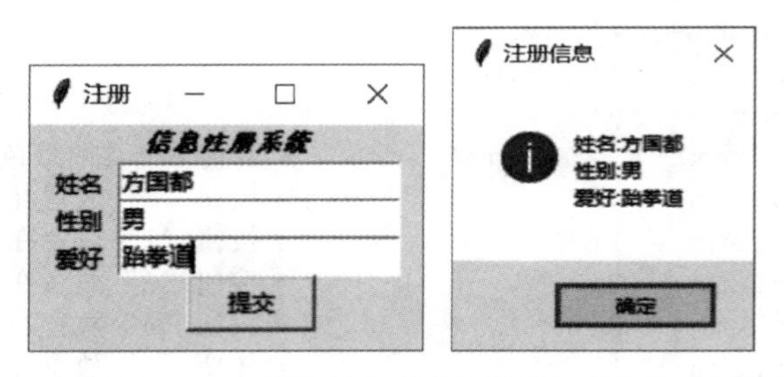

图 2-18　使用 place 布局管理方式编写运行界面的信息注册系统

```
from tkinter import *
from tkinter import messagebox as msgbox          # 导入消息框，取模块别名为 msgbox
win = Tk()                                        # 创建窗体对象 win
win.title("注册")                                  # 设置窗体标题为"注册"
win.geometry("200x120+600+300")                   # 初始化窗体大小、位置坐标
def info():                                       #info() 函数定义，sex.get()、ho.get()
                                                  # 分别获取输入框输入的性别、爱好
        s="姓名:"+name.get()+"\n 性别"+sex.get()+"\n 爱好"+ho.get()
        msgbox.showinfo("注册信息",s) # 消息框显示输入的注册信息
# 设置标签字体：宋体、10 号、粗（bold）、斜（italic）体字
Label(win,text ='信息注册系统',font=("宋体","10","bold italic")).pack()
# 设置标签宽度 6，相对于 win 窗体左上角为原点（0,0），放置标签左上角于绝对坐标（1,20）
Label(win,text = '姓名',width=6).place(x=1,y=20)
name=Entry(win,width=20)                          # 设置输入框宽度 20
name.place(x=45,y=20)                             # 输入框左上角绝对坐标（45，20）
Label(win,text = '性别',width=6).place(x=1,y=40)  # 标签文字"性别"，宽度 6，绝对
坐标（1，20）
sex=Entry(win,width=20)
sex.place(x=45,y=40)                              # 输入框绝对坐标（45，40）
```

```
Label(win,text = '爱好',width=6).place(x=1,y=60)  # 标签文字“爱好”，宽度 6，绝对坐标（1，60）
ho=Entry(win,width=20)
ho.place(x=45,y=60)                              # 绝对坐标（45，60）
# 创建按钮，按钮文字“提交”，定位绝对坐标（80，80），宽度 8，鼠标单击后执行 info() 函数
Button(win,text = '提交',command=info,width=8).place(x=80,y=80)
```

【例 2-37】使用 grid 几何布局管理方式实现如图 2-19 所示密码锁程序的图形用户界面。


```
from tkinter import *                       # 导入 tkinter 模块
root = Tk()                                 # 创建窗体对象
root.geometry('155x150+280+280')   # 初始化主窗口大小及窗口坐标位置（屏幕左上角为原点）
root.title("密码锁示例")
Label(root,text ="输入 6 位密码后按 '*' 字符开门").place(x=1,y=130)
# 以下使用 Grid 网格布局
N0 = Button(root, text ='0')
N1 = Button(root, text = '1', width=5)
N2 = Button(root, text = '2', width=5)
N3 = Button(root, text = '3', width=5)
N4 = Button(root, text = '4', width=5)
N5 = Button(root, text = '5', width=5)
N6 = Button(root, text = '6', width=5)
N7 = Button(root, text = '7', width=5)
N8 = Button(root, text = '8', width=5)
N9 = Button(root, text = '9', width=5)
Star = Button(root, text = '*',fg='red')    # 设置 '*'（前景色）为红色
N1.grid(row = 0, column = 0)                # 按钮“1”放置在 0 行 0 列
N2.grid(row = 0, column = 1)                # 按钮“2”放置在 0 行 1 列
N3.grid(row = 0, column = 2)                # 按钮“3”放置在 0 行 2 列
N4.grid(row = 1, column = 0)                # 按钮“4”放置在 1 行 0 列
N5.grid(row = 1, column = 1)                # 按钮“5”放置在 1 行 1 列
N6.grid(row = 1, column = 2)                # 按钮“6”放置在 1 行 2 列
N7.grid(row = 2, column = 0)                # 按钮“7”放置在 2 行 0 列
N8.grid(row = 2, column = 1)                # 按钮“8”放置在 2 行 1 列
N9.grid(row = 2, column = 2)                # 按钮“9”放置在 2 行 2 列
N0.grid(row = 3, column = 2,sticky=E+W )    # 按钮“0”左（E）右（W）
                                            # 贴紧：sticky=E+W
Star.grid(row = 3, column = 0,columnspan=2,sticky=E+W )
                                            # 按钮“*”跨 2 列，左右贴紧
root.mainloop()
```

图 2-19　使用 grid 几何布局管理方式实现图形用户界面

【例 2-38】使用列表框选择四则运算，编写如图 2-20 所示的计算器运行界面程序。

```
import tkinter as tk              # 导入 tkinter 模块取别名为 tk
root = tk.Tk()                    # 创建窗体对象
def callbutton2():                # 定义按钮单击触发执行函数 callbutton2()
    a=float(num1.get())           # 从输入框获取第 1 个操作数，并转换成浮
                                  # 点数
    b=float(num2.get())           # 从输入框获取第 2 个操作数，并转换成浮
                                  # 点数
    k=lb.get(lb.curselection())   # 从列表框获取单击选中项的值
```

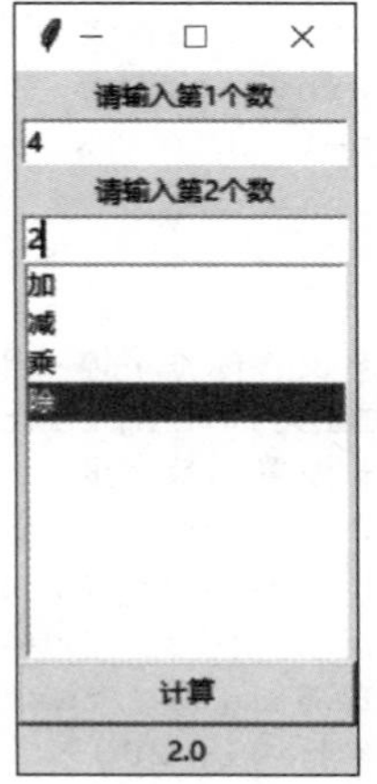

图 2-20 计算器程序运行界面

```
        if k=='加':                  # 如从列表框获取单击选中项的值为“加”
            result["text"]=str(a+b)   #result 标签显示 a+b 的和（“text”属性值设为和值）
    #result.config(text=str(a+b))，作用同上条语句，“text”属性值设为和值（转为字符串）
        if k=='减':                  # 如从列表框获取单击选中项的值为“减”
            result["text"]=str(a-b)           #result 标签显示 a-b 的差（“text”属性
                                              # 值设为差值）
        if k=='乘':                           # 如从列表框获取单击选中项的值为“乘”
            result["text"]=str(a*b)           #result 标签显示 a*b 的乘积（“text”属
                                              # 性值设为乘积值）
        if k=='除':                           # 如从列表框获取单击选中项的值为“除”
            result["text"]=str(a/b)           #result 标签显示 a/b 的商（“text”属性
                                              # 值设为商值）
root.title("使用 Listbox 组件的例子")          # 设置窗口标题
lab1=tk.Label(root,text = '请输入第 1 个数',width=20)
lab1.pack()
num1 = tk.Entry(root)                         # 输入第 1 个操作数的 Entry 输入框组件 num1
num1.pack()
lab2=tk.Label(root,text = '请输入第 2 个数',width=20)
lab2.pack()
num2 = tk.Entry(root)                         # 输入第 2 个操作数的 Entry 输入框组件 num2
num2.pack()
lb =tk.Listbox(root)                          # 创建列表框
lb.insert(tk.END,'加')                        # 在空的列表框最后位置 (tk.END) 添加一项：“加”
lb.insert(tk.END,'减')                        # 在列表框的最后位置添加一项：“减”
lb.insert(tk.END,'乘')                        # 在列表框的最后位置添加一项：“乘”
lb.insert(tk.END,'除')                        # 在列表框的最后位置添加一项：“除”
lb.pack()
# 创建“计算”按钮 b2，单击按钮调用 callbutton2() 函数
b2 = tk.Button (root,text = '计算',command=callbutton2, width=20)
b2.pack()# 显示 Button 组件
result=tk.Label(root,text = '结果',width=6)
result.pack()
root.mainloop()
```

运行结果：4/2=2.0。

【例 2-39】使用复选框（选择“是否有跆拳道基础”）和单选按钮（选择性别）等组件实现如图 2-21 所示跆拳道会员注册界面。输入信息后，单击“提交”按钮弹出确认输入信息消息框。

```
from tkinter import *
from tkinter import messagebox as msgbox # 导入消息框的别名取 msgbox
root = Tk()
root.title("注册")
root.geometry("200x150+600+300")
def info():
        s="姓名:"+name.get()+"\n 性别:"+sex.get()+"\n"+ho.get()    # 组合 3 个输
                                                                   # 入框输入的
                                                                   # 信息
        msgbox.showinfo("注册信息",s)        # 弹出确认注册信息消息框
Label(root,text ='跆拳道会员注册系统',font=("宋体","10","bold italic")).
pack()
Label(root,text = '姓名',width=6).place(x=1,y=20)
```

```
name=Entry(root,width=20)                    # 创建姓名输入框对象
name.place(x=45,y=20)
sex=StringVar()                              #sex 为字符串变量
sex.set('男')                                # 设置 sex 变量值为："男"
# 创建显示为"男"(text ='男')，选值为"男"(value = '男')单选按钮，按钮与 sex 变量绑定
radioSexM=Radiobutton(root,text = '男',value='男',variable=sex)
# 创建显示为"女"(text ='女')，选值为"女"(value='女')单选按钮，按钮与 sex 变量绑定
radioSexF=Radiobutton(root,text = '女',value='女',variable=sex)
Label(root,text = '性别',width=6).place(x=1,y=40)
radioSexM.place(x=45,y=40)          # 放置"男"性选项单选按钮
radioSexF.place(x=85,y=40)          # 放置"女"性选项单选按钮
ho=StringVar()                      # ho 为字符串变量
ho.set('无跆拳道基础')               # ho 变量值为"无跆拳道基础"
'''创建显示为'是否有跆拳道基础'的复选框，复选框与 ho 字符串变量绑定，如复选框被选中则
ho 的值为'有跆拳道基础'(onvalue='有跆拳道基础')，未选中则 ho 的值为'无跆拳道基础'
(offvalue='无跆拳道基础')'''
tqd=Checkbutton(root,text='是否有跆拳道基础',variable=ho,onvalue=
'有跆拳道基础',offvalue='无跆拳道基础')
tqd.place(x=45,y=60)
# 单击按钮触发执行 info( ) 函数：
Button(root,text = '提交',command=info,width=8).place(x=80,y=90)
```


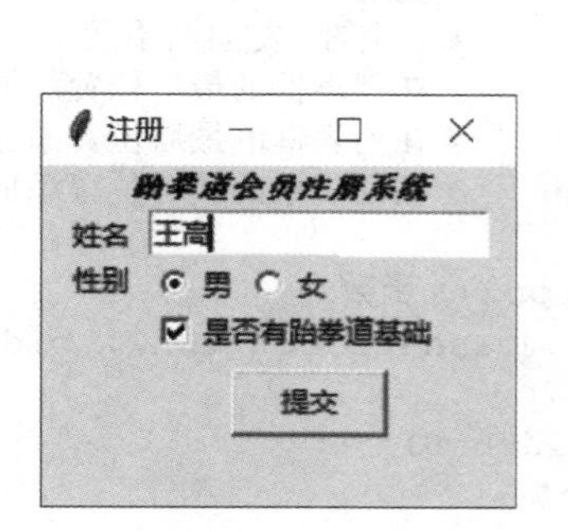

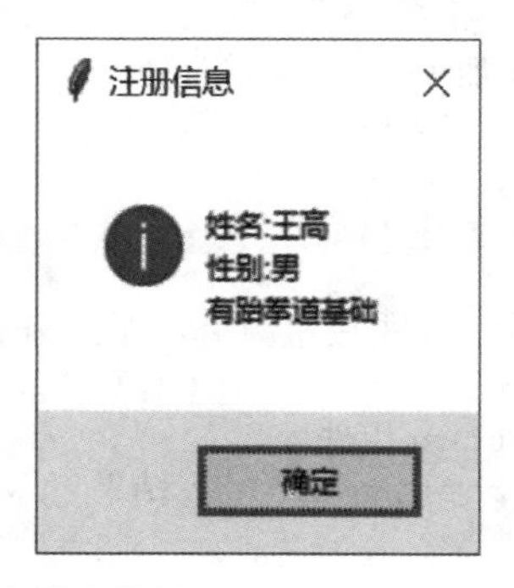

图 2-21　跆拳道会员注册界面

2.8.2 Tkinter 画布绘图

Canvas（画布）是一个长方形的区域，用于绘制图形、文字，放置各种组件和框架等。

1. Canvas 画布对象的创建过程

```
from tkinter import *      # 导入 tkinter 所有库函数
root = Tk()                # 创建窗体 root 作为容器对象
# 下例创建一个大小为 200×100、背景为蓝色的画布对象 cv：
cv = Canvas(root, bg = 'blue', width = 200,
height = 100)
cv.pack()
```

在坐标系中创建画布对象，运行结果如图 2-22 所示，画布的左上角为坐标系原点（0，0），X、Y 轴方向如图所示，画布右下角坐标为（200，100）。

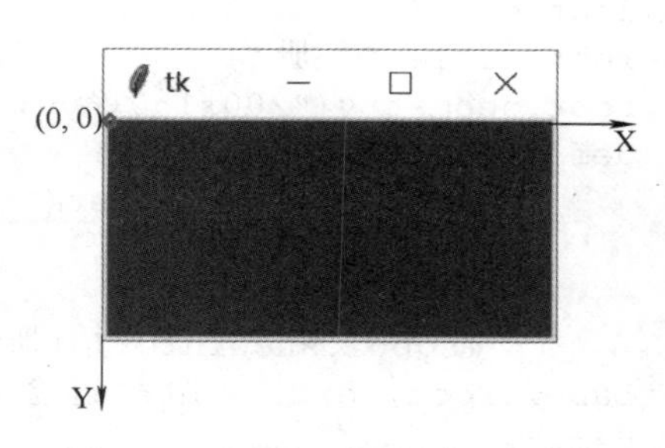

图 2-22　在坐标系中创建画布对象

2. 绘制线条或折线

Canvas 绘制线条（或折线）方法格式：

```
Canvas 对象 .create_line(x0, y0, x1, y1, …, xn, yn, 可选项 )
```

参数说明：(x0, y0)、(x1, y1)、…、(xn, yn) 是绘制线段（或折线）的各个端点坐标。

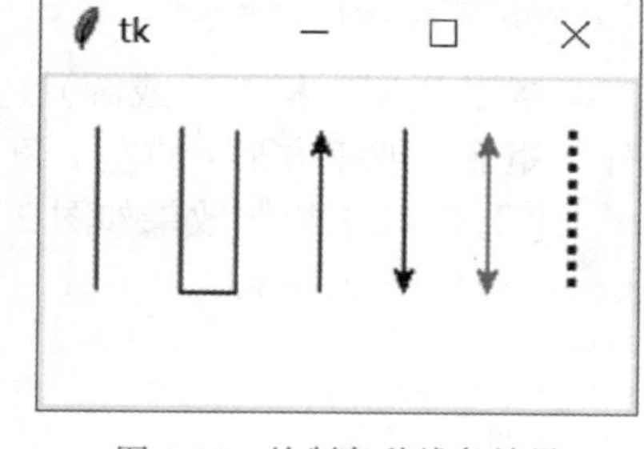

图 2-23　绘制各种线条效果

【例 2-40】绘制如图 2-23 所示各种线条效果。

```
from tkinter import *
root = Tk()
# 创建大小为 210×100，背景为白色的画布对象 cv
cv = Canvas(root, bg = 'white', width = 210, height = 120)
cv.create_line(20, 20, 20, 80, arrow='none') # 在坐标点 (20, 20) 与 (20, 80) 间
                                             # 绘制无箭头的线段
# 在 4 个坐标点 (50, 20)、(50, 80)、(70,80)、(70,20) 间连续绘制线段
cv.create_line(50, 20, 50, 80,70,80,70,20 )
# 绘制起点 (100, 20) 处有箭头线段，终点坐标 (100, 80)
cv.create_line(100, 20, 100, 80, arrow='first')
# 绘制终点 (130, 80) 处有箭头线段，起点坐标 (130, 20)
cv.create_line(130, 20, 130, 80, arrow='last')
cv.create_line(160, 20, 160, 80, fill = 'red',arrow='both')   # 绘制两端处都有
                                                              # 箭头的红色线段
# 在坐标点  (190,20) 与 (190,80) 间绘制宽度为 3 的虚线 ( 虚线类型号：4 )
cv. create_line(190,20,190,80,width=3, dash=4)
cv.pack()
root.mainloop()
```

3. 绘制矩形或正方形

Canvas 绘制矩形（或正方形）方法格式：

```
Canvas 对象 .create_rectangle(x0, y0, x1, y1, 选项 )
```

参数说明：矩形（或正方形）的左上角点的坐标 (x0, y0)、右下角点的坐标 (x1, y1)。

【例 2-41】绘制效果如图 2-24 所示矩形及正方形。

```
from tkinter import *
root = Tk()
cv = Canvas(root, bg = 'white', width = 200, height = 120)
# 绘制黄色矩形 ( 实际为 85×85 正方形 )，矩形的左上角坐标
#(15,15)、右下角坐标 (100,100)
cv.create_rectangle(15,15,100,100, fill = 'yellow')
# 指定矩形的边框线宽度为 3、颜色为绿色，矩形的左上角坐标
#(115, 20)、右下角坐标 (190, 80)
cv.create_rectangle(115, 20,190, 80, width =3,outline = 'green')
cv.pack()
root.mainloop()
```

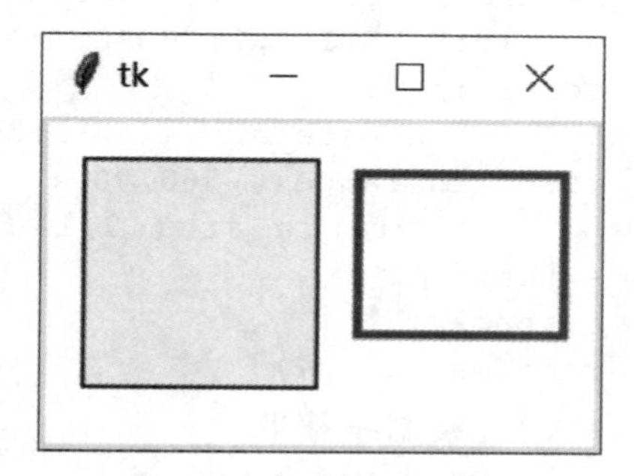

图 2-24　绘制矩形及正方形效果

4. 绘制椭圆或圆

Canvas 绘制椭圆（或圆）方法格式：

```
Canvas 对象 .create_oval()create_oval(x0, y0, x1, y1, 选项)
```

参数说明：椭圆（或圆）是通过定义其外切矩形（或正方形）位置及大小来绘制的，外切矩形（或正方形）的左上角点坐标（x0，y0）、右下角点坐标（x1，y1）。

【例 2-42】绘制效果如图 2-25 所示椭圆及圆。

```
from tkinter import *
root = Tk()
cv = Canvas(root, bg = 'white', width = 200,
height = 110)
# 绘制蓝色轮廓线、线宽 2、绿色椭圆，椭圆外切矩形左上角坐
# 标 (10,10)、右下角坐标 (100,50)
cv.create_oval (10,10,100,50, outline = 'blue',
fill = 'green', width=2)
''' 绘制蓝色轮廓线、线宽 2、虚线号 6 的圆，圆外切正方形
左上角坐标 (100,10)、右下角
坐标 (190,100): '''
cv.create_oval (100,10,190,100, outline = 'blue', width=2 ,dash=6)
cv.pack()
root.mainloop()
```

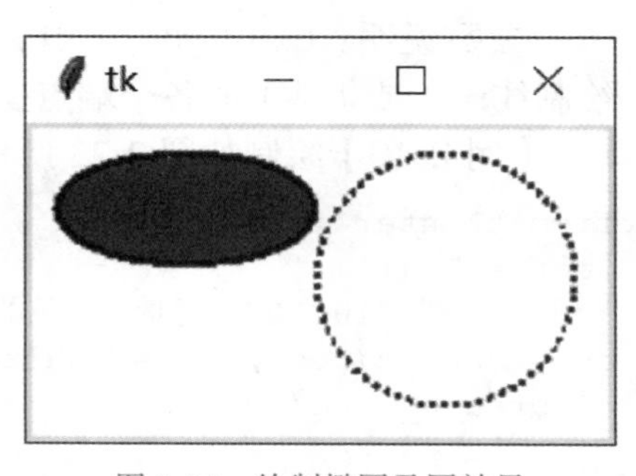

图 2-25　绘制椭圆及圆效果

5. 绘制圆弧或扇区

Canvas 绘制圆弧或扇区方法格式：

```
Canvas 对象 .create_arc(x0, y0, x1, y1,start= 指
定起始角度 ,extent = 偏移角度 ( 逆时针方向 ), 选项 )
```

参数说明：弧或扇区外切矩形左上角点的坐标（x0，y0）、右下角点的坐标（x1，y1）。

【例 2-43】绘制效果如图 2-26 所示弧及扇区。

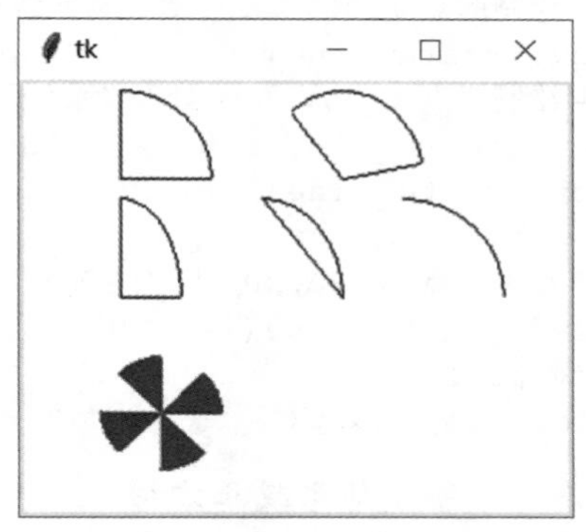

图 2-26　绘制弧及扇区效果

```
from tkinter import *
root = Tk()
cv = Canvas(root,bg = 'white', width = 270, height = 220)
cv.create_arc(5,5,95,95)# 使用默认参数创建一个圆弧，绘制 90°的扇形
# 指定圆弧起始角度 10°(正方向 x 轴为 0°，逆时针为正角度)，逆时针偏移角度 120°
cv.create_arc(120,5 ,200,95, start = 10, extent = 120)
d = {0:PIESLICE,1:CHORD,2:ARC}            # 定义三种 style 样式
for i in d:                               # 绘制扇形、弓形和弧形 3 种样式
    cv.create_arc(( 60*i+20,60,80*i+80,160),style = d[i])
for j in range(0,360,90):       # 绘制红边框线的绿色齿轮状图形，外切正方形边长为 60
    cv.create_arc(40,140,100,200,fill='green',outline='red',start=j,
extent=45)
cv.pack()
root.mainloop()
```

6. 绘制字符串

绘制字符串方法格式：

```
Canvas 对象 .create_text((x,y), text = ' 显示字符串 ', 选项)
```

参数说明：（x，y）是字符串放置的中心坐标位置。

7. 绘制多边形

绘制任意多边形方法格式：

Canvas 对象 . create_polygon (x0, y0, x1, y1,…, xn, yn, 可选项)

参数说明：(x0，y0)、(x1，y1)、…、(xn，yn) 是所绘制的任意多边形的各个顶点的坐标。

图 2-27　绘制多边形及字符串效果

【例 2-44】绘制效果如图 2-27 所示多边形及字符串。编写程序实现红色三角形、梯形边框线为蓝色及蓝色字符串。

```
from tkinter import *
root = Tk()
cv = Canvas(root, bg = 'white', width = 200, height = 100)
cv.create_polygon (50,10,20,90,80,90, outline = 'blue',
fill = 'red', width=2)# 绘制三角形
cv.create_polygon (90,90,170,90,150,10,110,10,outline = 'blue', fill = 'white',
width=2) # 绘制梯形
cv.create_text((90,20), text = '绘制多边形',font=(" Arial", 15), fill = 'blue')
# 15 号字绘制字符串
cv.pack()
root.mainloop()
```


2.9　文件与数据库操作

2.9.1　文件操作

1. 文件及其分类

文件（File）一般指存储在外部介质上的数据集合。一个文件要有一个唯一的文件标识，它包含文件存储路径、主文件名和表示文件性质的文件扩展名，文件标识常被简称为文件名。在程序设计中主要涉及程序文件和数据文件，如 Python 源程序（文件扩展名为 .py）、可执行文件（扩展名为 .exe）等都属于程序文件；数据文件存放供程序运行时读写的数据。数据文件按照编码方式又可分为两大类：文本文件和二进制文件。文本文件的内容为常规字符串，且由若干文本行组成，每行以换行符结尾，文本文件可以使用 Windows 操作系统中的记事本等程序打开查看或编辑；二进制文件内容是以字节串（可看作字节流）形式存储的文件，如图像、视频等格式文件。

2. 文件的打开与关闭

（1）文件的打开

读写文件前需使用 open() 函数创建新文件或打开已存在文件，返回一个文件对象。其语法格式：fileobj =open（filename，mode，buffering，encoding，errors）。

函数参数说明：

1）filename：要创建或打开的文件标识。

2）mode：文件读写模式设置（见表 2-18），默认为只读模式 r。

3）buffering：读写文件的缓存模式，0 表示不缓存，1 表示缓存，如大于 1 则表示缓冲区的大小，默认值是缓存模式。

4）encoding：指定对文本文件进行编码和解码的方式，可使用如下 Python 常用内置格式。

① GBK 标准：对 GB2312 标准（可表示 6000 多个常用汉字）扩充而成，新增近

20000 个新的汉字（包括繁体字）和符号。

② ASCII 码：美国信息交换标准代码（American Standard Code for Information Interchange），标准 ASCII 码使用 1 个字节（8 位二进制）的低 7 位二进制数（最高位二进制为 0）来表示所有的大写和小写字母，数字 0 ～ 9、标点符号，及特殊控制字符（如空格、Del 和 Enter 等键）。标准 ASCII 码能表示 128 个不同的基本字符（取值 0 ～ 127）。扩展 ASCII 码将每个字符的第 8 位（字节最高二进制位）取 1，用于附加 128 个特殊符号字符、外来语字母和图形符号（取值 128 ～ 255）。

③ UNICODE 编码（统一码）：由 ISO（国际标准化组织）发布，旨在为世界上所有语言和文字中的每个字符都确定一个唯一的编码。统一码又有两个标准：UTF–8 和 UTF–16。UTF–8 是一种变长、多字节编码方案，UTF–8 编码文本的第一个字节如以 0 开头就是一字节模式，此模式兼容基本 ASCII 码，也是 128 个码位。

5）errors：出错时的处理方式，当 errors ='strict' 表示严格处理出错，errors ='ignore' 表示忽视出错。

表 2-18　文件读写模式设置表

模式	功能说明	模式	功能说明
"r"	只读模式：若文件不存在则返回异常，为默认值	"a"	追加写模式：文件不存在则创建，存在则追加文件内容
"w"	覆盖写模式：文件不存在则创建，存在则覆盖原文件	"b"	二进制文件模式
"x"	排他性写模式：文件不存在则创建，存在则返回异常	"+"	与 r/w/x/a 一起使用，在原功能基础上追加读写功能

（2）文件的关闭

文件操作完成之后，需要将文件关闭。以把文件缓冲区的内容写入文件，并释放文件对象。其一般格式：文件对象名 .close()。

3. 文件的读写操作

表 2-19 为实现文件读写操作的文件对象的常用方法。

表 2-19　文件对象的常用方法

方法	功能说明
文件对象 .read（[size]）	从文本文件中读取并返回 size 个字符的内容或从二进制文件中读取并返回指定数量的字节，如果省略 size 参数，则表示读取文件的全部内容
文件对象 .readline()	从文本文件中每次读取一行内容，并以一个字符串形式返回
文件对象 .readlines（[n]）	一次性读取文本文件中的 n 行，每行文本作为一个字符串放入一个列表中；若参数缺省，则一次性读取所有行，并以列表返回
文件对象 .write（string）	将字符串 string 的内容写入文件
文件对象 . writelines（lines）	把列表 lines 中的字符串元素写入文本文件，如要每行写入一个字符串，则字符串末尾要添加换行符 '\n'
文件对象 . seek（offset[，whence]）	将文件当前指针移动指定字节数，指向新的文件读写起始位置，offset（偏移量）表示相对于 whence 的位置（whence 取 0、1、2 分别表示从文件头、从当前、从文件尾起始计算位置，默认值为 0）

无论读或是写文件，文件指针要跟踪（指向）文件中的当前读写位置。在默认情况下，文件都从文件的开始位置进行读 / 写。

【例 2-45】建立以下有关“人工智能”内容的文本文件 ai.txt（要求分 4 行存放）:

人工智能英文缩写为 AI

人工智能可分为弱和强人工智能

人工智能是一门极富挑战性的科学

机器学习是实现人工智能的一种技术方法

```
# 以可读、写模式创建文件对象 aiFile，文件 ai.txt 默认存放于源文件同一路径下:
aiFile=open("ai.txt","w+")
# 建立列表 lines，其中每一字符串元素以换行符 '\n' 结束
lines=["人工智能英文缩写为 AI\n","人工智能可分为弱和强人工智能 \n", "人工智能是 \
一门极富挑战性的科学 \n","机器学习是实现人工智能的一种技术方法 \n"]
aiFile.writelines(lines)         # 4 行文本一次写入文件后，文件读写指针指向文件结束位置
aiFile.seek(0,0)                 # 文件读写指针指向文件起始位置
for line in aiFile:              # 从文件起始位置开始，逐行打印新建的文件内容
    print(line)
aiFile.close()                    # 关闭文件
```

【例 2-46】读入【例 2-45】的新建文件 ai.txt，统计文件内容中出现“人工智能”的次数。

```
n=0                                  # 计数变量 n 初始数设为 0
countfile=open("ai.txt")             # 打开 ai.txt 文件，默认模式为只读
filecontent=countfile.readlines()    # 一次性读取文件所有行，并返回结果到列表 filecontent
for s in filecontent:                # 逐行读入文件内容到 s 变量
    n=n+s.count("人工智能")           # 计数每一行中"人工智能"出现的次数，并累计到 n 计数变量
print("文件中出现",n,"次人工智能")
count.close()
```

运行结果:

```
文件中出现 5 次人工智能
```

【例 2-47】编写复制文件函数，并从主程序中调用该函数，把【例 2-45】创建的文件 ai.txt 复制成新文件 newai.txt。

```
def copy_file(oldfile,newfile):              # 定义复制文件函数 copy_file()
    oldFile=open(oldfile,"r")                # 源文件以读方式打开
    newFile=open(newfile,"w")                # 新文件以写方式打开
    while True:                              # 文件未复制完，继续（循环）复制
        filecontent=oldFile.read(50)         # 每次读入 50 个字符（字节）的内容到 filecontent
        if filecontent=="":                  # 或使用 if not filecontent，判别本次读
                                             # 入的内容是否为空
            Break                            # 复制完成，退出 while 循环语句
        newFile.write(filecontent)           # 将本次读入的源文件内容写入新文件
    oldFile.close()
    newFile.close()
    return                                   # 返回主程序
# 主程序
copy_file("D:/ai.txt","D:/newai.txt")        # 调用复制文件函数，以根目录下的源、新文件
                                             # 名为实参
```

程序运行后，可用 Windows 的记事本程序打开 D：/newai.txt 文件，验证复制文件是否成功。

Python 提供了 seek() 方法控制文件读写起始位置，从而可以改变文件读 / 写操作发生的位置，实现对文件的随机读写。

【例 2-48】通过 seek() 方法控制文件读写起始位置，实现对文件的随机位置读写示例。

```
appendFile=open("G:/appsqu.txt","w+")    # 以可读、写模式创建文件对象 appendFile
ls="1st line"
appendFile.write(ls)                     # 向文件存入字符串“1st line”
appendFile.close()
''' 重新以追加写、可读模式打开文件。注意：此处如仍以 "w+" 打开，则后面写入的内容将覆盖文件
原来的内容 '''
appendFile=open("G:/appsqu.txt","a+")
ls="+2nd line"
appendFile.write(ls)       # 向文件添加字符串“+2nd line”，不覆盖文件原来的内容
appendFile.seek(0)         # 文件读写指针指向文件起始位置
r1=appendFile.read()       # 一次读取从文件起始位置到文件结束全部内容
print("seek(0):",r1)       # 显示读取文件的全部内容
appendFile.seek(9)         # 文件读写指针指向文件起始第 9 个位置（第 0 个位置是第 1 个字符）
r2=appendFile.read()       # 一次读取从文件起始的第 9 个位置字符到文件结束的全部内容
print("seek(9):",r2)       # 显示从文件起始的第 9 个位置字符到文件结束的全部内容
```

运行结果：

```
seek(0): 1st line+2nd line
seek(9): 2nd line
```

2.9.2 数据库操作

1. 数据库的基本概念

1）数据库（Database，DB）：是“按照数据结构来组织、存储和管理数据的仓库”，是一个长期存储在计算机内、有组织、可共享、统一管理的大量数据的集合。

2）数据库管理系统（Database Management System，DBMS）：专门用于管理数据库的计算机系统软件，能为数据库提供数据的定义、建立、维护、查询和统计等操作功能，并具有对数据完整性、安全性进行控制的功能。

3）数据库应用系统：凡使用数据库技术管理数据的系统都称为数据库应用系统。

4）数据库系统（Database System，DBS）：指在计算机系统中引入数据库后的系统构成，由数据库、数据库管理系统、数据库应用系统和数据库管理员所构成。

2. 关系型数据库及结构化查询语言

（1）关系型数据库

数据模型是现实世界数据特征的抽象，是对客观事物及其联系的数据描述。根据数据在数据库中的存储方式，数据模型分为层次模型、网状模型、关系模型和面向对象的数据模型。与关系数据模型相对应的关系型数据库是目前应用最多的主流数据库类型。关系型数据库是指采用关系模型来组织数据的数据库，关系型数据库将数据用相互联系的表的集合来表示，而表则由以行和列组成的二维表形式组织与存储数据。

在关系型数据库中，二维表中的每一列被称为一个字段，每一行则被称为一个记录。

将能唯一标识表中的一条记录的一个或多个字段组合称作主关键字。图 2-28 关系型数据库课程（course）表共有“课程号”“课程名”“学时数”和“学分数”4 列（4 个字段），6 行（6 条记录）数据。“课程号”字段能唯一确定一条记录，应设定为主关键字（为什么“课程名”不能作为主关键字？因为可能存在“课程名”相同而非同一课程的情况）。

课程号	课程名	学时数	学分数
19026	人工智能导论	32	3
19027	数据库应用	48	3
20012	大学物理	80	5
20022	专业英语	54	3.5
20023	Phthon程序设计	64	4
20024	高等数学	64	4

图 2-28　关系型数据库课程（course）表

（2）结构化查询语言

结构化查询语言（Structure Query Language，SQL）是操作关系数据库的工业标准语言。通过 SQL 的 SELECT 查询语句可从数据库的多个表中获取数据，也可分别使用 create table、drop table、insert into、update 和 delete 语句实现创建、删除表，对数据表进行记录插入、更新和删除操作。

SELECT 查询语句的基本语法形式如下：

```
  SELECT 目标表达式列表  FROM 表名
[ WHERE 查询条件 ]
[ GROUP BY 分组字段 HAVING 分组条件 ]
[ ORDER BY 排序关键字段 [ASC|DESC] ]
```

SELECT 和 FROM 子句是必选项，通过使用 SELECT 语句返回一个记录集；目标表达式列出查询结果要显示的字段清单（字段间用逗号分开）。数据的显示顺序由字段清单的顺序决定；WHERE 子句设置查询条件（条件可使用比较运算符 >、>=、<、< > 等；也可用逻辑运算符 NOT、AND、OR 等），过滤掉不需要的数据记录；使用 ORDER BY 子句对查询返回的结果按单一字段或多字段排序（降序选 DESC，默认为升序）；GROUP BY 子句用于对结果集按一个或多个字段进行记录分组，在目标表达式列表中可使用 max()、min() 、avg()、sum()、count() 对记录按分组统计每个分组中记录字段的最大、最小、平均值，分组字段求和、分组中记录个数；HAVING 的分组条件是对分组进行筛选（不同于 WHERE 的查询条件是对数据表中的记录进行筛选）。

以下 SELECT 语句用于查询如图 2-28 所示课程表中“学分数”（字段名取 cps）大于 3.5 或者“学时数”（字段名取 hours）超过 48 的所有课程的“课程号”（字段名取 no）和“课程名”（字段名取 name）：

```
SELECT no, name FROM course WHERE cps >3.5 OR hours >48
```

若需进一步详细了解 SQL 语法，可参阅相关资料。

3. SQLite 数据库操作

SQLite 数据库是 Python 自带的一个轻量级嵌入式关系型数据库，下面将通过一个实例介绍 SQLite 数据库操作过程。

【例 2-49】创建如图 2-28 所示 course 表保存于 course.db 数据库文件中，并对 course 表进行记录插入、删除、更新及显示等操作。

```
import sqlite3   # 导入 sqlite3 库
def Display():   # 显示 course 表的全部记录，* 等价 no、name、hours、cps 表示显示所有字段：
        Cur.execute("select * from course")
        for row in Cur:
            print(row)
```

```
dropt="drop table if exists 'course'"
Conn=sqlite3.connect("course.db")          #创建数据库连接对象 Conn，创建、连接数据
                                           #库 course.db
Conn.execute(dropt)                        #如在 Python 源文件存储路径下已存在
                                           #course 表，则删除该表
'''创建 course 表，含 4 个字段：no（课程号，设为主关键字，最长 8 个字符）、name（课程名，最
长 10 个字符）、cps（学分数，浮点数）和 hours（课时数，整型数）'''
sqltable="create table course(no varchar(8) primary key,name varchar(10),\
hours integer,cps float)"
Conn.execute(sqltable) #执行创建 course 表语句
Cur=Conn.cursor() #创建游标对象 Cur
print("插入'人工智能导论'课程：")
Cur.execute("insert into course(no,name,hours,cps) values ('19026',\
'人工智能导论',32,3)")
Display() #调用 Display() 函数，显示当前数据库信息
print("再插入'数据库应用'课程：")
Cur.execute("insert into course(no,name,hours,cps) values (?,?,?,?)\
",("19027","数据库应用",48,3.5)) #使用占位符“?”表示参数，传递参数要求使用元组
Display()#显示当前数据库信息
print("一次插入多条记录：")
courses=[("20012","大学物理",80,5),("20022", "专业英语",54,3.5),("20023","Python 程序\
设计",64,4),( "20024","高等数学",64,4)]  #courses 列表中保存多条待插入记录
Cur.executemany("insert into course(no,name,hours,cps) values (?,?,?,?)
",courses)
Display()#显示当前数据库信息
print("将'数据库应用'课程的学分数修改为 3：")
Cur.execute("update course set cps=? where name=? ",(3,"数据库应用"))
Display()#显示当前数据库信息
print("删除学分数为 3.5 的记录：")
n= Cur.execute("delete from course where cps=?",(3.5,))
print("删除了",n.rowcount,"行记录")
Display() #显示当前数据库信息
Conn.commit() #事务提交（确认操作）
Cur.close()                        #关闭游标对象 Cur
Conn.close()                       #关闭数据库连接对象 Conn
```

运行结果：

```
插入'人工智能导论'课程：
('19026', '人工智能导论', 32, 3.0)
再插入'数据库应用'课程：
('19026', '人工智能导论', 32, 3.0)
('19027', '数据库应用', 48, 3.5)
一次插入多条记录：
('19026', '人工智能导论', 32, 3.0)
('19027', '数据库应用', 48, 3.5)
('20012', '大学物理', 80, 5.0)
('20022', '专业英语', 54, 3.5)
('20023', 'Python 程序设计', 64, 4.0)
('20024', '高等数学', 64, 4.0)
将'数据库应用'课程的学分数修改为 3：
('19026', '人工智能导论', 32, 3.0)
('19027', '数据库应用', 48, 3.0)
```

```
('20012', '大学物理', 80, 5.0)
('20022', '专业英语', 54, 3.5)
('20023', 'Python 程序设计', 64, 4.0)
('20024', '高等数学', 64, 4.0)
删除学分数为 3.5 的记录:
删除了 1 行记录
('19026', '人工智能导论', 32, 3.0)
('19027', '数据库应用', 48, 3.0)
('20012', '大学物理', 80, 5.0)
('20023', 'Python 程序设计', 64, 4.0)
('20024', '高等数学', 64, 4.0)
```


习 题

2-1 输入三角形三边长度值（均为正整数），判断它是否能构成三角形及直角三角形。

2-2 编写程序，求 $\sum_{n=1}^{15} n^2$ 的值。

2-3 编写百元买百鸡的程序，已知公鸡一只 5 元，母鸡一只 3 元，小鸡三只 1 元。一百元买百鸡，则公鸡、母鸡和小鸡各可买多少只?

2-4 输入一个字符串，依次显示其中的每一个字符及其 ASCII 码（用 ord（x）函数）。

2-5 求列表 s=[19，7，-8，3，2，111，56，6] 中元素个数、最大、最小值，添加一个元素 101，删除一个元素 56。

2-6 输入 9 个整数，然后对这 9 个整数从小到大排序，再输入一个数要求按原来排序的规律将它插入数组中。

2-7 输入某年某月某日，输出这一天是这一年的第几天。

2-8 编写一个将十进制数转换成二进制数的函数。

2-9 斐波那契数列：0、1、1、2、3、5、8、13、21、34、…。斐波那契数列以递归方法定义：F0 = 0（当 n=0）；F1 = 1（当 n=1）；Fn = F[n-1]+ F[n-2]（当 n≥2）。编写递归程序，键盘输入要输出的第 i 个斐波那契数列。

2-10 编写一个包含加、减、乘、除四个函数的运算模块，然后编写另一个程序，并在该程序中导入运算模块，输入 2 个正整数作为参数分别调用运算模块中的四个函数，完成加、减、乘、除运算。

2-11 设计一个水果类，使用字典初始化水果编号、水果名、单价和数量。应用该类，统计 3 种水果的总金额。

2-12 编写程序，输入若干名同学的学号、姓名和成绩保存于 test.txt 文件，然后再打开该文本文件统计共有几位同学。

2-13 设计界面包含一个标签、一个文本框和一个按钮，当单击按钮时，程序把文本框中的内容复制到标签中。

2-14 绘制一个带阴影的蓝色小矩形块。

2-15 设计计时程序运行界面，单击“计时”按钮后每过 1s 计时数加 1，单击“停止”按钮后停止计时，且计时数恢复成 0（用 after（1000，start））。

第 3 章 科学计算与数据分析库

本章重点介绍了 Anaconda 安装及其集成开发环境，以及常用的科学计算、可视化与数据分析库：Numpy、Matplotlib 与 Pandas 的基本操作及使用方法。

3.1 Anaconda 安装及其集成开发环境

3.1.1 Anaconda 安装

Python 拥有 Numpy（数组运算）、Pandas（数据处理）、Matplotlib（可视化）和 scikit-learn（机器学习）等功能丰富的接口库。这些库提供了科学计算、可视化、数据分析及机器学习的强大功能，而这些第三方库都需要分别安装后才能使用。Anaconda 发行版预装了大量的 Python 常用库，只要一次安装就可以直接使用以上所有这些接口库，从而为使用这些库编程带来了极大的方便。Anaconda 的安装也十分方便，进入 Anaconda 官网：https：//www.anaconda.com/distribution/，下载 Windows 系统的 Anaconda 安装包，双击下载的安装文件 Anaconda3-2021.11-Windows-x86_64.exe，会出现如图 3-1 所示 Anaconda 安装界面，然后按照界面提示，全部选默认项安装即可。安装成功后，可在 Windows 开始菜单选择已安装的 Spyder 或者 Jupyter Notebook，如图 3-2 所示。

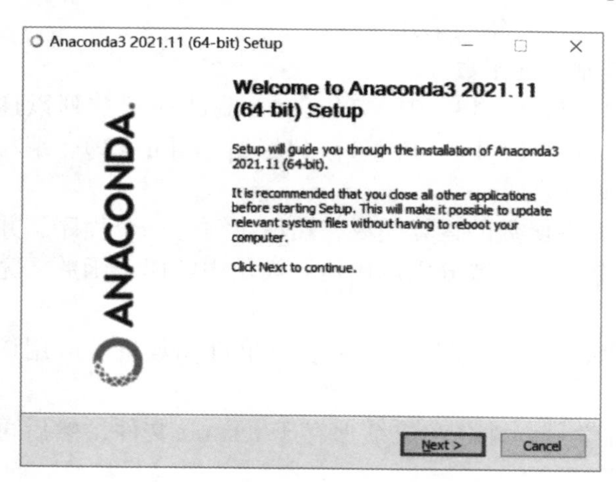

图 3-1 Anaconda 安装界面

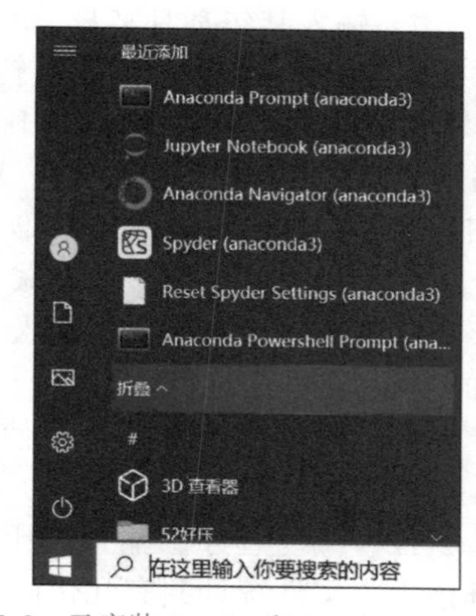

图 3-2 已安装 Spyder 和 Jupyter Notebook

3.1.2 Anaconda 集成开发环境简介

1. Jupyter Notebook 交互式开发环境

Jupyter Notebook 是一个在浏览器中使用的交互式的笔记本，可以实现将代码、文字完美结合。选择启动 Jupyter Notebook 后，在如图 3-3 所示启动的终端界面中的“Serving notebooks from local directory：”后面可找到保存文件时的默认存储目录；在随后出现的如图 3-4 所示界面中，单击“Upload”按钮可上传已存在的 Python 源文件，并可在界面中选择要打开的 Python 源文件。

```
Jupyter Notebook (anaconda3)
[W 2022-08-12 11:26:54.775 LabApp] 'notebook_dir' has moved from NotebookApp to ServerAp
nfig before our next release.
[W 2022-08-12 11:26:54.775 LabApp] 'notebook_dir' has moved from NotebookApp to ServerAp
nfig before our next release.
[I 2022-08-12 11:26:54.792 LabApp] JupyterLab extension loaded from C:\Users\DELL\anacon
[I 2022-08-12 11:26:54.792 LabApp] JupyterLab application directory is C:\Users\DELL\ana
[I 11:26:54.800 NotebookApp] Serving notebooks from local directory: C:\Users\DELL
[I 11:26:54.800 NotebookApp] Jupyter Notebook 6.4.5 is running at:
[I 11:26:54.800 NotebookApp] http://localhost:8888/?token=ad371d737423cc95aa83dd1c3095f3
[I 11:26:54.800 NotebookApp]  or http://127.0.0.1:8888/?token=ad371d737423cc95aa83dd1c30
[I 11:26:54.801 NotebookApp] Use Control-C to stop this server and shut down all kernels
[C 11:26:54.858 NotebookApp]

    To access the notebook, open this file in a browser:
        file:///C:/Users/DELL/AppData/Roaming/jupyter/runtime/nbserver-15212-open.html
    Or copy and paste one of these URLs:
        http://localhost:8888/?token=ad371d737423cc95aa83dd1c3095f32103dba0489425640f
     or http://127.0.0.1:8888/?token=ad371d737423cc95aa83dd1c3095f32103dba0489425640f
```

图 3-3　启动 Jupyter Notebook 后的终端界面

图 3-4　从 Jupyter Notebook 中启动 Python

启动 Jupyter Notebook 后，可在图 3-4 界面中选操作目录，然后单击“New”下拉按钮下的“Python 3”启动 Python。启动 Python 后会出现如图 3-5 所示运行界面，在 In [1] 旁

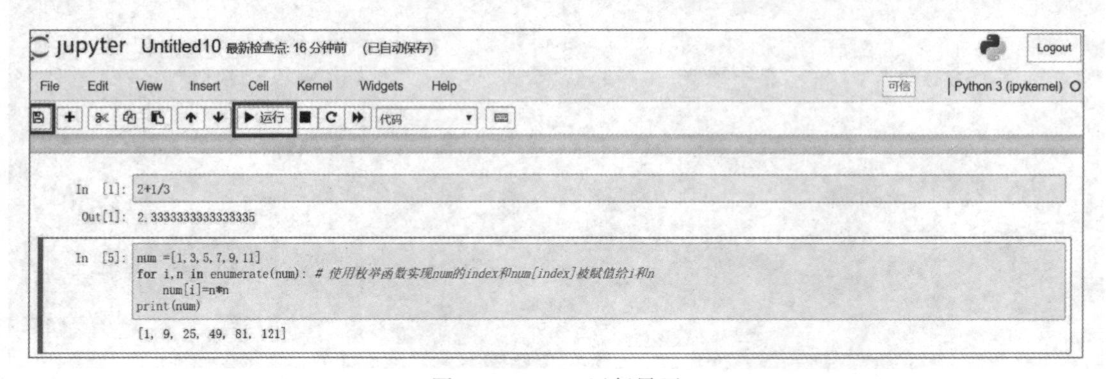

图 3-5　Python 运行界面

的单元格（文本框）中可输入一行语句，单击工具栏中“运行”按钮（或同时按下 <Ctrl> + <Enter> 组合键运行单元格代码）后，单元格下方 Out [1] 中将显示运行结果，并自动添加下一单元格；也可以在一个单元格中输入多行语句，单击“运行”按钮一次运行，并显示结果。

从图 3-5 界面中选择 File 菜单的“Save as...”命令，输入文件名后将以“文件名 .ipynb”的形式保存文件，已保存的文件可在界面中选择该文件名打开文件，也可单击工具栏中“保存”按钮保存文件。

Jupyter Notebook 有两种输入模式。鼠标单击 In 单元格内部，则外方框变绿，单元格进入编辑模式（可编辑输入语句）；单击外方框内、In 单元格以外的区域，则外方框变蓝，单元格进入命令模式（可输入操作命令）。在命令模式下，按下 <H> 键（或选择 Help 菜单下的“Keyboard Shortcuts”命令），可查看所有操作命令的快捷键列表。

2. Spyder 简易开发环境

Spyder 是一款集成于 Anaconda 的简易开发环境，如图 3-6 所示。它模仿了 MATLAB 的“工作空间”的功能，可以方便地观察、比较和修改数组的值。启动 Spyder 后，使用 File 菜单下的“New file...”命令（或单击工具栏中“New file”按钮）建立新文件。在左侧程序编辑窗口输入代码后选 Run 菜单下的“Run”命令（或单击工具栏中“Run file”按钮）运行程序，在界面右下角“IPython console”页窗口中显示运行结果；当程序有输出图形时，可单击“Plots”显示图形。此外，可通过 View 菜单下的“Panes”命令选择各种窗格页的显示或关闭。可选择 File 菜单下的“Save as...”命令，输入新文件名以“文件名 .py”形式存盘，并使用 File 菜单下的“Open”命令（或单击工具栏中“Open file”按钮）选择需打开的已存在 Python 程序。

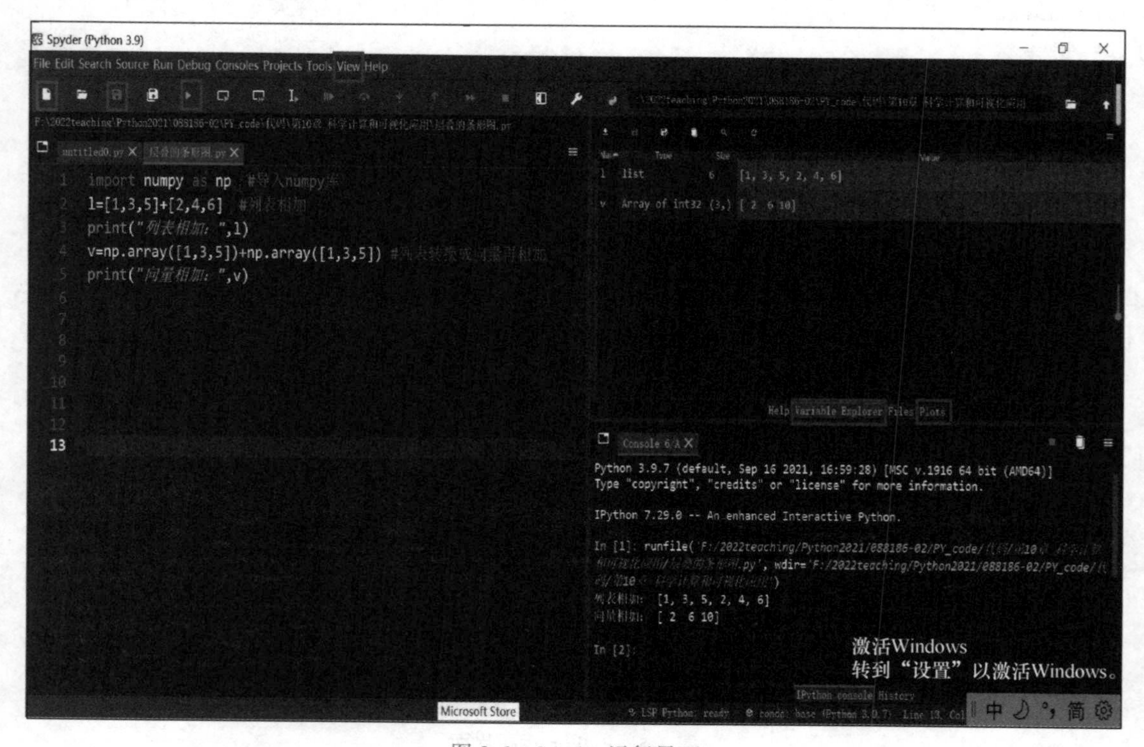

图 3-6　Spyder 运行界面

3.2　Numpy 的向量和矩阵操作处理

Numpy 是常用的 Python 科学计算工具包，其中包含了大量功能强大的工具，比如 ndarray 数组对象（用来表示向量、矩阵和图像等）以及线性代数函数等。

3.2.1　Numpy 数组的创建与操作

1. 创建 Numpy 数组

（1）创建 Numpy 一维数组

Numpy 数组的下标从 0 开始，同一个 Numpy 数组中所有元素的类型必须是相同的。在导入 Numpy 库后，使用 array() 函数可将 Python 的列表或元组转化成 Numpy 数组（向量）。

【例 3-1】输入以下代码，比较 Python 的列表与 Numpy 一维数组（向量）间的区别。

```
import numpy as np                          # 导入 numpy 库，取别名为 np
l=[1,3,5]+[2,4,6]                           # 列表相加
print("列表相加：",l)
v=np.array([1,3,5])+np.array([1,3,5])       # 列表转换成向量再相加
print("向量相加：",v)
```

参照已介绍的 Spyder 开发环境的使用方法，在如图 3-6 所示界面中输入并运行程序后，可在界面右下角“IPython console”页窗口中显示运行结果如下：

```
列表相加：[1, 3, 5, 2, 4, 6]
向量相加：[ 2 6 10]
```

在界面右上角“Variable Explorer”页窗格中显示了列表 1 与向量 v 的类型、长度和值。由此可以看出：2 个列表的加法是将 2 个列表中的元素合并，而 2 个向量的加法运算是将 2 个向量中的对应位置的元素值相加。

（2）Numpy 二维数组定义的矩阵

Numpy 可使用多重序列来定义多维数组，矩阵可使用二维数组来表示：

```
import numpy as np
a=np.array( [[ 1,2,3,4,5], [6,7,8,9,10] , [ 11,12,13,14,15]]) # 外面一层中括号不可省略
print(a)
```

打印输出：

```
[[ 1  2  3  4  5]
 [ 6  7  8  9 10]
 [11 12 13 14 15]]
```

（3）创建数组的专门函数

表 3-1 为创建数组的专门函数（设已执行导入语句：import numpy as np）。

表 3-1　创建数组的专门函数

函数	功能	举例
np.arange（start，end，step）	与 range() 函数的功能相似，生成 start 到 end（不含 end），步长为 step 的数组	np.arange(0,2,0.2) 生成 0 到 2(不含 2)，步长 0.2 的数组：[0. 0.2 0.4 0.6 0.8 1.0 1.2 1.4 1.6 1.8]（注：Numpy 一维数组的输出与列表不同的是元素之间没有逗号分隔）

（续）

函数	功能	举例
linspace（start，end，N）	start、end 和 N 分别为起始值、终止值和元素个数（默认为 50），函数返回包含 N 个在 start 到 end 之间均匀分布的点的一维数组，默认设置是包括终值 end	np.linspace（1,21,5）返回由 1 到 21（包含 21）等分成 5 个点组成的一维数组：[1. 6. 11. 16. 21.]
ones（m）、ones（(m，n)）	ones（m）创建元素全为 1 的一维数组、ones（(m，n)）创建元素全为 1 的二维数组	np.ones（6）返回由全 1 组成的一维数组：[1. 1. 1. 1. 1. 1.]
zeros（m）、zeros（(m，n)）	zeros（m）创建元素全为 0 的一维数组、zeros（(m，n)）创建元素全为 0 的二维数组	np. zeros（(3，4)）返回由全 0 组成的 3 行 4 列的二维数组
eye（n）	创建 n 阶单位（n 行 n 列主对角线上元素为 1，其余元素为 0）二维数组	np. eye（4）返回 4 行 4 列主对角线上元素为 1，其余元素为 0 的 4 阶、单位二维数组
diag()	创建对角二维数组	np.diag（[1，3，5]）返回 3 行 3 列主对角线上元素为 1，3，5 其余元素为 0 的对角二维数组

2. Numpy 数组的索引

（1）Numpy 一维数组的索引

Numpy 一维数组与 Python 中的序列的索引方法相同。设 a 为一维数组，a[i] 返回一维数组 a 索引号为 i 的元素；a[−i] 返回从一维数组最后一个元素（其索引号为 −1）往前索引第 i 个元素；a [m：n] 返回索引号从 m 到 n 的元素（不含终值 n）。

（2）Numpy 二维数组的索引

二维数组的每一个维度都有一个索引，各个维度的索引之间用逗号隔开，行、列的索引号都从 0 开始。示例如下：

```
print(a [1,4])   # 索引号第 1 行第 4 列的元素输出为 10，等同于 a[1][4] 但列表只能写成 a[1][4]
print(a[0,2:5]) # 输出第 0 行第 2、3、4 的元素：[3 4 5]
print(a [1:])    # 等同于打印 a [1:,:]，输出第 1、2 行的所有列元素值
```

3. Numpy 数组属性及操作

表 3-2 为 Numpy 数组属性及操作列表，设 a 数组为

```
[[ 1  2  3  4  5]
 [ 6  7  8  9 10]
 [11 12 13 14 15]]
```

表 3-2　Numpy 数组属性及操作列表

操作	功能	举例
ndim（a）或 a.ndim	返回 a 数组的维数	numpy.ndim（a）或 a.ndim 返回整数 2，表示二维数组
size（a）或 a.size	返回 a 数组中的元素个数	numpy.size（a）或 a.size 返回整数 15，表示二维数组有 15 个元素
a.itemsize	返回数组元素所占字节数	a.itemsize 返回整数 4，表示数组的每个元素所占 4 个字节
dtype（a）	返回数组中元素的类型	dtype（a）返回 int32，表示数组元素类型为 32 位整型

（续）

操作	功能	举例
type（a）	返回 a 的类型	type（a）返回 <class 'numpy.ndarray'>，表示 a 为 Numpy 数组类型
a.shape 或 numpy. shape（a）	返回用元组表示的数组形状大小，如 m 行 n 列的矩阵返回（m，n），m 个元素的一维数组返回（m，）	a.shape 返回（3，5），表示数组形状为 3 行 5 列
a.reshape（m，n）	返回 m 行 n 列数组，但 a 数组本身不变	a.reshape（5，3）返回 5 行 3 列二维数组，但 a 数组形状不变（还是 3 行 5 列）
a. resize（m，n）	无返回值，a 数组本身被转换成 m 行 n 列	a. resize（5，3）和 a. resize（15）分别将 a 数组转换成 5 行 3 列和由 15 个元素组成的一维数组
a. ravel() 或 numpy. ravel（a）	平坦化数组（从第 0 行开始，逐行转换成一维数组）	a. ravel() 返回 [1 2 3 4 5 6 7 8 9 10 11 12 13 14 15]

表 3-3 为 Numpy 随机函数列表（设已执行导入语句：import numpy as np）。

表 3-3　Numpy 随机函数列表

操作	功能	举例
seed（[n]）	随机种子函数：当种子数 n 缺省时，每次产生的随机序列均不相同；当种子数 n 取确定数时，每次产生的随机序列均相同（n 取不同值每次产生的随机序列才会不同）	np.random.seed()：当种子数 n 缺省，每次产生的随机序列均不相同
random（n）	产生 n 个在 [0，1）区间内均匀分布的随机浮点数所组成的一维数组	np.random.seed（0）# 种子数 n 取 0 a= np.random.random（5） b= np.random.random（5） [0.5488135 0.71518937 0.60276338 0.54488318 0.4236548]#a 与 b 取相同随机数序列。只有当种子数缺省或 n 取不同数时，a 与 b 才会取不同随机数序列
rand（m，n）	产生 m 行 n 列的二维数组，数组元素均为 [0，1）区间内均匀分布的随机浮点数	np.random.rand（3,4）生成 3 行 4 列的二维数组，数组元素均为 [0，1）区间内均匀分布的随机浮点数
np.random.randint（low，high，size = [m，n]）或 np.random.randint（low，high，size = m）	产生 m 行 n 列的二维数组或包含 m 个元素的一维数组，数组元素均为 [low，high）区间内均匀分布的随机整数	np.random.randint（100，1000，size = [2，4]）返回 2 行 4 列的二维数组，数组元素均为 [100，1000）区间内均匀分布的随机整数

【例 3-2】Numpy 数组常用操作示例一。

```
import numpy as np  # 导入 numpy 库，取别名为 np
l_a = [5, -6, 7, 10 ,3,1]
a = np.array(l_a)              # 列表 l_a 转换为 ndarray 数组 a
b =np.arange(0,np.pi,0.6)      # 产生 0 到 3.14159（np.pi），步长为 0.6 的数组 b
print("a:",a)                  # a: [ 5 -6  7 10  3  1]
print("b:",b)                  # b: [0.  0.6 1.2 1.8 2.4 3. ]
print("a-b=",a-b) # 对应位置元素相减：[ 5.  -6.6  5.8  8.2  0.6 -2. ]
print("a>b:",a>b) # 对应位置元素比较：[ True  False  True  True  True  False]
```

```
print("把 a 转化为 2 行 3 列的数组：\n",a.reshape(2, 3)) # 改变数组的形状
max = np.max(a)                                         # 求数组中最大值
print("数组 a 的最大值：", max)
s = np.sum(a)                                           # 计算数组所有元素之和
print("数组 a 所有元素之和：", s)
m = np.mean(a)                                          # 计算数组所有元素平均值
print("数组 a 的平均值：", m)
```

运行结果：

```
a: [ 5 -6  7 10  3  1]
b: [0.  0.6 1.2 1.8 2.4 3. ]
a-b= [ 5.  -6.6  5.8  8.2  0.6 -2. ]
a>b: [ True  False  True  True  True  False]
把 a 转化为 2 行 3 列的数组：
 [[ 5 -6  7]
 [10  3  1]]
数组 a 的最大值：10
数组 a 所有元素之和：20
数组 a 的平均值：3.3333333333333335
```


【例 3-3】Numpy 数组常用操作示例二。

```
import numpy as np
c=np.ones((3,3))                       # 生成 3 行 3 列全 1 数组
d=np.random.randint(0,10,size=(3,3)) # 生成 3 行 3 列的数组，元素值为 [0,10) 区间的随机整数
print("c:            d:")
for i in range(3):                     # 输出结果
    print(c[i],d[i])
a=4*c        # 标量数 4 乘数组中的每个元素
b=c*d        #2 个二维数组对应位置的元素相乘，产生由积组成的新数组
print("a=4*c:          b=c*d:" )
for i in range(3):                    # 输出结果
    print(a[i],b[i])
x=c.dot(d)                            # 求 2 个二维数组（矩阵）的点积
y=np.transpose(d)                     # 求二维数组（矩阵）的转置（行、列号相同元素值交换）
print("c 与 d 的点积：    d 的转置：")
for i in range(3):                    # 输出结果
    print(x[i],y[i])
min = np.min(d)                       # 求数组中最小值
print("数组 d 的最小值：", min)
print("d 按纵轴 （y 轴，按列）求最小值：",d.min(axis=0)) # axis=0 表示按列求最小值
n=np.sqrt(a)                          # 对数组 a 所有元素求平方根
print("对数组 a 求平方根：d 沿横轴 （x 轴，按行） 排序结果：" )
d.sort(axis=1) # axis=1（默认值）为按行排序：每行的最小值都排第 0 列，递增排序
# 函数名可按需改变，如按行求和可把 d.sort 改为 d.sum；如设置 axis=0 则按列排序等
for i in range(3):                    # 输出结果
    print(n[i],d[i])
```

运行结果：

```
c:               d:
[1. 1. 1.]    [9  3  8]
[1. 1. 1.]    [9  5  1]
[1. 1. 1.]    [4  0  6]
```

```
a=4*c:          b=c*d:
[4. 4. 4.]      [9. 3. 8.]
[4. 4. 4.]      [9. 5. 1.]
[4. 4. 4.]      [4. 0. 6.]
c 与 d 的点积：      d 的转置：
[22.  8.  15.]      [9  9  4]
[22.  8.  15.]      [3  5  0]
[22.  8.  15.]      [8  1  6]
数组 d 的最小值：0
d 按纵轴 (y 轴，按列) 求最小值：[4  0  1]
对数组 a 求平方根：          d 沿横轴 (x 轴，按行) 排序结果：
[2. 2. 2.]                  [3  8  9]
[2. 2. 2.]                  [1  5  9]
[2. 2. 2.]                  [0  4  6]
```

4. Numpy 文件操作

（1）文本文件读写

Numpy 使用 loadtxt()、savetxt() 可读写 *.txt 或 *.csv 文本文件。其中，.csv 扩展名文本文件采用逗号分隔文本，是通常用于存放电子表格或数据的一种文件格式，并可用记事本、Excel 等软件打开文件。

【例 3-4】生成 0 到 19 间的整数，按 4 行 5 列排列存入 num.csv 文件，然后再读入打印。

```
import numpy as np   # 定义模块别名为 np
number = np.arange(20).reshape((4, 5)) # 生成 0 到 19 间的整数，按 4 行 5 列排列存入数组
# 整型数（浮点数用 %f）以逗号分隔，保存到与 Python 源文件同路径下的 num.csv 文件
np.savetxt('num.csv', number, fmt='%d', delimiter=',')
# 再以 int32（缺省为浮点数）格式读入 num.csv 文件内容
data = np.loadtxt('num.csv', dtype=np.int32, delimiter=',')
print(data) # 输出文件内容
```

运行结果：

```
[[ 0  1  2  3  4]
 [ 5  6  7  8  9]
 [10 11 12 13 14]
 [15 16 17 18 19]]
```

（2）二进制文件读写

方法一：使用数组的方法函数 tofile() 以不保存 Numpy 数组结构的方式，将数组中的数据以二进制的格式写进文件，并可配合使用 numpy.fromfile 读入二进制的格式文件。

方法二：用 load()、save() 读写 Numpy 数组专用的以 .npy 为扩展名的二进制文件，npy 扩展名文件保存了 Numpy 数组的结构（包括 shape 和 dtype），但专用二进制文件不易被其他计算机编程语言兼容使用。

【例 3-5】生成 0 到 19 之间的数，以二进制格式存入文件，然后再读入打印。

```
import numpy as np   # 导入 numpy 库，取别名为 np
number = np.arange(20).reshape((4, 5)) # 生成 0 到 19 之间的数，按 4 行 5 列排列存入数组
number.tofile("num.bin")              # 以不保存 Numpy 数组结构的方式保存二进制格式文件
data1 = np.fromfile("num.bin", dtype=np.int32)        # 按照 int32 类型读入数据
print(data1)                          # 输出文件内容 ，数据是一维的（未保存原 Numpy 数组结构）
```

```
# 以保存 Numpy 数组结构的方式保存二进制格式文件，默认扩展名为 npy
np.save("num", number)
data2 = np.load("num.npy")
print(data2)                         # 按 4 行 5 列排列输出文件内容（文件数据保存了原 Numpy
                                     # 数组结构）
```

运行结果：

```
0  1  2  3  4  5  6  7  8  9 10 11 12 13 14 15 16 17 18 19]
[[ 0  1  2  3  4]
 [ 5  6  7  8  9]
 [10 11 12 13 14]
 [15 16 17 18 19]]
```

3.2.2 Numpy 的矩阵对象及操作

Numpy 矩阵计算是直接对所有矩阵元素进行运算，相比 Python 列表通过循环对元素的逐个处理运算效率高很多。Numpy 通过调用 mat() 函数（或 matrix() 函数）创建矩阵。

【例 3-6】 Numpy 的矩阵对象及操作示例。

```
import numpy as np
m1 = np.matrix("1 3 5;7 9 11;13 15 17")
print("m1:             m2=m1*2:")
m2 = m1*2                            # 矩阵的数乘运算
for i in range(3):                   # 输出结果
    print(m1[i], '   ',m2[i])
print("m1 + m2:       m1 - m2:")
m3 = m1 + m2; m4 = m1-m2             # 矩阵运算是矩阵对应位置元素的相加、乘、减运算
for i in range(3):                   # 输出结果
    print(m3[i],m4[i])
print("m1*m2:                        2 矩阵对应位置元素相乘 :")
m5 =  m1 * m2                        # 矩阵乘法
m6= np.multiply(m1,m2)               #  2 矩阵对应位置元素相乘
for i in range(3):                   # 输出结果
    print(m5[i],'    ',m6[i])
m7 = m1.T                            # 求矩阵 m1 的转置
m8 = m2.I                            # 求矩阵 m2 的逆
print(" 矩阵 m1 的转置 :    矩阵 m2 的逆 :")
for i in range(3):                   # 输出结果
    print(m7[i], '    ',m8[i])
```

运行结果：

```
m1:           m2=m1*2:
[[1 3 5]]        [[ 2  6 10]]
[[ 7  9 11]]   [[14 18 22]]
[[13 15 17]]   [[26 30 34]]
m1 + m2:     m1 - m2:
[[ 3  9 15]]  [[-1 -3 -5]]
[[21 27 33]]  [[ -7  -9 -11]]
[[39 45 51]]  [[-13 -15 -17]]
m1*m2:                 2 矩阵对应位置元素相乘 :
[[174 210 246]]      [[ 2 18 50]]
[[426 534 642]]      [[ 98 162 242]]
```

```
[[ 678  858 1038]]  [[338 450 578]]
矩阵 m1 的转置：   矩阵 m2 的逆：
[[ 1   7 13]]       [[-2.21768163e+14  4.43536327e+14 -2.21768163e+14]]
[[ 3   9 15]]       [[ 4.43536327e+14 -8.87072654e+14  4.43536327e+14]]
[[ 5 11 17]]         [[-2.21768163e+14  4.43536327e+14 -2.21768163e+14]]
```

3.3　Matplotlib 数据可视化

3.3.1　Matplotlib 及其图形绘制流程

数据可视化有助于更直观地理解数据及调整数据分析的方法。Matplotlib 通过 pyplot 模块提供了与 MATLAB 类似的绘图 API，通过调用 pyplot 模块所提供的函数就可实现快速绘图，并设置图表的各种细节，以交互方式实现数据可视化。

Matplotlib 的图形绘制流程如下：

1. 导入 pyplot 模块

```
import matplotlib.pyplot as plt
```

该模块包含了一系列类似于 MATLAB 的绘图函数。

2. 创建画布与子图

（1）构建空白的画布

```
fig=plt.figure(figsize=(w,h), dpi=n)
```

参数说明：返回画布对象 fig；figsize 指定 figure 的宽和高，单位为英寸（1in 约为 2.5cm)；dpi（每英寸点数）参数指定绘图对象的分辨率，默认值为 80。

在图形尺寸相同的情况下，dpi 越高则图像越清晰。

（2）设置同一幅图上绘制多个子图

```
fig.add_subplot(row,col,k)
```

参数说明：添加并选中子图，如指定子图的行数 row、列数 col，则绘制子图的个数为 row × col，并选中图片编号 k（1≤k≤row × col)，使用实例见【例 3-8】。

（3）设置绘图对象的属性

参数说明：xlabel、ylabel 分别设置 x、y 轴的标题文字；title 设置图的标题；xlim、ylim 分别设置 x、y 轴的显示范围。legend（label，loc='lower left'）：显示图例，label 为图例的标签内容，图例位置 loc 还可取 lower right、upper left、upper right、upper center、lower center、center left 、center right。

3. 绘制与显示图形

【例 3-7】绘制与显示 0 ～ 4π 余弦函数图形示例，运行结果如图 3-7 所示。

```
import matplotlib.pyplot as plt                              # 导入 pyplot 模块，取别名 plt
import numpy as np # 导入 numpy 模块
plt.rcParams["font.sans-serif"]=['SimHei']                   # 设置显示汉字，指定黑体字
plt.rcParams["axes.unicode_minus"]=False  # 设置正常显示正负号，否则不显示负数前的负号
plt.figure(figsize=(8,4))                 # 创建一个绘图对象，大小为 800×400 像素
x_values = np.arange(0.0,4*np.pi, 0.01)  # 生成横坐标角度：步长 0.01，初始值 0.0，
                                          # 终值 4π
y_values = np.cos(x_values)               # 生成纵坐标余弦函数值
```

```
# 用绿色虚线绘制点到点连线，线宽 1，图例标签为 "cos(x)"
plt.plot(x_values,  y_values,  'g--',  linewidth=1.0, label='cos(x)')
plt.xlabel('x ',fontsize=18)                    # 设置 x 轴的文字，字号取 18
plt.ylabel('cos(x)',fontsize=18)                # 设置 y 轴的文字，字号取 18
plt.ylim(-1, 1)                                 # 设置 y 轴的取值范围 -1~1
plt. title(' 余弦函数图形 ',fontsize=20)          # 设置图表的标题，字号取 20
plt.legend()                                    # 在右上角显示图例 (legend)
plt.grid(True)                                  # 显示网格线，默认为不显示
plt.show()                                      # 显示图形
```

4. 保存图形

```
plt.savafig('d:\cosimage.png', dpi=300)   # 保存绘制的图片于 d 盘根目录下，dpi 取 300
plt.show()                                # 显示图表语句需放置在 plt.savafig() 后
                                          # 面，才能正确存盘。
```


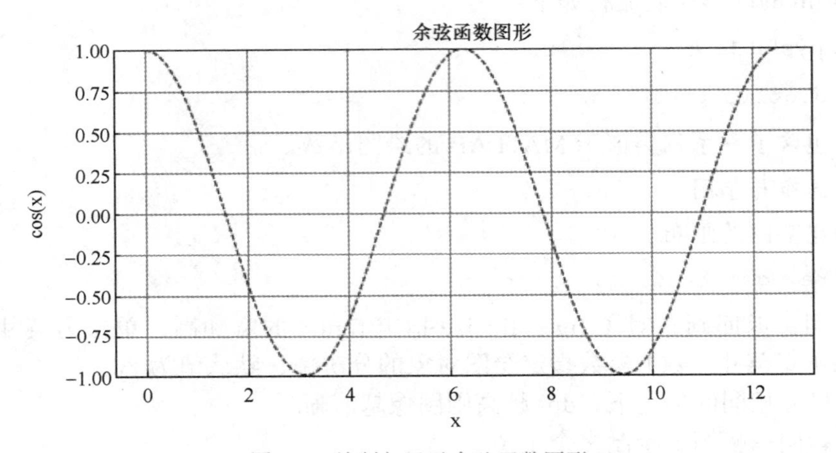

图 3-7　绘制与显示余弦函数图形

3.3.2　图形绘制与显示实例

1. 绘制折线

折线图是一种将数据点按照顺序连接而成的图形。主要语法格式如下：

```
plt.plot(x, y, fmt =' [color][marker][line] ')
```

参数说明：x、y 分别为 x 轴、y 轴数据；fmt 是用来定义图的颜色 color（r，红；g，绿；b，蓝；w，白；y，黄；k，黑等）、点型 marker（'o'，圆；'*'，星；'.'，点等）、线型 linestyle（默认为 '-'，实线；'--'，虚线；' -.'，点划线等）等属性的字符串；也可用关键字参数对单个属性赋值，来替代 fmt 参数的组合赋值，例如：color='r'，marker='.' 等。【例 3-7】中绘制折线语句也可等同改写成：

```
plt.plot(x_values, y_values, color='b',linestyle='- -', linewidth=1.0, label='cos(x)')。
```

【例 3-8】在如图 3-8 所示的 4 个子图中分别绘制与显示 2019—2022 年毕业生历年出国、考研、进国企和外企的人数折线比较图。

```
import matplotlib.pyplot as plt  # 导入 pyplot 模块，取别名 plt
x = [2019,2020,2021,2022]        # 生成横坐标：年份
y1= [44,30,25,35]                # 生成纵坐标：历年出国人数
```

```
y2= [40,45,48,50]                     # 生成纵坐标：历年考研人数
y3= [44,30,35,35]                     # 生成纵坐标：历年进国企人数
y4= [46,46,48,48]                     # 生成纵坐标：历年进外企人数
fig = plt.figure(figsize=(8,6),dpi=80)          # 创建一个绘图对象，大小为 800×600 像素
ax1 = fig.add_subplot(2,2,1)                    # (2,2,1) 表示将画布分成 2 行、2 列（可画 4
                                                # 个子图）
ax1.plot(x, y1)                                 # 绘制第 1 个子图
ax1.legend(['历年出国人数'])                     # 显示图例文字
ax2 = fig.add_subplot(2,2,2)                    # (2,2,2) 添加第 2 个子图
ax2.plot(x, y2,'r')                             # 设置红线
ax2.legend(['历年考研人数'])
ax3 = fig.add_subplot(2,2,3)                    # (2,2,3) 添加第 3 个子图
ax3.plot(x, y3,'b')                             # 设置蓝线
ax3.legend(['历年进国企人数'])
ax4 = fig.add_subplot(2,2,4)                    # (2,2,4) 添加第 4 个子图
ax4.plot(x, y4,'g')                             # 设置绿线
ax4.legend(['历年进外企人数'],loc='lower right')         # 图例显示在右下方
plt.savefig("gradute.jpg",dpi=300)                      # 保存图形文件
plt.show()                                              # 显示图形
```

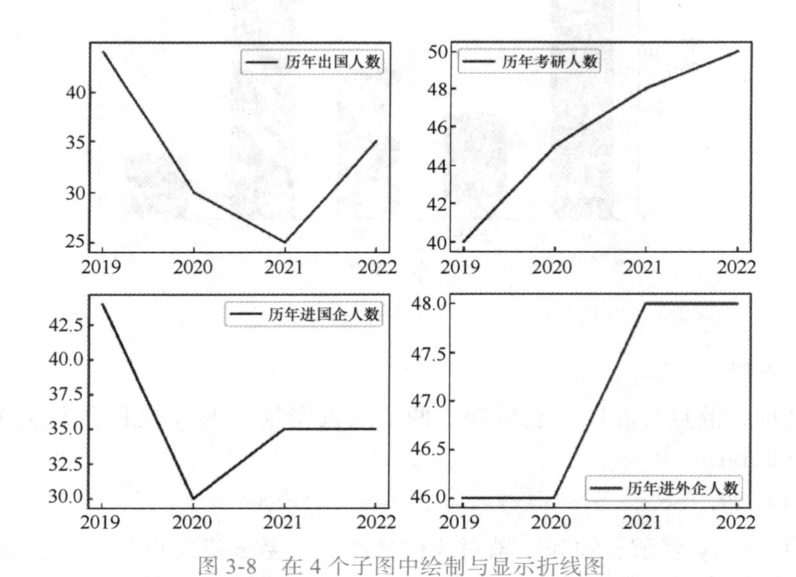

图 3-8　在 4 个子图中绘制与显示折线图

2. 绘制柱状图

柱状图也称为条形图，是以长方形的长度为变量的统计图表，长方形长度与它所对应的数值呈一定比例。主要语法格式如下：

```
plt.bar(x,height,width=w, color=c, 选项)
```

参数说明：x、height 分别为 x 轴数据、x 轴数据代表的柱状高度；width 柱状宽度 w 取值 0 ～ 1 之间的浮点数，0.8 为默认值；color 设置条形图颜色。

【例 3-9】使用柱状图绘制 2018—2022 年电气工程及其自动化专业，历年高考第一志愿录取人数变化图表，运行结果如图 3-9 所示。

```
import numpy as np                          # 导入 numpy 模块，取别名 np
import matplotlib.pyplot as plt             # 导入 pyplot 模块，取别名 plt
```

```
plt.rcParams["font.sans-serif"]=['fangSong']            # 设置汉字显示
x_data = ['2018', '2019', '2020', '2021', '2022']      # 生成横坐标：年份
y_data =np.random.randint(10, 51,size = 5)              # 在区间 [10,51) 内随机生成 5
                                                        # 年第一志愿录取人数
plt.ylim(0, 60)                                         # 设置纵坐标显示数值范围
# 根据参数绘制柱状图
plt.bar(x=x_data, height=y_data, width=0.6, label='历年高考第一志愿录取人数',
color='g')
plt.title("电气工程及其自动化专业")                      # 设置标题
plt.xlabel("年份")                                      # 为横坐标轴设置名称
plt.ylabel("人数")                                      # 为纵坐标轴设置名称
plt.legend()                                            # 显示图例
plt.show()
```


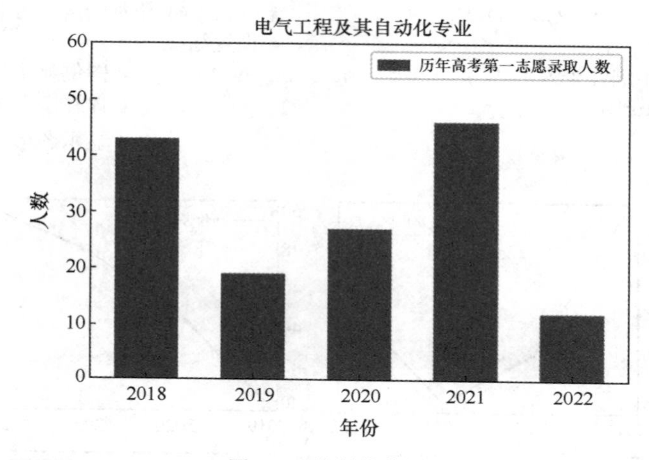

图 3-9　绘制柱状图

3. 绘制散点图

散点图又称为散点分布图，它反映了两个随机变量 x 与 y 之间的相关关系。绘制散点图函数语法如下：

```
plt.scatter(x, y, color=c, marker=m, s=a, alpha= alf)
```

参数说明：x、y 表示 x 轴和 y 轴对应的数据；参数 s 指定点的大小；color 设定点的颜色，若为一维数值则设定每个点的颜色；参数 marker 表示绘制的点的类型；alpha 设定点的透明度，取值范围为 0.0（完全透明）～ 1.0（完全不透明），默认值为 1。

【例 3-10】使用随机函数产生二维随机变量（x，y）共 16 组数据，并可被分成两类：0 类（8 个数据：x 变量取值 [20，25）区间的随机整数，y 变量取值 [25，30）区间的随机整数）；1 类（8 个数据：x 变量取值 [25，30）区间的随机整数，y 变量取值 [30，35）区间的随机整数）。要求不同的分类以不同的颜色和形状绘制散点图。

```
import matplotlib.pyplot as plt
import numpy as np
x1= np.random.randint(20, 25, 8)                        # 产生 0 类 8 个数据
y1 = np.random.randint(25, 30, 8)
x2= np.random.randint(25, 30, 8)                        # 产生 1 类 8 个数据
y2 = np.random.randint(30, 35,8)
```

```
plt.rcParams['font.sans-serif']=['SimHei']          # 绘图时可显示汉字
plt.title('二维随机变量(x,y)散点分类图',fontsize=20) # 标题
plt.xlabel('随机变量：x ',fontsize=18)
plt.ylabel('随机变量：y ',fontsize=18)
# 以下绘制类别为 0 的点：散点图，红色；点型，圆形；透明度，0.8
plt.scatter(x1,y1,s= 100,color='r',marker='o', alpha= 0.8)
# 以下绘制类别为 1 的点：散点图，蓝色；点型，倒三角形
plt.scatter(x2,y2,s= 100,color='b',marker='v')
plt.legend(['类别0','类别1'],loc='upper left')      # 设置图例，位置：左上方
plt.show() # 显示图形
```

运行结果如图 3-10 所示。

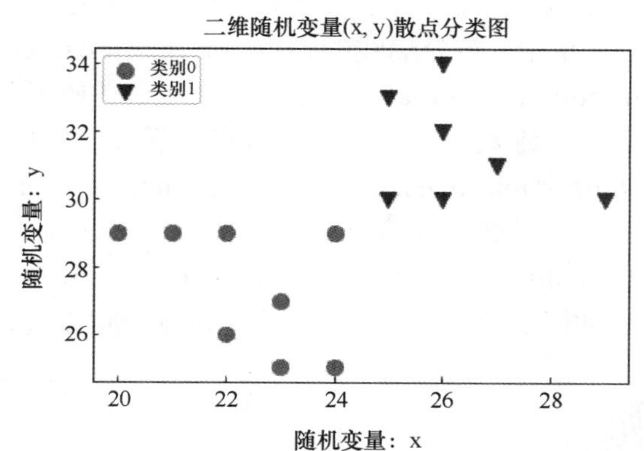

图 3-10　绘制散点分类图

最简单的三维图是由（x，y，z）三维坐标点构成的线图与散点图。可用 scatter3D 函数来创建三维散点图，三维图函数的参数与二维图函数的参数基本相同。

【例 3-11】 五个三维坐标点的三维坐标（x，y，z）分别为（0, 0, 0）、（1, 1, 1）、（2, 2, 2）、（3, 3, 3）、（5, 5, 5）。要求不同的坐标点以不同的颜色和形状绘制成如图 3-11 所示的三维散点图。

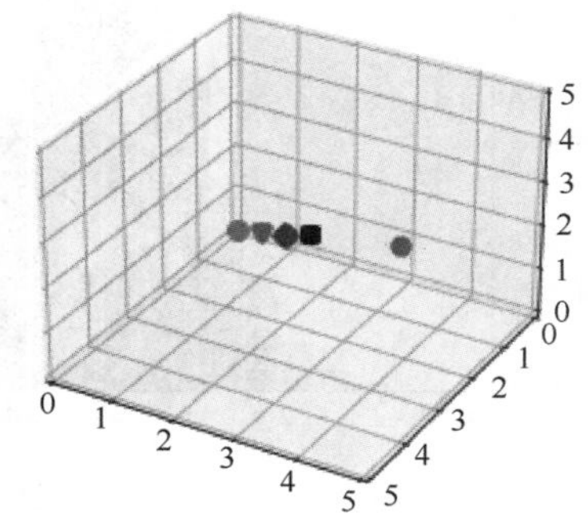

图 3-11　绘制三维散点图

```
from matplotlib import pyplot as plt
dot = dot = [(0, 0, 0), (1, 1, 1), ( 2, 2, 2), (3, 3, 3), (5, 5, 5)] # 五个点的三维坐标
                                                                     # 点 (x,y,z)
plt.figure()                            # 构建空白的画布
ax = plt.axes(projection='3d') # 创建一个三维坐标轴
ax.set_xlim(0, 5)                       # x 轴，横向向右方向
ax.set_ylim(5, 0)                       # y 轴，左向与 x、z 轴互为垂直
ax.set_zlim(0, 5)                       # 竖向为 z 轴
color = ['r', 'g', 'b', 'k', 'm'] # 五个点依次设置颜色：红、绿、蓝、黑、洋红色
marker = ['o', 'v', 'D', 's', 'H']  # 五个点依次设置点型：圆、倒三角形、菱形、正方形、六边形
i = 0
for x in dot:                           # 依次读取五个点的三维坐标、颜色、点型，用散点函数画点
  ax.scatter(x[0], x[1], x[2], c=color[i], marker=marker[i], linewidths=4)
  i += 1
plt.show()
```

4. 绘制直方图

直方图是用一系列不同高度的纵向条纹或线段表示数据分布的统计图，主要绘制一维随机变量 x 取值的概率分布情况。一般用横轴表示数据类型，纵轴表示分布情况。直方图的绘制函数语法如下：

```
(n, bins, patches) =pyplot.hist(x, bins=10, range=None, density=None,
facecolor=None, edgecolor=None, orientation='vertical')
```

参数说明：x 指定每个对应 x 轴 bin（箱子）分布的数据；bins 指定 bin（箱子）的个数，默认为 10；range 参数指定被统计（显示）的 x 的数据范围，默认 x 取全部数据；density = 0 为频数图（统计每个 bin 范围内的数据个数），density = 1 为频率图（统计每个 bin 范围内的数据个数与总数据数的比值，即所占比例），默认值为 0；facecolor、edgecolor 设置直方图 bin（箱子）与分隔线的颜色；orientation='vertical' 为默认值：bin（箱子）垂直放置，若 orientation='horizontal' 则 bin（箱子）水平放置。

函数返回值说明：n 为一维数组，统计每一间隔（箱子）中所含数据的个数；bins 也为一维数组，默认取值 bins = np.linspace（min（x），max（x），n），即用 x 的最小、最大数之间 n 等份个数生成一个一维数组（含终值）。

【例 3-12】随机生成 8000 个均值为 0、方差为 1 的高斯分布（标准正态分布）数据，试利用这些数据分别绘制如图 3-12、图 3-13 所示的频数、频率直方图。

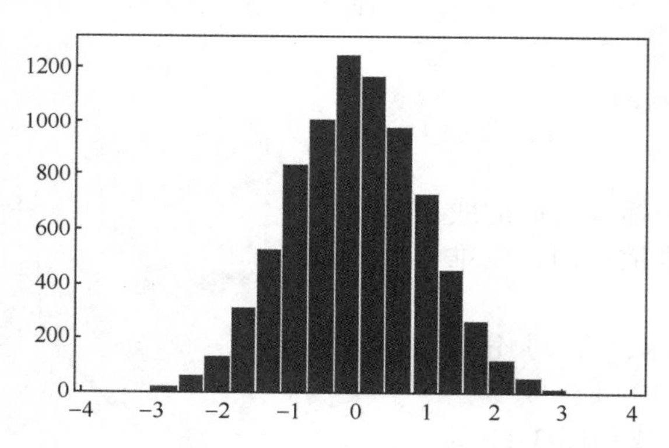

图 3-12　绘制标准正态分布直方图（频数图）

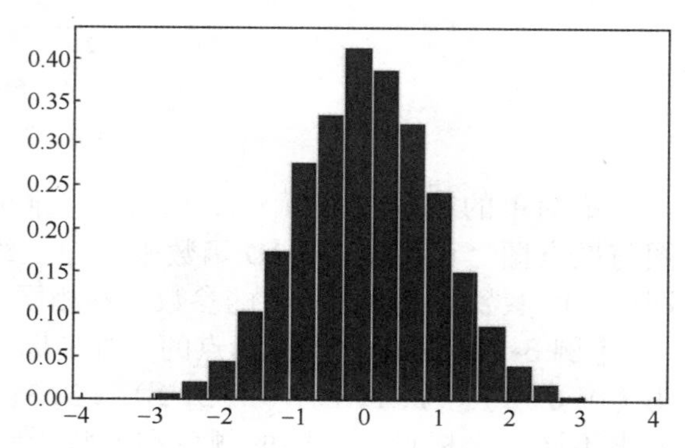

图 3-13　绘制标准正态分布直方图（频率图）

```
import numpy as np
import matplotlib.pyplot as plt
plt.rcParams['axes.unicode_minus'] = False          # 正常显示 x 轴上标注的负号
np.random.seed(0)                                   # 参数取 0，参数固定则每次产生
                                                    # 的随机数序列相同
# 生成 8000 个均值为 0、方差为 1 的高斯分布（标准正态分布）数据
data = np.random.normal(0,1,8000)
print(min(data),max(data))                          # 输出数据中的最小、最大数
# 设箱子数 bins=20，bin 及分隔线为蓝、白色，返回 n 值为落在每个 bin 区段的数据个数
n, bins, patches = plt.hist(data,20,facecolor='b',edgecolor='w')
                                                    # 默认 density 参数显示频数图
#n, bins, patches = plt.hist(data,20,density = 1,facecolor='b',edgecolor='w')
# 上一行注释语句用于设定显示频率图
print('n=',n,'  bins=',bins,' patches=',patches)
plt.show()
```

运行结果：

```
min(data)= -3.740100637951779 max(data)= 3.8016602149671153
n= [ 2.  7.  23.  63.  140.  311.  532.  839.  1012.  1250.  1168.  983.
   738.  456.  267.  125.  58.  19.  5.  2.]
 bins= [-3.74010064 -3.3630126  -2.98592455 -2.60883651 -2.23174847 -1.85466042
 -1.47757238 -1.10048434 -0.7233963  -0.34630825  0.03077979  0.40786783
   0.78495587  1.16204392  1.53913196  1.91622     2.29330804  2.67039609
  3.04748413  3.42457217  3.80166021]  patches= <BarContainer object of 20 artists>
```

5. 绘制饼状图

饼状图把一个数据系列中各项的大小与各项总和的比例显示在一张“饼”图中，饼状图中的数据点显示为整个饼状图的百分比。饼状图绘制函数语法如下：

```
plt.pie(x,explode=None,labels=None,colors=None,autopct=None, shadow=False,
startangle=None, radius=None)
```


参数说明：x 表示用于绘制饼状图的数据；explode 可设置指定项离饼图圆心为 n 个半径，默认为 None；labels 指定每一项的名称，默认为 None；colors 参数指定表示饼图颜色；给参数 autopct 赋值可在各部分扇区内，显示所占的百分比（饼图中各部分的数值与各部分数值之和的比值即为各部分所占百分比）；shadow 设置是否加阴影；startangle 表示起始绘制角度，默认图是从 x 轴正方向逆时针起画；radius 设定饼状图的半径，默认为 1。

【例 3-13】已知出国、考研、进国企、进外企、进私企、考编制和其他就业人数分别为 30 人、25 人、16 人、15 人、29 人、8 人、12 人，绘制如图 3-14 所示的毕业生就业数据饼状图。

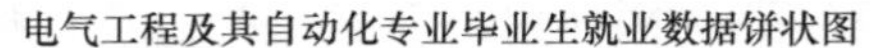

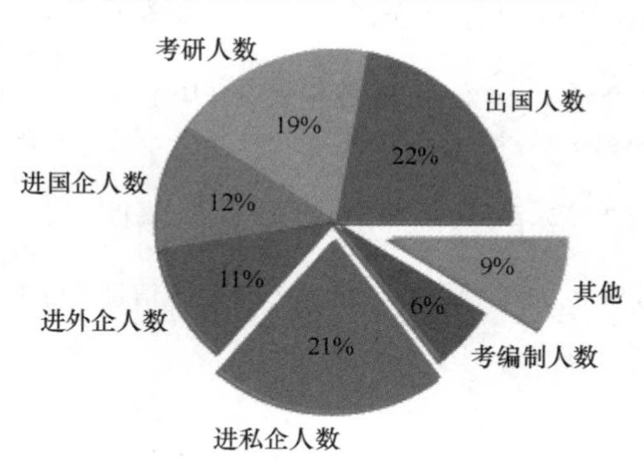

图 3-14　绘制毕业生就业数据饼状图

```
import matplotlib.pyplot as plt
plt.rcParams['font.sans-serif'] = ['SimHei']
plt.title(' 电气工程及其自动化专业毕业生就业数据饼状图 ')
label=[" 出国人数 ", " 考研人数 ", " 进国企人数 ", " 进外企人数 ", " 进私企人数 ",\
        " 考编制人数 ", " 其他 "]
data = [30,25,16,15,29,8,12]          # 就业分类数据
exp = [0, 0, 0, 0, 0.1, 0, 0.32]     # 2 个扇区设置离饼图圆心为 0.1、0.32 个半径距离
# 绘制饼状图，加阴影，autopct 项在各部分扇区内显示本项所占百分比，“%”输出格式转义符
```

```
plt.pie(x=data, labels=label, explode=exp,shadow=True, autopct='%1.0f%%')
                                            # "%%" 显示单个 "%"
```

3.4 Pandas 数据分析与处理

3.4.1 Pandas 及其数据结构

Pandas 是一个用于数据挖掘的开源 Python 数据分析库，其为时间序列分析提供了很好的支持。Pandas 借助 Numpy 模块在计算性能方面的优势和 Matplotlib 能方便实现数据可视化的特点，基于独特的数据结构提升数据处理能力。Pandas 可处理下列三种数据结构：系列（Series）、数据帧（DataFrame）和三维数据结构（MultiIndex 和老版本中的 Panel）。

1. 系列的创建及属性操作

一维数据结构（一维数组）与 Numpy 中的一维 array 类似。系列 Series 能保存不同种数据类型，字符串、布尔（Boolean）值和数字等都能保存在 Series 中。Series 的创建格式如下：

```
pd.Series(data=None, index=None, dtype=None)
```

参数说明：data 为传入数据，可以是 Numpy 中的 ndarray 或是列表等；index 为索引，须唯一且与数据长度相等，默认会自动创建一个从 0 ～ N 的整数索引；dtype 为数据类型。

Series 提供了 index 和 values 两个属性，以操作 Series 对象中的索引和数据。

【例 3-14】创建 Series、操作 Series 对象中的索引和数据属性示例。

```
import pandas as pd                                  # 导入 pandas，别名为 pd
s0 = pd.Series([1, 3, 5, 7])                         # 创建系列，索引号默认从 0 开始
s1 = pd.Series([1, 3, 5, 7],index=[1,2,3,4])         # 创建系列，指定索引号从 1 开始
score = pd.Series({'数学':100, '英语':85, '政治': 90, '信息':98})
                                                     # 字典创建系列
print("s0 索引号默认从 0 开始 :\n{0}\ns1 指定索引号从 1 开始 :\n{1}\n 字典创建系列: \
      \n{2}".format(s0,s1,score))                    # 在 {0}、{1}、{2} 位置按变量
                                                     # 列表顺序输出结果
print("s0 的 index 属性 :",s0.index,";s0 的 values 属性 :",s0.values)
                                                     # 输出 s0 的索引和属性值
print("s1[2]=",s1[2],"score['信息']=",score['信息'])# 通过索引来获取系列数据
```

运行结果：

```
s0 索引号默认从 0 开始 :
0     1
1     3
2     5
3     7
4     9
dtype: int64
s1 指定索引号从 1 开始 :
1     1
2     3
3     5
4     7
5     9
```

```
dtype: int64
字典创建系列:
数学    100
英语     85
政治     90
信息     98
dtype: int64
s0 的 index 属性 : RangeIndex(start=0, stop=5, step=1) ; s0 的 values 属性 : [1 3
5 7 9]
s1[2]= 3 ;score['信息']= 98
```

2. 数据帧的创建及属性操作

二维的表格型 DataFrame 是最常用的 Pandas 对象，它是一个类似于二维数组或如 Excel 表格的对象，既有行索引，又有列索引。行索引（index）表示不同行，称为 0 轴（axis=0）；列索引（columns）表示不同列，称为 1 轴（axis=1）。DataFrame 的创建格式如下：

```
pd.DataFrame(data=None, index=None, columns=None)
```

参数说明：index、columns 为行、列标签，如果没有传入索引参数，则会默认自动创建一个从 0 ～ N 的整数索引。

表 3-4 为 DataFrame 常用属性。

表 3-4　DataFrame 常用属性

属性	返回结果	属性	返回结果
index	DataFrame 的行索引列表	shape	形状:（行数、列数）
columns	DataFrame 的列索引列表	size	元素个数
values	获取二维数组 array 的值	ndim	数组的维度数
dtypes	数据类型		

【例 3-15】创建 DataFrame 对象及操作 DataFrame 属性示例。

```
import pandas as pd
import numpy as np
np.random.seed(0)
score = np.random.randint(30, 101, (5, 4)) # 随机生成 5 名学生 4 门课成绩（30~100 分）
score1 = pd.DataFrame(score)   # 使用默认行列索引生成 DataFrame 对象
# 给成绩数据增加行、列索引
stu=['周赞','张天','任平','李为','周或']
score2 = pd.DataFrame(score, columns=['数学', '英语', '政治', '信息'],
index=stu)
print("使用默认行列索引生成 DataFrame 对象 score1: \n",score1 )
print("增加行列索引后生成 DataFrame 对象 score2: \n",score2)
```

运行结果：

```
使用默认行列索引生成 DataFrame 对象 score1:
    0   1   2   3
0  74  77  94  97
1  97  39  51  66
```

```
2   100  42  88  95
3    69  76  67  55
4    39  50  99  77
```

增加行列索引后生成 DataFrame 对象 score2：

```
      数学   英语   政治   信息
周赞    74    77    94    97
张天    97    39    51    66
任平   100    42    88    95
李为    69    76    67    55
周或    39    50    99    77
```

3.4.2 DataFrame 中的数据选取及操作

表 3-5 为 DataFrame 对象数据访问方法列表，并设表中 DataFrame 对象 df 与【例 3-15】中的 DataFrame 对象 score2 相同。

表 3-5 DataFrame 对象数据访问方法列表

方法	功能	举例
df[]	行或列单维度选取，只能为一个维度设置筛选条件。整数索引切片（不包含上限数）；标签索引切片（包含最后标签）	df['信息']；df[['信息','英语']] # 分别选取'信息'1 列、'信息'与'英语'2 列数据 df[0：2]；df['周赞'：'任平'] ''' 分别选取'周赞'与'张天'2 行数据、'周赞'到'任平'3 行数据 ''' df[[score<60 for score in df['英语']]] # 选取'英语'成绩低于 60 的所有行数据
df.loc[]	区域多维选取，只能标签索引，不能整数索引，标签索引切片包含最后标签。方括号内须有两个参数，第一个参数是行筛选条件，第二个参数是列筛选条件，参数间用逗号隔开	df.loc['张天'：，['数学'，'政治']] ''' 选取'张天'所在行到最后一行（'张天'到'周或'行）的'数学'与'政治'列数据 ''' df.loc[：'任平'，：] ''' 选取第 0 行（'周赞'到'任平'行的所有列数据（含'任平'所在行）''' df.loc[：2，：]# 出错，df.loc[] 不能整数索引
df.iloc[]	区域多维选取，只能整数索引，不能使用标签索引，整数索引切片不含上限数。方括号内须有两个参数，第一个参数是行筛选条件，第二个参数是列筛选条件，参数间用逗号隔开	df.iloc[：2，：]# 选取第 0、1 行数据 df.iloc[：，2]]# 选取第 2 列数据（'政治'列） df.iloc[：，：2] # 选取第 0、1 列数据（不含第 2 列） df.iloc[：，2：]# 选取第 2 列到最后一列数据
df.at[]	单元格选取，只能标签索引，不能整数索引	df.at['任平'，'英语'] # 选取'任平'的'英语'单元数据 42
df.iat[]	单元格选取，只能整数索引，不能使用标签索引	df.iat[2，0]# 选取第 2 行第 0 列单元数据：100 df.iat['任平'，'英语'] ''' 出错，df.iat[] 只能整数 # 索引，不能使用标签索引 '''

【例 3-16】DataFrame 对象数据排序操作示例。

```
import pandas as pd                                    # 导入 pandas，别名为 pd
import numpy as np                                     # 导入 numpy，别名为 np
data = {'工号':['c1001', 'c1011', 'c1009', 'c1020', 'c1002'],
        '姓名':['周明', '张红', '任芳', '李黑', '张或'],
        '年龄':[20, 32, 25, 22, 29]}                   # 字典的 key 对应列标签
df = pd.DataFrame(data, index=[ 1, 2, 3, 4, 5])        # 创建 DataFrame 对象
```

```
print("DataFrame 对象：\n",df)
age=df.sort_values(by='年龄')                      # 按照'年龄'排序生成 age(默
                                                   # 认升序)，df 本身数据不变
print("按'年龄'升序排列：\n",age)
rank3=df.sort_values('年龄', ascending=False)[:3]  # 按照'年龄'降序排列
                                                   # (ascending=False)
print("'年龄'最大前三位：\n",rank3)                 # 并取排列在前 3 行的数据（'年
                                                   # 龄'最大的前三位）
df.set_index('工号', inplace=True)                  # 设置'工号'为新的 index，df
                                                   # 本身将被改变(inplace=True)
isort=df.sort_index()                              # 按照新设置的行索引 index
                                                   # ('工号')进行排序，默认升序
print('按索引排序：\n',isort)
```

运行结果：

```
DataFrame 对象：
   工号    姓名  年龄
1  c1001  周明  20
2  c1011  张红  32
3  c1009  任芳  25
4  c1020  李黑  22
5  c1002  张或  29
按'年龄'升序排列：
   工号    姓名  年龄
1  c1001  周明  20
4  c1020  李黑  22
3  c1009  任芳  25
5  c1002  张或  29
2  c1011  张红  32
'年龄'最大前三位：
   工号    姓名  年龄
2  c1011  张红  32
5  c1002  张或  29
3  c1009  任芳  25
按新索引'工号'排序：
   工号    姓名  年龄
1  c1001  周明  20
5  c1002  张或  29
3  c1009  任芳  25
2  c1011  张红  32
4  c1020  李黑  22
```

3.4.3 Pandas 读写文件操作

Pandas 支持 CSV、SQL、XLS、JSON 等许多文件格式的读写操作。Pandas 使用 pandas. read_csv()、pandas. to_csv() 和 pandas. read_excel()、pandas. to_excel() 可分别实现对 CSV 格式文件（文本文件）的读、写和 excel 格式文件的读、写操作。

【例 3-17】 Pandas 对 CSV 格式文件与 Excel 格式文件的读、写操作示例。

```
import pandas as pd                                # 导入 pandas，别名为 pd
data = {'工号':['c1001', 'c1011', 'c1009', 'c1020', 'c1002'],
        '姓名':['周明', '张红', '任芳', '李黑', '张或'],
```

```
        '年龄':[20, 32, 25, 22, 29]}                    # 字典的 key 对应列标签
df1 = pd.DataFrame(data, index=[ 1, 2, 3, 4, 5])        # 创建 DataFrame 对象 df1，自
                                                         # 定义 index
df1.to_csv('person1.csv', index = False)                # 根据 df1 对象创建 person1.
                                                         #csv（文件中不含 index 列）
'''df1.to_csv(' person1.csv', sep = ';',index = False,mode='a') 中参数含义:
数据项以 ';' 分隔，列标签作为普通数据项存储；mode='a' 为文件内容添加模式（mode='w' 为默认
的重写文件内容模式）'''
df2 = pd.read_csv("person1.csv",usecols=['工号', '年龄']) # 只读入 person1.csv 的 '工号',
                                                         #'年龄'列
print(df2)                                               # 输出 df2 对象数据
df3=df2.head(3)                                          # 选取 df2 的前三行数据（不含
                                                         # 第 3 行）生成 df3
df3.to_excel(' person2.xlsx', index= False)             # 由 df3 对象创建 person2.
                                                         #xlsx（文件中不含 index 列）
df4= pd.read_excel(' person2.xlsx')       # 读入 Excel 格式文件 person2. xlsx 生成 df4
print(df4)                                # 输出 df4 对象数据
```

运行结果：

```
     工号   年龄
0  c1001   20
1  c1011   32
2  c1009   25
3  c1020   22
4  c1002   29
     工号   年龄
0  c1001   20
1  c1011   32
2  c1009   25
```


习题

3-1 使用 Numpy 建立一个一维数组 a，其初始值为 [2，4，6，8]，并完成下列操作：输出 a 的类型（type）、a 的各维度的大小（shape）、a 的第一个元素值、a 转换成 2 行 2 列的数组。

3-2 使用 Numpy 建立一个二维数组 b，其初始值为 [[1，3，5]，[2，4，6]]，并完成下列操作：输出 b 数组的最大值，转置，各维度的大小（shape），b[1][2]、b[0][1]、b[1][1]、b[0][0] 元素的值。

3-3 使用 plot() 函数绘制 $y=x^2$ 函数的图形，x 取值 [-6，6]。

3-4 用 scatter() 函数绘制散点图，使用随机函数产生 6 个散点坐标（x，y），x、y 取值 [1，6]。

3-5 使用 hist() 函数绘制直方图，利用随机函数产生 5000 个数据。

3-6 使用 pie() 函数绘制饼状图统计各类职称人数。助教、副教授、讲师、教授人数分别为 30、20、40、10，起始角 90°，要求显示汉字和百分比。

3-7 初始化由工号、姓名、销售额组成的 5 个员工信息的字典，并由该字典创建 DataFrame 对象，对销售额降序排列后，将销售额前三名的员工信息存入 sale.xlsx 文件。

第 4 章

机器学习简介

本章简要介绍机器学习的概念、sklearn 机器学习库及机器学习组件 Inforstack 的功能。

4.1 机器学习的概念

机器学习（Machine Learning）是一门专门研究计算机怎样模拟或实现人类的学习行为，通过学习与获取新的知识或技能，重新组织已有的知识结构以不断改善自身性能的学科。简而言之，机器学习就是基于“训练”海量数据样本，通过学习获得的智能模型算法以解决特定问题。在后面相关章节中还将介绍深度学习（Deep Learning）技术，如果说机器学习是实现人工智能的一种技术方法的话，那么深度学习便是机器学习这门技术的子集。深度学习通过建立、模拟类似人脑用于分析学习的多层神经网络，以模仿人脑的机制来解释与处理数据（如图像、声音和文本等）。

4.2 机器学习库 sklearn

sklearn 也称为 scikit-learn，是一个开源的基于 Python 语言的机器学习工具包，包含了众多基于 Numpy、Scipy 和 Matplotlib 等 Python 科学计算库的经典机器学习算法。在工程应用中，可根据数据特征从中选择适合的算法，调用工具包中相关算法，并通过调整算法的参数，实现高效的算法运用。

sklearn 主要包括六个部分的常用功能模块及算法：分类（Classification）模块包括朴素贝叶斯（Naive Bayes）、逻辑回归（Logistic Regression）、支持向量机（SVM）、神经网络（ANN）和 K 近邻（KNN）等算法；回归（Regression）模块包括线性回归（Linear Regression）、决策树（Decision Trees）、岭回归（Ridge Regression）、拉索（Lasso）、主成分分析（PCA）和支持向量机（SVM）等算法；聚类（Clustering）模块包括 K 均值（K-Means）、基于密度（DBSCAN）等聚类算法；数据降维（Dimensionality Reduction）、模型选择及评估与数据预处理模块包括数据归一化、特征提取和特征转换等方法。sklearn 库中的 datasets 模块还集成了波士顿房价、葡萄酒成分、手写数字集、乳腺癌和鸢尾花等可供数据分析的经典数据集，可使用这些数据集进行数据预处理、建模等操作。

可借助英文官方网站（http：//scikit-learn.org）查阅与学习 sklearn 的丰富功能。图 4-1 为 sklearn 官方网站网页界面，可选择该网站的 More 菜单下的“Tutorial”选项进入学习教程，在该菜单下的“FAQ”选项中列出了一些常见问题；通过单击 User Guide 菜单选项可进入用户指南，并可查阅算法的详细介绍；而选取 API 菜单则可查阅库的调用方法；还可根据需要选择 Install、Examples 等菜单提供的 sklearn 机器学习库和示例技术文档。此外，sklearn 中文网站（https：//www.sklearncn.cn）提供中文版 sklearn 查阅与学习文档。

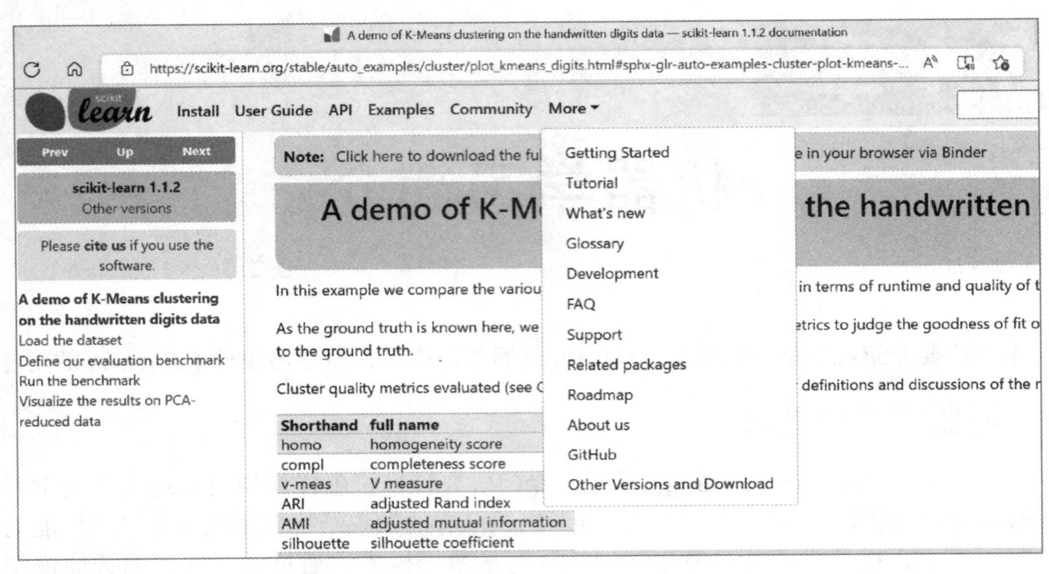

图 4-1　sklearn 官方网站网页界面

Anaconda3 已集成安装了 sklearn 机器学习库（若选用别的 IDE 可参考 sklearn 官方网站 Install 菜单选项中的安装帮助完成安装）。以下代码完成了 sklearn 库导入、库版本输出，以及 sklearn 库自带“波士顿房价”数据集调入等任务：

```
import sklearn                         #sklearn 机器学习库导入
import sklearn.datasets as skl         #sklearn 库自带数据集导入，取别名为 skl
print(sklearn.__version__)             # 输出安装的 sklearn 库版本，系统变量 version 前后用
                                       # 双下划线
dataset = skl.load_boston()            # 调入 sklearn 库自带的“波士顿房价”数据集
print(dataset.data.shape)              # 输出数据集的 shape：（行数，列数）
```

运行输出：

```
0.2 4.2
(506, 13)
```

4.3　机器学习组件 Inforstack

Inforstack 大数据应用平台的分析挖掘模块提供丰富的机器学习组件，这些组件支持用户在平台中构建复杂的分析流程，满足用户从大量数据（包括文本）中挖掘出隐含的、先前未知的、对决策者有潜在价值的关系、模式和趋势的项目诉求，从而帮助用户实现科学决策。整个分析流程设计基于拖拽式节点操作、连线式流程串接指导式参数配置，用户可以通过简单拖拽、配置的方式快速完成挖掘分析流程构建。

平台机器学习组件包括聚类、分类、回归、关联规则、时间序列和综合评价等多种类型算法，满足绝大多数的项目分析场景。支持分布式，可对海量数据进行快速挖掘分析；支持自然语言处理，实现对海量文本数据的处理与分析；支持多种集成学习方式，帮助用户提升单个算法的模型准确度。另外，平台允许用户自定义脚本进行算法扩展。平台内置自定义算法节点，允许用户编制 R、Python 和 Groovy 脚本实现个性化的算法脚本。基于平台灵活的扩展机制，增强了平台的业务适应能力，充分满足用户的个性化需求。

平台提供的机器学习组件见表 4-1。

表 4-1　Inforstack 机器学习组件

算法	类型	简介
朴素贝叶斯	分类	朴素贝叶斯分类法是基于贝叶斯定理的统计学分类方法。它通过预测一个给定的元组属于一个特定类的概率，来进行分类
决策树	分类	决策树是一种简单但广泛使用的分类器，它是基于训练数据构建一个自顶向下递归分割子树的算法，最后建立一个树形结构的分类器
决策规则	分类	决策规则是一个基于规则的分类算法，它会返回一个规则的集合，这些规则描述不同类别是怎样被区分的
逻辑回归	分类	逻辑回归是用于处理因变量为分类变量的回归问题，常见的是二分类或二项分布问题，也可以处理多分类问题，它实际上是属于一种分类方法
K 近邻	分类	K 近邻对新数据集中的每一个样本在训练集中搜索 K 个最相似的案例（近邻），根据 K 个近邻大多数所属的类别来判断该样本的输出类别
集成学习	分类	集成学习通过聚合多个分类器的预测来提高分类的准确率。集成学习方法由训练数据构建一组基分类器，然后通过对每个基分类器的预测进行权重控制来进行分类。它是一种将弱分类器变成强分类器的方法。集成学习的主要技术有 Bagging 和 Boosting
线性回归	回归	线性回归是处理回归任务最常用的算法之一。该算法的形式十分简单，它期望使用一个超平面拟合数据集（只有两个变量的时候就是一条直线）
支持向量机（SVM）	分类 + 回归	支持向量机把分类问题转化为寻找分类平面的问题，并通过最大化分类边界点距离分类平面的距离来实现分类
随机森林	分类 + 回归	随机森林属于集成学习 Bagging 的典型算法，它的弱学习器为决策树算法。它在原始数据集中随机抽样，构成 n 个不同的样本数据集，再由这些数据集搭建 n 个不同的决策树模型，最后根据这些决策树模型的平均值（针对回归模型）或者投票情况（针对分类模型）来获取最终结果
神经网络	分类 + 回归	它从信息处理角度对人脑神经元网络进行抽象，建立某种简单模型，按不同的连接方式组成不同的网络
K 均值	聚类	K 均值是基于划分的聚类算法，它通过迭代的方式将所给数据划分到预定数目的类别中。对于数据集中的每一个数据，按照距离 K 个中心点的距离，将其分配到距离最近的中心点所代表的簇
EM- 聚类	聚类	EM- 聚类是基于期望最大（Expection Maximum）理论来划分数据。它基于一个或者多个概率分布（通常是正态分布）计算每个簇的成员与簇之间的隶属关系的概率，其目标是寻找一个使得似然函数最大值的聚类结果
层次聚类	聚类	层次聚类节点是一种自底向上凝聚方式的聚类算法。该算法通过计算不同类别数据点间的相似度来创建一棵有层次的嵌套聚类树
DBSCAN	聚类	DBSCAN 是一个比较有代表性的基于密度的聚类算法。与划分和层次聚类方法不同，它将簇定义为密度相连的点的最大集合，能够把具有足够高密度的区域划分为簇，并可在噪声的空间数据库中发现任意形状的聚类
OPTICS	聚类	OPTICS 是一种基于密度的聚类算法，它可视为 DBSCAN 算法的一种改进算法，改进了 DBSCAN 对输入参数过于敏感的问题。该算法不显式地生成数据聚类，它只是对数据集中的对象进行排序，得到一个有序的簇次序，这些次序代表了聚类结构
Apriori	关联规则	Apriori 是一种基于规则的机器学习算法，该算法可以在大数据库中发现感兴趣的关系。它的目的是利用一些度量指标来分辨数据库中存在的频繁集
ARIMA	时间序列	ARIMA 模型全称为自回归移动平均模型，是由博克思（Box）和詹金斯（Jenkins）提出的一种时间序列预测方法，所以又称为 Box-Jenkins 模型。其中 ARIMA（p，d，q）中的 AR 是自回归，p 为自回归项；MA 为移动平均，q 为移动平均项数，d 为时间序列成为平稳时所做的差分次数
指数平滑	时间序列	指数平滑是一种特殊的加权移动平均法，分单倍、双倍和三倍。指数平滑方法在预测时给予最近的观察值更多的权。“平滑”表示通过先前值加权整合来预测观察值，“指数”表示当观察值越来越旧时，权值呈指数衰减

习　题

4-1　什么是机器学习？

4-2　登录 sklearn 网站，了解机器学习算法及其分类。

第 5 章 数据预处理

数据质量决定了数据挖掘结果的质量，为了提高数据挖掘的质量产生了数据预处理技术。因此，数据预处理是数据挖掘流程中的一个重要环节。这些数据处理技术在数据挖掘之前使用，使得数据挖掘算法可以更高效地执行并获得更加有效的结果，最后可以做出更加有质量的决策，避免“废进废出”。

本章将介绍数据预处理的方法。这些方法包括：数据清洗、变换、归约和集成。数据清洗可以去掉数据中的噪声，纠正不一致；数据变换可以将数据转化成更适合挖掘的形式；数据归约可以通过删除冗余变量等方法来压缩数据；数据集成将数据由多个源合并成一致的数据存储。

5.1 预处理数据

假如有某家企业的一名数据分析师，负责分析公司的销售数据，要为经理制作几张报表，需找出相关的数据表及分析表中的字段含义，如销售日期、地区、产品名称、单价、销售量和销售额等。此时会发现许多记录在一些字段上没有值。通过计算，可能发现某些商品的销售额≠单价×销售量，即数据中存在不一致的情况。另外，还可能发现有些商品的销售量特别高，严重偏离期望值。最后，数据分析师希望了解广告推销是否对商品销售有提升，但发现这种信息并未被记录。

从上面的场景可以看到不完整、不一致和含有噪声的数据是现实世界数据的共同特点。这样的数据一般无法直接进行数据挖掘，若一定要直接分析，则挖掘结果可能差强人意。数据预处理技术可以改进数据的质量，从而有助于提高其后的挖掘过程的精度和性能。

5.2 数据清洗

现实世界的数据大多是不完整的、不一致的和含有噪声的脏数据。不完整数据的出现可能有多种原因。有些感兴趣的属性，如销售事务数据中的商品促销信息，可能因为输入时认为不重要，因此并未包含在数据集中。或许因为设备故障等原因，可能造成记录的缺失。数据含噪声的原因也有多种，如收集数据的设备可能出故障、人为的输入错误和数据传输中的错误等。此外，有些记录同其他记录的数据在业务计算规则上也可能存在不一致。这样的数据需要通过数据清洗方法来清理数据。数据清洗通过填写空缺的值、识别异常值、消除噪声并纠正数据中的不一致来清理数据。

5.2.1 缺失值处理

在分析一份顾客数据时，可能会发现许多顾客的一些属性，如顾客的收入和职业等没有记录值。在数据集中，常将数据集中不含缺失值的变量称为完全变量，把含有缺失值的变量称为不完全变量。顾客信息表中的完全和不完全变量见表 5-1，“收入”列就属于不完全变量（其中，NA 表示此项为缺失值），“性别”和“职业”属于完全变量。

表 5-1　顾客信息表中的完全和不完全变量

序号	性别	职业	收入
1	男	软件程序员	20000
2	男	销售经理	NA
3	女	销售经理	NA
4	女	UI 设计师	15000

数据中的缺失值会影响挖掘的正常进行，可能造成挖掘结果的不正确。以下是缺失值处理的几种方法。

1. 删除

将存在缺失信息属性值的样本（行）或特征（列）删除，从而得到一个完整的数据表。

该方法的优点是简单易行，在对象有多个属性缺失值、被删除的含缺失值的对象与初始数据集的数据量相比较小的情况下非常有效。缺点是当缺失数据所占比例较大，特别当缺失数据是非随机分布时，这种方法可能导致数据发生偏离，从而引出错误的结论。

2. 特殊值填充

将空值作为一种特殊的属性值来处理，它不同于其他的任何属性值。例如，所有的空值都用同一个常数“unknown”来填充。如果空值变为“unknown”，挖掘算法可能误以为它们形成了一个有趣的概念，因为它们都具有相同的值。

3. 统计值填充

将初始数据集中的属性分为数值属性和非数值属性来分别进行处理。

如果空值所在列是数值型的，就根据该属性在其他所有对象的取值的统计值，如平均值、中位数、最大值或者最小值等填充。

如果空值所在列是非数值型的，就根据统计学中的众数原理，用该属性在其他所有对象的取值次数最多的值，即出现频率最高的值，来补齐缺失值。

4. 条件统计值填充

与统计值填充相似的另一种方法叫条件统计值填充法。在该方法中，不是使用该属性在其他所有对象上的取值，而是要借助另外一个属性的值。例如，如果将顾客按照信用等级分类，则用具有相同信用等级的顾客的收入的统计值（如平均收入）替换收入列中的缺失值。

5. 使用机器学习算法填充

可以使用回归、K 近邻等机器学习的方法来构建模型，将已知属性值代入模型来估计未知属性值，以此估计值来进行缺失填充。

6. 不处理缺失值

直接在包含空值的数据上进行数据挖掘的方法。有些机器学习的方法算法本身就可以处理缺失值，如决策树和随机森林等。

5.2.2 异常值识别

异常值通常被称为“离群点”，它显著不同于其他数据对象，与其他数据分布有较为显著的不同。当为机器学习模型准备数据集时，检测出所有的异常值后，要么移除它们，要么分析它们以了解其最初存在的原因是非常重要的。下面介绍几种常用的异常值识别的方法。

1. 简单的统计分析

拿到数据后，可以对数据进行一个简单的描述性统计分析。例如，最大值、最小值可以用来判断这个变量的取值是否超过了合理的范围，如客户的年龄为 –20 岁或 200 岁，显然是不合常理的，视为异常值。

2. 3σ 原则

在统计学中，如果一个数据分布近似正态分布，那么大约 68% 的数据值在平均值的前后一个标准差范围内，大约 95% 的数据值在平均值的前后两个标准差范围内，大约 99.7% 的数据值在前后三个标准差的范围内，如图 5-1 所示。

在 3σ 原则下，异常值为一组测定值中与平均值的偏差超过 3 倍标准差的值。如果数据服从正态分布，距离平均值 3σ 之外的值出现的概率为 $P(|x-u|>3\sigma)\leqslant 0.003$，属于极个别的小概率事件；如果数据不服从正态分布，也可以用远离平均值的多少倍标准差来描述。

3. 箱形图

箱形图通过分位数对数值型数据进行图形化描述，这是一种非常简单但有效的异常值可视化方法。箱形图的形状特征如图 5-2 所示。

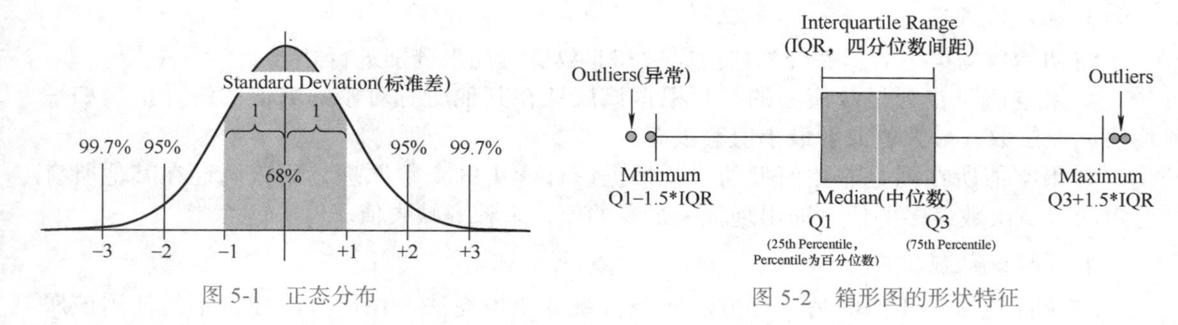

图 5-1 正态分布　　图 5-2 箱形图的形状特征

1）Q1 为下四分位数，表示全部观察值中有 1/4 的数据取值比它小。

2）Q3 为上四分位数，表示全部观察值中有 1/4 的数据取值比它大。

3）IQR 为四分位数间距，是上四分位数 Q3 与下四分位数 Q1 的差值，IQR=Q3–Q1，包含了全部观察值的一半。

箱形图识别异常值的判断标准是：如果一个值小于 Q1–1.5IQR 或大于 Q3+1.5IQR，则被称为异常值。Q1–1.5IQR 和 Q3+1.5IQR 之间的区域包含了 99.3% 的数据值。

箱形图判断异常值的方法以四分位数和四分位数间距为基础，四分位数具有一定的鲁棒性，它的计算不易受异常值的干扰。因此箱形图识别异常值比较客观，在识别异常值时有一定的优越性。

4. 基于聚类

聚类就是将数据集中的对象根据特征相似程度分成若干个类或簇（cluster），在同一个类中的对象之间具有较高的相似度，而不同类中的对象差别较大。直观地看，落在聚类集合之外的值被视为异常值，基于聚类算法的异常值识别如图 5-3 所示。聚类分析的详细介绍将在 7.1 节讨论。

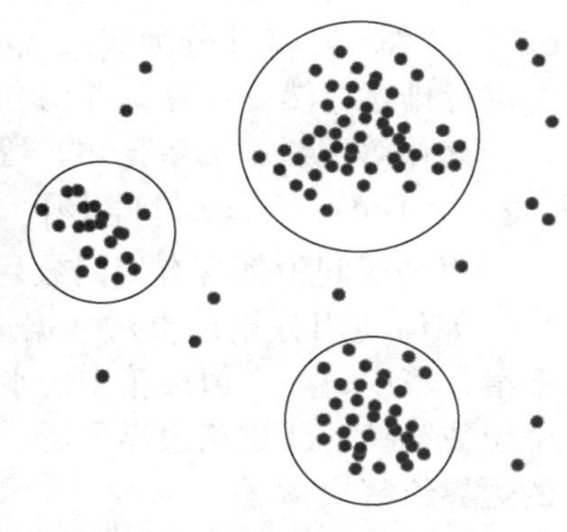

图 5-3　基于聚类算法的异常值识别

5. 基于回归

回归分析（Regression Analysis）指的是确定两个或两个以上变量间相互依赖的定量关系的一种统计分析方法。回归分析按照涉及的变量的多少，分为一元回归分析和多元回归分析；按照自变量和因变量之间的关系类型，可分为线性回归分析和非线性回归分析。线性回归的详细介绍将在 6.7 节讨论。

使用回归算法进行异常值识别，主要指的是在特定模型的基础上相对远离预测值的值，而非考虑样本特征（自变量）之间的关系。真实值与模型预测值之间的差值可以用来衡量这个数据点是多么异常。

5.2.3　噪声处理

噪声是一个测量变量中的随机错误或偏差，是观测值和真实值之间的误差，包括错误值或偏离期望的孤立点值。对于噪声的处理，通常可以采用数据平滑技术来消除噪声。下面将介绍几种数据平滑技术。

1. 分箱

分箱方法通过考察数据的“邻居”（即周围的数据值）来平滑数据。在这种方法中，首先对数据进行排序，然后将排序后的值分配到多个“桶”或“箱”中，即分箱。由于分箱方法参考邻居的值，所以它进行的是局部平滑。

如何对数据进行分箱？下面介绍两种基本的分箱方法。

（1）等宽（距）法

将数据值从最小值到最大值分成具有相同宽度的 K 个区间（箱），K 由数据特点决定，往往需要有业务经验的人进行评估。假设某个属性的最小值表示为 Min，最大值表示为 Max，箱的个数为 K，则箱宽（W）的计算公式为

$$\text{箱宽}\ (W) = (\text{Max} - \text{Min}) / K \tag{5-1}$$

因此，第 i 个区间的范围可以表示为 $[\text{Min}+(i-1)W, \text{Min}+iW]$，其中 $i=1,2,3,\cdots,K$。

例如，对数据集 [5，10，11，13，15，35，50，55，72，92，204，215]，设置分箱数为 3，一共分成三个区间。按照等宽分箱的方式来划分，箱宽 =（215−5）/3 = 70，因此，数据被划分为 [5，75）、[75，145）、[145，215]，等宽分箱的结果为

Bin1=[5，10，11，13，15，35，50，55，72]，Bin2=[92]，Bin3=[204，215]

（2）等深（频）法

等深法是试图在每个区间放同样个数的元素，使得每个区间大致包含相同个数的临近数据样本。将属性值分为具有相同深度的区间，区间 K 根据实际情况来决定。比如有

60 个样本，要将其分为 K=3 部分，则每部分的长度为 20 个样本。在等深法中，先将数据进行排序，然后计算 K 个分位点来确定每个区间的左右边界。

采用等宽法中的数据集，等深分箱的结果为

Bin1=[5，10，11，13]，Bin2=[15，35，50，55]，Bin3=[72，92，204，215]

每个区间中都含有相同数目的样本，即 4 个样本。

如何使用分箱结果对数据进行平滑处理？有三种方法可以执行平滑：①按箱平均值平滑，箱中每一个值被箱中的平均值替换；②按箱中位数平滑，箱中的每一个值被箱中的中位数替换；③按箱边界平滑，箱中的最大和最小值被视为边界，箱中的每一个值被最近的边界值替换。

下面来看一个数据平滑的例子，价格的排序后数据（美元）：2，6，7，9，13，20，21，25，30。使用等深方法进行划分，划分后的结果为：Bin1=[2，6，7]，Bin2=[9，13，20]，Bin3=[21，24，30]。数据平滑的分箱方法见表 5-2。

表 5-2　数据平滑的分箱方法

按箱平均值平滑	按箱中值平滑	按箱边界平滑
Bin1：5，5，5 Bin2：14，14，14 Bin3：25，25，25	Bin1：6，6，6 Bin2：13，13，13 Bin3：24，24，24	Bin1：2，7，7 Bin2：9，9，20 Bin3：21，21，30

2. 回归法

可以通过拟合函数（如回归函数）来平滑数据。线性回归涉及找出拟合两个属性（或变量）的“最佳”直线，以便一个属性能够预测另一个属性。多元线性回归是线性回归的扩展，它涉及多于两个的变量，将数据拟合到一个多维曲面。利用回归方法，找到适合数据的拟合函数，能够帮助平滑数据并消除噪声数据。回归方法将在 6.7 节讨论。

5.2.4　不一致数据

在实际数据库中，由于一些人为因素或者其他原因，记录的数据可能存在不一致的情况。因此，需要对这些不一致数据在分析前进行清理。例如，数据输入时的错误，可通过和原始记录对比进行更正。知识工程工具也可以用来检测违反规则的数据，在已知属性间依赖关系的情况下，可以查找违反函数依赖的值。数据集成也可能会产生不一致，一个给定的属性在不同的数据库中可能具有不同的名字，也可能会带来数据冗余。

5.3　数据变换

数据变换是指将数据从一种表示形式变为另一种表现形式的过程，目标是将数据转换为更适合于挖掘的形式。常见的数据变换可能涉及如下内容：

1）属性构造：根据给定属性构造新的属性，或者将属性类别进行变换，辅助数据挖掘过程。

2）规范化：将属性数据按比例缩放，使之落入一个特定的区间，如 [−1，1] 或者 [0，1]，以便消除属性之间的量纲和取值范围差异的影响。

3）离散化：将数值属性的原始值用区间标签或概念标签进行替换。如年收入数据，可以通过 2 万～ 3 万、3 万～ 5 万等区间符号标识，也可以用高收入、中等收入和低收入进行离散化。

4）属性编码：将类别属性转换为数值属性的过程，如性别、职业、收入水平、国家和汽车使用品牌等类别属性转换为数值型。

5.3.1 属性构造

由给定的属性构造和添加新的属性，以帮助数据分析和挖掘过程。例如，可以根据“高度”属性和“宽度”属性，构造一个新的“面积”属性。通过组合属性，可以将属性之间的关联信息用一个属性来表示，这对知识发现是有用的。

5.3.2 规范化

规范化主要是因为数据中不同属性的量纲可能不一致，数值间的差别可能很大，不进行处理可能会影响到数据分析的结果。因此，需要对数据按照一定比例进行缩放，使之落在一个特定的区域，便于进行综合分析。特别是基于距离的挖掘方法，例如，K 均值、K 近邻和支持向量机等，一定要做规范化处理。

常用的规范化的方法有总和规范化、Z-Score 规范化、最小 - 最大规范化、极大值规范化和对数变换规范化。假设数据变量 j 的数据样本数为 m，$X_j=\{x_{1j},x_{2j},x_{3j},\ldots,x_{mj}\}$，各规范化方法的定义如下：

1. 总和规范化

总和规范化处理后的数据值之和为 1。总和规范化的公式见式（5-2）：

$$x'_{ij}=\frac{x_{ij}}{\sum_{i=1}^{m}x_{ij}} \tag{5-2}$$

经过总和规范化处理后所得的新数据的总和为 1。

2. Z-Score 规范化

Z-Score 规范化使用原始数据的均值（Mean）和标准差（Standard Deviation）进行数据的规范化，同时不改变原始数据的分布。它可以去除数据的单位限制，将其转化为无量纲的纯数值，便于不同单位或量级的指标能够进行比较和加权。Z-Score 规范化的公式见式（5-3）：

$$x'_{ij}=\frac{x_{ij}-x_j}{S_j} \tag{5-3}$$

其中：

$$x_j=\frac{1}{m}\sum_{i=1}^{m}x_{ij} \qquad S_j=\sqrt{\frac{1}{m}\sum_{i=1}^{m}(x_{ij}-x_j)^2} \tag{5-4}$$

Z-Score 规范化处理后所得到的新数据的平均值为 0，标准差为 1。如果数据中有离群点，对数据进行 Z-Score 标准化效果并不好，这时可以由中位数（Median）取代平均值，用平均绝对离差（AAD）或中值绝对离差（MAD）取代标准差来修正。

平均绝对离差（Average Absolute Deviation，AAD）的公式见式（5-5）：

$$\mathrm{AAD}=\frac{1}{m}\sum_{i=1}^{m}\left|x_{ij}-x_{j}\right| \tag{5-5}$$

中值绝对离差（Median Absolute Deviation，MAD）是用原数据减去中位数后得到的新数据的绝对值的中位数，计算公式见式（5-6）：

$$\mathrm{MAD}=\mathrm{median}\left\{\left|x_{1j}-\mathrm{median}(x_{ij})\right|,\left|x_{2j}-\mathrm{median}(x_{ij})\right|,\ldots,\left|x_{mj}-\mathrm{median}(x_{ij})\right|\right\} \tag{5-6}$$

3. 最小－最大规范化

最小－最大规范化的公式见式（5-7）：

$$x'_{ij}=\frac{x_{ij}-\min\{x_{ij}\}}{\max\{x_{ij}\}-\min\{x_{ij}\}} \tag{5-7}$$

经过最小－最大规范化处理后的新数据，各元素的最大值为 1，最小值为 0，其余数值均在 0 与 1 之间，即将数据缩放到 [0，1] 范围内。这里的 $\min\{x_{ij}\}$ 和 $\max\{x_{ij}\}$ 指的是和 x_{ij} 同一列的最小值和最大值。

最小－最大规范化方法，避免数据的分布太过广泛，但是这种方法有一个缺点，就是其容易受到异常值的影响，一个异常值可能会将变换后的数据变为偏左或者是偏右的分布，因此在做规范化之前一定要去除相应的异常值才行。

4. 极大值规范化

极大值规范化的公式见式（5-8）：

$$x'_{ij}=\frac{x_{ij}}{\max\{x_{ij}\}} \tag{5-8}$$

极大值规范化后的新数据的最大值为 1，其余各项都小于 1。对稀疏数据进行中心化会破坏稀疏数据的结构，这样做没有什么意义，但可以对稀疏数据进行极大值标准化，极大值标准化就是为稀疏数据设计的。

5. 对数变换规范化

式（5-9）所示的对数变换能够缩小数据的绝对范围，其目的是它能够让变换后的数据符合所做的假设（比如服从正态分布），从而能够运用已有理论对其进行分析。

$$x'_{ij}=\log(x_{ij}) \tag{5-9}$$

5.3.3 属性编码

有些算法比如线性回归，输入的变量通常需要是数值型的，所以需要将非数值型属性转换为数值特征，如性别、职业、收入水平、国家和汽车使用品牌等。属性编码也可以称为特征编码，依据是否需要标签信息，可以分为无监督编码和有监督编码。无监督编码是直接对原始离散变量自身进行变量编码，完成数值化的过程。常用的方法包括标签编码、One-Hot 编码和哑变量编码等方法。如果考虑目标变量，则变量编码的过程可能会使离散变量的数值化过程更具有方向性，这就是有监督编码，常用的方法有 WOE 编码。

1. 标签编码

离散变量分为可排序变量和不可排序变量。可排序是指变量间存在等级差异，比如岗位等级分为普通级、专员级、经理级、总监级和首席级等，有明显的等级顺序，即其距离是不相等的；而不可排序变量是不存在等级差异的，比如性别分为男、女，本质上男与女是没有差异的，即变量之间的距离是相等的。

在离散变量中，可排序变量的数值化转换时，如果希望保留等级大小关系，则需要用标签编码（Label 编码）来完成。例如离散变量收入水平，其取值为 { 低收入，中等收入，高收入 }。很明显，低收入 < 中等收入 < 高收入，并且不同收入间的距离也是不相同的，即高收入与低收入、中收入的距离是不同的。

一种简单的标签编码方法是从 1 开始赋予属性的每一个取值一个整数值。对于有序类别型属性，按照属性取值从小到大进行整数编码可以保证编码后的数据保留原有的次序关系。

例如，原属性：收入水平 ={ 低收入，中等收入，高收入 }。

编码后，收入水平 ={1，2，3}，值越大表示收入水平越高。

这样的数值顺序具有业务含义，更精细的标签编码需要结合业务确定编码后的映射结果，而不是简单地进行数值映射，比如，{ 低收入：1、中收入：5、高收入：12}。

对于不可排序的离散型属性，上述标签编码方法可能会产生一些问题。例如汽车品牌 ={ 路虎，吉利，奥迪，大众，奔驰 }，经过标签编码后转换成汽车品牌 ={1，2，3，4，5}。在使用编码后的数据进行分析时，相当于给原本不存在次序关系的“汽车品牌”特征引入了次序关系。这可能会导致后续的建模分析产生错误的结果。例如吉利与路虎之间的距离比奔驰与路虎之间的距离较小。为了避免上述误导性的结果，对于离散型特征（特别是不可排序的离散型特征），可以使用另外一种编码方法：One-Hot 编码。

2. One-Hot 编码

One-Hot 编码又称为独热编码，它将包含 M 个取值的离散型特征转换成 M 个二元特征，一位代表一种状态，有多少个状态就有多少个位，且只有该状态所在位为 1，其他位都为 0。

例如，上例“汽车品牌”特征，一共包含 5 个不同的值。可以将其编码为 5 个特征 f1、f2、f3、f4 和 f5，这 5 个特征与原始特征“汽车品牌”的取值一一对应。当原始特征取不同值时，转换后的特征取值即独热编码后的特征值见表 5-3。

表 5-3 独热编码后的特征值

原始特征取值	f1	f2	f3	f4	f5
路虎	1	0	0	0	0
吉利	0	1	0	0	0
奥迪	0	0	1	0	0
大众	0	0	0	1	0
奔驰	0	0	0	0	1

通过 One-Hot 编码之后，离散变量的每一个维度都可以看成一个连续变量。编码后的变量，其数值范围已经在 [0，1]，这与变量归一化效果一致。在线性回归模型中，对离散型特征进行 One-Hot 编码的效果通常比数字编码的效果要好。One-Hot 编码对包含离

散型特征的分类模型的效果有很好的提升。

3. 哑变量编码

与 One-Hot 编码类似，哑变量（Dummy Variable）编码也是一种无监督编码方式，同样采用二进制编码的方式来表示变量的值。不同的是，哑变量编码用较小的维度来表示变量的取值。如果离散变量的种类有 M 个，哑变量编码只用 $M-1$ 维就可以表示 M 种可能出现的取值。

对于一个包含 M 个取值的离散型特征，通常需要选取 1 个分类作为参照，将其转换成 $M-1$ 个哑变量。当所有 $M-1$ 个哑变量取值都为 0 的时候，这就是该变量的第 M 类属性，并将这类属性作为参照。例如，特征"汽车品牌"一共包含 5 个不同的取值，将"奔驰"选为参照，可以将其编码为 4 个二元特征，转换后的特征取值即哑变量编码后的特征值见表 5-4。

表 5-4　哑变量编码后的特征值

原始特征取值	f1	f2	f3	f4
路虎	1	0	0	0
吉利	0	1	0	0
奥迪	0	0	1	0
大众	0	0	0	1
奔驰	0	0	0	0

与 One-Hot 编码相比，哑变量编码可以用更小的空间去表示离散变量的值，但当离散变量较稀疏时，编码后依然存在与 One-Hot 编码相同的编码矩阵过于稀疏的问题。此外，不可排序变量哑变量编码后不能保持原有变量的距离相等的性质。因此，不可排序变量在数值化的过程中，如果希望保持这种等距特性，推荐使用 One-Hot 编码方法完成离散变量数值化。

4. WOE 编码

WOE（Weight of Evidence）编码是评分卡中最常用的有监督编码方法。WOE 编码既可以对离散变量编码，也可以对分箱后的连续变量编码。对于连续变量为分箱的组，WOE 的计算公式见式（5-10）：

$$\mathrm{WOE}_i=\ln\left(\frac{\text{好客户占比}}{\text{坏客户占比}}\right)=\ln\left(\frac{\frac{\mathrm{Good}_i}{\mathrm{Good}_{\mathrm{total}}}}{\frac{\mathrm{Bad}_i}{\mathrm{Bad}_{\mathrm{total}}}}\right) i=1,2,\cdots,M \tag{5-10}$$

式中，M 为离散变量的可能取值个数；Bad_i 为变量第 i 个可能取值中的坏样本个数；$\mathrm{Bad}_{\mathrm{total}}$ 为总体样本中的坏样本数；Good_i 为变量第 i 个可能取值中的好样本个数；$\mathrm{Good}_{\mathrm{total}}$ 为总体样本中的好样本数。由此可知，WOE 编码就是对好样本分布与坏样本分布的比值再进行对数变换的结果。

5.3.4　离散化

数据离散化是把无限空间中有限的个体映射到有限的空间中，即将连续的数据进行分组，使其变为一段离散化的区间。数据离散化操作大多是针对连续数据进行的，处理之后的属性类型将从连续型变为离散型，这种属性一般包含 2 个或 2 个以上的数值区间。

根据数据集是否包含类别信息，即目标变量，可以将它们分成有监督的数据和无监督的数据。有监督的离散化需要使用类别信息而无监督的离散化则不需要。

1. 无监督离散化

（1）等宽（距）分箱

按照等距离进行分箱，即每个分箱的间距（宽度）相等。例如年龄变量在 0 ~ 100 之间，分成 K=5 个箱，可分成 [0，20)、[20，40)、[40，60)、[60，80)、[80，100] 五个等宽的箱。详细信息参考 5.2.3 小节。

（2）等深（频）分箱

按照等数量进行分箱，即每个分箱中的样本数量相等。例如，总样本 n=100，分成 K=5 个箱，等深分箱原则是保证落入每个箱的样本量基本为 20。详细信息参考 5.2.3 小节。

（3）基于聚类

聚类算法可以用来将数据划分成簇或群。基于 K 均值的离散化过程如下：①由用户指定离散化产生的区间数目 K，K 均值算法先从数据集中随机找出 K 个数据作为初始区间的重心；②基于欧式距离，对所有的对象进行聚类，如果数据距某个重心距离最近，则将它划归这个重心所代表的那个区间；③重新计算各区间的重心；④重复步骤②、③，直到满足停止条件。

2. 有监督离散化

有监督离散化的目的是增加变量的预测能力或减少变量的自身冗余。当预测能力不再提升或冗余性不再降低时，则分箱完毕。因此，分箱过程是一个优化过程。有监督离散化就是基于目标函数来计算分箱的区间边界的过程，优化的目标函数可以是信息熵、信息增益和卡方值等。优化的约束条件可以是分箱数限制（一般不要大于 10 箱）。

（1）基于熵的离散化

熵是一种基于信息的度量，用于计算一个系统中的失序现象，即系统的混乱程度。熵越高，系统的混乱程度就越高。

假设，用 X 表示随机变量，随机变量的取值为 $x_1,x_2,x_3,\ldots$ 在 n 分类问题中便有 n 个取值，信息熵 $H(X)$ 的计算公式见式（5-11）：

$$H(X)=-\sum p_i\log_2(p_i)(i=1,2,\cdots,n) \tag{5-11}$$

一般地，$H(X)\geqslant 0$，信息熵 $H(X)$ 越小，说明集合 X 中个别决策属性值占主导地位，因此混乱程度越小，特别有当且仅当 X 中的决策属性值都相同时，$H(X)=0$。

当引入某个用于进行分类的变量 A，根据变量 A 划分后的信息熵又称为条件熵。假设属性 A 有 m 个不同的值，则属性 A 的条件熵的计算公式为

$$H_A(X)=\sum_{i=1}^{m}\frac{|X_i|}{|X|}\times H(X_i) \tag{5-12}$$

式中，$H(X_i)$ 为各类的信息熵；$|X|$ 为总样本个数；$|X_i|$ 为划分后的各类的样本量。

基于熵的离散化的划分过程如下：

1）将连续型变量 x 的取值按从小到大的顺序排列，假设排列之后的数组表示为 $x_1 < x_2 < x_3 < \ldots < x_m$。

2）遍历每一对相邻的值，每一对相邻的点隐含着一个最佳分割点 $t = (x_i + x_{i+1})\ /2$，按照分割点，将样本 x 划分成 $x < t$ 和 $x \geqslant t$ 两部分，计算划分后的熵值，取熵值最小的分割点作为最佳分割点，按照最佳分割点将区间划分为两部分，记为 $S1$ 和 $S2$。

3）分别计算 $S1$ 和 $S2$ 的熵值，选择熵值最大的区间，重复第 2）步，直到满足终止条件：指定的区间数是否达到或者满足某个终止运算的条件（比如，每个区间的目标值都是同一个分类值）。

例如，温度变量和对应的类别见表 5-5。

表 5-5　温度变量和对应的类别

温度	64	65	68	69	70	71	72	75	80
类别	Yes	Yes	Yes	Yes	Yes	No	Yes	No	No

现在选择 71 和 72 之间的劈划点 t 进行计算：$t = (71 + 72)/2 = 71.5$。此时，数据被划分成 $S1$[64，71.5）和 $S2$[71.5，80] 两个区间。可以发现，区间 $S1$ 中有 5 个 Yes，1 个 No；区间 $S2$ 中有 1 个 Yes，2 个 No。划分后的信息熵的计算过程如下所示。

① $S1$ 的信息熵：$H(S1) = -(5/6) \times \log_2(5/6) - (1/6) \times \log_2(1/6) = 0.650$。

② $S2$ 的信息熵：$H(S2) = -(1/3) \times \log_2(1/3) - (2/3) \times \log_2(2/3) = 0.918$。

③ 划分后的信息熵：$H_A(S) = (6/9) \times 0.650 + (3/9) \times 0.918 = 0.739$。

（2）基于卡方值 (χ^2) 的离散化

卡方检验（Chi-Square Test）是一种数理统计中用来检验两个变量独立性的方法，基本思想是通过检验实际值与理论值的偏差来确定理论的正确与否。假设属性 A 有 m 个不同的属性值，目标变量有 n 个不同的分类值，对于所有的样本，将数据排列成列联表，见表 5-6。

表 5-6　列联表

属性	类别				合计
	类别 1	类别 2	…	类别 n	
A_1	A_{11}	A_{12}	…	A_{1n}	R_1
A_2	A_{21}	A_{22}	…	A_{2n}	R_2
…	…	…	…	…	…
A_m	A_{m1}	A_{m2}	…	A_{mn}	R_m
合计	C_1	C_2	…	C_n	N

则卡方 χ^2 的计算公式为

$$\chi^2 = \sum_{i=1}^{n} \sum_{j=1}^{m} \frac{(A_{ij} - E_{ij})^2}{E_{ij}} \tag{5-13}$$

式中，m 为属性 A 的属性值数目；A_{ij} 为类别 A_i 中 j 类样本的个数。

期望值 E_{ij} 的计算公式为

$$E_{ij}=R_i\times\frac{C_j}{N} \tag{5-14}$$

式中，$R_i=\sum_{j=1}^{n}A_{ij}$ 为类别 A_i 中样本数；$C_j=\sum_{i=1}^{m}A_{ij}$ 为 j 类样本的个数；N 为总样本个数。$\frac{C_j}{N}$ 是 j 类样本在总体中占的比例，可以看作概率，E_{ij} 则是在这样的概率下类别 A_i 中应有 j 类样本的个数。

基于卡方的离散化的划分过程如下：

1）将连续型变量 x 的取值按从小到大的顺序排列，假设排列之后的数组表示为 $x_1<x_2<x_3<\ldots<x_m$。

2）遍历每一对相邻的值，每一对相邻的点隐含着一个最佳分割点 $t=(x_i+x_{i+1})/2$，按照分割点，将样本 x 划分成 $x<t$ 和 $x\geqslant t$ 两部分，计算划分后的卡方值，取卡方值最大的分割点作为最佳分割点，按照最佳分割点将区间划分为两部分，记为 $S1$ 和 $S2$。

3）对区间 $S1$ 和 $S2$ 重复第 2）步，找到卡方最大值将属性值域分成三块，直到满足终止条件：指定的区间数是否达到或者满足某个终止运算的条件（比如，卡方检验不显著）。

使用基于信息熵中的例子，现在选择 71 和 72 之间的劈划点 t 进行计算，$t=(71+72)/2=71.5$，此时数据被划分成 $S1$[64，71.5）和 $S2$[71.5，80] 两个区间。可以发现，区间 $S1$ 中有 5 个 Yes，1 个 No；区间 $S2$ 中有 1 个 Yes，2 个 No，则数据排列成列联表，表 5-7 为列联表中的实际观察值。列联表中的期望值见表 5-8。

表 5-7　列联表中的实际观察值

属性	类别		合计
	Yes	No	
[64，71.5）	5	1	6
[71.5，80]	1	2	3
合计	6	3	9

表 5-8　列联表中的期望值

属性	类别	
	Yes	No
[64，71.5）	6 × 6/9=4	6 × 3/9=2
[71.5，80]	6 × 3/9=2	3 × 3/9=1

使用式（5-13）计算卡方值：

$$\chi^2=\frac{(6-4)^2}{4}+\frac{(1-2)^2}{2}+\frac{(1-2)^2}{2}+\frac{(2-1)^2}{1}=1+0.5+0.5+1=3$$

5.4 数据归约

假定从数据仓库选择的用于分析的数据集非常大，在海量数据上进行复杂的数据分析和挖掘将需要很长时间，使得这种分析不现实或不可行。

数据归约技术可以用来得到数据集的归约表示，它小得多，但仍接近地保持原数据的完整性。这样，在归约后的数据集上挖掘将更有效，并产生相同（或几乎相同）的分析结果。

数据归约的策略如下：

1）数据聚集：在数据集中进行聚集操作，例如对销售额按年、按部门汇总求和。

2）维度归约：可以检测并删除不相关、弱相关或冗余的属性或维度。例如，一个汽车数据的样本，里面既有“千米 / 小时”的速度属性，也有“英里 / 小时”的速度属性，显然有一个多余，需要消除冗余的属性。维度归约是针对原始数据中的属性特征。

3）样本抽样：使用抽样技术，用较小的数据表示原有的大数据。数据抽样是针对原始数据集中的样本记录。

5.4.1 数据聚集

假如已经为销售分析收集了数据，这些数据由 2015—2020 年每日的销售数据组成。现在想要预测未来每月的销售额，帮助业务部门进行生产和销售的规划。此时，需要对这份原始数据进行聚集，按照每月进行汇总，求每月的销售总额，形成一份新的分析数据集。因此，这样的聚集可以使数据量小得多，并且不会丢失分析任务所需的信息。

聚集是将两个或多个对象合并成单个对象。从维度上讲，聚集就是压缩特定属性不同值个数的过程，属于样本归约。常用的一些聚集函数有计数、总和、平均值、中值、最大值、最小值、百分位数和标准差等。

5.4.2 维度归约

用于数据分析的数据可能包含数以百计的属性，其中大部分属性与挖掘任务不相关，是冗余的。例如，如果分析任务是按顾客收到营销广告后，是否愿意在某银行购买理财产品。分析这样的业务场景，可能跟顾客的客户等级、年龄、存款以及购买历史等属性有关，而诸如顾客的身份证号等属性多半是不相关的。

维度归约就是指数据特征维度数目减少或者压缩。通过删除不相关、不重要的属性或数学变换，来减少维度数量，并保证信息的损失最小。常用的方法有特征选择和特征提取。

1. 特征选择

通过选择旧属性的子集得到新属性集合，这种维度归约称为属性子集选择，又称为特征选择。属性子集选择目标是找出最佳的属性子集，使得数据类的概率分布尽可能地接近使用所有属性的原分布。

根据特征选择的形式，可分为三种方法：

1）过滤法（Filter）：按照发散性或相关性对各个特征进行评分，设定阈值或者待选择特征的个数进行筛选。过滤法侧重于单个特征。

2）包装法（Wrapper）：根据目标函数（通常是预测效果评分），每次选择若干特征，或者排除若干特征。

3）嵌入法（Embedded）：先使用某些机器学习的模型进行训练，得到各个特征的权值系数，根据系数从大到小选择特征。该方法类似于 Filter，只不过系数是通过训练得来的。

（1）过滤法

过滤法变量选择是一种与模型无关的变量选择方法，先进行变量选择得到入模变量，再进行模型训练。整个变量选择过程与采用哪种模型无关，变量选择的过程只是从变量自身的预测能力出发。

过滤法的基本思路：首先，分别对每个特征计算特征相对于类别变量的评价指标，得到 n 个特征的评价指标。然后，将 n 个评价指标按照从大到小排序（根据设定的阈值或者待选择特征的个数，比如前 10% 或前 10 个，或者指标大于预设阈值）。最后，输出排名靠前的 k 个特征。

该方法可评估单个特征和目标变量之间的关联性，常用的评价指标有信息增益、卡方检验、IV 值和 Pearson 相关系数等。

1）信息增益。信息增益是检验两个离散型变量相关性的度量。属性（A）劈划前和劈划后的熵的差值称为熵增益或信息增益，其值越大，说明分划后的系统混乱程度越低，即分类越准确。信息增益的计算公式如下：

$$\text{Gain}(A) = H(X) - H_A(X) \tag{5-15}$$

式中，$H(X)$ 和 $H_A(X)$ 的定义参考 5.3.4 小节。

使用信息增益进行特征选择时，以目标变量作为信息 X，以特征变量作为信息 A，代入公式计算信息增益，通过信息增益的大小排序，来确定特征的顺序，以此进行特征选择。信息增益越大，表示变量消除不确定性的能力越强，与目标变量的相关性越强。

信息增益的缺点是当特征变量 A 有较多的属性值时会产生偏差。为解决信息增益的不足，在计算信息增益的同时，考虑变量 A 的自身特点，定义信息增益比如下：

$$\text{GainRatio}(A) = \text{Gain}(A) / H(A) \tag{5-16}$$

当特征变量 A 具有较多类别值时，它自己的信息熵会增大。因此，对应的信息增益比不会随着增大，从而消除类别数目带来的影响。

2）卡方检验。经典的卡方检验是检验两个离散型变量独立性的方法。它通过统计样本的实际观测值，计算与理论推断值之间的偏离程度，实际观测值与理论推断值之间的偏离程度就决定卡方值的大小。卡方 χ^2 的计算公式为

$$\chi^2 = \sum \frac{(A-E)^2}{E} \tag{5-17}$$

式中，A 为观察值；E 为理论值。详细的计算过程在 5.3.4 小节有讨论。

使用卡方检验对特征变量（X）与目标变量（Y）进行独立性检验，其假设检验如下：

① 原假设（$H0$）：X 与 Y 相互独立。

② 备择假设（$H1$）：X 与 Y 不相互独立。

从式（5-17）中可以看出，当观察值和理论值十分接近的时候，即 χ^2 值越趋近于 0 时，可以认为两个变量确实是独立的，此时接受原假设，即说明特征与目标变量没太大关系，该特征变量可以舍弃；反之，偏差值很大，大到一定程度，则可以认为两个变量是相关的，此时拒绝原假设，接受备择假设，即说明该特征变量会对目标变量产生比较大的影

响，应当选择该特征变量。

卡方检验在实际应用到特征选择中的时候，不需要知道自由度，也不用知道卡方分布，只需要根据算出来的 χ^2 值进行排序即可，值越大越好。

3）IV 值。IV 是 Information Value（信息量）的缩写。在进行特征筛选时，IV 值能较好地反映特征变量的预测能力，特征变量对预测结果的贡献越大，其价值就越大，对应的 IV 值就越大。因此，可根据 IV 值的大小筛选出需要的特征变量。根据 WOE 值，IV 值的计算公式为

$$\mathrm{IV}=\sum_{i=1}^{n}(\text{好客户占比}-\text{坏客户占比})\times \mathrm{WOE}_i \tag{5-18}$$

IV 值主要用来表示特征变量对预测目标变量是否具有显著意义，即衡量特征变量的预测能力。IV 值越大，特征变量对预测结果的贡献越大。因此，可以根据 IV 值的大小来筛选需要的特征变量。

4）Pearson 相关系数。若特征变量和目标变量都是连续型变量时，则可以使用 Pearson 相关系数来分析每个特征对目标变量的影响程度。Pearson 相关系数主要用于衡量两个变量 X 与 Y 之间的线性相关程度。数值一般介于 [−1 ～ 1] 之间。两个变量之间的 Pearson 相关系数定义为两个变量之间的协方差和标准差的商，计算公式如下：

$$\rho_{X,Y}=\frac{\operatorname{cov}(X,Y)}{\sigma_X\sigma_Y}=\frac{E\left[(X-\mu_X)(Y-\mu_Y)\right]}{\sigma_X\sigma_Y}=\frac{\sum_{i=1}^{n}(X_i-\bar{X})(Y_i-\bar{Y})}{\sqrt{\sum_{i=1}^{n}(X_i-\bar{X})^2}\sqrt{\sum_{i=1}^{n}(Y_i-\bar{Y})^2}} \tag{5-19}$$

相关系数的含义可以有如下理解：①当相关系数为 0 时，X 和 Y 两变量无关系；②当相关系数大于 0 时，表示 X 与 Y 正相关，变量 Y 的数值会随着变量 X 的数值增加而增加，或者减小而减小；③当相关系数小于 0 时，表示 X 与 Y 负相关，变量 Y 的数值会随着变量 X 的数值增加而减小。

相关系数的绝对值越大，相关性越强，绝对值越小，相关性越弱。相关系数应用到特征选择中的时候，一般可以选择相关系数绝对值大于 0.6 的特征变量。

过滤法的优点在于计算时间上较为高效，对于过拟合问题具有较高的鲁棒性。其缺点是可能倾向于选择冗余的特征。因为不考虑特征之间的相关性，假如某一个特征虽然与目标变量的相关性不强，但是和其他特征组合起来会让模型的效果更优，在过滤法中这样的特征可能不会被选中。

（2）包装法

过滤法变量选择是一种与模型无关的变量选择方法，而包装法则是一种与模型相关的变量选择方法，即在特征空间中随机挑选特征子集，然后选择一个模型，采用交叉验证的方式测试不同特征子集上模型的表现。这里评估模型性能的指标可以有多种，如 KS 值、AR、AUC 和 F1 等指标，具体指标计算在 6.2 节有详细介绍。

包装法选择特征是基于选定的特定算法，比如，分类算法（决策树）、回归算法（线性回归），对于每一个待选的特征子集，都在训练集上训练模型，然后在测试集上评估预测效果，分类算法可以使用“正确率”，回归算法可以使用“误差平方和”，根据评估指标选择出特征子集。

如何找出原属性的一个“好的”子集？对于 n 个属性，有 2^n 个可能的子集。穷举搜

索找出属性的最佳子集可能是不现实的（特别是当 n 和数据类的数目增加时）。因此，对于属性子集选择，通常使用压缩搜索空间的启发式算法。通常，这些方法是典型的贪婪搜索算法（greedy search），在搜索属性空间时，总是做看上去是最佳的选择。它们的策略是做局部最优选择，期望由此导致全局最优解。在实践中，这种贪婪搜索算法是有效的，并可以逼近最优解。

选择出特征子集的基本启发式方法包括以下技术。

1）逐步向前选择：初始时假设已选特征的集合为空集，选择原属性集中最好的属性，并将它添加到该集合中。在其后的每一次迭代，将原属性集剩下的属性中的最好的属性添加到该集合中。

2）逐步向后删除：初始时假设已选子集为特征的全集。在每一步，删除掉尚在属性集中的最差的属性，直到特征数达到阈值或者删空。

3）向前选择和向后删除的结合：向前选择和向后删除方法可以结合在一起，每一步选择一个最好的属性，并在剩余属性中删除一个最差的属性。

（3）嵌入法

与包装法类似，嵌入法同样是一种模型相关的变量选择方法。不同的是，嵌入法不需要多次构建模型，而是在模型训练时同步完成，不需要采用贪婪的方法构造特征子集并训练多次模型来得到最优变量子空间。

嵌入法是一种让算法自己决定使用哪些特征的方法，即特征选择和算法训练同时进行，先使用某些机器学习的算法进行训练，得到各个特征的权值系数，根据权值系数从大到小选择特征。这些权值系数往往代表了特征对于模型的某种贡献或某种重要性。

例如，决策树算法在树的增长过程中每个递归都必须选择一个特征，将样本集划分成更小的子集，选择特征时的依据通常是划分后子节点的纯度，划分后子节点越纯，说明划分效果越好，因此决策树生成过程也就是特征选择的过程。

最常用的进行嵌入式特征选择的模型：①树模型，如随机森林、GBDT 和 XGBoost 等；②带正则项的模型，如线性回归、逻辑回归和神经网络等。

2. 特征提取

在真实的业务场景中，许多变量之间可能存在相关性，如果分别对每个指标进行分析，分析往往是孤立的，不能完全利用数据中的信息。因此，盲目减少指标会损失很多有用的信息，从而产生错误的结论。这就需要找到一种合理的方法，在减少需要分析的指标的同时，尽量减少原指标包含信息的损失，以达到对所收集数据进行全面分析的目的。由于各变量之间存在一定的相关关系，因此可以考虑将关系紧密的变量变成尽可能少的新变量，使这些新变量是两两不相关的，那么就可以用较少的综合指标分别代表存在于各个变量中的各类信息。

特征提取是通过适当变换把已有样本的 n 个特征变成数量更少的 k 个新特征。特征提取将高维度的数据保留下最重要的一些特征信息，降低特征空间的维度，使后续的分类器设计在计算上更容易实现。具体数据降维算法可以参考 7.3 节。

5.4.3　样本抽样

数据抽样可以作为一种数据归约技术使用，抽样作为一种数据归约技术，允许使用数据小得多的随机样本来代表大型数据集。有效抽样的关键在于：使用抽样进行运算类似于使用原数据，即样本要有足够的代表性，其数据特性要尽可能接近原来数据集的各种特性。数据抽样的模式主要有两种，即无放回抽样与有放回抽样。

① 无放回抽样：某元素一旦被选中，它将被从总体中移除，下次抽样时将不会再被选中。

② 有放回抽样：被抽样的元素在被选中后仍将放回总体，因而一个元素可能被多次抽中。

1. 简单随机抽样

从总体数据中随机抽取一定数量的数据组成样本数据，即为简单随机抽样。随机抽样中每个样本被抽取的概率相等。

该方法有一个缺陷：当总数据集中的各元素分属几个类别，而各个类别所占比例不均匀，简单随机抽样容易造成样本结构不平衡，即那些出现频率较少的类别的数据可能较少甚至不被抽到，然而在某些分析方法中，需要用到代表原数据各种类型的抽样子集，因而简单随机抽样就不是很合适。例如，当需要对某些稀少类别建立分类模型时，样本中的稀少类别是否能如总数据集中该类别出现的情况一样是至关重要的。在这种情况下，最好使用分层抽样。

2. 系统抽样

系统抽样又称为等距抽样，设定抽样间距为 n，然后在前 n 个数据中抽取一个数据，作为起始点，按顺序每隔 n 个单位（相同的步长）选取一个数据组成样本数据。

例如，要在 120 间房子里抽取 8 间，则 120/8=15，所以在 1 ～ 15 之间随机抽取一间房子后，每隔 15 间的房子都会被抽到一次。如果初始房间号为 11，则被选中的所有房间号分别为 11、26、41、56、71、86、101 以及 116。

该方法的局限性在于这样间隔地抽取样本可能会丢失总体的某些隐含模式。

3. 分层抽样

在分层抽样中，总体将被分为互不重叠的组或者层，每个层中的数据具有相似的属性，例如地理位置、年龄组和性别组，样本分别从每个层中随机或者系统地抽取。当数据倾斜时，分层抽样可以帮助确保样本的代表性。例如，可以得到关于顾客数据的一个分层选样，其中分层对顾客的每个年龄组创建。这样，具有最少顾客数目的年龄组肯定能够表示。

在分层抽样的每个层次中计算抽样大小的方法有三种：①等量，每个组中抽取相同个数的元素，即便各组的大小各不相同；②按比例，按各个组大小的比例从每个组中抽取相应的元素；③用户自定义，各个层次的抽取比例按照用户自定义。

4. 整群抽样

整群抽样又称聚类抽样，是将全体数据拆分成若干个互不交叉、互不重复的群，每个群内的数据应尽可能具有不同属性，尽量能代表整体数据的情况，然后以群为单位进行随机或系统抽样，选定群组中的所有样本都将纳入抽样范围。

例如：美国大选的民意调查一般采用整群抽样的方式，美国每个州有很多个郡，选民的意愿与其所处的郡无关。因此，每个郡都可以看作是整群抽样的一个群，对郡内每个选民进行意见收集。

整群抽样特别适合用于总体所有元素未知，但总体所有群组已知的情况。某些随机抽样可能产生一个相当分散的样本，这样做的代价比较高昂，在这种情况下整群抽样就更为经济和实用。

5.5　数据集成

数据集成将多个数据源中的数据结合起来存放在一个一致的数据存储，如数据仓库中。这些数据源可能包括多个数据库、数据立方体或一般文件。

在数据集成时，来自多个信息源的实体如何才能匹配？这涉及实体识别问题。例如，数据分析者或计算机如何才能确信一个数据库中的 customer_id 和另一个数据库中的 cust_number 指的是同一实体？通常，数据库和数据仓库有元数据——关于属性描述的数据。这种元数据可以帮助避免数据集成中的错误。

数据冗余是数据集成的另一个重要问题。如果一个属性能由另一个或另一组属性“导出”，则此属性可能是冗余的。属性或属性命名的不一致也可能导致结果数据集中的冗余。

数据集成的第三个重要问题是数据值冲突的检测与处理。例如，对于现实世界的同一实体，来自不同数据源的属性值可能不同。这可能是因为表示、比例或编码不同。例如，重量属性可能在一个系统中以公制单位存放，而在另一个系统中以英制单位存放。数据这种语义上的歧义性，是数据集成的巨大挑战。

习　题

5-1　在现实世界的数据中，元组在某些属性上缺少值是常有的。描述处理该问题的各种方法。

5-2　属性 age 包括如下值（以递增序）：13，15，16，16，19，20，20，21，22，22，25，25，25，25，30，33，33，35，35，35，35，36，40，45，46，52，70。

1）使用深度为 3 的箱，用箱均值光滑以上数据。

2）如何确定该数据中的离群点？

3）还有什么其他方法来光滑数据？

5-3　简述数据预处理的方法。

第 6 章
监督学习

随着企业数字化水平的提高，企业积累的数据越来越多，越来越丰富，这些数据中蕴藏着大量有用的信息，可以用来做出智能的商务决策。分类和回归是两种常见的监督学习的数据分析形式，可以基于训练数据集构建模型，预测未来的数据趋势。

本章将学习监督学习的含义、几种分类算法和回归算法以及模型评价。

6.1 监督学习的概念

监督学习是指从给定的一组带标签的数据中学习输入（特征变量）和输出（目标变量）的映射关系，当新的数据到来时，可以根据这个映射关系预测新数据的结果。监督学习需要有明确的目标，很清楚自己想要什么结果。按目标变量的类型，监督学习又可以分为分类和回归。

1）分类：当预测目标是离散型时，即预测类别，学习任务为分类任务。例如，预测一位企业的员工是否会离职。常用的算法是分类算法，例如决策树分类、朴素贝叶斯分类和逻辑回归等。

2）回归：当预测目标是连续型时，即预测值大小，学习任务为回归任务。例如，预测一辆新造的汽车价格。常用的算法是回归算法，例如线性回归、岭回归等。

有些机器学习的算法，例如神经网络、决策树、随机森林和 K 近邻等，既适用于连续型目标变量也适用于离散型目标变量。

监督学习中的“监督”两字并不是指人站在机器旁边看机器做得对不对，监督学习的流程如图 6-1 所示。

1）选择一个适合目标任务的数学模型，例如决策树、线性回归等模型。

2）先把一部分已知的“问题和答案”即带标签的训练数据集，给机器去学习，“监督”两字体现这里。

3）机器从训练数据集中总结出了自己的“方法论”。

4）人类把“新的问题”即新数据集，给机器，让机器使用学习到的方法论去解答。

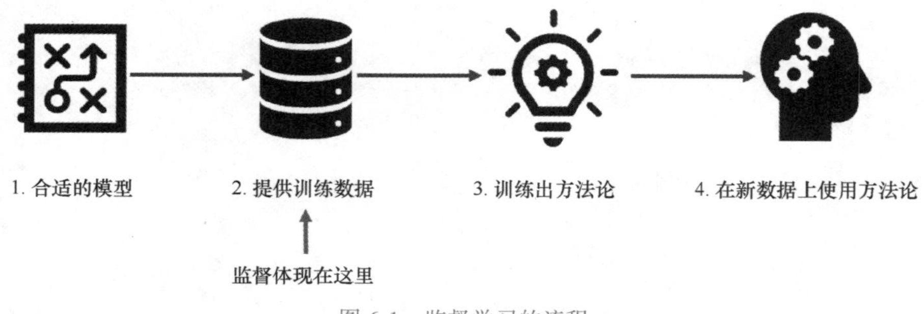

图 6-1　监督学习的流程

6.2 模型评价

对于同样的一组样本，可能会使用多种监督学习的算法进行建模，比如逻辑回归、决策树和朴素贝叶斯等。那么，对于这些模型来说，如何评价哪个比较好？

6.2.1 评估方法

具体来说，对于收集到的一份数据集 D，同时要在 D 上进行训练和测试，因此要把 D 分成训练集和测试集。常用的基于数据随机选样划分的评估方法有留出法和交叉验证。

1. 留出（Hold Out）法

在留出法中，给定的数据集随机地划分成两个独立互斥的集合：训练集和测试集。一般情况下，30% 的数据分配到测试集，其余的数据分配到训练集。使用训练集训练学习器，推导出模型，模型的性能使用测试集进行评估，检验模型的测试误差，进而估计模型的泛化能力。

使用留出法进行模型评价时，更好的方法是将数据划分为三个部分：训练集、测试集和验证集，如图 6-2 所示。训练集用来模型拟合，估计出模型参数；验证集用来调整模型参数，得到更优的模型；测试集用来衡量模型性能优劣。

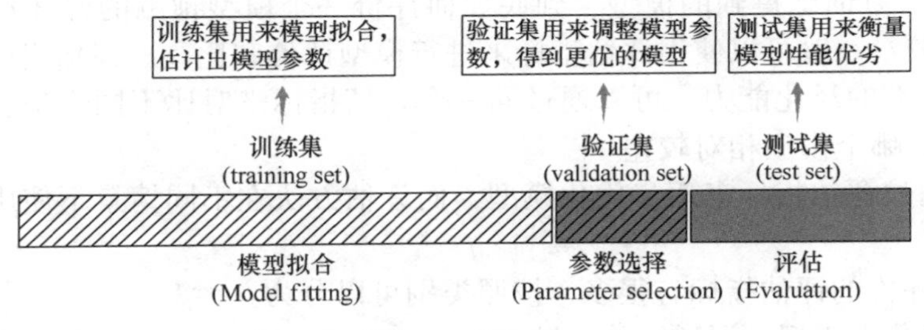

图 6-2 留出法

随机划分数据集的方式在数据量非常大时是问题不大的，但在数据样本不是很多的情况下，则需要分层抽样，这样可以保证训练集和测试集中各类样本的比例与原数据集是一致的，这样的划分结果也更具代表性。

关于百分比例的选择，理论上说是要用 D 中的数据来建模的，因此训练集占比越大，建模能使用的数据信息就越多，但是此时测试集数据过少，测试结果不具有普遍性。因此需要根据实际情况来选择，一般情况下会选择 30% 左右的数据作为测试集。

留出法划分数据集的效果还跟测试集的选取密切相关，最终模型表现的好坏与初始数据的划分结果有很大的关系，具有一定的偶然性。为了减少这种偶然性，可以选择多次划分数据集将最后结果取平均值的方式去处理。

2. 交叉验证（Cross Validation）

交叉验证就是对原始样本数据进行切分，然后组合为多组不同的训练集和测试集，用训练集训练模型，用测试集评估模型。某次的训练集可能是下次的测试集，故称为交叉验证。交叉验证的方法有 K 折交叉验证和留一交叉验证，其中 K 折交叉验证应用较为广泛。

（1）K 折交叉验证（K-fold Cross Validation）

将数据集随机划分为 K 个互不相交的子集或者“折”：S_1，S_2，S_3，…，S_K，每个折的大小大致相等。每次选取 $K-1$ 份作为训练集，用剩下的 1 份作为测试集，进行训练和测试。训练和测试进行 K 次，每个子样本测试一次，得到 K 次不同的测试效果，平均 K 次的结果作为最终的模型效果。

这个方法的优势在于同时重复运用随机产生的子样本进行训练和测试，测试结果减少偶然性，更准确地评估模型。

关于 K 的选择，通常来说，如果训练集相对较小，则增大 K 值，这样在每次迭代过程中将会有更多数据用于模型训练，同时算法时间延长；如果训练集相对较大，则减小 K 值，这样可以降低模型在不同的数据块上进行重复拟合的计算成本，在平均性能的基础上获得模型的准确评估。一般地，建议使用 10 折交叉验证，因为它具有相对低的偏置和方差。

（2）留一交叉验证（Leave One Out）

留一交叉验证是只使用原样本中的一个样本来当作测试集，而剩余的样本当作训练集。 这个步骤一直持续到每个样本都当过一次测试集。 它是 K 折交叉验证的一种特例，即 K 与样本数量相等的时候。

6.2.2 评估指标

对于监督学习训练得到的模型，到底如何评价一个模型预测的好坏？不同模型预测的结果如何比较？一般可以使用评估指标来进行模型评价和比较。评估指标有两个作用：

1）了解模型的泛化能力，可以通过同一个评估指标来对比不同模型，从而知道哪个模型相对较好，哪个模型相对较差。

2）可以通过评估指标来逐步优化模型，而评估方法在不同情景下使用这些指标对模型进行评价。

用于模型评价的评估指标有很多，按照类别可以分为：

1）适用于分类模型：混淆矩阵、准确率、查准率、查全率、$F1$ 值和 ROC 曲线等。

2）适用于回归模型：MSE、RMSE、MAE、MAPE、R-Square 和 Adjusted R-Square 等。

1. 分类算法的评估指标

分类模型常用的几个评估指标都是基于混淆矩阵构建的。混淆矩阵见表 6-1。

表 6-1　混淆矩阵

	实际值	
预测值	正例	反例
正例	真正例（TP）	假正例（FP）
反例	假反例（FN）	真反例（TN）

1）真正例（TP）：模型成功将正例预测为正例。

2）真反例（TN）：模型成功将反例预测为反例。

3）假反例（FN）：模型将正例错误预测为反例。

4）假正例（FP）：模型将反例错误预测为正例。

（1）准确率（Accuracy）

准确率是一个描述模型总体准确情况的百分比指标，主要用来说明模型的总体预测准确情况，计算公式如下：

准确率 =（真正例 + 真反例）/N　　（6-1）

准确率虽然可以判断总体的正确率，但是在样本严重不平衡的情况下，并不能作为很好的指标来衡量结果。比如有一个预测客户流失的模型，数据集有 84335 条是不流失客户，2672 条为流失客户，该模型把所有客户都判断为不流失客户（即没有发现任何流失客户），这时准确率为 84335/（84335+2672）=96.93%。虽然这时的准确率很高，但是该模型没有发现流失客户，所以该模型其实很糟糕。

（2）查准率（Precision）

对于预测问题来说，往往关注的并不是模型的准确率。例如对于客户流失问题，更多地会关注预测流失且实际流失的那部分人，即提供的预测流失名单中到底最后有百分之多少真正流失了。查准率用来反映提供名单的精准性，也叫精准率。它是所有预测为正例的样本中，实际为正例的样本所占的比例，计算公式如下：

查准率 = 真正例 /（真正例 + 假正例）　　（6-2）

查准率表示对正例样本结果中的预测准确程度，而准确率是对所有样本结果的预测准确程度。查准率适用的场景是需要尽可能地把所需的类别检测准确，而不在乎这些类别是否都被检测出来。

（3）查全率（Recall）

只是查准率高似乎也有问题，还是以客户流失问题来说，假设通过数据挖掘模型只给出了一个 20 人的流失名单，结果该名单中有 16 个人确实流失了，这个模型的查准率达到了 80%，相当不错，可是问题是最终有 200 个人流失，而模型只发现了其中的 16 个，这样的模型性能显然不会被认可。因此就需要使用查全率，查全率也称召回率或命中率，主要是反映正例的覆盖程度，它是实际为正例的样本中被正确预测为正例的样本所占的比例，计算公式如下：

查全率 = 真正例 /（真正例 + 假反例）　　（6-3）

查全率适用的场景是需要尽可能地把所需的类别检测出来，而不在乎结果是否准确。在现实中，人们往往对查全率和查准率都有要求，但是会根据应用场景，调整对查准率和查全率的重视程度。如在推荐系统中，为了尽可能少打扰用户，更希望推荐内容确是用户感兴趣的，此时查准率更重要；而在客户流失预测中，更希望尽可能少漏掉有可能流失的客户，此时查全率更重要。

（4）$F1$ 值

由于查全率和查准率之间具有互逆的关系，当查准率高的时候，查全率一般很低；查全率高时，查准率一般很低。使用单一指标会导致一定的片面性，因此可以使用查准率和查全率的调和平均值来评估模型性能，计算公式如下：

$F1$=2 × 查全率 × 查准率 /（查全率 + 查准率）　　（6-4）

当两个指标都较高时，才能得到较高的 $F1$ 值。

（5）ROC 曲线

对于一个优秀的客户流失预警模型来说，命中率（TPR）应尽可能高，即能尽量找出潜在流失客户，同时假警报率（FPR）应尽可能低，即不要把未流失客户误判为流失客户。

命中率 (TPR，True Positive Rate)= 真正例 /（真正例 + 假反例）　　（6-5）

假警报率 (FPR，False Positive Rate)= 假正例 /（真反例 + 假正例）　　（6-6）

然而这两者往往成正相关，因为如果调高阈值，例如认为流失概率超过 90% 才认定为流失，那么会导致假警报率很低，但是命中率也很低；而如果调低阈值，例如认为流失概率超过 10% 就认定为流失，那么命中率就会很高，但是假警报率也会很高。因此，为了衡量一个模型的优劣，数据科学家根据不同阈值下的命中率和假警报率绘制了 ROC 曲线，如图 6-3 所示，其中横坐标为假警报率（FPR），纵坐标为命中率（TPR）。

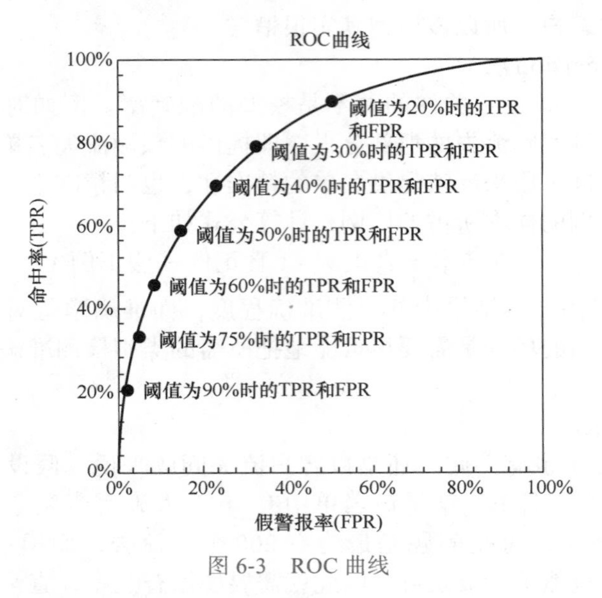

图 6-3　ROC 曲线

1）曲线越靠近左上角，说明在相同的阈值条件下，命中率越高，假警报率越低，模型越完善。

2）若一个学习器的 ROC 曲线被另一个学习器的曲线完全“包住”，那么则可以断言后者的性能优于前者。

3）若两个学习器的 ROC 曲线发生交叉，则难以一般性地断言两者孰优孰劣，较为合理的判断依据就是比较 ROC 曲线下的面积，即 AUC，AUC 值越大，对应的学习器越优越。

2. 回归模型的评估指标

假设目标变量的真实值为 y_i，预测值为 f_i，下面几个指标常用来评估回归模型的优劣。

（1）MSE（Mean Square Error，均方误差）

$$\mathrm{MSE}=\frac{1}{n}\sum_{i=1}^{n}(y_i-f_i)^2 \qquad (6\text{-}7)$$

同样的数据集的情况下，MSE 越小，误差越小，模型效果越好。

（2）RMSE（Root Mean Square Error，均方根误差）

在 MSE 的基础上开平方根。

$$\mathrm{RMSE}=\sqrt{\frac{1}{n}\sum_{i=1}^{n}(y_i-f_i)^2} \qquad (6\text{-}8)$$

（3）MAE（Mean Absolute Error，平均绝对误差）

$$\mathrm{MAE}=\frac{1}{n}\sum_{i=1}^{n}|y_i-f_i| \tag{6-9}$$

（4）MAPE（Mean Absolute Percentage Error，平均绝对百分比误差）

$$\mathrm{MAPE}=\frac{100}{n}\sum_{i=1}^{n}\left|\frac{y_i-f_i}{y_i}\right| \tag{6-10}$$

（5）R-Square（决定系数）

$$R^2=1-\frac{\mathrm{SS_{res}}}{\mathrm{SS_{tot}}}=1-\frac{\sum_{i=1}^{n}(y_i-f_i)^2}{\sum_{i=1}^{n}(y_i-\overline{y})^2} \tag{6-11}$$

分母理解为原始数据的离散程度，分子为预测数据和原始数据的误差。该值越接近1，表明方程的变量对 y 的解释能力越强，这个模型对数据拟合得也越好；越接近0，表明模型拟合得越差。经验值：>0.4，拟合效果好。

（6）Adjusted R-Square（校正决定系数）

由于用R-Square评价拟合模型的好坏具有一定的局限性，即使向模型中增加的变量没有统计学意义，R^2 值仍会增大。因此需对其进行校正，从而形成了校正决定系数（Adjusted R-Square）。与 R^2 不同的是，当模型中增加的变量没有统计学意义时，校正决定系数会减小，因此校正 R^2 是衡量所建模型好坏的重要指标之一，校正 R^2 越大，模型拟合得越好。但 p / n 很小时，如小于0.05时，校正作用趋于消失。Adjusted R-Square的计算公式如下：

$$R^2\_\mathrm{adj}=1-\frac{(n-1)(1-R^2)}{n-p-1} \tag{6-12}$$

式中，n 为样本数量；p 为特征数量；消除了样本数量和特征数量的影响。

6.2.3 参数调优

机器学习的各个算法都有一些影响算法性能的关键参数，比如决策树算法的两个重要参数：树的最大深度和叶节点的最少样本数，这种参数又称为超参数。大多数情况下，使用模型的默认参数也能获得较好的结果及预测准确度，然而如果想要获得更精确的结果，就需要对模型的超参数进行调优。例如，树的最大深度取3还是取6是有讲究的，如果取值过小，可能会导致模型欠拟合，如果取值过大，则容易导致模型过拟合，因此需要一个手段来合理地调节模型参数。本小节将介绍调节模型参数的常用方法即网格搜索（Grid Search），网格搜索常与6.2.1小节介绍的K折交叉验证搭配使用。

网格搜索（Grid Search）是一种穷举搜索的调参手段：在所有候选的参数选择中，通过循环遍历，尝试每一种可能性，建立模型并评估模型的有效性和正确性，选取表现最好的参数作为最终的结果。

为什么叫网格搜索？以有两个参数的模型为例，参数 a 有3种可能，参数 b 有4种可能，把所有可能性列出来，可以表示成一个 3×4 的表格，其中每个单元就是一个网格，循环过程就像是在每个网格里遍历、搜索，所以叫网格搜索。

以决策树模型的树的最大深度（max_depth）和叶节点的最少样本数（min_samples_leaf）这两个参数为例，max_depth 在 [3，5，7，9] 这些值中遍历，min_samples_leaf 在 [5，10，15] 这些值中遍历，所有可能性形成的参数网格见表 6-2。以准确度或 ROC 曲线的 AUC 值作为评估标准循环遍历表格，来搜索最合适的 max_depth 和 min_samples_leaf 值。

表 6-2　决策树算法两个参数形成的参数网格

	max_depth=3	max_depth=5	max_depth=7	max_depth=9
min_samples_leaf=5	DT（max_depth=3，min_samples_leaf=5）	DT（max_depth=5，min_samples_leaf=5）	DT（max_depth=7，min_samples_leaf=5）	DT（max_depth=9，min_samples_leaf=5）
min_samples_leaf=10	DT（max_depth=3，min_samples_leaf=10）	DT（max_depth=5，min_samples_leaf=10）	DT（max_depth=7，min_samples_leaf=10）	DT（max_depth=9，min_samples_leaf=10）
min_samples_leaf=15	DT（max_depth=3，min_samples_leaf=15）	DT（max_depth=5，min_samples_leaf=15）	DT（max_depth=7，min_samples_leaf=15）	DT（max_depth=9，min_samples_leaf=15）

6.3　决策树算法

6.3.1　决策树算法介绍

决策树是一种简单但广泛使用的分类器，是一个由根部向下运用递归分割子树的算法，以建立一个树形结构的分类器。树上的每个非叶节点表示某个属性的测试，每一个分枝代表一个分类规则，叶节点保存着该分类规则的分类标签。

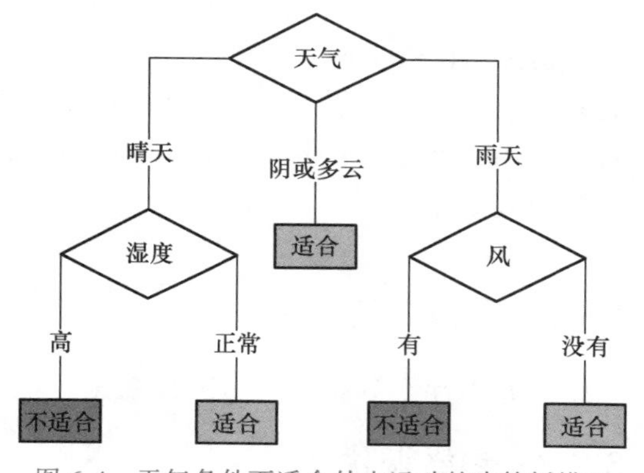

图 6-4　天气条件下适合外出运动的决策树模型

如图 6-4 所示，介绍一个典型的决策树模型：判断哪些天气条件下适合外出运动。该决策树首先判断天气类型，如果天气是阴或多云，则答案为“适合”，可以外出运动。如果天气是晴天，则接着判断其湿度是否正常，如果湿度正常，则答案为“适合”，即可以外出运动；如果湿度高，则不适合外出运动。如果天气是雨天，则接着判断有没有风，如果无风，则答案为“适合”，即可以外出运动；如果有风，则不适合外出运动。

决策树模型中的节点可以分为父节点和子节点、根节点和叶节点。父节点和子节点是相对的，子节点由父节点根据某一规则分裂而来，然后子节点作为新的父节点继续分裂，直至不能分裂为止。根节点则和叶节点是相对的，根节点是没有父节点的节点，即初始节点，叶节点则是没有子节点的节点，即最终节点。决策树模型的关键就是如何选择合适的节点进行分裂。

在图 6-4 中，天气是初始节点，即根节点，也是父节点，它分裂成 3 个子节点，“晴天”“阴或多云”和“雨天”。这些子节点又是下面分裂节点的父节点；而子节点“适合”及“不合适”因为不再分裂出子节点，因此它们是叶节点。

决策树的概念并不复杂，主要是通过连续的逻辑判断得出最后的结论，其关键在于如何建立这样一棵“树”。例如，根节点应该选择哪一个特征，选择“天气”或选择“湿度”作为根节点，会收到不同的效果。下面就来讲解决策树模型的建树依据。

6.3.2 决策树算法实现

决策树算法的实现是一种贪心算法，它以自顶向下递归的划分方式构造树结构。算法的基本策略如下：

1）树以代表训练样本的单个节点开始。

2）如果样本都在同一个类，则该节点成为叶节点，并用该类标记。

3）否则，算法选择最有分类能力的属性作为决策树的当前节点。

4）根据当前决策节点属性的每个已知的值，每个取值形成一个分枝，有几个取值形成几个分枝，并据此划分训练样本，将数据划分为若干子集。

5）针对上一步得到的每一个子集，算法使用同样的过程，递归地形成每个划分样本上的决策树。一旦一个属性出现在一个节点上，就不必在该节点的任何后代上考虑它。

6）递归划分步骤仅当下列条件之一成立时停止：

① 给定节点的所有样本属于同一类。

② 没有剩余属性可以用来进一步划分样本。在这种情况下，使用多数表决，将给定的节点转换成树叶，并以样本中占比最多的类别作为该节点的类别标记，同时也可以存放该节点样本的类别分布。

③ 给定节点没有样本，则利用该节点的父节点来判断分类标记，并将该节点转换成叶节点。

④ 某一节点中的样本数低于给定的阈值。在这种情况下，使用多数表决，确定该节点的类别标记，并将该节点转换成叶节点。

1. 属性选择度量

在决策树算法中，最主要的一个任务是选择一个最具分类能力的属性，如何度量一个属性是最有分类能力的？下面介绍几种属性选择的度量指标。

（1）信息增益

信息增益表示由于特征 A 而使得对数据 D 的分类的不确定性减少的程度。信息增益的计算涉及熵和条件熵，熵和条件熵的计算公式参考 5.3.4 小节，信息增益的计算公式参考 5.4.2 小节。

（2）信息增益比

信息增益比的计算公式参考 5.4.2 小节。

（3）基尼（Gini）系数

熵的计算涉及对数运算，比较耗时，基尼系数在简化计算的同时还保留了熵的优点。基尼系数代表了模型的不纯度，基尼系数越小，纯度越高，选择该特征进行劈划也越好。这和信息增益（比）正好相反。

假设，用 X 表示随机变量，随机变量的取值为 $x_1,x_2,x_3,\cdots$ 在 n 分类问题中便有 n 个取值，基尼系数的计算公式如下：

$$\text{gini}(X)=1-\sum_{i=1}^{n}p_i^2 \tag{6-13}$$

式中，p_i 为类别 i 出现的频率，即类别为 i 的样本占总样本个数的比率；Σ 为求和符号，即对所有的 p_i^2 进行求和。

当引入某个用于分类的变量 A，假设属性 A 有 m 个不同的值，则变量 A 划分后的基尼系数的计算公式为

$$\text{gini}_A(X)=\sum_{i=1}^{m}\frac{|X_i|}{|X|}\times\text{gini}(X_i) \tag{6-14}$$

式中，gini（X_i）为按属性 A 划分后的各子集的基尼系数；$|X|$ 为总样本个数；$|X_i|$ 为划分后的各类的样本量。

2. 连续型属性

对于连续型属性即数值属性，可以将分裂限定在二元分裂，属性劈划的关键是找到最佳劈划点，寻找过程如下：

1）对连续型变量，按从小到大的顺序排列，假设排列之后的数组表示为 $a_1<a_2<a_3<\cdots<a_m$。

2）遍历每一对相邻的值并计算相应的属性选择度量（如信息增益比等），每一对相邻的点隐含着一个最佳劈划点 $t=（a_i+a_{i+1}）/2$ 和一个劈划（D），选择最大信息增益或者信息增益比，对基尼系数则选择最小的基尼系数的劈划点进行劈划。

3. 树剪枝

决策树算法在学习的过程中为了尽可能正确地分类训练样本，不停地对节点进行划分，因此会导致整棵树的分枝过多，容易造成过拟合。剪枝方法可以处理这种过分适应训练集数据问题，即过拟合。通常，这种方法使用统计度量，剪去最不可靠的分枝，使树的结构更易于理解，提高树的正确分类的能力，即提高树独立于测试数据正确分类的可靠性。

树剪枝如何进行？有两种常用的剪枝方法：预剪枝（pre–pruning）和后剪枝（post–pruning）。

1）预剪枝：预剪枝是在构造决策树的过程中，先对每个节点在划分前进行估计，如果当前节点的划分不能带来决策树模型预测性能的提升，则不对当前节点进行划分并且将当前节点标记为叶节点。

2）后剪枝：后剪枝是先把整棵决策树构造完毕，然后自底向上地对非叶节点进行考察，若将该节点对应的子树换为叶节点能够带来预测性能的提升，则把该子树替换为叶节点。

4. 缺失值处理

决策树算法本身可以处理缺失值。当一个被劈划的属性含有缺失值时，在这个属性上是缺失的每个样本被分成若干片断，采用数值加权方案，按照比例将各个片断分配到下面的每个分枝，并一直传递下去，这个比例是各分枝所含的样本数目的比值，最终含有缺失值的样本的各部分都会到达某一个叶节点，参与分类的决策。数据集含有缺失值同样可以使用一般的属性选择度量来计算，只是计算的时候不再是整数累计，而是使用加权值来计算。

6.3.3 决策树算法应用案例

本小节学习决策树模型在人才决策领域的应用，将分别使用 Inforstack 大数据应用平台和 Python 语言，通过已有的员工信息和离职表现来搭建相应的员工离职预测模型，基于员工离职预测模型可以预测之后的员工是否会离职。

1. 案例概述

保持员工满意的问题是企业长期存在的一个挑战。如果企业投入了大量时间和金钱培养的员工离开，那么这意味着将不得不花费更多的时间和金钱来雇用其他人。大部分员工决定离职时，通常需经过思考期。慰留员工的最佳时机就是在他们产生离职想法之前。

本案例通过数据分析的方法，构建离职预测模型，对员工的离职进行预测。员工离职预测模型能够提前预判，尽早介入，针对员工最关注 / 不满的问题及时提供解决方案（例如，升职加薪、教育优惠和经济补偿等），从而提高满意度，降低员工离职风险，特别是留住经验丰富的员工，避免员工“去意已决”时才进行无效挽留。

2. 数据集

本案例使用的数据集共有 14999 组历史数据，其中，3571 组为离职员工数据，11428 组为非离职员工数据，离职率为 23.81%。员工离职数据集字段含义说明见表 6-3，表格中的“是否离职”为目标变量，剩下的字段为特征变量，用于通过一个员工的特征来判断其是否会离职，目的是根据这些历史数据搭建决策树模型来预测之后员工的离职可能性。

表 6-3 员工离职数据集字段含义说明

变量名	变量说明	取值范围
是否离职	离散型变量，共有 2 个类别	0—未离职，1—已离职
满意度	连续型变量，对公司的满意程度	0 ～ 1
绩效评估	连续型变量，绩效评估分值	0 ～ 1
参与过的项目数	连续型变量，单位：个	2 ～ 7
平均每月工作时长	连续型变量，单位：小时	96 ～ 310
工作年限	连续型变量，单位：年	2 ～ 10
是否有过工作差错	离散型变量，共有 2 个类别	0—没有，1—有
五年内是否升职	离散型变量，共有 2 个类别	0—没有，1—有
职位	离散型变量，共有 10 个类别	Accounting（会计）、HR（人力资源）等
薪资水平	离散型变量，共有 3 个类别	low（低）、medium（中）、high（高）

3. 分析过程——大数据应用平台

本案例按照下面步骤展开分析：

1）离职员工特征探索：探索员工离职的原因跟哪些因素有关。

2）模型构建和评估：基于决策树算法，在训练集上构建员工离职预测模型，并在测试集上评估模型性能。

3）模型应用：将离职预测模型应用到新数据集，预测员工离职的概率。

（1）离职员工特征探索

离职员工特征探索主要分析哪些变量与员工离职密切相关，离职员工有哪些特点。根据数据类型可以分为：

1）连续变量与是否离职的关系：可以使用直方图或者箱形图，如果希望得到离散变量与连续变量之间关系的量化描述，可以使用方差分析。

2）离散变量与是否离职的关系：可以使用柱状图或者堆积柱状图，如果希望得到两个离散变量之间关系的量化描述，也可以使用交叉表。

在大数据应用平台的自助报告中，对于本案例的数据集，采用堆积直方图探索连续变量满意度、平均每月工作时长、绩效评估、工作年限和参与过的项目数与离职的关系，如图 6-5 所示。从图上看，离职员工的特点如下：

1）对公司的满意度较低的员工越容易离职，大部分离职员工对公司满意度小于 0.5。

2）平均每月工作时长很短（117 ～ 160）或者很高（>224）的员工越容易离职，工作时长较合理（160 ～ 224）的员工离职率较低。

3）绩效评估很低和很高的员工容易离职，中绩效的员工离职率较低。

4）工作年限在 3 ～ 5 年间的员工更容易离职，工作年限很短或者很长的员工离职率较低。

5）参加项目个数越多的员工离职率越大（去除项目数为 2 的样本）。

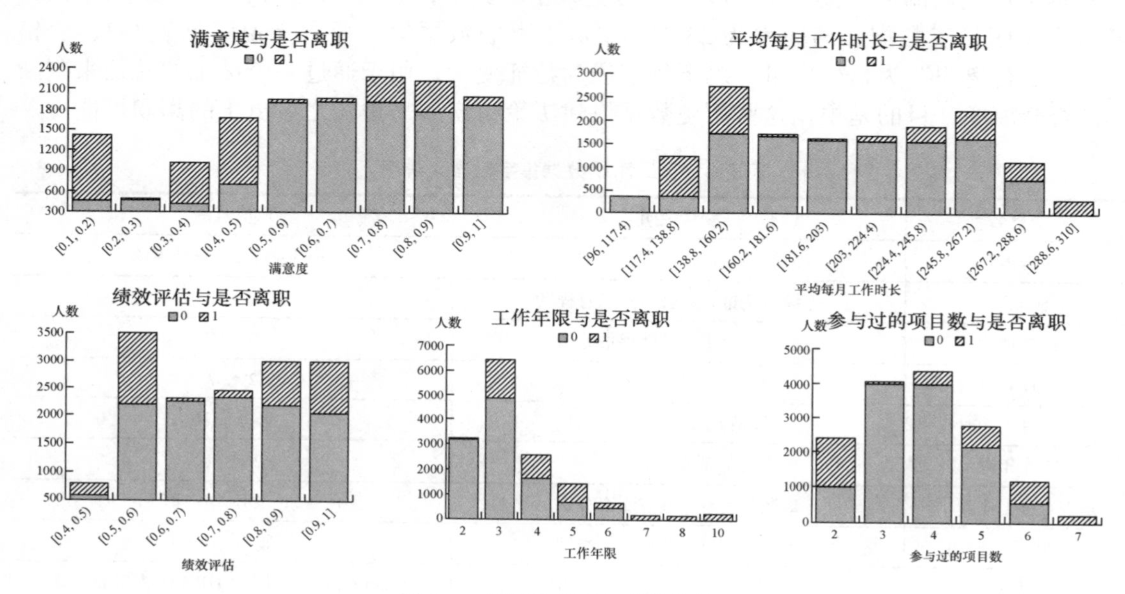

图 6-5 连续型变量与离职的关系

在大数据应用平台的自助报告中，采用堆积百分比柱状图探索离散型变量五年内是否升职、是否有过工作差错、薪资水平和职位与离职的关系，结果如图 6-6 所示。从图上看，离职员工的特点：未出过工作差错的员工离职率比较高，离职率随着薪资的增加而降低，五年内没有升职的员工的离职率比较大，职位与员工离职的关系不大。

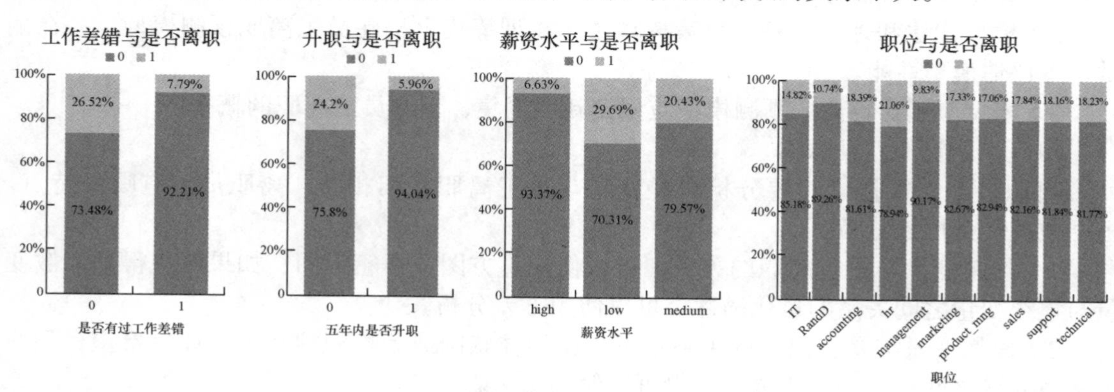

图 6-6 离散型变量与离职的关系

（2）模型构建和评估

对于企业来说，经验丰富的优秀员工的离职是特别大的损失，优秀的员工是企业争相竞争的人才。因此，本案例将重点针对有经验的优秀员工构建离职预测模型。那什么样的员工才算是优秀的、有经验的？本案例将“绩效评估≥0.7”或者“工作年限≥4”或者“参与过的项目数 >5”的这些人定义为优秀的或者有经验的员工。

在大数据应用平台的工作流功能模块中，使用分析组件构建分析工作流，实现员工离职预测模型的构建和评估，模型构建和评估的分析流程如图 6-7 所示。

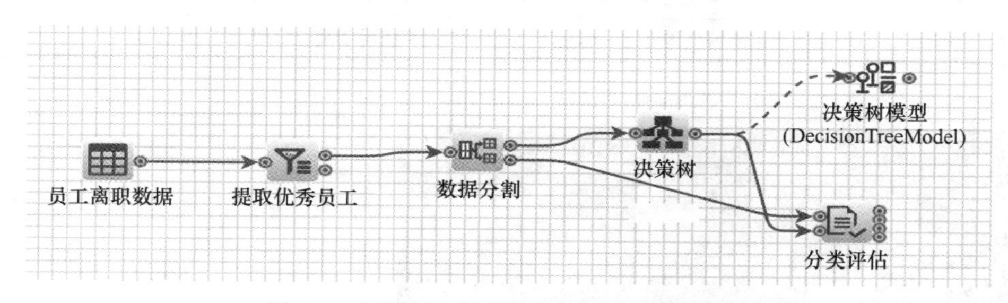

图 6-7 离职预测模型构建和评估的分析流程

1）提取优秀员工。使用“过滤”节点提取优秀员工样本集，将“过滤”节点与“员工离职数据”表相连接，优秀员工的筛选表达式为“绩效评估≥0.70 OR 工作年限≥4OR 参与过的项目数 >5”，筛选出来的优秀员工有 9772 名，其中，2014 组为离职员工数据，7758 组为非离职员工数据，离职率为 20.61%，与原始数据差别不大。

2）划分训练集和测试集。使用“数据分割”节点将数据集分成 2 个互相排斥的子集：训练集和测试集。该节点有两个输出端口，一个是训练集，另一个是测试集。数据分割有两种不同的分割方式：百分比和固定大小。每种分割方式又可以采用系统抽样或者随机抽样进行。如果需要在两个子集中均保留目标变量的各类别的原始分布，可在节点的参数设置中定义一列“分层列”，然后算法将根据分层列中各类别的样本比例，对数据进行划分。

本案例中，将“数据分割”节点与“过滤节点”通过端口相连接，“数据分割”节点的参数设置如图 6-8 所示。

图 6-8 “数据分割”节点的参数设置

数据分割后，训练集为 6841 组数据，离职率为 20.61%；测试集为 2931 组数据，离职率为 20.61%。因为采用了分层抽样，因此两个子集的目标变量的类别分布均保留原始目标变量的类别分布。

3）模型构建。在训练集上，采用决策树算法建立员工离职预测模型。将数据分割节点的训练集输出端口与决策树节点相连接，并设置决策树节点的参数。决策树节点的参数说明见表 6-4。

在本案例中，决策树节点的参数设置中目标变量为“是否离职”，预测变量选择除“是否离职”之外的所有列，最小节点数目设置为 10，其余参数为默认值。

决策树节点的输出可以归纳出一组决策规则，并将预测模型保存到用户空间，这个模型可以应用到新数据集用于预测员工的离职概率。

执行决策树节点，结果可以使用“决策树浏览器”查看决策树结构，如图 6-9 所示。

表 6-4　决策树节点的参数说明

参数名称	描述
预测变量	从表中选择若干列作为预测变量，可以接受数值或者字符型的列
目标变量	从表中选择一列作为目标变量，只接受字符型的列
权重	用于平衡类别分布非常不均衡的数据集
最小节点数目	此参数是树生长的停止条件，值越大树生长越早停止，默认值是 2
最大树深度	此参数是树生长的停止条件，值越小树生长越早停止，默认值是 20
剪枝置信度	此参数控制剪枝的水平，该值越小表示树被剪枝得越简化，默认值是 25%

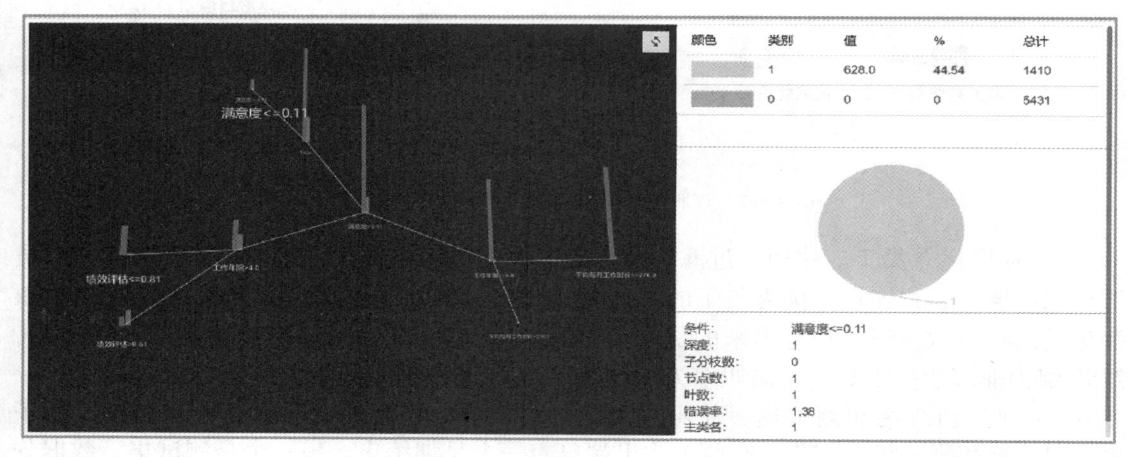

图 6-9　使用"决策树浏览器"查看决策树结构

从决策树浏览器中可以归纳出判断员工离职的主要规则：

① 满意度水平≤ 0.11 →离职（置信度：100%）。这条规则中的叶节点有 628 名员工，并且全部都是离职员工，表示当一名员工的特征符合这条规则时，则该员工离职的概率是 100%。

② 4< 工作年限≤ 6 且绩效评估 >0.81 且 满意度 >0.71& 平均每月工作时长 >215.0 →离职（置信度：95.3%）。这条规则的叶节点含有 597 名员工，其中 569 名是离职员工，28 名是非离职员工，当一名员工的特征符合这条规则时，则有 569/597 × 100%=95.31% 概率会离职。

以上两条规则可以识别出训练集中（569+628）/1410 × 100%=84.89% 的离职员工。

从决策树浏览器中可以归纳出判断员工不离职的主要规则：

① 满意度 >0.11 & 工作年限≤4.0 & 平均每月工作时长≤276.0 →不离职（置信度：97.17%）。这条规则中的叶节点有 4304 名员工，其中 4182 名是非离职员工，122 名是离职员工，表示当一名员工的特征符合这条规则时，则该员工不离职的概率是 4182/4304=97.17%。

② 满意度 >0.11 & 工作年限 >4.0 & 绩效评估≤0.81 →不离职（置信度：94.88%）。这条规则中的叶节点有 879 名员工，其中 834 名是非离职员工，45 名是离职员工，表示当一名员工的特征符合这条规则时，则该员工不离职的概率是 834/879=94.88%。

以上两条规则可以识别出训练集中（4182+834）/5431 × 100%=92.36% 的不离职员工。

另外，从决策树浏览器图可以得到在构建决策树时每次的最佳劈划属性的排序，从而可以知道影响员工离职的关键性因素：满意度、工作年限、绩效评估和平均每月工作时长。

4）模型评估。构建好决策树模型之后，还需要使用测试集对决策树算法的性能进行评估。大数据应用平台提供“分类评估”节点对算法性能进行评估，该节点有两个输入：模型和表格数据，输出包括错误率、混淆矩阵和ROC图等评估结果。执行“分类评估”节点，得到评估结果，可以查看分类评估报告，如图6-10所示。

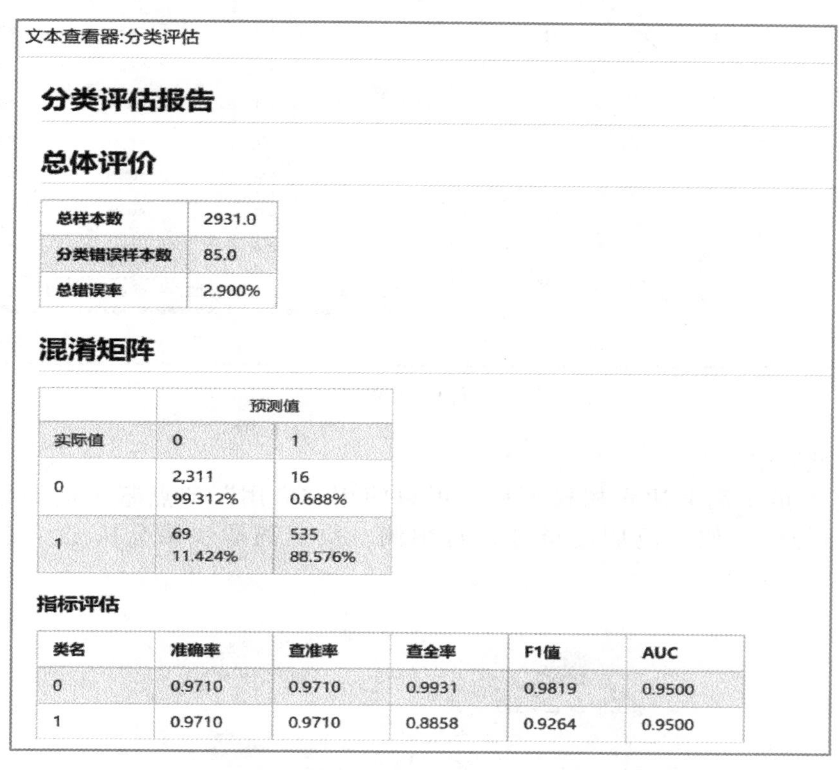
文本查看器:分类评估

分类评估报告

总体评价

总样本数	2931.0
分类错误样本数	85.0
总错误率	2.900%

混淆矩阵

	预测值	
实际值	0	1
0	2,311 99.312%	16 0.688%
1	69 11.424%	535 88.576%

指标评估

类名	准确率	查准率	查全率	F1值	AUC
0	0.9710	0.9710	0.9931	0.9819	0.9500
1	0.9710	0.9710	0.8858	0.9264	0.9500

图6-10 决策树模型的分类评估报告

决策树算法构建的离职预测模型，在测试集上总体错误率为2.9%，总体准确率为97.10%。对于预测问题来说，往往关注的并不是模型的准确率，更多地关注预测离职且实际离职的那部分员工所占的比率，即查准率。从评估报告中可以看到离职的查准率等于97.10%，这说明提供的预测可能离职的名单中最后有97.10%的员工真正离职了，离职预测的准确性很高。另外，还需要关注提供的名单是不是尽可能地覆盖了所有可能离职的员工名单，即查全率，也叫命中率。从评估报告中，可以看到离职的查全率等于88.58%。因此，模型在测试集上的预测效果还不错，提供的离职名单在准确性和覆盖度上都比较好，可以保存该决策树模型到用户空间，便于在模型应用阶段在新数据集上使用。

另外，单击“ROC表”→“ROC图”可以查看ROC曲线。ROC图有两条曲线，黑色（0）的这条表示未离职类别的ROC曲线，紫色（1）这条表示离职类别的ROC曲线，这两条曲线都很陡峭，曲线下的面积AUC都为0.94999，表示模型的预测效果很好，如图6-11所示。

ROC图:分类评估

ROC图

类别	阈值	假阳性率	真阳性率
1	0	1.00000	1.00000
1	0.05	0.16459	0.92384
1	0.10	0.01246	0.88576
1	0.15	0.00688	0.88576
1	0.20	0.00688	0.88576
1	0.25	0.00688	0.88576
1	0.30	0.00688	0.88576
1	0.35	0.00688	0.88576
1	0.40	0.00688	0.88576
1	0.45	0.00688	0.88576
1	0.50	0.00688	0.88576

每页 1000条 共 42 条数据 当前第 1 页 共 1 页 到 1

关闭

图 6-11 决策树模型的 ROC 曲线

（3）模型应用

训练好了员工离职决策树模型后，可以使用“应用”节点基于训练好的决策树预测模型对公司其他未离职的员工进行预测。员工离职预测分析工作流如图 6-12 所示。

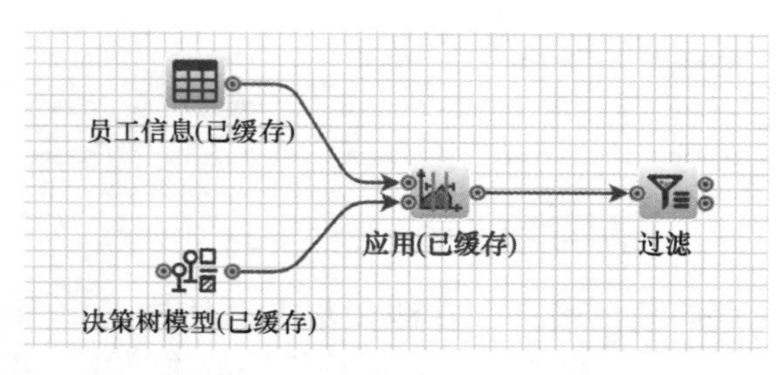

图 6-12 员工离职预测分析工作流

“应用”节点有两个输入端口：数据表和模型，将训练好的决策数据模型和新数据表与“应用”节点相连接，执行该节点，它会在原始数据的基础上增加新的两列，一列为目标变量预测值（Predicted_Class），另一列为概率值（Confidence_Value），即可信度，如图 6-13 所示。

通过“过滤”节点可以将可能有离职倾向的员工筛选出来，提供给人力资源管理部门，帮助他们尽早介入，留住优秀人才。

本案例通过决策树算法构建了针对优秀的有经验的员工的离职预测模型，该模型可以对员工的离职进行预测，能够提前预判，在员工产生离职想法之前，及时提供解决方案，留住优秀有经验的人才。同时识别出影响优秀员工辞职的主要因素，如满意度、工作年限、绩效评估以及平均每月工作时长。

是否有过工作差错	五年内是否升职	职位	薪资水平	Predicted_Class	Confidence_Value
0	0	technical	low	0	97.17%
0	0	technical	low	1	95.31%
0	0	IT	medium	0	97.17%
0	0	accounting	medium	0	94.88%
0	0	accounting	medium	0	97.17%
1	0	support	low	1	100.00%
0	0	support	low	0	97.17%
0	0	marketing	low	0	97.17%
0	0	marketing	low	0	97.17%
0	0	technical	medium	1	95.31%

表格浏览器:应用　每页 1000条　共 1000 条数据　当前第 1 页 共 1 页　到 1　跳转

图 6-13　应用节点的预测结果

4. 分析过程——基于 Python

（1）数据读取与预处理

首先读取员工离职数据集，代码如下：

```
1. import pandas as pd
2. df = pd.read_excel('员工离职数据.xlsx')
3. df.head()
4. df=df[(df["绩效评估"]>=0.7) | (df["工作年限"]>=4) | (df["参与过的项目数"]>5)]
5. df = df.replace({'薪资水平': {'low': 0, 'medium': 1, 'high': 2}})
6. df=pd.get_dummies(df,drop_first=True)
```

第 2 行代码用 read_excel() 函数读取 Excel 文件数据赋给变量 df。

第 3 行代码用 df.head() 查看表格的前 5 行，结果如图 6-14 所示。

	满意度	绩效评估	参与过的项目数	平均每月工作时长	工作年限	是否有过工作差错	是否离职	五年内是否升职	职位	薪资水平
0	0.38	0.53	2	157	3	0	1	0	sales	low
1	0.80	0.86	5	262	6	0	1	0	sales	medium
2	0.11	0.88	7	272	4	0	1	0	sales	medium
3	0.72	0.87	5	223	5	0	1	0	sales	low
4	0.37	0.52	2	159	3	0	1	0	sales	low

图 6-14　表格的前 5 行

“是否离职”列中的数字 1 代表离职，数字 0 代表未离职。

第 4 行代码用或“|”运算符来筛选优秀员工，优秀员工的定义可参考前文，并赋给变量 df。使用 df.shape 可以查看筛选后的行数为 9772 行。

第 5 行代码用 replace() 函数对“薪资水平”列的内容进行数值化处理，将文本

“low”“medium”“high”分别替换为数字 0、1、2。

第 6 行代码用 get_dummies() 函数来创建哑特征，get_dummies() 函数默认会对 DataFrame 中所有字符串类型的列进行独热编码。特征编码后的数据结果如图 6-15 所示。

	满意度	绩效评估	参与过的项目数	平均每月工作时长	工作年限	是否有过工作差错	是否离职	五年内是否升职	薪资水平	职位_RandD	职位_accounting	职位_hr	职位_management	职位_marketing	职位_product_mng	职位_sales	职位_support	职位_technical
1	0.80	0.86	5	262	6	0	1	0	1	0	0	0	0	0	0	1	0	0
2	0.11	0.88	7	272	4	0	1	0	1	0	0	0	0	0	0	1	0	0
3	0.72	0.87	5	223	5	0	1	0	0	0	0	0	0	0	0	1	0	0
6	0.10	0.77	6	247	4	0	1	0	0	0	0	0	0	0	0	1	0	0
7	0.92	0.85	5	259	5	0	1	0	0	0	0	0	0	0	0	1	0	0

图 6-15　数据结果

虽然决策树算法本身是天然支持离散型变量的机器学习算法，但是 scikit-learn 中的决策树算法只支持数值型变量，因此需要对离散型变量先进行特征编码，将其转换为数值型变量。在这个例子里对于“薪资水平”变量使用数字编码，因为变量自身存在顺序，是有序变量。对于“职位”变量使用独热编码。Python 里封装了十几种对于离散型特征的编码方法，包括 Label Encoder、Ordered Encoder、OneHot Encoder 和 Target Encoder 等。

（2）提取特征变量和目标变量

建模前，首先将特征变量和目标变量分别提取出来，代码如下：

```
1. X = df.drop(columns='是否离职')
2. y = df['是否离职']
```

第 1 行代码用 drop() 函数删除“是否离职”列，将剩下的数据作为特征变量赋给变量 X。

第 2 行代码用 DataFrame 使用列名提取具体列的方式提取“是否离职”列作为目标变量，并赋给变量 y。

（3）划分训练集和测试集

提取完特征变量和目标变量后，还需要将原始数据划分为训练集和测试集。训练集用于进行模型训练，测试集用于检验模型训练的结果，代码如下：

```
1. from sklearn.model_selection import train_test_split
2. X_train, X_test, y_train, y_test = train_test_split(X, y, test_size=0.3, 
random_state=123)
```

第 1 行代码从 scikit-learn 库中引入 train_test_split() 函数。

第 2 行代码用 train_test_split() 函数划分数据集为训练集和测试集，其中 X_train、y_train 为训练集数据，X_test、y_test 为测试集数据，训练集数据有 6840 条，测试集数据有 2932 条。

在这个案例中，test_size 设置为 0.3，表示选取 30% 的数据用于测试。如果数据量较多，也可以将其设置为 0.1，即分配更少比例的数据用于测试，分配更多比例的数据用于训练。

因为 train_test_split() 函数每次划分数据都是随机的，所以如果想让每次划分数据的结果保持一致，可以设置 random_state 参数，这里设置的数字 123 没有特殊含义，它只是一个随机数种子，也可以设置成其他数字。

（4）模型构建

划分好训练集和测试集之后，就可以从 scikit-learn 库中引入决策树模型进行模型训练了，代码如下：

```
1. from sklearn.tree import DecisionTreeClassifier
2. dt_model = DecisionTreeClassifier(max_depth=5, random_state=123)
3. dt_model.fit(X_train, y_train)
```

第 1 行代码从 scikit-learn 库中引入分类决策树模型 DecisionTreeClassifier。

第 2 行代码设置决策树的参数 max_depth（树的最大深度）为 5，并设置随机状态参数 random_state 为数字 123，使每次程序运行的结果保持一致，最后将其赋给变量 dt_model。

第 3 行代码用 fit() 函数进行模型训练，传入的参数就是前面划分出的训练集数据。

（5）模型评估与预测

训练好模型后，需要使用测试集对模型进行评估。

1）直接预测是否离职。这里把测试集中的数据导入模型中进行预测，代码如下，其中 model 就是前面训练好的决策树模型。

```
1. y_pred = dt_model.predict(X_test)
```

predict() 函数将直接打印预测结果，其中 0 为预测不离职，1 为预测离职。

想要查看测试集的预测准确度，可以使用 accuracy_score() 函数，代码如下：

```
1. from sklearn.metrics import accuracy_score
2. score = accuracy_score(y_pred, y_test)
3. print(score)
```

将 score 打印输出，结果为 0.9696，即模型对整个测试集的预测准确度为 96.96%。

上面是用 accuracy_score() 函数来获取模型评分，其实 scikit-learn 库的决策树分类算法自带模型评分功能，代码如下：

```
1. score=dt_model.score(X_test, y_test)
```

这里的 dt_model 为上面训练好的决策树模型，score() 函数会自动根据 X_test 的值计算出预测值，然后去和实际值进行比对，从而计算出预测准确度，最后同样可以得到评分 score 为 0.9696。

2）预测不离职和离职的概率。决策树分类模型在本质上预测的并不是精确的 0 或 1 的分类，而是预测属于某一分类的概率。想要查看预测为各个分类的概率，可以通过如下代码：

```
1. y_pred_proba = dt_model.predict_proba(X_test)
2. prob_mat = pd.DataFrame(y_pred_proba, columns=['不离职概率', '离职概率'])
```

第 1 行代码获得的 y_pred_proba 是一个二维数组，数组左列为分类 =0 的概率，右列为分类 =1 的概率。第 2 行代码将其转换为 DataFrame 格式以方便查看。

前面直接预测是否离职，其实是看属于哪种分类的概率更大。例如，第 1 行数据的不离职概率 0.983850 大于离职概率 0.016150，所以预测结果为不离职。

3）模型预测效果评估。对于分类模型，不仅要关心整体的预测准确度，也关心模型在每一类样本里面的表现，此时可以使用混淆矩阵来查看，Python 中使用 confusion_matrix() 函数，代码如下：

```
1. from sklearn.metrics import confusion_matrix
2. m = confusion_matrix(y_test, y_pred)  # 传入真实值和预测值
3. cf_mat = pd.DataFrame(m, index=['0(实际不离职)', '1(实际离职)'], columns=['0(预测不离职)', '1(预测离职)'])
4. print(a)
```

第 1 行代码引入 confusion_matrix() 函数；第 2 行代码为 confusion_matrix 传入测试集的目标变量真实值 y_test 和预测值 y_pred。将混淆矩阵 cf_mat 打印输出，结果如图 6-16 所示。

	0（预测不离职）	1（预测离职）
0（实际不离职）	2316	22
1（实际离职）	67	527

图 6-16 打印输出结果

可以看到，实际离职的 594（67 + 527）人中有 527 人被准确预测，命中率（TPR）为 527/594=88.72%；实际未离职的 2338（2316 + 22）人中有 22 人被误判为离职，假警报率（FPR）为 22/2338=0.94%。需要注意的是，这里的 TPR 和 FPR 都是在阈值为 50% 的条件下计算的。Python 还可以通过如下代码计算命中率，无须手动计算：

```
1. from sklearn.metrics import classification_report
2. print(classification_report(y_test, y_pred))
```

运行结果如下所示：

```
              precision    recall  f1-score   support

           0       0.97      0.99      0.98      2338
           1       0.96      0.89      0.92       594

    accuracy                           0.97      2932
   macro avg       0.97      0.94      0.95      2932
weighted avg       0.97      0.97      0.97      2932
```

其中 recall 对应的就是命中率（又称召回率和查全率），可以看到，对于分类为 1 的命中率为 0.89，和之前手动计算的结果 0.8872 一致。accuracy 表示整体准确度，其值为 0.97，和之前计算出的 0.9696 是一致的；support 表示样本数，其中 2338 为实际类别是 0 的样本数，594 为实际类别是 1 的样本数，2932 为测试集的全部样本数。此外，模型的 precision（精准率）为 0.96，因此，模型在测试集上的预测效果还不错。

对于分类模型，还可以绘制 ROC 曲线来评估模型。希望在阈值相同的情况下，假警报率尽可能小，命中率尽可能高，即 ROC 曲线尽可能陡峭，其对应的 AUC 值（ROC 曲线下方的面积）尽可能高。在 Python 中，通过如下代码就可以求出不同阈值下的命中率（TPR）和假警报率（FPR）的值，从而绘制出 ROC 曲线。

```
1. from sklearn.metrics import roc_curve
2. fpr, tpr, thres = roc_curve(y_test, y_pred_proba[:,1])
3. roc_table = pd.DataFrame()  # 创建一个空 DataFrame
4. roc_table['阈值'] = list(thres)
5. roc_table['假警报率'] = list(fpr)
6. roc_table['命中率'] = list(tpr)
7. roc_table.head(20)
```

第 1 行代码引入 roc_curve() 函数；第 2 行代码为 roc_curve() 函数传入测试集的目标变量 y_test 及预测的离职概率 y_pred_proba[: , 1]，计算出不同阈值下的命中率和假警报率，并将三者分别赋给变量 fpr（假警报率）、tpr（命中率）和 thres（阈值）。此时获得的 fpr、tpr、thres 为 3 个一维数组，通过第 3 ～ 6 行代码可以将三者合并成一个二维数据表。通过打印 roc_table 查看不同阈值下的 FPR 和 TPR，结果如图 6-17 所示。

	阈值	假警报率	命中率
0	2.000000	0.000000	0.000000
1	1.000000	0.000000	0.484848
2	0.931994	0.009410	0.887205
3	0.220588	0.017536	0.893939
4	0.100000	0.106501	0.924242
5	0.094595	0.121044	0.929293

图 6-17 不同阈值下的 FPR 和 TPR

可见随着阈值的下降，命中率和假警报率都在上升。其中，第一个阈值无含义，常设置为最大阈值，保证无记录被选中。表格第 2 行表示只有当某员工被预测为离职的概率≥100%（因为概率不会超过 100%，所以其实就是被预测为离职的概率等于 100%），才判定其会离职，此时命中率为 48.48%，即所有实际离职的员工中被预测为离职的员工占 48.48%，在这种极端阈值条件下，该命中率已算很高了。第 3 行表示只有当某员工被预测为离职的概率≥93.19%，才判定其会离职，此时命中率为 88.72%，假警报率为 0.94%，依此类推。已知不同阈值下的假警报率和命中率，可使用 Matplotlib 库中的 plot() 函数绘制 ROC 曲线，代码如下：

```
1. import matplotlib.pyplot as plt
2. plt.plot(fpr, tpr)
3. plt.title('ROC 曲线 ')
4. plt.xlabel('FPR')
5. plt.ylabel('TPR')
6. plt.show()
```

第 2 行代码基于假警报率和命中率，用 plot() 函数绘制的很陡峭的 ROC 曲线如图 6-18 所示。

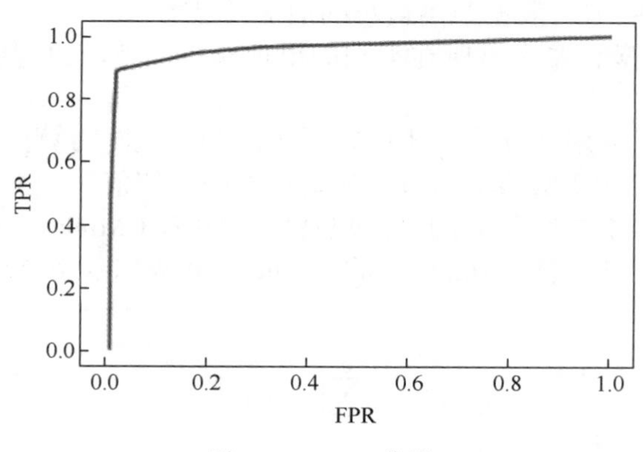

图 6-18　ROC 曲线

要求出 ROC 曲线下的 AUC 值，则可以通过如下代码实现：

```
1. from sklearn.metrics import roc_auc_score
2. auc = roc_auc_score(y_test, y_pred_proba[:,1])
```

第 1 行代码引入 roc_auc_score() 函数；第 2 行代码为 roc_auc_score() 函数传入测试集的目标变量 y_test 及预测的离职概率。使用 print() 函数输出 AUC 值为 0.9664，预测效果还是不错的。

6.4　K 近邻算法

6.4.1　K 近邻算法介绍

在日常生活中，如想了解一个人，一般是去找和这个人关系好的人，看看人们对这个人的评价；另一种简单的方法就是看看和这个人关系亲近的人是什么样子，那么就可以大致判断出这个人是什么样的人。这就是通俗说的“物以类聚，人以群分”，也是 K 近邻算法的中心思想。

K 近邻（K-Nearest Neighbor，KNN）分类算法是一个理论上比较成熟的方法，也是最简单的机器学习算法之一。该方法的思路是：在特征空间中，如果一个样本附近的 K 个最近样本的大多数属于某一个类别，则该样本也属于这个类别。K 近邻算法中，所选择的“邻居”都是已经正确分类的对象。该方法在定类决策上只依据最邻近的一个或者几个样本的类别来决定待分类样本所属的类别。

6.4.2 K 近邻算法实现

K 近邻算法是一种 lazy-learning 算法，算法不需要使用训练集进行训练。K 近邻分类算法的工作原理是：存在一个样本数据集合，也称为训练样本集，并且样本集中每个数据都存在标签，即已知样本集中每一个数据与所属分类的对应关系。输入没有标签的新数据后，将新数据的每个特征与样本集中数据对应的特征进行比较，然后算法提取样本最相似（最近邻）数据的分类标签。一般来说，选择样本数据集中前 K 个最相似的数据，这就是 K 近邻算法中 K 的出处，通常 K 是不大于 20 的整数。最后，选择 K 个最相似数据中出现次数最多的分类，作为新数据的分类。

K 近邻分类算法的实现步骤如下：

1）计算距离：计算新数据与训练集中每个样本的距离，按照距离从小到大的顺序排序。

2）选择近邻：选取与新数据距离最小的前 K 个点。

3）判定类别：计算前 K 个点所在类别的出现频率，返回出现频率最高的类别作为新数据的预测分类。

K 近邻算法不仅可以用于分类，还可以用于回归。此时将算法实现步骤中的第 3）步变为计算 K 个近邻的目标变量的平均值作为新样本的预测值。

K 近邻算法衡量样本之间距离的方法包括明氏距离（Minkowski Distance）、欧氏距离（Euclidean Distance）、曼氏距离（Manhattan Distance）和皮尔森距离（Pearson Distance）等。

（1）明氏距离

$$D_{ij}=\left(\sum_{l=1}^{d}\left|x_{il}-x_{jl}\right|^{n}\right)^{1/n} \tag{6-15}$$

$\boldsymbol{x}_i$、$\boldsymbol{x}_j$ 向量中如果在某一特征上的差异很大，会导致它占据了在其他特征上的差异。

（2）欧氏距离

$$D_{ij}=\left(\sum_{l=1}^{d}\left|x_{il}-x_{jl}\right|^{2}\right)^{1/2} \tag{6-16}$$

欧氏距离是最常用的一种距离方法，是明氏距离 $n=2$ 的特例。

（3）曼氏距离

$$D_{ij}=\sum_{l=1}^{d}\left|x_{il}-x_{jl}\right| \tag{6-17}$$

曼氏距离是明氏距离 $n=1$ 的特例。

（4）皮尔森距离

$$D_{ij}=(1-r_{ij}/2)$$

$$r_{ij}=\frac{\sum_{i=1}^{d}(x_{il}-\bar{x}_i)(x_{jl}-\bar{x}_j)}{\sqrt{\sum_{i=1}^{d}(x_{il}-\bar{x}_i)^2\sum_{j=1}^{d}(x_{jl}-\bar{x}_j)^2}} \tag{6-18}$$

样本间距离的计算易受量纲级别的影响。如果特征中的某一个特征值特别大，这会使得距离几乎是由这个特征主导，其他特征由于数值相对较小，几乎不发挥作用，从而会导致结果出现较大误差。因此，在使用K近邻算法时，当特征变量的量纲级别相差较大且在建模时相互影响，通常会先对数据进行预处理，可以使用数据规范化手段消除量纲级别差异带来的影响，否则可能会导致预测结果出现较大的误差。数据规范化参考5.3.2小节。

6.4.3　K近邻算法应用案例

本小节通过一个较为经典的手写数字识别模型来讲解如何在实战中应用K近邻算法。

1. 案例概述

视觉是人类认知世界非常重要的一种直觉，对于人类来说，通过视觉识别手写体数字、识别图片中的物体或者找出图片中人脸的轮廓都是非常简单的任务。然而对于计算机而言，识别图片中的内容就十分复杂了。图像识别问题主要是希望借助计算机程序来处理、分析和理解图片中的内容，使得计算机可以从图片中自动识别各种不同模式的目标和对象。

图像识别是机器学习领域一个非常重要的应用场景，现在非常火的人脸识别就是基于机器学习的图像识别相关算法的。这里先介绍一个较为简单的图像识别案例——手写数字识别模型，其原理与人脸识别有共通之处。

2. 数据集

手写数字识别，或者说图像识别的本质就是把如图6-19所示的图片中的数字转换成计算机能够处理的数字形式。

（1）图像二值化

图像二值化处理就是将图片转换为计算机能识别的内容：数字0和1。通过图像二值化可以将图片大小为32×32像素的手写数字“4”的图片转换成由0和1组成的“新的数字4”，其二值化表示如图6-20所示。数字1代表有颜色的地方，数字0代表无颜色的地方，这样就完成了手写数字识别的第一步也是最关键的一步。

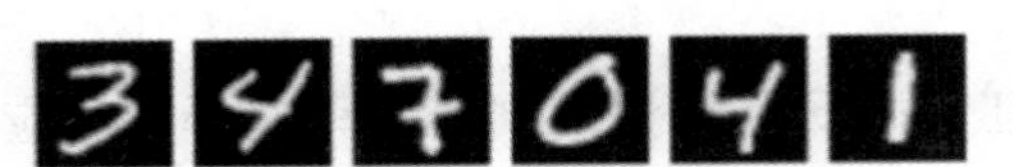

图6-19　手写数字

图6-20　数字4的二值化表示

（2）二维数组转换为一维

数组经过图像二值化处理获得32×32像素的0～1矩阵，为了方便进行机器学习建模，还需要对这个二维矩阵进行简单的处理：在第1行数字之后依次拼接第2～32行的数字，得到一个 1 × 1024 的一维数组。利用这种一维数组就可以计算不同手写数字之间的距离，或者说这些手写数字的相似度，从而进行手写数字识别。

MNIST 数据集是一个手写体数字识别数据集，来自美国国家标准与技术研究所。它包含了各种手写数字图片以及每张图片对应的数字标签，图片大小为 28 × 28 像素，且为黑白图片。其中，60000 张手写数字图片作为训练数据，由来自 250 个不同人的手写数字构成，其中 50% 是高中学生，50% 来自人口普查局的工作人员；10000 张图片作为测试数据。

本案例使用的数据集共有 1934 个二值化处理好的手写数字 0 ～ 9，每一行是一个手写数字的一维数组。“对应数字”列是手写数字，也是目标变量；其余列为该手写数字对应的 1024 维特征值，也是预测变量。

3. 分析过程——大数据应用平台

在大数据应用平台的工作流功能模块中，使用分析组件构建分析工作流，实现手写数字预测模型的构建和评估，模型构建和评估的分析流程如图 6-21 所示。

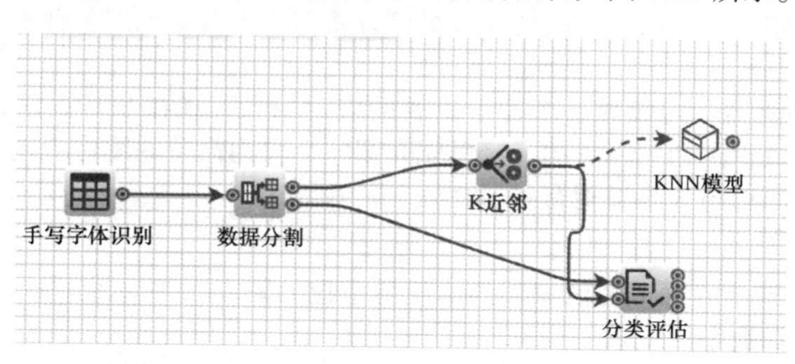

图 6-21　手写数字预测模型构建和评估的分析流程

（1）划分训练集和测试集

在进行模型构建和评估前，通过“数据分割”节点，将数据集划分为训练集和测试集。本案例将原始数据集中的 20% 划分为测试集，同时选择“对应数字”列为分层列，以避免少数类没有参与训练建模的问题。数据分割后，训练集共 1548 条，用于进行模型训练；测试集共 386 条，用于检验模型性能的优劣。

（2）模型构建

本案例使用“K 近邻”节点计算新样本与原始训练集中各个样本的欧氏距离，取新样本的 K 个近邻点，并以大多数近邻点所在的分类作为新样本的分类。

将“数据分割”节点的训练集输出端口和“K 近邻”节点相连接，并对 K 近邻节点的参数进行设置，K 近邻节点的参数如下：

1）预测变量：从表中选择若干列作为预测变量，可以接受数值的列。这里选择“对应数字”列外的所有其他列。

2）目标变量：只能从表中选择一列，且只接受字符型的列。这里选择“对应数字”列。

3）近邻数：最近邻的数目，默认值为 1。这里设置为 5，即选择 5 个近邻点来判定新样本的分类。

4）距离算法：用来计算数据点之间距离的方法，包括明氏距离、欧氏距离、曼氏距离和切比雪夫距离。这里选择欧氏距离。

（3）模型评估

在测试集上，对“K 近邻”算法的性能进行评估。“分类评估”节点可以实现分类模型的评估，单击该节点可以查看分类评估报告，如图 6-22 所示。

总体评价

总样本数	386.0
分类错误样本数	36.0
总错误率	9.326%

指标评估

类名	准确率	查准率	查全率	F1值	AUC
0	0.9948	0.9500	1.0000	0.9744	0.9999
1	0.9870	0.8864	1.0000	0.9398	0.9962
2	0.9845	0.8667	1.0000	0.9286	0.9994
3	0.9741	0.8125	0.9750	0.8864	0.9869
4	0.9793	1.0000	0.7838	0.8788	0.8919
5	0.9845	0.9189	0.9189	0.9189	0.9585
6	0.9819	0.9211	0.8974	0.9091	0.9474
7	0.9896	0.9286	0.9750	0.9512	0.9874
8	0.9767	0.9655	0.7778	0.8615	0.8883
9	0.9611	0.8824	0.7317	0.8000	0.8635

图 6-22　K 近邻模型的分类评估报告

K 近邻算法构建的手写数字预测模型，在测试集上总错误率为 9.326%，则总预测正确率达到 90% 以上。评估报告中，数字 3 的查准率比较低，为 81.25%，低于其他类别，而数字 4、8 和 9 的查全率比较低，分别为 78.38%、77.78% 和 73.17%，有超过 20% 的手写图片被错误地预测为其他的数字。但总体上说，结果还比较好，可以保存该 K 近邻模型到用户空间，便于在模型应用阶段在新数据集上预测手写数字。

另外，也可以利用 ROC 曲线来评估其预测效果，感兴趣的读者可以自己尝试一下，其评估方法与决策树模型的评估方法是一样的。

（4）模型应用

根据评估结果，将“K 近邻”节点的模型输出并保存到用户空间，将得到的模型通过“应用”节点，应用到新数据上，即可预测新数据集的手写图形的数字类别。模型应用工作流如图 6-23 所示。

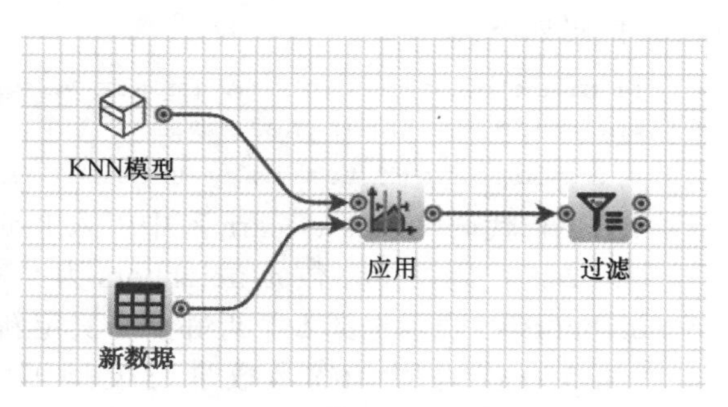

图 6-23　模型应用工作流

执行“应用”节点，它会在原始数据的基础上增加新的两列，一列为目标变量的预测值（Predicted_Class），另一列为概率值（Confidence_Value），即可信度。

4. 分析过程——基于 Python

（1）数据读取

首先通过 Pandas 库读取数据，代码如下：

```
1. import pandas as pd
2. df = pd.read_excel('手写字体识别 .xlsx')
```

通过打印 df.head() 查看表格的前 5 行，结果如图 6-24 所示。

	对应数字	0	1	2	3	4	5	6	7	8	...	1014	1015	1016	1017	1018	1019	1020	1021	1022	1023
0	0	0	0	0	0	0	0	0	0	0	...	0	0	0	0	0	0	0	0	0	0
1	0	0	0	0	0	0	0	0	0	0	...	0	0	0	0	0	0	0	0	0	0
2	0	0	0	0	0	0	0	0	0	0	...	0	0	0	0	0	0	0	0	0	0
3	0	0	0	0	0	0	0	0	0	0	...	0	0	0	0	0	0	0	0	0	0
4	0	0	0	0	0	0	0	0	0	0	...	0	0	0	0	0	0	0	0	0	0

图 6-24　表格的前 5 行

其中第 1 列“对应数字”为目标变量 y，其余 1024 列为特征变量 X，接下来将利用这些数据搭建手写数字识别模型。

（2）提取特征变量和目标变量

在建模前，首先将特征变量和目标变量分别提取出来，代码如下：

```
1. X = df.drop(columns='对应数字')
2. y = df['对应数字']
```

第 1 行代码用 drop() 函数删除“对应数字”列，即目标变量，其余的作为特征变量赋给变量 X。第 2 行代码提取“对应数字”列作为目标变量赋给 y。

（3）划分训练集和测试集

提取完特征变量和目标变量后，将数据划分为训练集和测试集，代码如下：

```
1. from sklearn.model_selection import train_test_split
2. X_train, X_test, y_train, y_test = train_test_split(X, y, test_size=0.2,
random_state=123)
```

这里将 test_size 设置为 0.2，表示选取 20% 的数据用于测试。random_state 设置为 123，使每次运行程序得到的数据划分结果保持一致。

（4）模型构建

划分好训练集和测试集之后，可以从 scikit-learn 库中引入 K 近邻算法进行模型训练，代码如下：

```
1. from sklearn.neighbors import KNeighborsClassifier as KNN
2. knn_model = KNN(n_neighbors=5)
3. knn_model.fit(X_train, y_train)
```

第 1 行代码从 scikit-learn 库中引入 K 近邻算法分类算法 KNeighborsClassifier。

第 2 行代码设置参数 n_neighbors 为 5 来初始化 KNN 模型，并赋给变量 knn_model，n_neighbors=5 表示选择 5 个近邻点来决定新样本的类别标记。

第 3 行代码用 fit() 函数进行模型训练，传入的参数就是前面划分出的训练集数据。

(5)模型评估与预测

通过如下代码即可对测试集数据进行预测，预测对应的数字，同时可以使用accuracy_score()函数，查看测试集所有数据的预测准确度。

```
1. y_pred = knn_model.predict(X_test)
2. from sklearn.metrics import accuracy_score
3. score = accuracy_score(y_pred, y_test)
4. print(score)
```

将score打印输出，结果为0.9793，也就是说，模型对整个测试集的预测准确度为97.93%。对于分类模型，不仅关心整体的预测准确度，也关心模型在每一类样本里面的表现，Python可以通过如下代码计算每一个类别的精准率和命中率。

```
1. from sklearn.metrics import classification_report
2. print(classification_report(y_test, y_pred))
```

代码运行结果如下所示：

	precision	recall	f1-score	support
0	1.00	1.00	1.00	38
1	0.96	0.98	0.97	44
2	1.00	1.00	1.00	35
3	0.97	1.00	0.99	36
4	1.00	0.97	0.99	38
5	0.97	0.97	0.97	39
6	1.00	1.00	1.00	42
7	0.97	1.00	0.98	32
8	1.00	0.92	0.96	36
9	0.94	0.96	0.95	47
accuracy			0.98	387
macro avg	0.98	0.98	0.98	387
weighted avg	0.98	0.98	0.98	387

可以看到，对于各个数字分类，模型的precision（精准率）和recall（命中率）都比较高，超过90%。因此，模型在测试集上的预测效果还不错。

另外，也可以利用ROC曲线来评估其预测效果，感兴趣的读者可以自己尝试一下，其评估方法与决策树模型的评估方法是一样的。

6.5 朴素贝叶斯算法

6.5.1 贝叶斯定理

贝叶斯定理由英国数学家托马斯·贝叶斯（Thomas Bayes）提出，用来描述两个条件概率之间的关系。通常，事件A在事件B发生的条件下发生与事件B在事件A发生的条件下发生，它们两者的概率并不相同，但是它们两者之间存在一定的相关性，并具有以下公式，称为贝叶斯公式：

$$P(A|B)=\frac{P(B|A)P(A)}{P(B)} \tag{6-19}$$

其中：

1）$P(A)$表示事件A发生的概率，是事件A的先验概率。比如在投掷骰子时，$P(2)$指的是骰子出现数字“2”的概率，这个概率是1/6。

2）$P(B)$ 表示事件 B 发生的概率，是事件 B 的先验概率。

3）$P(B|A)$ 是条件概率，表示在事件 A 发生的条件下，事件 B 发生的概率，条件概率是贝叶斯公式的关键所在，它也被称为似然概率，一般是通过历史数据统计得到的，一般不把它叫作先验概率，但从定义上也符合先验定义。

4）$P(A|B)$ 是条件概率，表示在事件 B 发生的条件下，事件 A 发生的概率，这个计算结果也被称为后验概率，是在条件 B 下，A 的后验概率。

由上述描述可知，贝叶斯公式可以预测事件发生的概率，两个本来相互独立的事件，发生了某种“相关性”，此时就可以通过贝叶斯公式实现预测。

6.5.2 朴素贝叶斯算法实现

贝叶斯分类法是基于贝叶斯定理的统计学分类方法，是机器学习中应用极为广泛的分类算法之一。它通过预测一个给定的元组属于一个特定类的概率来进行分类。朴素贝叶斯是贝叶斯模型当中最简单的一种，其算法核心为贝叶斯定理。

“朴素贝叶斯算法”由两个词语组成。朴素（Naive）是用来修饰“贝叶斯”这个名词的。英文“ naive”意味着“单纯天真”。朴素贝叶斯是一种简单的贝叶斯算法，因为贝叶斯定理涉及概率学、统计学，其应用相对复杂，因此只能以简单的方式使用它，比如天真地认为，所有事物之间的特征都是相互独立的，彼此互不影响，这就是“朴素”定义的由来。朴素贝叶斯分类假定一个属性值对给定类的影响独立于其他属性的值，该假定称作类条件独立。

朴素贝叶斯分类或简单贝叶斯分类的工作过程如下：

1）假设有样本数据集 $D=\{X_1,X_2,\cdots,X_n\}$，属性变量集为 $A=\{A_1,A_2,A_3,\cdots,A_d\}$，每个数据样本用一个 d 维的 $X=\{x_1,x_2,x_3,\cdots,x_d\}$ 表示，类变量为 Y 有 m 个类别，记为 $Y=\{y_1,y_2,y_3,\cdots,y_m\}$。

2）Y 的先验概率表示为 $P_{\text{prior}}=P(Y)$。预测样本 X 的类别，就是求在已知 X 的条件下，类别是 Y 的概率，即后验概率，表示为 $P_{\text{post}}=P(Y|X)$。

3）根据贝叶斯定理：

$$P(Y|X)=\frac{P(Y)P(X|Y)}{P(X)} \tag{6-20}$$

由于朴素贝叶斯假定各个特征变量之间相互独立，在给定类别为 y 的情况下，式（6-20）可以进一步表示为

$$P(X|Y=y)=\prod_{i=1}^{d}P(x_i|Y=y) \tag{6-21}$$

由式（6-20）、式（6-21）可以计算出后验概率为

$$P_{\text{post}}=P(Y|X)=\frac{P(Y)\prod_{i=1}^{d}P(x_i|Y)}{P(X)} \tag{6-22}$$

由此，可以得到一个样本数据属于类别 y_i 的计算公式如下：

$$P(y_i|x_1,x_2,\ldots,x_d)=\frac{P(y_i)\prod_{j=1}^{d}P(x_j|y_i)}{\prod_{j=1}^{d}P(x_j)} \tag{6-23}$$

式中，$P(x_j \mid y_i)$、$P(y_i)$等数据可以由训练样本估计求得；$P(y_i)$是类的先验概率，可以用$P(y_i)=s_i/n$计算，s_i是类别为y_i的训练样本数，n是总训练样本数；如果x_j是分类属性，则$P(x_j \mid y_i)=s_{ij}/s_i$，$s_{ij}$是在属性$A_j$上的值为$x_j$且类别为$y_i$的训练样本数，而$s_i$是类别为$y_i$的训练样本数；如果是连续值属性，则通常假定该属性服从正态分布（又称高斯分布）。因而：

$$P(x_j \mid y_i)=\frac{1}{\sqrt{2\pi}\sigma_{y_i}}\mathrm{e}^{-\frac{(x-\mu_{y_i})^2}{2\sigma_{y_i}^2}} \tag{6-24}$$

式中，μ_{y_i}、σ_{y_i}分别为均值和标准差。

由于$P(X)$的大小是固定不变的，因此在比较后验概率时，一般只比较分子部分即可。

4）为未知类别的样本X分类时，对每个类别y_i，分别计算$P(y_i)P(X \mid y_i)$的值，选择$P(y_i)P(X \mid y_i)$最大值所对应的类别作为未知样本X的类别，公式表示为

$$y_i=\arg\max_{y_i \in Y}(P(y_i \mid X)) \tag{6-25}$$

6.5.3 朴素贝叶斯算法应用案例

本节以肿瘤预测模型为例，应用朴素贝叶斯模型来预测肿瘤为良性或是恶性肿瘤。

1. 案例概述

肿瘤性质的判断影响着患者的治疗方式和痊愈速度。传统的做法是医生根据数十个指标来判断肿瘤的性质，预测效果依赖于医生的个人经验而且效率较低，而通过机器学习有望能快速预测肿瘤的性质

2. 数据集

本案例使用的数据集共有569组样本。其中，良性肿瘤211例、恶性肿瘤358例。肿瘤数据集字段含义说明见表6-5，表格中的“肿瘤性质”为目标变量，剩下的字段为特征变量，本案例只选取了6个特征变量，在医疗行业中实际用于判断肿瘤性质的特征变量要多得多。本案例的目的是根据这些数据搭建朴素贝叶斯模型，帮助医生提高判断效率，从而及早展开治疗。

表6-5 肿瘤数据集字段含义说明

变量名	详细说明
肿瘤性质	离散型变量，共2种，0—良性肿瘤，1—恶性肿瘤
最大周长	连续型变量，表示肿瘤中周长最大的3个值的平均值
最大凹陷度	连续型变量，表示所有肿瘤中凹陷度最大的3个值的平均值
平均凹陷度	连续型变量，表示所有肿瘤凹陷度的平均值
最大面积	连续型变量，表示所有肿瘤中面积最大的3个值的平均值
最大半径	连续型变量，表示所有肿瘤中半径最大的3个值的平均值
平均灰度值	连续型变量，表示所有肿瘤图像灰度值的平均值

3. 分析过程——大数据应用平台

在大数据应用平台的工作流功能模块中，使用分析组件构建分析工作流，如图 6-25 所示，实现肿瘤类型预测模型的构建、评估和应用的分析。

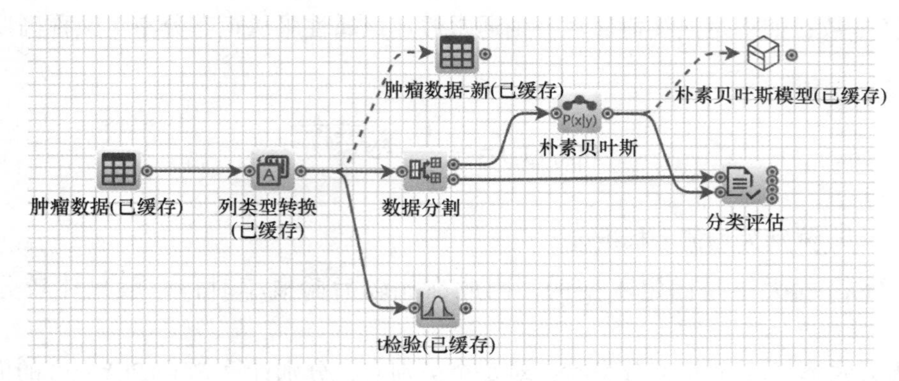

图 6-25　肿瘤类型预测模型分析工作流程

（1）目标变量类型转换

由于“肿瘤数据”表中的“肿瘤性质”列是数值型，而朴素贝叶斯节点的目标变量只接受字符型列，因此需要使用“列类型转换”节点将列的类型从数值型转换成字符型。

（2）特征分析

在建模之前，可以探索哪些变量与区分肿瘤的性质有密切的相关。在大数据应用平台的自助报告中，采用箱形图展示连续型变量与肿瘤性质的关系，如图 6-26 所示。

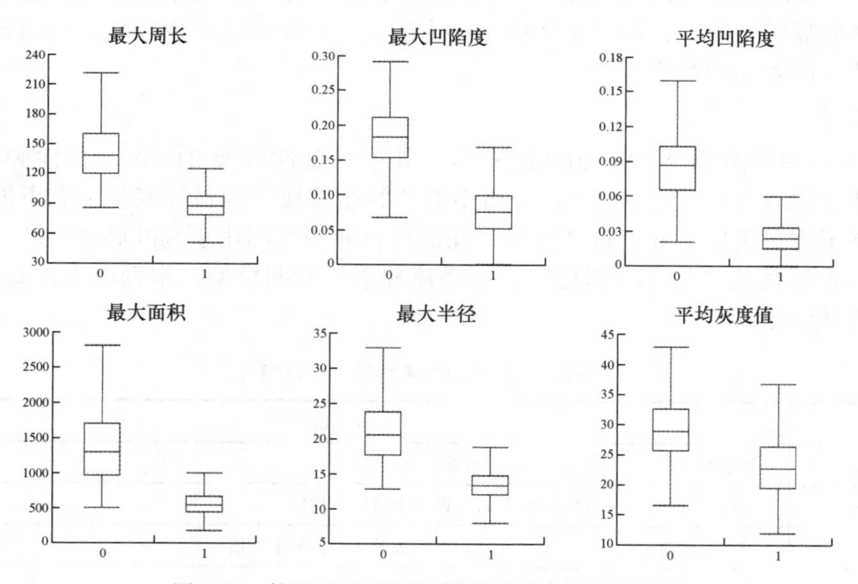

图 6-26　箱形图展示连续型变量与肿瘤性质的关系

从箱形图上可以看出，“最大周长”“最大凹陷度”“平均凹陷度”“最大面积”“最大半径”和“平均灰度值”这六个变量在良性组中的中位数明显高于恶性组，表现出了明显的差异，说明这些特征变量与目标变量可能都有比较密切的关系。

（3）划分训练集和测试集

在进行模型构建和评估前，通过“数据分割”节点，将数据集划分为训练集和测试集。本案例的 569 组数据并不算多，因此设定“测试集百分比”为 20，即按 8：2 的比例来划分训练集和测试集。数据分割后，训练集共 456 条，用于进行模型训练；测试集共 113 条，用于检验模型性能的优劣。

（4）模型构建

在训练集上，采用“朴素贝叶斯”算法建立模型。如图 6-27 所示，将“数据分割”节点的训练集输出端口与“朴素贝叶斯”节点相连接，并对“朴素贝叶斯”节点的参数进行设置。

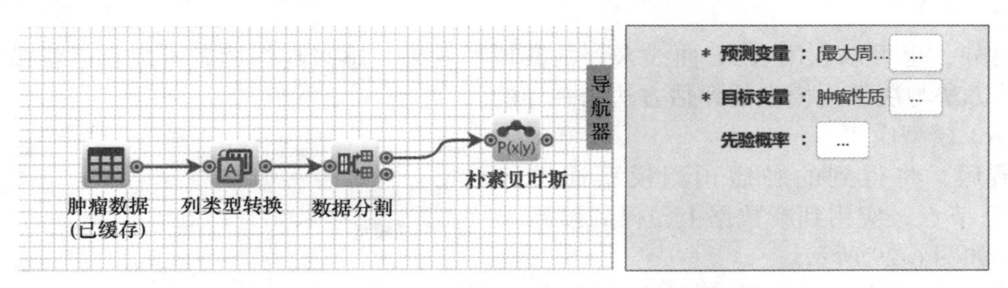

图 6-27 “朴素贝叶斯”节点

1）预测变量：从表中可选择若干列，接受数值型或者字符型的列。这里选择“最大周长”“最大凹陷度”“平均凹陷度”“最大面积”“最大半径”和“平均灰度值”。

2）目标变量：只能从表中选择一列，且只接受字符型的列。这里选择“肿瘤性质”。

3）先验概率：采用数据集默认的值。

（5）模型评估

朴素贝叶斯算法构建的肿瘤预测模型，其分类评估报告如图 6-28 所示，在测试集上

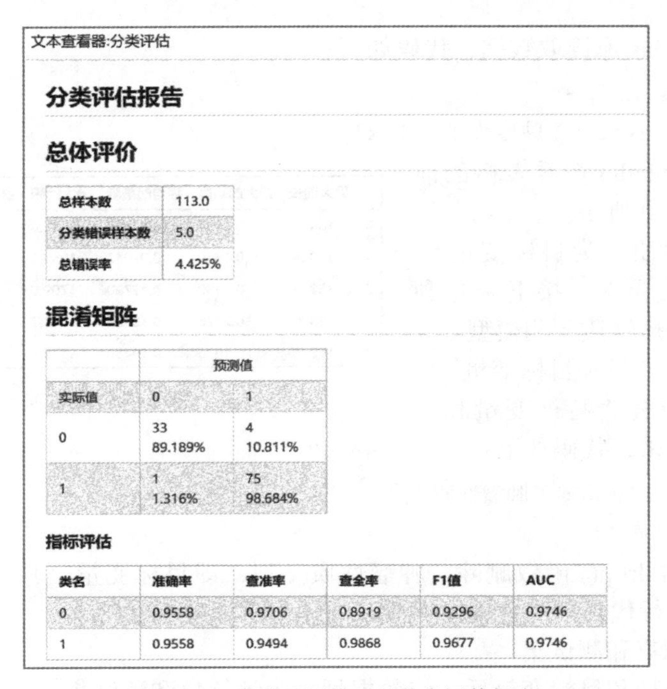
文本查看器:分类评估

分类评估报告

总体评价

总样本数	113.0
分类错误样本数	5.0
总错误率	4.425%

混淆矩阵

	预测值	
实际值	0	1
0	33 89.189%	4 10.811%
1	1 1.316%	75 98.684%

指标评估

类名	准确率	查准率	查全率	F1值	AUC
0	0.9558	0.9706	0.8919	0.9296	0.9746
1	0.9558	0.9494	0.9868	0.9677	0.9746

图 6-28 肿瘤预测模型的分类评估报告

总错误率为 4.425%，则总准确率为 95.575%。对于预测问题来说，往往关注的并不是模型的总体准确率，而更关注预测恶性肿瘤的准确性如何。从评估报告中，可以看到恶性肿瘤（类名 =1）的查准率等于 94.94%，这说明提供的预测可能是恶性肿瘤的病人名单中最后有 94.94% 的病人真的被诊断为恶性肿瘤，恶性肿瘤预测的准确性很高。另外，还需要关注提供的病人名单是不是尽可能地覆盖了所有可能是恶性肿瘤的病人名单，即查全率。从评估报告中，可以看到恶性肿瘤的查全率等于 98.68%，几乎没有遗漏。因此，模型在测试集上的预测肿瘤性质的效果还不错，提供的病人名单在准确性和覆盖度上都比较好，可以保存该朴素贝叶斯模型到用户空间，便于在模型应用阶段在新的病人数据集上使用。

另外，也可以利用 ROC 曲线来评估其预测效果，感兴趣的读者可以自己尝试一下，其评估方法与决策树模型的评估方法是一样的。

（6）模型应用

最后，将得到的肿瘤预测模型通过“应用”节点，应用到新数据上，得到预测结果，如图 6-29 所示。

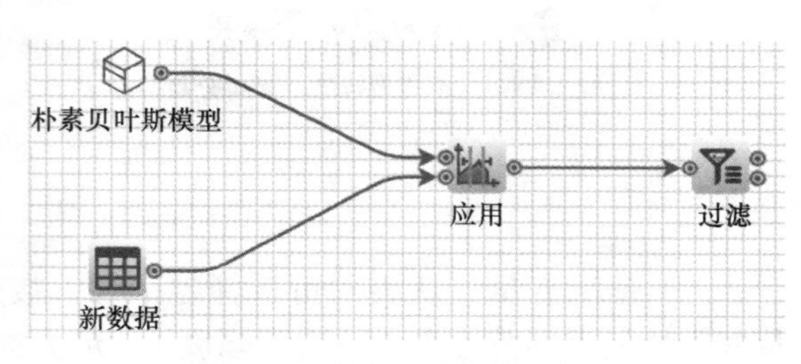

图 6-29　朴素贝叶斯模型应用

执行该节点，它会在原始数据的基础上增加新的两列，一列为目标变量的预测值（Predicted_Class），另一列为概率值（Confidence_Value），即可信度。通过“过滤”节点可以将可能是恶性肿瘤的病人筛选出来，辅助医生提高诊断效率，从而及早展开治疗。

4. 分析过程——基于 Python

（1）数据读取

首先通过 Pandas 库读取数据，代码如下：

```
1. import pandas as pd
2. df = pd.read_excel('肿瘤数据 .xlsx')
```

通过打印 df.head() 查看表格的前 5 行，结果如图 6-30 所示。

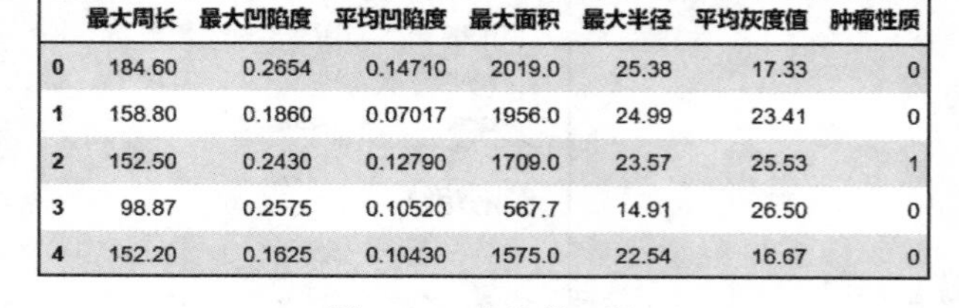

	最大周长	最大凹陷度	平均凹陷度	最大面积	最大半径	平均灰度值	肿瘤性质
0	184.60	0.2654	0.14710	2019.0	25.38	17.33	0
1	158.80	0.1860	0.07017	1956.0	24.99	23.41	0
2	152.50	0.2430	0.12790	1709.0	23.57	25.53	1
3	98.87	0.2575	0.10520	567.7	14.91	26.50	0
4	152.20	0.1625	0.10430	1575.0	22.54	16.67	0

图 6-30　表格前 5 行

其中“肿瘤性质”为目标变量 y，其余 6 列为特征变量 X，接下来将利用这些数据搭建肿瘤性质预测模型。

（2）提取特征变量和目标变量

在建模前，首先将特征变量和目标变量分别提取出来，代码如下：

```
1. X = df.drop(columns='肿瘤性质')
2. y = df['肿瘤性质']
```

第 1 行代码用 drop() 函数删除“肿瘤性质”列，即目标变量，其余的作为特征变量赋给变量 X。第 2 行代码提取“肿瘤性质”列作为目标变量赋给 y。

（3）划分训练集和测试集

提取完特征变量和目标变量后，将数据划分为训练集和测试集，代码如下：

```
1. from sklearn.model_selection import train_test_split
2. X_train, X_test, y_train, y_test = train_test_split(X, y, test_size=0.2,
stratify=y, random_state=123)
```

这里将 test_size 设置为 0.2，表示选取 20% 的数据用于测试。stratify=y，表示划分后的训练集和测试集中的肿瘤性质类别的比例与目标变量 y 中肿瘤性质类别的比例保持一致。random_state 设置为 123，使每次运行程序得到的数据划分结果保持一致。划分后的训练集有 455 组数据，测试集有 114 组数据。

（4）模型构建

划分好训练集和测试集之后，可以从 scikit-learn 库中引入 K 近邻算法进行模型训练，代码如下：

```
1. from sklearn.naive_bayes import GaussianNB
2. nb_model= GaussianNB() # 高斯朴素贝叶斯模型
3. nb_model.fit(X_train,y_train)
```

第 1 行代码从 scikit-learn 库中引入朴素贝叶斯模型（naive_bayes），并使用应用场景最为广泛的高斯朴素贝叶斯模型（GaussianNB），它适用于任何连续数值型的数据集。

第 2 行代码将模型赋给变量 nb_model，这里没有设置参数，即使用默认参数。

第 3 行代码用 fit() 函数训练模型，其中传入的参数就是前面获得的训练集数据 X_train、y_train。至此，一个朴素贝叶斯模型便搭建完成了，之后就可以利用模型来进行预测。

（5）模型评估与预测

通过如下代码即可对测试集数据进行预测，预测肿瘤的性质。

```
1. y_pred = nb_model.predict(X_test)
2. print(y_pred[0:100])
```

通过打印输出 y_pred[0：100] 查看前 100 个预测结果。

想要查看测试集的预测准确度，可以使用 accuracy_score() 函数，Python 代码如下：

```
1. from sklearn.metrics import accuracy_score
2. score = accuracy_score(y_pred, y_test)
3. print(score)
```

将 score 打印输出，结果为 0.9824，也就是说，模型对整个测试集的预测准确度为 0.9824。说明 114 组测试集数据中，约 112 组数据预测正确，2 组数据预测错误。

对于分类模型，不仅要关心整体的预测准确度，也要关心模型在每一类样本里面的表现，Python 可以通过如下代码计算每一个类别的精准率和命中率：

```
1. from sklearn.metrics import classification_report
2. print(classification_report(y_test, y_pred))
```

运行结果为：

```
              precision    recall  f1-score   support

           0       0.98      0.98      0.98        42
           1       0.99      0.99      0.99        72

    accuracy                           0.98       114
   macro avg       0.98      0.98      0.98       114
weighted avg       0.98      0.98      0.98       114
```

可以看到，对于恶性肿瘤的预测，模型的 precision（精准率）=0.99 和 recall（命中率）=0.99 都比较高，因此，模型对于预测肿瘤性质的效果还不错。

6.6 支持向量机算法

6.6.1 支持向量机算法介绍

支持向量机（Support Vector Machine，SVM）是一种基于统计学习理论的模式识别方法，属于有监督学习模型，主要用于解决数据分类问题。SVM 将每个样本数据表示为空间中的点，使不同类别的样本点尽可能明显地区分开。通过将样本的向量映射到高维空间中，寻找最优区分两类数据的超平面，使各分类到超平面的距离最大化，距离越大表示 SVM 的分类误差越小。通常 SVM 用于二元分类问题，对于多元分类可将其分解为多个二元分类问题，再进行分类，主要的应用场景有图像分类、文本分类、面部识别和垃圾邮件检测等领域。SVM 的主要思想可以概括为以下两点。

1. 高维映射

对于线性不可分的情况，通过使用非线性高维映射，将低维输入空间线性不可分的样本转化到高维特征空间，使其线性可分，从而使得高维特征空间采用线性算法对样本的非线性特征进行线性分析成为可能。如图 6-25 所示，经过高维映射后，二维分布的样本点变成了三维分布，如图 6-31 所示。

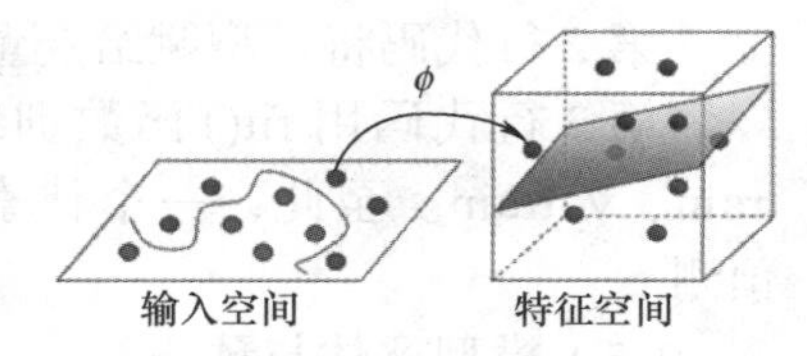

图 6-31 经过高维映射后，二维分布的样本点变成了三维分布

这个非线性高维映射称为核函数，选择不同的核函数，可以生成不同的 SVM。

2. 最佳超平面

基于结构风险最小化理论在特征空间中构建最优分割超平面，一个最优超平面可以尽最大可能地把正负类样本分开，使得学习器得到全局最优化。

6.6.2 支持向量机算法实现

支持向量机模型由简单到复杂分为以下三种：

1）线性可分支持向量机（Linear Support Vector Machine in Linearly Separable Case），样本线性可分，对应的最大间隔类型为硬间隔最大化，即分类超平面要严格满足每个样本都分类正确。

2）线性支持向量机（Linear Support Vector Machine），当样本近似线性可分，引入松弛因子，可以得到一个线性分类器，对应的最大间隔类型为软间隔最大化，即战略性地将那些噪声数据放弃，得到一个对于大部分样本都可以正确分类的超平面。

3）非线性支持向量机（Non–Linear Support Vector Machine），当样本非线性可分时，即使引入松弛因子也不能得到一个近似线性可分的结果时，采用核技术进行特征映射，在高维空间采用软间隔最大化方法得到一个非线性模型，对应的最大间隔类型为核映射 + 软间隔最大化。

在实际应用中很少有线性问题，支持向量机模型应用最多的是第三种模型。然而，复杂模型是简单模型的改进，而且通过核函数映射就能将低维的非线性问题转化为高维空间的线性问题。因此，如果理解了第 1）、2）种模型解决问题的办法，第 3）种模型只是加上核技巧，也很容易理解。

1. 线性可分支持向量机

首先假设有两类数据，数据分布如图 6-32 所示。

现在要找出一条最佳的分割线，将两类数据分隔开。对于线性可分的两类数据，支持向量机就是一条直线，对于高维数据点就是一个超平面，多种分隔方法如图 6-33 所示，三条直线都可以将图 6-32 中的两类数据分隔开。

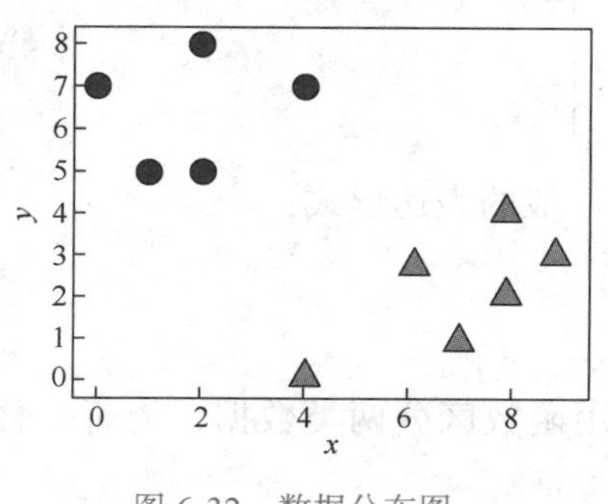

图 6-32 数据分布图

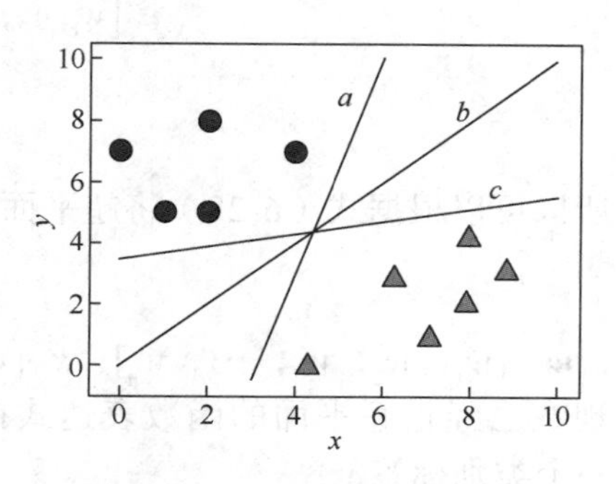

图 6-33 多种分隔方法

当然，除了 a、b、c 外还有无数条分割线，那么，在这些分割线中哪条是最完美的？目标是选择一条具有较强分类能力的直线，即较稳定的分类结果和较强的抗噪声能力。假如在图 6-33 中又增加了一些数据，增加样本后的数据分布如图 6-34 所示。

由于新增了样本数据，相对于直线 b 而言，直线 a 与 c 对样本变化的适应性变差，使用直线 a 进行分类，标记的圆形点会被分到三角形中，使用直线 c 进行分类，标记的三角形点会被分到圆形中。

如何找到最优分类数据的分割线，使得具有最优的数据分类能力？这条分割线要尽可能地远离两类数据点，即数据集的边缘点到分界线的距离 d 最大，这里虚线穿过的边缘点就叫作支持向量，分类间隔 $2d$，如图 6-35 所示。

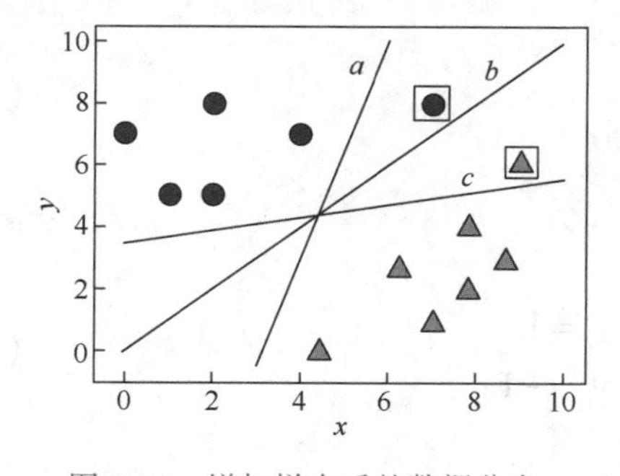

图 6-34 增加样本后的数据分布

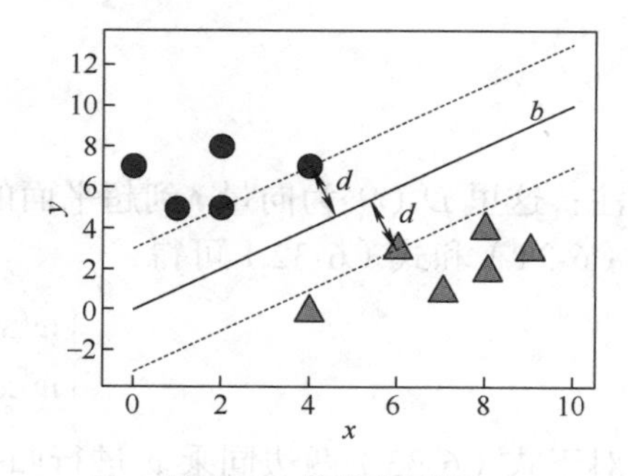

图 6-35 最优分割线

这里的数据点到超平面的距离就是间隔（margin），当间隔越大，这条分割线（分类器）也就越健壮，当有新的数据点的时候，使用这条分割线得到的分类结果也就越可信。

假设 b 为最优分割线，那么此分割线方程为

$$w_1x + w_2y + c = 0 \tag{6-26}$$

现在将式（6-26）转化成向量形式：

$$[w_1,\quad w_2]\begin{bmatrix}x\\y\end{bmatrix}+c=0 \tag{6-27}$$

式（6-27）只是在二维形式上的表示，如果扩展到 n 维，那么式（6-27）将变成：

$$[w_1,w_2,w_3,\cdots,w_n]\begin{bmatrix}x_1\\x_2\\x_3\\\vdots\\x_n\end{bmatrix}+\gamma=0 \tag{6-28}$$

所以可以根据式（6-28）将超平面方程写成更一般的表达形式：

$$\boldsymbol{w}^{\mathrm{T}}\boldsymbol{x}+\gamma=0 \tag{6-29}$$

式中，$\boldsymbol{w}^{\mathrm{T}}=[w_1，w_2，w_3，\cdots，w_n]$；$\boldsymbol{x}=[x_1，x_2，x_3，\cdots，x_n]^{\mathrm{T}}$。

现在已经把超平面的函数表达式推导出来，用函数区分两类数据，为每个样本点 x 设置一个类别标签 y_i：

$$y_i=\begin{cases}+1 & \text{圆形数据}\\-1 & \text{三角形数据}\end{cases}$$

则：

$$\begin{cases}\boldsymbol{w}^{\mathrm{T}}\boldsymbol{x}+\gamma>0 & y_i=1\\\boldsymbol{w}^{\mathrm{T}}\boldsymbol{x}+\gamma<0 & y_i=-1\end{cases} \tag{6-30}$$

由于超平面距离两类数据支持向量的距离相等，且最大值为 d，那么：

$$\begin{cases}D(\boldsymbol{w}^{\mathrm{T}}\boldsymbol{x}+\gamma)\geqslant d & y_i=1\\D(\boldsymbol{w}^{\mathrm{T}}\boldsymbol{x}+\gamma)\leqslant -d & y_i=-1\end{cases} \tag{6-31}$$

$$D(\boldsymbol{t})=\frac{|\boldsymbol{t}|}{\|\boldsymbol{w}\|} \tag{6-32}$$

注：这里 D（$\boldsymbol{t}$）为向量 $\boldsymbol{t}$ 到超平面的距离。

由式（6-31）和式（6-32）可得：

$$\begin{cases}\boldsymbol{w}^{\mathrm{T}}\boldsymbol{x}+\gamma\geqslant 1 & y_i=1\\\boldsymbol{w}^{\mathrm{T}}\boldsymbol{x}+\gamma\leqslant -1 & y_i=-1\end{cases} \tag{6-33}$$

对于式（6-33）两边同乘 y_i 进行归一化可得：

$$y_i(\boldsymbol{w}^{\mathrm{T}}\boldsymbol{x}_i+\gamma)\geqslant 1,i=1,2,3,\cdots,n \tag{6-34}$$

那么此时的分类间隔为

$$W=2d=2\frac{|\boldsymbol{w}^{\mathrm{T}}\boldsymbol{x}+\gamma|}{\|\boldsymbol{w}\|}=\frac{2}{\|\boldsymbol{w}\|} \tag{6-35}$$

所以这里便转化成求：

$$\max\left(\frac{2}{\|\boldsymbol{w}\|}\right)\text{或}\min(\|\boldsymbol{w}\|) \tag{6-36}$$

而最大化 $2/\|\boldsymbol{w}\|$ 等价于最小化 $\|\boldsymbol{w}\|$，当然也等价于最小化 $\|\boldsymbol{w}\|^2$。为了下面优化过程中对函数求导的方便，将求 min（$\|\boldsymbol{w}\|$）转化为求式（6-37），即线性 SVM 最优化问题的数学描述：

$$\max\left(\frac{1}{2}\|\boldsymbol{w}\|^2\right) \quad y_i(\boldsymbol{w}^{\mathrm{T}}\boldsymbol{x}_i+\gamma)\geqslant 1, \quad i=1,2,3,\cdots,n \tag{6-37}$$

式（6-37）是一个凸二次规划（Convex quadratic programming）问题，可以直接求解。但可以采用拉格朗日对偶性，通过求解对偶问题得到更高效的求解方法。

构造拉格朗日函数，对每一个不等式约束引入一个拉格朗日乘子（Lagrange multiplier）$\alpha_i \geqslant 0$，$i=1,2,\cdots,n$，即每个样本都引入一个拉格朗日乘子 α_i，式（6-37）的拉格朗日函数可以表达为

$$L(\boldsymbol{w},\ \gamma,\ \alpha)=\frac{1}{2}\|\boldsymbol{w}\|^2+\sum_{i=1}^{n}\alpha_i\left[1-y_i(\boldsymbol{w}^{\mathrm{T}}\boldsymbol{x}_i+\gamma)\right] \tag{6-38}$$

其对偶形式为

$$\max(\min L(\boldsymbol{w},\gamma,\alpha)) \tag{6-39}$$

求拉格朗日函数的极小值，分别令 $L(\boldsymbol{w},\gamma,\alpha)$ 对 $\boldsymbol{w}$、γ 求偏导，并使其为 0：

$$\frac{\partial L}{\partial \boldsymbol{w}}=0,\frac{\partial L}{\partial \gamma}=0 \tag{6-40}$$

将式（6-38）代入式（6-40）可得：

$$\begin{cases}\boldsymbol{w}=\sum_{i=1}^{n}\alpha_i y_i \boldsymbol{x}_i \\ 0=\sum_{i=1}^{n}\alpha_i y_i\end{cases} \tag{6-41}$$

$$\min L(\boldsymbol{w},\gamma,\alpha)=\sum_{i=1}^{n}\alpha_i-\frac{1}{2}\sum_{i=1}^{n}\sum_{j=1}^{n}\alpha_i\alpha_j y_i y_j \boldsymbol{x}_i^{\mathrm{T}}\boldsymbol{x}_j \tag{6-42}$$

将式（6-42）代入式（6-39）可得最终优化表达式：

$$\max\left(\sum_{i=1}^{n}\alpha_i-\frac{1}{2}\sum_{i=1}^{n}\sum_{j=1}^{n}\alpha_i\alpha_j y_i y_j \boldsymbol{x}_i^{\mathrm{T}}\boldsymbol{x}_j\right),0=\sum_{i=1}^{n}\alpha_i y_i,\alpha_j\geqslant 0 \tag{6-43}$$

式（6-43）右边的不等式表示约束条件，就是求极值的时候，求得参数值需要满足的约束条件。这个优化问题通常可以使用二次规划算法 SMO（Sequential Minimal Optimization）算法求解得到最优的 α 值。上面优化表达式的转化包含大量的数学概念和运算，这里只需要注意两点：一是支持向量机使用拉格朗日乘子法搭配 SMO 算法求得间隔最大；二是转化式的末尾为计算 $\boldsymbol{x}_i^{\mathrm{T}}\boldsymbol{x}_j$，也就是两个向量的内积。正因为间隔最大化可以转化为向量内积的运算，才使得高维映射可以通过核技巧进行优化。

2. 线性支持向量机

线性可分支持向量机只能处理线性可分问题，但实际应用中往往均是非线性问题，很难找到一条直线将两个样本完全分开，这时只能通过其他非线性模型或特征升维等技巧得到一个非线性的超平面，但这种在训练集上的优异表现可能会导致过拟合的结果，从而降低模型的泛化能力。

在线性可分支持向量机模型中，样本分类正确要严格满足 y_i（$\boldsymbol{w}^{\mathrm{T}}\boldsymbol{x}_i+b$），称为硬间隔最大化。而在线性支持向量机模型中，可以通过引入松弛因子 $\xi_i \geqslant 0$，使样本只要满足 y_i（$\boldsymbol{w}^{\mathrm{T}}\boldsymbol{x}_i+b$）$\geqslant 1-\xi_i$ 时即正确分类。由于每个样本都有一个松弛因子，那些极少数的噪声样本会给予更大的松弛因子以满足正确分类的条件，而对于大部分样本松弛因子 $\xi_i \geqslant 0$，即可满足正确分类的条件，这种方式即为软间隔最大化。线性支持向量机的最优化问题形式如下：

$$
\begin{gathered}
\min\left(\frac{1}{2}\|\boldsymbol{w}\|^2+C\sum_{i=1}^{n}\xi_i\right) \\
y_i(\boldsymbol{w}^{\mathrm{T}}\boldsymbol{x}_i+\gamma)\geqslant 1-\xi_i, i=1,2,\cdots,n \\
\xi_i \geqslant 0, i=1,2,\cdots,n
\end{gathered} \tag{6-44}
$$

式中，n 为样本个数；C 为惩罚参数且 $C>0$。惩罚参数 C 用于限制松弛因子 ξ_i，当 C 趋于无穷大时，式（6-44）目标函数为了得到更小的结果会迫使松弛因子 ξ_i 趋于 0，此时线性支持向量机退化为线性可分支持向量机；而当惩罚参数 C 趋于 0 时，则对松弛因子 ξ_i 没有任何限制，此时样本在任意位置都可以正确分类，则超平面没有任何意义。因此，惩罚参数 C 是非常重要的超参数，需要进行超参数优化。

线性支持向量机模型的最优化问题求解与线性可分支持向量机类似，构造拉格朗日函数，对每个样本都引入一个拉格朗日乘子 a_i，每一个松弛因子引入一个拉格朗日乘子 μ_i。定义拉格朗日函数：

$$
L(\boldsymbol{w},\gamma,\alpha,\mu)=\frac{1}{2}\|\boldsymbol{w}\|^2+C\sum_{i=1}^{n}\xi_i-\sum_{i=1}^{n}a_i\left[y_i(\boldsymbol{w}^{\mathrm{T}}\boldsymbol{x}_i+b)-1+\xi_i\right]-\sum_{i=1}^{n}\mu_i\xi_i \tag{6-45}
$$

之后与线性可分支持向量机一样推导出最优化问题的表示，然后使用 SMO 算法求解得到最优的 α 值。

3. 非线性支持向量机

在线性支持向量机模型中，通过引入松弛因子可以让少量噪声样本也能正确分类并得到最优超平面，用线性超平面将非线性数据集近似分离。然而，这些被战略性“放弃”的样本是少数样本，被认为是噪声或是一种扰动。如果数据集中两种类别的大部分样本都混叠在一起，那么采用这种方法得到的模型效果就不佳了。此时，要采用核函数映射的方法将低维空间映射到高维空间，将低维空间中的非线性问题转化为高维空间中的线性问题。因此，非线性支持向量机模型为“核函数映射 + 线性支持向量机模型”，即在核函数映射后的数据集上训练线性支持向量机模型。

核函数映射的技巧在于不显式地定义映射函数，通过寻找一个核函数 $k(\cdot,\cdot)$，使得通过核函数映射后的结果等价于样本通过映射函数后在特征空间的内积。即核技巧实际是将特征映射与内积两步运算压缩在一起，而不关心具体的映射函数本身是哪种形式。

核函数的定义如下：设 Ω 为输入空间（欧氏空间）、H 为特征空间（希尔伯特空间），如果存在一个从 Ω 到 H 的映射 $\varnothing(\boldsymbol{x}):\Omega \to H$，使得对于所有的 $\boldsymbol{x},\boldsymbol{y}\in\Omega$，都有函数 $k(\boldsymbol{x},\boldsymbol{y})$ 满足：

$$k(\boldsymbol{x},\boldsymbol{y})=\varnothing(\boldsymbol{x})\bullet\varnothing(\boldsymbol{y}) \tag{6-46}$$

则称 $k(\boldsymbol{x},\boldsymbol{y})$ 为核函数，$\varnothing(\bullet)$ 定义为映射函数，$\varnothing(\boldsymbol{x})\bullet\varnothing(\boldsymbol{y})$ 表示映射后在特征空间的内积，以下是几种常用的核函数。

（1）线性核函数

线性核函数（Linear Kernel）是最简单的核函数，主要用于线性可分的情况，表达式为

$$k(\boldsymbol{x},\boldsymbol{y})=\boldsymbol{x}^{\mathrm{T}}\cdot\boldsymbol{y}+c \tag{6-47}$$

式中，c 为可选的常数。线性核函数是原始输入空间的内积，即特征空间和输入空间的维度是一样的，参数较少，运算速度较快。一般情况下，在特征数量相对于样本数量非常多时，适合采用线性核函数。

（2）多项式核函数

多项式核函数（Polynomial Kernel）的参数比较多，当多项式阶数高时，复杂度会很高，对于正交归一化后的数据，可优先选此核函数，其表达式如下：

$$k(\boldsymbol{x},\boldsymbol{y})=(a\boldsymbol{x}^{\mathrm{T}}\bullet\boldsymbol{y}+c)^{p} \tag{6-48}$$

式中，a 表示调节参数；p 表示最高次项次数；c 为可选常数。

（3）径向基核函数（高斯核函数）

径向基核函数（Radial Basis Function Kernel）具有很强的灵活性，应用很广泛。与多项式核函数相比，它的参数少，因此大多数情况下，都有比较好的性能；在不确定用哪种核函数时，可优先验证高斯核函数。由于类似于高斯函数，所以也称其为高斯核函数。表达式如下：

$$k(\boldsymbol{x},\boldsymbol{y})=\exp\left(-\frac{\|\boldsymbol{x}-\boldsymbol{y}\|^{2}}{2\sigma^{2}}\right) \tag{6-49}$$

式中，σ^2 越大，高斯核函数变得越平滑，模型的偏差和方差大，泛化能力差，容易过拟合；σ^2 越小，高斯核函数变化越剧烈，模型的偏差和方差越小，模型对噪声样本比较敏感。

（4）Sigmoid 核函数

Sigmoid 核函数来源于感知机中的激活函数，SVM 使用 Sigmoid 相当于一个两层的感知机网络，Sigmoid 核函数表达式如下：

$$k(\boldsymbol{x},\ \boldsymbol{y})=\tanh(a\boldsymbol{x}^{\mathrm{T}}\bullet\boldsymbol{y}+c) \tag{6-50}$$

式中，a 表示调节参数；c 为可选常数，一般 c 可取为 $1/n$，n 为数据维度。

非线性支持向量机的算法步骤如下：

1）选择合适的核函数 $k(\boldsymbol{x},\ \boldsymbol{y})$ 与惩罚参数 C，并计算核函数的映射结果。

2）构造并求解约束最优化问题：

$$\max\left(\sum_i \alpha_i - \frac{1}{2}\sum_{i,j}\alpha_i\alpha_j y_i y_j k(\boldsymbol{x}_i,\boldsymbol{x}_j)\right) \tag{6-51}$$

$$\sum_i \alpha_i y_i = 0 \quad 0 \leqslant \alpha_i \leqslant C$$

3）使用 SMO 等算法得到最佳超平面、最佳分类面的表达式。

非线性支持向量机模型核函数的选择非常关键，而选定核函数后，核函数中的参数也直接影响了模型性能。因此，在非线性支持向量机模型中，需要优化的超参数有惩罚参数 C 及核函数的参数，如多项式核函数的阶次 p、高斯核函数的核函数宽度 σ。

6.6.3 支持向量机算法应用案例

本小节要运用支持向量机分类算法搭建一个金融反欺诈模型，来实践支持向量机算法的知识。

1. 案例概述

信用卡盗刷一般发生在持卡人信息被不法分子窃取后，复制卡片进行消费或信用卡被他人冒领后激活并消费等情况下。一旦发生信用卡盗刷，持卡人和银行都会遭受一定的经济损失。因此，通过大数据技术搭建金融反欺诈模型对银行来说尤为重要。

2. 数据集

本案例使用的数据集共有 1000 条客户信用卡的交易数据，其中，有 400 个欺诈样本，600 个非欺诈样本。金融反欺诈数据集字段含义说明见表 6-6，表中的“欺诈标签”为目标变量，若是盗刷信用卡产生的交易则标记为 1，代表欺诈，正常交易则标记为 0。剩下的字段为特征变量，本案例只选取了 5 个特征变量，在商业实战中使用的特征变量远比本案例多得多。根据这些数据搭建支持向量机模型，帮助银行业务人员及时识别金融欺诈，减少经济损失。

表 6-6 金融反欺诈数据集字段含义说明

变量名	详细说明
欺诈标签	离散型变量，共 2 种，1—欺诈，0—正常交易
换设备次数	连续型变量，客户换设备的次数
支付失败次数	连续型变量，表示在本次交易前的支付失败次数
换 IP 次数	连续型变量，表示换 IP 的次数
换 IP 国次数	连续型变量，表示换 IP 国的次数
交易金额	连续型变量，表示本次交易的金额

3. 分析过程——大数据应用平台

在大数据应用平台的工作流功能模块中，使用分析组件构建分析工作流，实现金融反欺诈模型的构建和评估，模型构建和评估的分析流程如图 6-36 所示。

（1）划分训练集和测试集

在进行模型构建和评估前，通过“数据分割”节点，将数据集划分为训练集和测试集。本案例将原始数据集中的20%划分为测试集，同时选择“欺诈标签”列为分层列，以避免少数类没有参与训练建模的问题。数据分割后，训练集共800条，用于进行模型训练；测试集共200条，用于检验模型性能的优劣。

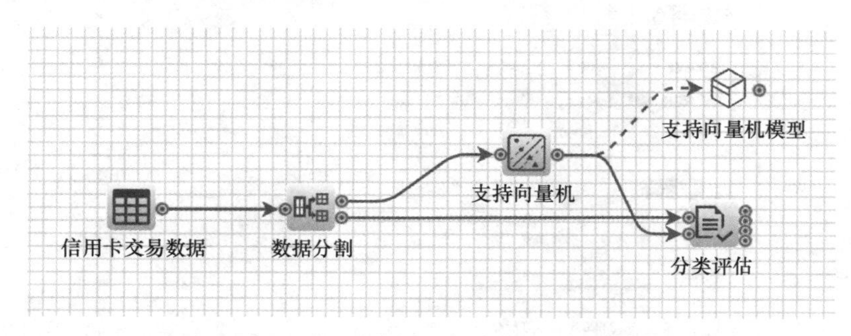

图6-36 金融反欺诈模型构建和评估的分析流程

（2）模型构建

本案例使用“支持向量机”节点来构建金融反欺诈模型。将“数据分割”节点的训练集输出端口和“支持向量机”节点相连接，并对“支持向量机”节点的参数进行设置，“支持向量机”节点的参数说明如下：

1）预测变量：从表中选择若干列作为预测变量，可以接受数值的列。这里选择除“欺诈标签”列之外的所有其他列。

2）目标变量：只能从表中选择一列，且只接受字符型的列。这里选择“欺诈标签”列。

3）SVM类型：选择SVM类型，有C-SVC、nu-SVC和one-class SVM三种分类方法，默认为C-SVC。这里使用默认值。

4）成本参数 C：若SVM类型为C-SVC，设置成本参数 C，默认值为1。这里设置为0.6。

5）nu值：若SVM类型为nu-SVC和one-class SVM时，设置nu值。默认值为0.5。

6）阶数：若核函数为多项式时，需指定阶数，默认值为3。

7）Gamma：除线性核函数外，其他三个核函数需要指定gamma，如果设为0，则使用1/样本数。

8）自动标准化：是否需要对预测变量进行规范化，默认值为False。

（3）模型评估

在测试集上，对支持向量机模型的性能进行评估。“分类评估”节点可以实现分类模型的评估，分类评估报告如图6-37所示。

支持向量机算法构建的金融欺诈模型，在测试集上总错误率为22%。除了模型的总准确率，更应关注识别欺诈的查准率和查全率。从评估报告中可以看到欺诈（类名=1）的查准率等于73.08%，这说明提供的预测可能存在欺诈的客户名单中最后有73.08%的客户真的存在欺诈行为。另外，还需要关注提供的客户名单是不是尽可能地覆盖了所有可能有欺诈行为的客户名单，即查全率。欺诈的查全率等于71.25%，即提供的预测可能存在欺诈的客户名单占实际发生了欺诈的客户的71.25%。因此，如果模型在测试集上的预测效果还不错，可以保存该支持向量机模型到用户空间，以便在模型应用阶段在新的客户数据集上使用。

文本查看器:分类评估

分类评估报告

总体评价

总样本数	200.0
分类错误样本数	44.0
总错误率	22.000%

混淆矩阵

	预测值	
实际值	0	1
0	99 82.500%	21 17.500%
1	23 28.750%	57 71.250%

指标评估

类名	准确率	查准率	查全率	F1值	AUC
0	0.7800	0.8115	0.8250	0.8182	0.7704
1	0.7800	0.7308	0.7125	0.7215	0.8092

图 6-37　支持向量机模型的分类评估报告

（4）模型应用

根据评估结果，将“支持向量机”节点的模型输出并保存到用户空间，将得到的模型通过“应用”节点应用到新数据上，即可预测新数据集的欺诈。模型应用工作流程如图 6-38 所示。

执行“应用”节点，它会在原始数据的基础上增加新的两列，一列为目标变量的预测值（Predicted_Class），另一列为概率值（Confidence_Value），即可信度。

4. 分析过程——基于 Python

（1）数据读取

首先通过 Pandas 库读取数据，代码如下：

```
1. import pandas as pd
2. df = pd.read_excel('信用卡交易数据.xlsx')
```

通过打印 df.head() 查看表格的前 5 行，结果如图 6-39 所示。

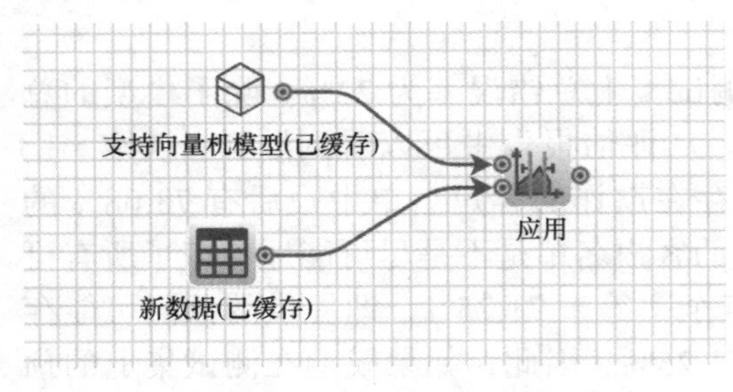

图 6-38　模型应用工作流程

	换设备次数	支付失败次数	换IP次数	换IP国次数	交易金额	欺诈标签
0	0	11	3	5	28836	1
1	5	6	1	4	21966	1
2	6	2	0	0	18199	1
3	5	8	2	2	24803	1
4	7	10	5	0	26277	1

图 6-39　表格的前 5 行

其中“欺诈标签”列为目标变量 y，其余 5 列为特征变量 X，接下来将利用这些数据搭建手写数字识别模型。

（2）提取特征变量和目标变量

首先将特征变量和目标变量分别提取出来，代码如下：

```
1. X = df.drop(columns='欺诈标签')
2. y = df['欺诈标签']
```

第 1 行代码用 drop() 函数删除“欺诈标签”列，即目标变量，其余的作为特征变量赋给变量 X。

第 2 行代码提取“欺诈标签”列作为目标变量赋给 y。

（3）划分训练集和测试集

提取完特征变量和目标变量后，将数据划分为训练集和测试集，代码如下：

```
1. from sklearn.model_selection import train_test_split
2. X_train, X_test, y_train, y_test = train_test_split(X, y, test_size=0.2, stratify=y, random_state=123)
```

这里将 test_size 设置为 0.2，表示选取 20% 的数据用于测试。random_state 设置为 123，使每次运行程序得到的数据划分结果保持一致。

（4）模型构建

划分好训练集和测试集之后，导入 sklearn 中的 SVM 工具包，核函数采用线性核函数进行模型训练，代码如下：

```
1. from sklearn.svm import SVC
2. svm_model= SVC(kernel ='linear')
3. svm_model.fit(X_train, y_train)
```

第 1 行代码从 scikit-learn 库中引入支持向量机分类算法 SVC；第 2 行代码设置参数 kernel 为 linear 来初始 SVC 模型，并赋给变量 svm_model。

第 3 行代码用 fit() 函数进行模型训练，传入的参数就是前面划分出的训练集数据。

（5）模型评估与预测

想要查看测试集的预测准确度，可以使用 accuracy_score() 函数，代码如下：

```
1. from sklearn.metrics import accuracy_score
2. y_pred = svm_model.predict(X_test)
3. score = accuracy_score(y_pred, y_test)
4. print(score)
```

将 score 打印输出，结果为 0.785，也就是说，模型对整个测试集的预测准确度为 78.5%。

对于分类模型，需要关注查准率和查全率，Python 可以通过如下代码计算每一个类别的查准率和查全率：

```
5. from sklearn.metrics import classification_report
6. print(classification_report(y_test, y_pred))
```

运行结果如下所示：

```
              precision    recall  f1-score   support

           0       0.77      0.92      0.84       120
           1       0.82      0.59      0.69        80

    accuracy                           0.79       200
   macro avg       0.80      0.75      0.76       200
weighted avg       0.79      0.79      0.78       200
```

可见对于判断是否欺诈，模型的 precision（查准率）为 0.82，查准率比较高，但是 recall（查全率）为 0.59，命中率不够高，表示有一些实际是欺诈的客户模型没能识别出来，遗漏了。因此，可以再调节模型的参数，以获得更优的预测效果。

6.7 线性回归

6.7.1 线性回归算法介绍

线性回归是处理回归任务最常用的算法之一，是利用回归方程（函数）在一个或多个自变量和因变量之间进行函数拟合以便探寻数据背后规律的一种分析方式。线性回归常用于连续值的预测。例如，预测具有 10 年工作经验的大学毕业生的工资、预测一种新产品的销售价格等业务场景。

线性回归算法是最简单的回归形式，主要用于研究因变量（响应变量、目标变量）和自变量（预测变量）之间的关系，随着自变量的变化，因变量也会随之发生变化。当数据分析中只有一个自变量和一个因变量，那么两者的关系会表示为一条直线，称为一元线性回归。线性函数关系表示为

$$y=\alpha+\beta x \tag{6-52}$$

式中，y 是因变量；x 是自变量；α 是回归常数，β 为回归系数，分别表示直线在 y 轴的截距和直线的斜率。例如，通过自变量“工龄”的值来预测因变量“薪水”的值，就属于一元线性回归。当数据分析中有至少两个自变量，称为多元线性回归。自变量和因变量之间的线性函数关系可以表示为

$$y=\beta_0+\beta_1 x_1+\beta_2 x_2+\cdots+\beta_p x_p+\varepsilon \tag{6-53}$$

式中，y 是因变量；x_1，x_2,…，x_p 为不同的自变量；β_1，β_2,…，β_p 则为这些自变量前的回归系数；β_0 为回归常数；ε 为残差。例如，通过“工龄”“行业”“所在城市”等多个自变量来预测因变量“薪水”，就属于多元线性回归。

对于实际问题，获得 n 组观测数据 $(x_{i1}, x_{i2},\cdots, x_{ip}), i=1,2,\cdots,n$。则多元线性回归模型可以表示为

$$\begin{cases} y_1=\beta_0+\beta_1 x_{11}+\beta_2 x_{12}+\cdots+\beta_p x_{1p}+\varepsilon_1 \\ y_2=\beta_0+\beta_1 x_{21}+\beta_2 x_{22}+\cdots+\beta_p x_{2p}+\varepsilon_2 \\ \vdots \\ y_n=\beta_0+\beta_1 x_{n1}+\beta_2 x_{n2}+\cdots+\beta_p x_{np}+\varepsilon_n \end{cases} \tag{6-54}$$

写成矩阵形式 $\boldsymbol{y}=\boldsymbol{X\beta}+\varepsilon$，式中：

$$\boldsymbol{y}=\begin{bmatrix} y_1 \\ y_2 \\ \vdots \\ y_n \end{bmatrix} \boldsymbol{X}=\begin{bmatrix} 1\ x_{11} x_{12} \ldots x_{1p} \\ 1\ x_{21} x_{22} \ldots x_{2p} \\ \vdots \\ 1\ x_{n1} x_{n2} \ldots x_{np} \end{bmatrix} \boldsymbol{\beta}=\begin{bmatrix} \beta_0 \\ \beta_1 \\ \vdots \\ \beta_p \end{bmatrix} \tag{6-55}$$

$\boldsymbol{X}$ 是 $n\times(p+1)$ 阶矩阵，是自变量的样本矩阵。

6.7.2　线性回归算法实现

以一元线性回归为例，如图 6-40 所示，其中 y_2 为实际值，$\hat{y}_2$ 为预测值。一元线性回归的目的就是拟合出一条线来使得预测值和实际值尽可能接近，如果大部分点都落在拟合出来的线上，则该线性回归模型拟合得较好。

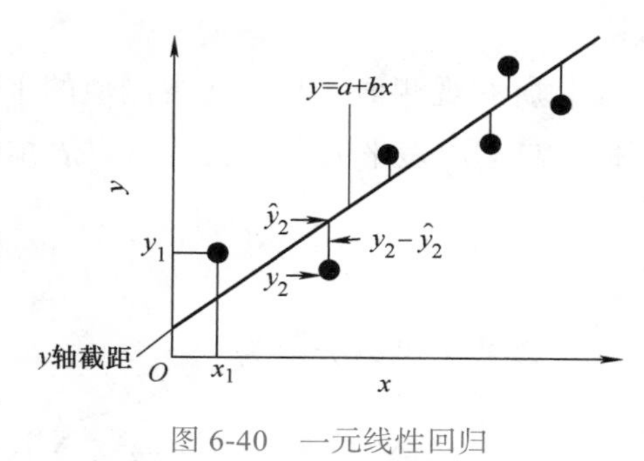

图 6-40　一元线性回归

那么该如何衡量实际值与预测值的接近程度？在数学上，可以通过实际值与预测值的差值的平方和（又称残差平方和）来进行衡量，公式如下：

$$\sum(y_i-\hat{y}_i)^2 \tag{6-56}$$

在机器学习领域，残差平方和又称为回归模型的损失函数。显然希望残差平方和越小越好，这样实际值和预测值就越接近。

如何求得回归系数和截距的参数估计值，使得残差平方和最小？数学上可以使用最小二乘法求解，对上述公式进行求导，然后令其导数为 0，求出系数的解。上述公式进行求导，当导数为 0 时，残差平方和最小。

1. 最小二乘法

对于多元线性回归 $\boldsymbol{y}=\boldsymbol{X}\boldsymbol{\beta}+\varepsilon$，最小二乘法就是寻找 β_0、β_1、…、β_p，使残差平方和达到最小 / 极小值，需要最小化的函数表示为

$$Q(\hat{\beta}_0,\hat{\beta}_1,\cdots,\hat{\beta}_p)=\min\sum_{i=1}^{n}(y_i-\beta_0-\beta_1 x_{i1}-\beta_2 x_{i2}-\cdots-\beta_p x_{ip})^2 \tag{6-57}$$

式中，$\hat{\beta}_0,\hat{\beta}_1,\cdots,\hat{\beta}_p$ 为回归参数的估计值。如使用矩阵表示，式（6-57）可以表示为

$$Q(\hat{\beta}_0,\hat{\beta}_1,\cdots,\hat{\beta}_p)=\min(\boldsymbol{y}-\boldsymbol{X}\boldsymbol{\beta})^{\mathrm{T}}(\boldsymbol{y}-\boldsymbol{X}\boldsymbol{\beta}) \tag{6-58}$$

根据微分求极值原理，对方程求导并令导数等于 0，可得到微分方程组。求方程组，可得到参数 β 的解，用矩阵形式表示为

$$\hat{\boldsymbol{\beta}}=(\boldsymbol{X}^{\mathrm{T}}\boldsymbol{X})^{-1}\boldsymbol{X}^{\mathrm{T}}\boldsymbol{y} \tag{6-59}$$

2. 回归方程的显著性检验

建立回归方程后，回归效果如何？因变量与自变量是否确实存在线性关系？这是需要进行回归方程显著性检验的，检验这个回归方程本身是否有效，即是否达到统计意义。如果检验发现它不显著，那么这个方程就可以直接放弃。

什么叫回归方程有统计意义？由于建立回归方程的目的是寻找 y 随 x 变化的规律，如

果回归方程所有的系数值都为 0，那么不管 x 如何变化，y 不随 x 的变化线性变化，那么这时求得的线性回归方程就没有意义，称回归方程不显著；如果至少有一个回归系数不为 0，那么当 x 变化时，y 随 x 的变化线性变化，那么这时求得的回归方程就有意义，称回归方程是显著的。

因变量 y 的均值可以表示为：

$$\overline{y}=\frac{1}{n}\sum_{i=1}^{n}y_i \tag{6-60}$$

所有观测值 y_i 与 n 次观测值的平均值 $\overline{y}$ 的差，称为离差，而全部 n 次观测值的总离差称为总的离差平方和，公式可以表示为

$$\text{SSTO}=\sum_{i=1}^{n}(y_i-\overline{y})^2 \tag{6-61}$$

该式子可以分解为

$$\text{SSTO}=\sum_{i=1}^{n}(y_i-\overline{y})^2=\sum_{i=1}^{n}\left[(y_i-\hat{y}_i)+(\hat{y}_i-\overline{y})\right]^2=\sum_{i=1}^{n}(y_i-\hat{y}_i)^2+\sum_{i=1}^{n}(\hat{y}_i-\overline{y})^2 \tag{6-62}$$

式中，$\text{SSR}=\sum_{i=1}^{n}(\hat{y}_i-\overline{y})^2$ 称为回归平方和，是回归预测值 $\hat{y}_i$ 与均值 $\overline{y}$ 之差的平方和，它反映了自变量 x_1 、x_2 、…、x_p 的变化所引起的波动，其自由度为 p。SSE= $\sum_{i=1}^{n}(y_i-\hat{y}_i)^2$ 称为残差平方和，是实测值与预测值之差的平方和，它是由试验误差及其他因素引起的，其自由度 $=n-p-1$ 。

如果观测值给定，则总的离差平方和 SSTO 是确定的，即 SSR 与 SSE 的和是确定的，因此 SSR 大则 SSE 小，反之，SSR 小则 SSE 大。因而 SSR 和 SSE 可用来衡量回归效果，且 SSR 越大则线性回归效果越显著。当 SSE=0，则回归超平面过所有观测点。反之，SSE 越大，则线性回归的效果越不好。

要检验 y 与 x_1 、x_2 、…、x_p 是否存在线性关系，就是要检验假设：

$$H_0:\beta_1=\beta_2=\cdots=\beta_p=0$$

当假设 H_0 成立时，则 y 与 x_1 、x_2 、…、x_p 无线性关系，否则就认为线性关系显著，此时方程是有效的。检验假设 H_0 应用统计量：

$$F=\frac{\text{SSR}/p}{\text{SSE}/(n-p-1)} \tag{6-63}$$

这是两个方差之比，它服从自由度为 p 及 $n-p-1$ 的 F 分布，用此统计量 F 可检验回归的总体效果。对于给定的显著性水平 α，如果根据统计量算的 F 值有 $F>F_\alpha(p,n-p-1)$，则拒绝假设 H_0，即不能认为全部 β_i 为 0，回归效果是显著的。反之，则认为回归效果不显著。利用 F 检验对回归方程进行显著性检验的方法称为方差分析，将上面对回归效果的讨论归结于一个方差分析表中，见表 6-7。

表 6-7 方差分析表

来源	平方和	自由度	均方差	F 值
回归	$\text{SSR}=\sum_{i=1}^{n}(\hat{y}_i-\overline{y})^2$	p	MSR=SSR/p	$F=\dfrac{\text{SSR}/p}{\text{SSE}/(n-p-1)}$
残差	$\text{SSE}=\sum_{i=1}^{n}(y_i-\hat{y}_i)^2$	$n-p-1$	MSE=SSE/（$n-p-1$）	
总计	$\text{SSTO}=\sum_{i=1}^{n}(y_i-\overline{y})^2$	$n-1$		

3. 回归系数的显著性检验

前面讨论了回归方程中全部自变量的总体回归效果，但总体回归效果显著并不说明每个自变量对因变量 y 都重要，即可能有某个自变量 x_i 对 y 并不起作用，那这样的自变量则希望从回归方程中剔除，这样可以建立更简单的回归方程，显然某个自变量如果对 y 作用不显著，则它的系数 β_i 就应该取值为 0。因此检验每个自变量 x_i 是否显著，就要检验假设：

$$H_0:\beta_i=0,\ i=1,2,\cdots,\ p$$

要检验 β_i，首先需要知道 β_i 的估计值 $\hat{\beta}_i$ 的标准差。在 H_0 假设下，可应用 t 检验：

$$t_i=\frac{\hat{\beta}_i}{\text{SE}(\hat{\beta}_i)} \tag{6-64}$$

它服从自由度为 $n-p$ 的 t 分布，用此统计量 t 可检验回归系数。对于给定的显著性水平 α，如果根据统计量算的 t 值有 $t>t_\alpha(n-p)$，则拒绝假设 H_0，即认为 β_i 与 0 有显著差异，这说明 x_i 对 y 有重要作用，不应剔除，反之，则接受 H_0，即认为 $\beta_i=0$ 成立，这说明 x_i 对 y 不起作用，应予剔除。

4. 拟合优度

为检验总的回归效果，引入了无量纲指标，它是回归平方和 SSR 和总的离差平方和的比值，称为决定系数（R–Square），用来检验回归模型的拟合优度，其公式表示为

$$R^2=\frac{\text{SSR}}{\text{SSTO}} \tag{6-65}$$

该指标反映了回归方程中全部自变量的方差贡献，即在总回归平方和中所占的比例。当该值越接近 1，表明方程的变量对 y 的解释能力越强，这个模型对数据拟合得也越好；越接近 0，表明模型拟合得越差。经验值当 R^2 >0.4，则认为拟合效果好。

6.7.3 线性回归算法应用案例

本小节利用多元线性回归模型可以根据多个因素来预测客户价值，当模型搭建完成后，便可对不同价值的客户采用不同的业务策略。

1. 案例概述

本案例以信用卡客户的客户价值为例来解释客户价值预测的具体含义：客户价值预测就是指预测客户在未来一段时间内能带来多少利润，其利润可能来自信用卡的年费、取

现手续费、分期手续费、境外交易手续费和信用卡贷款等。分析出客户价值后，在进行营销、电话接听、催收和产品咨询等各项业务时，可以展开有差异化的业务服务。针对高价值客户提供区别于普通客户的服务，以进一步挖掘这些高价值客户的价值，并提高他们的忠诚度，这样可以将有限的资源进行合理化的配置，提高客户的满意度。

2. 数据集

本案例的样本数据共有 128 组，客户价值数据表见表 6-8，表格中的“客户价值”为目标变量（因变量），剩下的字段为特征变量（自变量）。本案例的目的是根据这些历史数据搭建线性回归模型，找到线性函数关系，用来预测还未评估的客户价值。

表 6-8 客户价值数据表

变量名称	变量说明
客户价值	在 1 年里能给银行带来的收益
历史贷款金额	在 1 年里的贷款金额
贷款次数	在 1 年里的贷款次数
月收入	客户的薪资
学历	客户的学历水平：2 代表高中学历，3 代表本科学历，4 代表研究生学历
性别	0 代表女，1 代表男

3. 分析过程——大数据应用平台

在大数据应用平台的工作流功能模块中，使用分析组件构建分析工作流，实现客户价值预测模型的构建、评估和应用的分析。

（1）变量相关分析

数据探索主要分析哪些变量与客户价值密切相关，由于本案例所有的变量都是连续变量，因此可以采用散点图来可视化探索。使用大数据应用平台的自助报告中的散点图，查看客户价值和历史贷款金额以及月收入之间的关系，如图 6-41 所示。

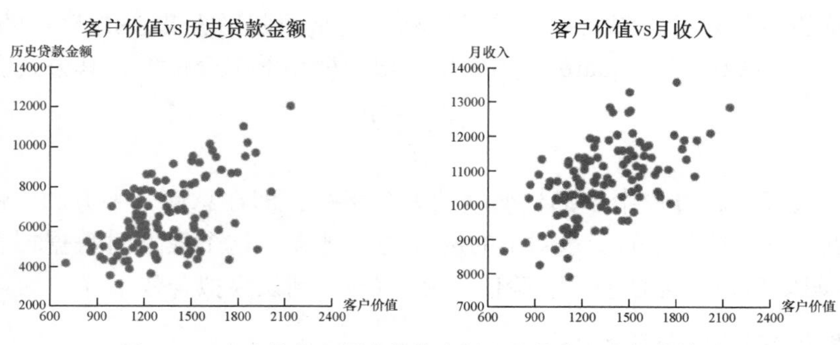

图 6-41 客户价值和历史贷款金额以及月收入之间的关系

从图上可以看出，客户价值与历史贷款金额以及月收入之间基本呈线性正相关，客户价值随着历史贷款金额和月收入的增大而增大。

（2）模型构建和评估

分析完变量的相关性后，可以使用线性回归节点构建客户价值预测模型，并在测试集上使用回归评估节点评估模型的性能，分析流程如图 6-42 所示。

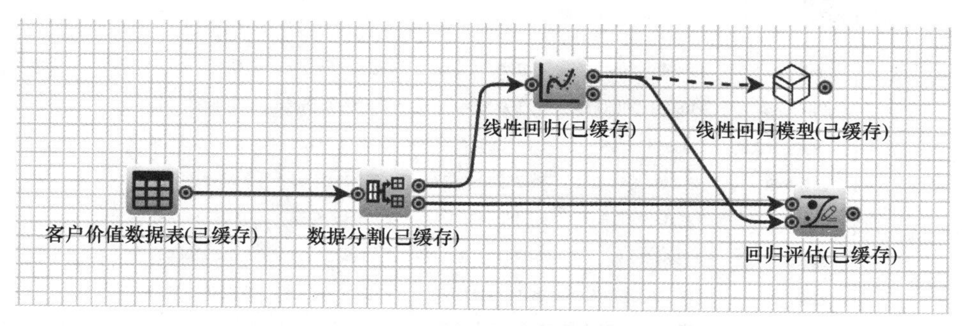

图 6-42 客户价值预测模型构建和评估

1）数据分割。在进行模型构建和评估前，使用数据分割节点，将数据分成测试集和训练集。测试集百分比设置为 20，即按 8 ∶ 2 的比例来划分训练集和测试集，数据分割后，103 组数据为训练集，25 组数据为测试集。

2）模型构建。在训练集上，采用“线性回归”算法建立模型。连接数据分割节点的训练集输出端口和线性回归节点，并对线性回归节点进行参数设置，其中自变量选择除“客户价值”列之外的所有列，因变量选择“客户价值”，参数“类型”选择“多元线性回归”。构建缓存，右击“文本查看器”就可以查看线性回归的模型报告，包括模型概要、方差分析和系数估计。

① 方程显著性检验。在参数估计求得回归方程的各系数值后，需要进行方程显著性检验，检验这个回归方程的有效性，即检验回归方程所有的系数值是否为 0。一般可以使用方差分析来进行统计检验。如图 6-43 所示，模型的 P 值小于 0.05，说明回归系数不全都等于 0，线性回归模型是有效的，可以用来预测客户价值。

方差分析表

来源	自由度	二次方和	均方差	F值	P值
回归	5	4,231,172.734466097	846,234.5468932195	25.5509795564	0
残差	97	3,212,587.246116378	33,119.4561455297		
合计	102	7,443,759.980582526			

图 6-43 线性回归方差分析

② 系数显著性检验。系数估计部分显示了线性回归各系数的估计值以及对应的 T 统计量和 P 值，如图 6-44 所示。当系数对应的 P 值越接近 0，则说明该变量的显著性越高，即该变量真的和目标变量具有相关性，而不是偶然因素导致的。

从图中可以看到，大部分特征变量的 P 值都较小，小于 0.05，说明这些变量确实与目标变量（即“客户价值”）有比较显著的相关，而“性别”这一特征变量的 P 值为 0.725，大于 0.05，说明该变量与客户价值没有显著相关性，因此，在之后的模型调整中可以考虑去掉“性别”这一变量。

系数估计

参数	估计值	标准差	T值	P值
Intercept	-193.8239454115	190.6020547743	-1.0169037561	0.3117289441
历史贷款金额	0.0561474345	0.01128584	4.9750337128	0.0000028224
贷款次数	83.3753296512	29.2523290533	2.8502116703	0.0053369745
学历	123.040281286	42.1389823021	2.9198683633	0.0043542489
月收入	0.056487265	0.0217633283	2.5955251056	0.0109106497
性别	-12.8652827281	36.5817288828	-0.3516860225	0.7258365699

图 6-44　线性回归系数估计

通过获得的回归系数估计值，此时多元线性回归方程可以表示为

$$y=-193.8239+0.05615x_1+83.3753x_2+123.0403x_3+0.0565x_4-12.8653x_5$$

③ 拟合优度。在线性回归分析中，一般用 R-square 和调整 R-square 来度量模型的拟合程度，其取值范围为 0 ～ 1，值越接近 1，说明模型的拟合程度越高。本例的 R-square 和调整 R-square 分别为 0.5684 和 0.5462，模型概要如图 6-45 所示，整体拟合效果不是特别好，可能是因为本案例的数据量偏少，不过在小样本量的条件下也是可以接受的结果。

3）模型评估。R-square 和方差检验是检验在训练集上构建的回归模型的拟合优度和有效性，对于回归模型的预测性能的评估，则需要在测试集上进行。使用回归评估节点，连接数据分割节点的测试集输出端口和回归评估节点的表格输入端口，同时连接线性回归节点的模型输出端口和回归评估节点的模型输入端口，右击回归评估节点，构建缓存，通过“文本查看器”查看评估结果，评估结果包括 MAE、RMSE、RAE、RRSE 等评估指标，如图 6-46 所示。

模型概要

类型	多元线性回归
幂	1
样本数目	103
R-square	0.5684187488
调整R-square	0.5461722925
均方根误差（RMSE）	181.9875164552

图 6-45　线性回归模型概要

回归评估报告

评价试验次数 1

平均绝对误差（MAE）	131.13823356709563 +- 0.0
均方根误差（RMSE）	177.36735525262344 +- 0.0
相对绝对误差（RAE）	56.367272312995865 +- 0.0
相对二次方根误差（RRSE）	66.45531365524909 +- 0.0

图 6-46　线性回归评估结果

（3）模型应用

将得到的客户价值预测模型通过“应用”节点应用到新数据上，得到客户价值的预测值，用于展开有差异化的业务服务。该节点会在原始数据的基础上增加新的一列（Predicted_Class），即目标变量（客户价值）的预测值，应用结果如图 6-47 所示。

通过客户价值预测模型，可以对没有分数的客户进行价值打分，根据客户价值可以展开有差异化的业务服务，提高客户的满意度。

表格浏览器:应用

历史贷款金额	贷款次数	学历	月收入	性别	Predicted_Class
6488	2	2	9567	1	1110.84
7066	3	2	9317	0	1225.41
7847	3	3	11267	1	1489.59
5813	4	2	11167	1	1330.07
4752	3	3	9267	0	1215.70
5326	4	2	9517	0	1222.39
8115	3	3	11567	1	1521.58
5004	3	3	10567	0	1303.29
4362	3	2	9067	0	1059.47
5534	3	2	9717	0	1161.99
6092	4	3	12067	1	1519.61

每页 1000条 共60条数据 K < 当前第1页 共1页 > >| 到 1 跳转

关闭

图 6-47 线性回归模型应用结果

4. 分析过程——基于 Python

（1）数据读取

首先通过 Pandas 库读取数据，代码如下：

```
1. import pandas as pd
2. df = pd.read_excel('客户价值数据表.xlsx')
```

通过打印 df.head() 查看表格的前 5 行，结果如图 6-48 所示。

	客户价值	历史贷款金额	贷款次数	学历	月收入	性别
0	1150	6488	2	2	9567	1
1	1157	5194	4	2	10767	0
2	1163	7066	3	2	9317	0
3	983	3550	3	2	10517	0
4	1205	7847	3	3	11267	1

图 6-48 表格前 5 行

其中第 1 列“客户价值”为目标变量 y，其余列为特征变量 X，接下来将利用这些数据搭建客户价值预测模型。

（2）提取特征变量和目标变量

在建模前，首先将特征变量和目标变量分别提取出来，代码如下：

```
1. X = df.drop(columns='客户价值')
2. y = df['客户价值']
```

第 1 行代码用 drop() 函数删除“客户价值”列，即目标变量，其余的作为特征变量赋给变量 X；第 2 行代码提取“客户价值”列作为目标变量赋给 y。

（3）划分训练集和测试集

提取完特征变量和目标变量后，将数据划分为训练集和测试集，代码如下。

```
1. from sklearn.model_selection import train_test_split
2. X_train, X_test, y_train, y_test = train_test_split(X, y, test_size=0.2,
random_state=123)
```

这里将 test_size 设置为 0.2，表示选取 20% 的数据用于测试。random_state 设置为 123，使每次运行程序得到的数据划分结果保持一致。

（4）模型构建

划分好训练集和测试集之后，可以从 scikit-learn 库中引入线性回归算法进行模型训练，代码如下：

```
1. from sklearn.linear_model import LinearRegression
2. reg_model = LinearRegression()
3. reg_model.fit(X_train, y_train)
4. print("回归系数：",reg_model.coef_.round(4))
5. print("回归常数：",reg_model.intercept_.round(4))
```

第 1 行代码从 scikit-learn 库中引入线性回归算法 LinearRegression。第 2 行代码初始化线性回归模型，并赋给变量 reg_model。第 3 行代码用 fit() 函数进行模型训练，传入的参数就是前面划分出的训练集数据。第 4 ～ 5 行代码输出回归参数和回归常量，结果如下：

```
回归系数：  [0.0528 104.7778 136.3136   0.0487   13.9482]
回归常数：  -188.3105
```

（5）模型评估

通过如下代码评估搭建的多元线性回归模型是否有效：

```
1. import statsmodels.api as sm
2. X2 = sm.add_constant(X_train)
3. est = sm.OLS(y_train, X2).fit()
4. est.summary()
```


第 1 行代码引入用于评估线性回归模型的 statsmodels 库并简写为 sm。第 2 行代码用 add_constant() 函数给原来的特征变量 X_train 添加常数项，并赋给 X2，这样回归方程才有常数项，LinearRegression 不需要这一步。第 3 行代码用 OLS() 和 fit() 函数对 y_train 和 X2 进行线性回归方程搭建。第 4 行代码打印输出该模型相关的拟合信息，如图 6-49 所示。

可以看到，图 6-49 中模型的 R-squared 值为 0.561，Adj.R-squared 值为 0.538，整体拟合效果不是特别好。除了“性别”变量，其他变量的 *P* 值都小于 0.05，说明这些变量确实与目标变量（即“客户价值”）有比较显著的相关，而“性别”变量可以在之后的模型调整中考虑去掉。

上面是通过引入 statsmodels 库来评估线性回归模型的，下面的代码是用更通用的方法来计算 R-squared 值：

```
1. from sklearn.metrics import r2_score
2. y_pred=reg_model.predict(X_train)
3. r2 = r2_score(y_train,y_pred)
```

第 2 行代码用于获取目标变量的预测值 y_pred，第 3 行代码计算 r2 的值，打印输出 r2 的结果为 0.561，与利用 statsmodels 库获得的 r2 是一致的。

Dep. Variable:	客户价值	R-squared:	0.561
Model:	OLS	Adj. R-squared:	0.538
Method:	Least Squares	F-statistic:	24.49
Date:	Thu, 05 May 2022	Prob (F-statistic):	8.10e-16
Time:	11:10:05	Log-Likelihood:	-674.15
No. Observations:	102	AIC:	1360.
Df Residuals:	96	BIC:	1376.
Df Model:	5		
Covariance Type:	nonrobust		

	coef	std err	t	P>|t|	[0.025	0.975]
const	-188.3105	185.266	-1.016	0.312	-556.061	179.440
历史贷款金额	0.0528	0.011	4.682	0.000	0.030	0.075
贷款次数	104.7778	31.358	3.341	0.001	42.532	167.024
学历	136.3136	42.743	3.189	0.002	51.469	221.158
月收入	0.0487	0.021	2.305	0.023	0.007	0.091
性别	13.9482	36.956	0.377	0.707	-59.409	87.306

图 6-49　模型相关的拟合信息

另外还可以通过如下代码，获取测试集上的 MAE、MSE 和 RMSE：

```
1. mport sklearn.metrics as sm
2. y_pred=reg_model.predict(X_test)
3. print("MAE:",sm.mean_absolute_error(y_test,y_pred))
4. print("MSE:",sm.mean_squared_error(y_test,y_pred))
5. print("RMSE:",sm.mean_squared_error(y_test,y_pred)**0.5)
```

第 2 行代码用于获取目标变量的预测值 y_pred，第 3 ～ 5 行代码计算回归模型的评价指标，结果如下：

```
MAE: 141.307041058639
MSE: 27277.37206611468
RMSE: 165.15862698059306
```


6.8 逻辑回归

6.8.1 逻辑回归算法介绍

逻辑回归（Logistic Regression）是一种广义线性回归分析模型。虽然名字里带有“回归”两字，但其实是分类模型，常用于二分类。既然逻辑回归模型是分类模型，为什么名字里会含有“回归”二字？这是因为其算法原理同样涉及线性回归模型中的线性回归方程。

线性回归方程是用于预测连续变量的，其 y 的取值范围为（$-\infty,+\infty$），而逻辑回归模型是用于预测类别的，例如，用逻辑回归模型预测一个人是否会违约、客户是否会流失，在本质上预测的是一个人是否违约、是否流失的概率，而概率的取值范围是 0 ～ 1，因此不能直接用线性回归方程来预测概率。那么，想将线性回归应用到分类问题中该怎么办？也就是如何把一个取值范围是（$-\infty$，$+\infty$）的回归方程变为取值范围是（0，1）的内容？

要解决上述问题，需要找到一个合适的连接函数，它可将取值范围为（$-\infty$，$+\infty$）的数转换到（0，1）之间。Sigmoid 函数就是一个合适的连接函数，它的公式表达式如下：

$$f(y)=\frac{1}{1+\mathrm{e}^{-y}} \tag{6-66}$$

例如，假设 $y=3$，通过 Sigmoid 函数转换后，$f(y)=1/(1+\mathrm{e}^{-3})=0.95$，就可以作为一个概率值使用了。

Sigmoid 函数曲线如图 6-50 所示，从图上可知，当 y 值趋向负无穷（$-\infty$）时，$f(y)$ 的值趋向于 0；当 y 值趋向正无穷（$+\infty$）时，$f(y)$ 的值趋向于 1，且函数的值域为（0，1）。这样，就将线性回归中 $y=\beta_0+\beta_1x_1+\beta_2x_2+\ldots+\beta_px_p+\varepsilon$ 得到的取值范围为（$-\infty$，$+\infty$）的值，变成了取值范围为（0，1）之间的概率值。

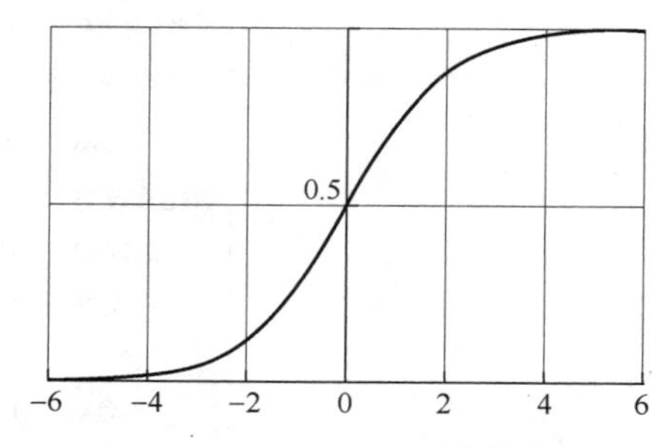

图 6-50　Sigmoid 函数曲线

将线性回归函数结果 y 放到 Sigmoid 函数中去，就构造了逻辑回归函数，函数表达式为

$$f(y)=\frac{1}{1+\mathrm{e}^{-(\beta_0+\beta_1x_1+\beta_2x_2+\cdots+\beta_px_p)}}=\frac{1}{1+\mathrm{e}^{-\boldsymbol{\beta}^{\mathrm{T}}X}} \tag{6-67}$$

总之，逻辑回归模型本质就是将线性回归模型通过 Sigmoid 函数进行了一个非线性转换，将线性回归的在（$-\infty$，$+\infty$）之间的结果转换成一个（0，1）之间的概率值。逻辑回归带有“回归”却是分类问题就是因为 Sigmoid 函数，Sigmoid 函数将数据压缩到（0，1）之间，并经过一个重要的点（0，0.5）。这样，可以将 0.5 作为阈值，当值大于 0.5 作为一类，而小于 0.5 作为另一类。

另外，在 Sigmoid 函数的两边乘以 $(1+\mathrm{e}^{-y})$，则等式转换为

$$f(y)\times(1+\mathrm{e}^{-y})=1 \tag{6-68}$$

整理可以得到：

$$\mathrm{e}^{-y}=\frac{1-f(y)}{f(y)} \tag{6-69}$$

等式两边同时取对数，整理可以得到：

$$y=\ln\left(\frac{f(y)}{1-f(y)}\right) \tag{6-70}$$

把 $f(y)$ 看成某个事件发生的概率，那么这个事件不发生的概率就是 $1-f(y)$，两者的比值称为比值比（Odds Ratio）。令 $f(y)=P$，则可以得到逻辑回归模型的另一种表示方法，公式如下：

$$\ln\left(\frac{P}{1-P}\right)=\beta_0+\beta_1x_1+\beta_2x_2+\cdots+\beta_px_p \tag{6-71}$$

方程式的左边是对数比值比，右边是线性回归。从这个角度看，逻辑回归就是广义的线性模型。

6.8.2　逻辑回归算法实现

1. 逻辑回归基本原理

逻辑回归是一种用于替代线性回归解决二分类问题（0 或 1）的学习方法，用于估计某件事情发生的可能性，它以线性回归为理论支持，通过 Sigmoid 函数引入了非线性因素，以处理 0/1 分类问题。逻辑回归模型的本质就是预测属于各个类别的概率，有了概率之后，就可以进行分类了。

2. 极大似然法

了解了逻辑回归模型的基本原理后，在实际模型搭建中，就是要找到合适的回归系数 β_i 和回归常数 β_0，使预测的概率较为准确。

那如何求解逻辑回归模型中的参数？在数学中可以使用极大似然法来估计参数。极大似然法利用已知的样本结果，可以反推最有可能导致这样结果的参数值，它是一种由果溯因的方法。

假设，有 n 个观测样本，$D=\{(\boldsymbol{X}_1,\boldsymbol{Y}_1),(\boldsymbol{X}_2,\boldsymbol{Y}_2),\cdots,(\boldsymbol{X}_n,Y_n)\}$，$\boldsymbol{X}_i$ 是 m 维的特征向量，Y_i 是目标变量，$Y_i \in \{0,1\}$。对于二分类问题，把事情发生的概率记为

$$p(Y=1\mid X)=\frac{1}{1+\mathrm{e}^{-\boldsymbol{\beta}^{\mathrm{T}}X}} \tag{6-72}$$

那么，事情未发生的概率可以表示为

$$p(Y=0\mid X)=1-\frac{1}{1+\mathrm{e}^{-\boldsymbol{\beta}^{\mathrm{T}}X}} \tag{6-73}$$

对于某一个样本数据（X_i,Y_i），它服从伯努利分布，因此它的概率函数可以表示为

$$p(Y=y\mid X_i)=p(Y=1\mid X_i)^{Y_i}(1-p(Y=1\mid X_i))^{1-Y_i} \tag{6-74}$$

把每一个样本看成一个独立事件 a，把整个样本集看成一个事件 A，将每一个样本发生的概率相乘，获得这个样本集的概率，即似然函数，公式表示如下：

$$L(\beta)=\prod_{i=1}^{n}p(Y=1\mid X_i)^{Y_i}(1-p(Y=1\mid X_i))^{1-Y_i} \tag{6-75}$$

两边取对数，整理得到对数似然表示：

$$l(\beta)=\ln L(\beta)=\sum\left[Y_i\ln p(Y=1\mid X_i)+(1-Y_i)\ln(1-p(Y=1\mid X_i))\right] \tag{6-76}$$

极大似然估计就是求使 $l(\beta)$ 取最大值时的 β 值。对上式两边求导，并令导数为 0，得到：

$$\frac{\mathrm{d}l(\beta)}{\mathrm{d}\beta}=0 \tag{6-77}$$

进一步，基于梯度上升或者牛顿迭代算法进行求解，得到参数 β 的估计值。

6.8.3　逻辑回归算法应用案例

本小节将通过搭建客户违约预测模型来学习逻辑回归在金融机构的应用，并讲解如何构建、评估和应用模型。

1. 案例概述

在传统金融领域，往往存在两方角色：一方为借钱的借款方，另一方则为借钱给别人的贷款方。贷款方非常关心借款方是否会违约，即借钱不还。如果能搭建出一套客户违约预测模型，根据借款方的各方面特征预测借款方的违约可能性，并据此决定是否发放贷款及贷款的额度和利率，就能在源头上拒绝这些潜在的违约客户。信用风险评分可以有效降低不良贷款率，保障自身资金安全，提高风险控制水平。

2. 数据集

本案例的样本数据共有 1000 组，客户信息及违约数据见表 6-9，表格中的“是否违约”为目标变量，剩下的字段为特征变量，目的是根据信贷账户的属性及表现来对信贷账户进行违约风险预测，根据违约概率审核是否通过个人小额贷款申请。

表 6-9　客户信息及违约数据

变量名称	变量说明
收入	在过去 1 年里的收入
年龄	客户年龄
性别	0 代表女，1 代表男
历史授信额度	在过去 1 年里的授信额度
历史违约次数	在过去 1 年里的违约次数
是否违约	1 代表违约，0 代表不违约

3. 分析过程——大数据应用平台

在大数据应用平台的工作流功能模块中，使用分析组件构建分析工作流，实现客户违约风险预测模型的构建和评估，模型构建和评估的分析流程如图 6-51 所示。

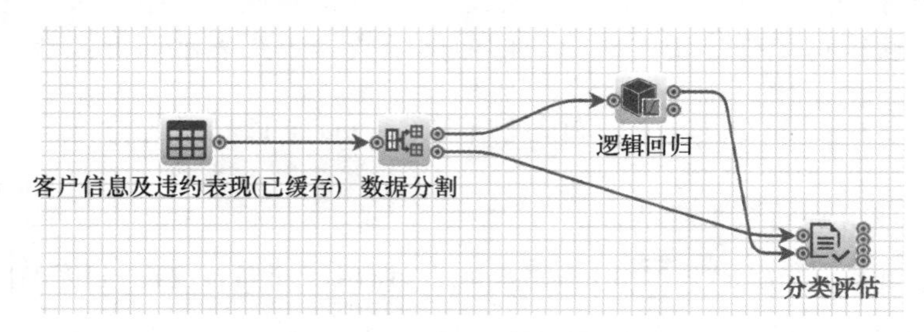

图 6-51　客户违约风险预测模型构建和评估

（1）划分训练集和测试集

在进行模型构建和评估前，通过“数据分割”节点，将数据集划分为训练集和测试集。本案例将原始数据集中的 80% 划分为训练集，用于进行模型训练，20% 划分为测试集，用于检验模型性能的优劣。

（2）模型构建

本案例使用逻辑回归算法来构建客户违约风险预测模型。将“数据分割”节点的训练集输出端口和“逻辑回归”节点相连接，并对该节点的参数进行设置，其中自变量选择除“是否违约”列之外的所有列，因变量选择“是否违约”，参数“正类标签”设置为

1，其余默认。构建缓存，右击“文本查看器”就可查看逻辑回归的模型报告，包括模型概要和系数估计等，如图 6-52 所示。从图中可见，特征变量“历史授信额度”和“历史违约次数”的 P 值小于 0.05，说明这些变量与目标变量（即“是否违约”）有比较显著的相关，而“收入”“年龄”以及“性别”这些特征变量的 P 值大于 0.05，说明这些变量与“是否违约”没有显著相关性。

逻辑回归模型

log [p/(1-p)] = a + BX

模型概述

正类标签	1
Fisher Scoring Iterations	5
AIC	882.705538425635
-2 Log L (intercept)	1082.2405749885286
-2 Log L (model)	870.705538425635
AUC	0.7752293577981652
错误率	202 / 800 = 0.2525

系数估计

参数	估计值	标准差	Wald Chi-Square	P值
Intercept	0.06348902712431372	0.6611175255574117	0.009222316111480595	0.9234944502094808
收入	-1.8420031594192182E-6	1.5136334143533278E-6	1.4809463598895753	0.22362651420786483
年龄	-0.00909225939587224	0.006945799964818309	1.7135591141907436	0.1905242440376751
性别	-0.03145446142274709	0.16598295112278558	0.0359118305297587	0.849697686955777
历史授信额度	-3.046984347208835E-6	7.476605919902654E-7	16.608540346480613	4.5943671143744425E-5
历史违约次数	1.373207554890656	0.11730339081342539	137.04122618366702	0.0

图 6-52　违约风险预测模型报告

（3）模型评估

在测试集上，对“逻辑回归”算法的性能进行评估。“分类评估”节点可以实现分类模型的评估，分类评估报告如图 6-53 所示。

逻辑回归算法构建的违约风险预测模型，在测试集上总错误率为 21.1%。除了模型的总准确率，应更关注识别违约的查准率和查全率。从评估报告中，可以看到违约（类名 =1）的查准率等于 74.19%，这说明提供的预测可能存在违约的客户名单中最后有 74.19% 的客户真的存在违约行为。另外，还需要关注提供的客户名单是不是尽可能地覆盖了所有可能有违约风险的客户名单，即查全率。欺诈的查全率等于 63.89%，即提供的预测可能存在违约的客户名单占实际发生了违约的客户的 63.89%。因此，模型在预测可能存在违约风险的客户覆盖度上还不高，存在较多的遗漏，可以尝试别的分类算法。

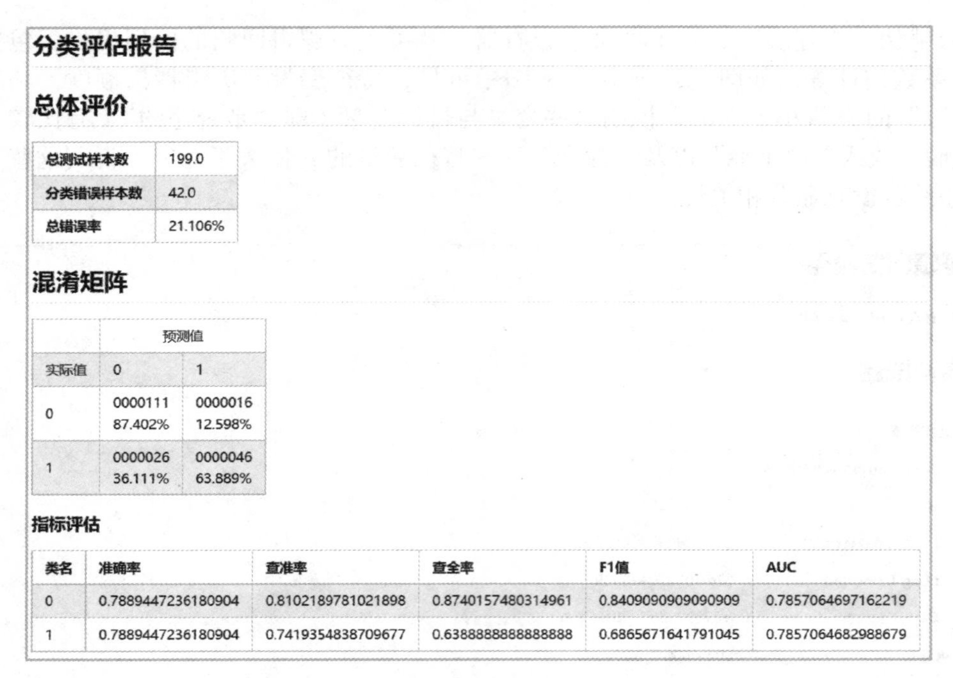

分类评估报告

总体评价

总测试样本数	199.0
分类错误样本数	42.0
总错误率	21.106%

混淆矩阵

	预测值	
实际值	0	1
0	0000111 87.402%	0000016 12.598%
1	0000026 36.111%	0000046 63.889%

指标评估

类名	准确率	查准率	查全率	F1值	AUC
0	0.7889447236180904	0.8102189781021898	0.8740157480314961	0.8409090909090909	0.7857064697162219
1	0.7889447236180904	0.7419354838709677	0.6388888888888888	0.6865671641791045	0.7857064682988679

图 6-53　逻辑回归模型的分类评估报告

（4）模型应用

根据评估结果，将“逻辑回归”节点的模型输出并保存到用户空间，将得到的模型通过“应用”节点应用到新数据上，即可预测新数据集的违约风险。模型应用工作流程如图 6-54 所示。

执行“应用”节点，它会在原始数据的基础上增加新的两列，一列为目标变量的预测值（Predicted_Class），另一列为概率值（Confidence_Value），即可信度。

4. 分析过程——基于 Python

（1）数据读取

首先通过 Pandas 库读取数据，代码如下：

```
1. import pandas as pd
2. df = pd.read_excel('客户信息及违约表现.xlsx')
```

通过打印 df.head() 查看表格的前 5 行，结果如图 6-55 所示。

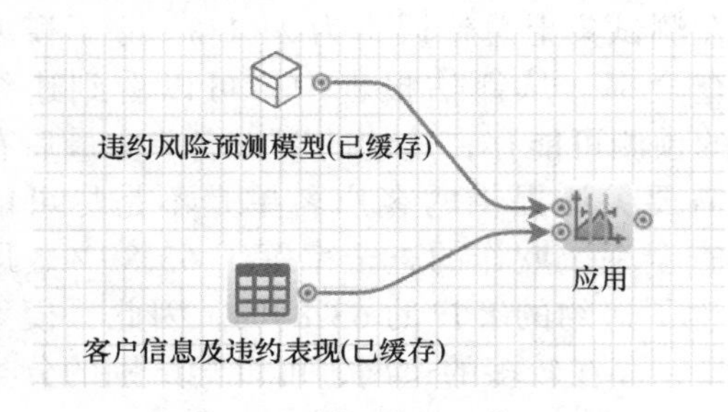

图 6-54　模型应用工作流程

	收入	年龄	性别	历史授信额度	历史违约次数	是否违约
0	462087	26	1	0	1	1
1	362324	32	0	13583	0	1
2	332011	52	1	0	1	1
3	252895	39	0	0	1	1
4	352355	50	1	0	0	1

图 6-55　表格前 5 行

其中“是否违约”为目标变量 y，其余列为特征变量 X，接下来将利用这些数据构建违约风险预测模型。

（2）提取特征变量和目标变量

首先将特征变量和目标变量分别提取出来，代码如下：

```
1. X = df.drop(columns='是否违约')
2. y = df['是否违约']
```

第1行代码用 drop() 函数删除“是否违约”列，即目标变量，其余的作为特征变量赋给变量 X；第2行代码提取“是否违约”列作为目标变量赋给 y。

（3）划分训练集和测试集

提取完特征变量和目标变量后，将数据划分为训练集和测试集，代码如下：

```
1. from sklearn.model_selection import train_test_split
2. X_train, X_test, y_train, y_test = train_test_split(X, y, test_size=0.2,
random_state=123)
```

这里将 test_size 设置为0.2，表示选取20%的数据用于测试。random_state 设置为123，使每次运行程序得到的数据划分结果保持一致。

（4）数据标准化

```
1. from sklearn.preprocessing import StandardScaler
2. sc_X = StandardScaler()
3. X_train = sc_X.fit_transform(X_train)
4. X_test = sc_X.transform(X_test)
```

第1行代码导入标准化方法（Z-Score 标准化）StandardScaler。第2行代码调用 StandardScaler() 方法，并赋值给 sc_X。第3行代码使用 fit_transform() 方法将训练集进行标准化处理，使用 transform() 方法将训练集上得到的均值和方差直接应用到测试集。

（5）模型构建

划分好训练集和测试集之后，可以从 scikit-learn 库中引入逻辑回归算法进行模型训练，代码如下：

```
1. from sklearn.linear_model import LogisticRegression
2. lr_model = LogisticRegression()
3. lr_model.fit(X_train, y_train)
4. lr_coef=model.coef_
```

第1行代码从 scikit-learn 库中引入逻辑回归分类算法 LogisticRegression。第2行代码初始化逻辑回归模型，并赋给变量 lr_model。

第3行代码用 fit() 函数进行模型训练，传入的参数就是前面划分出的训练集数据。

第4行代码查看各个特征变量的系数值。

（6）模型评估与预测

想要查看测试集的预测准确度，可以使用 accuracy_score() 函数，代码如下：

```
1. from sklearn.metrics import accuracy_score
2. y_pred =lr_model.predict (X_test)
3. score = accuracy_score (y_pred, y_test)
4. print (score)
```

将 score 打印输出，结果为0.755，也就是说，模型对整个测试集的预测准确度为75.5%。

对于分类模型，需要关注查准率和查全率，Python 可以通过如下代码计算每一个类别的查准率和查全率。

```
1. from sklearn.metrics import classification_report
2. print(classification_report(y_test, y_pred))
```

运行结果如下所示：

```
              precision    recall  f1-score   support

           0       0.74      0.88      0.80       113
           1       0.80      0.59      0.68        87

    accuracy                           0.76       200
   macro avg       0.77      0.74      0.74       200
weighted avg       0.76      0.76      0.75       200
```

可以看到，对于判断是否违约，模型的 precision（查准率）为 0.80，查准率比较高，但是 recall（查全率）为 0.59，命中率不够高，表示有一些实际是违约的客户模型没能识别出来，遗漏了。因此，可以再调节模型的参数，以获得更优的预测效果。

6.9 随机森林算法

6.9.1 集成学习简介

在机器学习中，有很多不同的算法，它们是单打独斗的英雄，而集成学习就是将这些英雄组成团队，实现“三个臭皮匠顶个诸葛亮”“人多力量大”和“团结就是力量”的效果。因此，集成学习的核心思路就是“团结就是力量”，它并没有创造出新的算法，而是把已有的算法组合在一起，从而产生更强大的算法效果。

集成学习是指构建多个弱学习器基于训练集进行学习，并对新数据集进行预测，然后用某种策略将多个学习器预测的结果集成起来，作为最终预测结果，从而获得比单个学习器更好的学习效果。它是一种将弱学习器组装成强学习器的方法，要求每个弱学习器具备一定的“准确性”，学习器之间具备“差异性”。

集成学习根据各个弱学习器之间有无依赖关系，分为 Bagging 和 Boosting 两大流派：

1）Bagging（Bootstrap aggregating 的缩写，也称作“套袋法”）：它的特点是各学习器之间没有依赖关系，可各自并行，比如随机森林等。

2）Boosting：它的特点是各学习器之间有依赖关系，必须串行，比如 AdaBoost、GBDT 和 XGBoost 等。

1. Bagging 算法

Bagging 算法是一种并行集成学习方法。在使用单个机器学习算法进行训练时，都是采用全部训练集。Bagging 算法则不同，每个具体的学习器所使用的数据集以放回的采样方式重新生成，也就是说，每个学习器对应不同的训练集。训练完成后，Bagging 采用投票的方式进行预测，每个学习器都有一票，最终根据所有学习器的投票，按照“少数服从多数”的原则产生最终的预测结果，它的核心思路是“民主”。Bagging 算法的具体过程如下：

1）从原始样本集中抽取训练集。每轮从原始样本集中使用 Bootstrapping，即有放回的抽样方法，抽取 n 个训练样本（在训练集中，有些样本可能被多次抽取到，而有些样本可能一次都没有被抽中）。共进行 k 轮抽取，得到 k 个训练集，k 个训练集间是相互独立的。

2）每次使用一个训练集得到一个模型，k个训练集共得到k个模型（注：这里并没有具体的分类算法或回归方法，可以根据具体问题采用不同的分类或回归方法，如决策树、神经网络等）。

3）对分类问题：将上一步得到的k个模型采用投票的方式得到分类结果；对回归问题，计算上述模型的均值作为最后的结果，所有模型的重要性相同。

Bagging算法由于多次采样，每个样本被选中的概率相同，因此噪声数据的影响下降，不太容易受到过拟合的影响。

2. Boosting算法

Boosting算法集成学习中学习器进行串行训练，也就是第一个学习器完成训练后，第二个学习器才开始训练。与Bagging算法不同，Boosting算法的学习器使用全部训练集进行训练，但后面学习器的训练集会受前面预测结果的影响，它引入了权重的概念，对于前面学习器发生预测错误的数据，将在后面的训练中提高权值，而正确预测的数据则降低权值。

Boosting算法的本质是将弱学习器提升为强学习器，它和Bagging算法的区别在于：Bagging算法对待所有的弱学习器一视同仁；而Boosting算法则会对弱学习器“区别对待”，通俗来讲就是注重“培养精英”和“重视错误”。Boosting算法的具体过程如下：

1）初始赋予每个样本相等的权重，训练出一个弱学习器。

2）每一轮训练后对预测结果较准确的弱学习器给予较大的权重，对表现不好的弱学习器则降低其权重。这样在最终预测时，“优秀模型”的权重比较大，相当于它可以投出较多的票，而“一般模型”只能投出一票或不能投票（培养精英）。

3）在每一轮训练后改变训练集的权值或概率分布，即提高在前一轮被弱学习器预测错误的样例的权值，降低前一轮被弱学习器预测正确的样例的权值，来提高弱学习器对预测错误的数据的重视程度，从而提升模型的整体预测效果（重视错误）。

在Boosting算法中，有两个主要问题需要解决：一是如何在每轮算法结束之后根据分类情况更新样本的权重；二是如何组合每一轮算法产生的分类模型得出预测结果。根据解决这两个问题时使用的不同方法，提升法有着多种算法实现，如AdaBoost等。

6.9.2 随机森林算法实现

随机森林（Random Forest，RF）是由Leo Breiman于2001年发表的*Machine Learning*中正式提出的。随机森林属于集成学习Bagging的典型算法，其弱学习器为决策树算法。算法过程如图6-56所示，随机森林会在原始数据集中随机抽样，构成n个不同的样本数据集，然后根据这些数据集搭建n个不同的决策树模型。最后，根据这些决策树模型的平均值（针对回归模型）或者投票情况（针对分类模型）来获取最终结果。

随机森林的“随机”是指数据随机采样及特征随机采样，“森林”则是指利用多棵自由生长的决策树组成一片“森林”。“随机”使它具有抗过拟合能力，“森林”使它更加精准。随机森林的算法可以概括为如下几个步骤：

1）用有放回的抽样方法（Bootstrapping）从原始数据集中选取样本作为一个训练集。

2）用抽样得到的训练集生成一棵决策树。在生成树的每一个节点时：

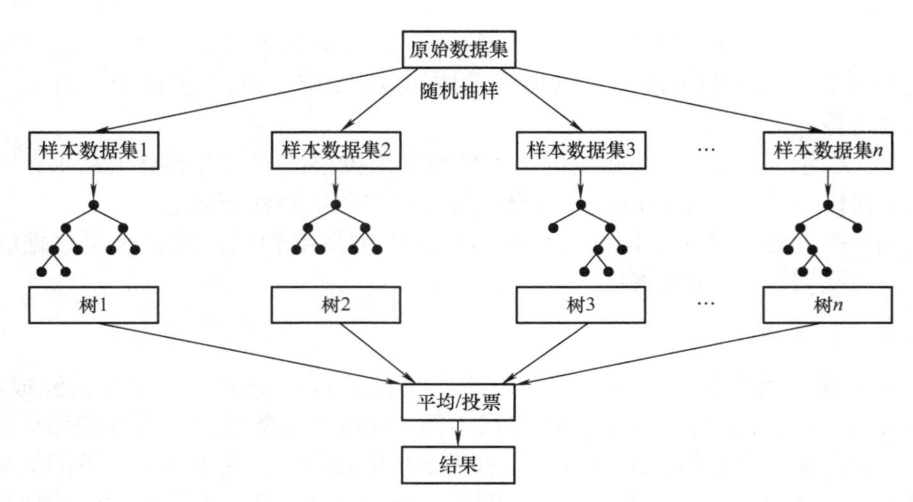

图 6-56　随机森林算法过程示意图

① 随机不重复地选择 k 个特征，一般地，$k=\sqrt{M}$，其中 M 为特征变量的数目。

② 利用这 k 个特征分别对样本集进行划分，找到最佳的划分特征，可用基尼系数、增益率和信息增益等判别。

3）重复步骤 1）到步骤 2）共 n 次，n 即为随机森林中决策树的个数。

4）用训练得到的随机森林对测试样本进行预测，并根据这些决策树模型的平均值（针对回归模型）或者投票情况（针对分类模型）来获取最终结果。

从上述随机森林的算法流程中可以看出，为了保证模型的泛化能力（或者说通用能力），随机森林构建每棵树时会遵循“数据随机”和“特征随机”这两个基本原则。

“数据随机”是指每棵树的训练集都是不同的。每个训练集里面会包含重复的训练样本，对于一个含有异常值的数据集来说，这种采样方式可以令大多数的树模型得到不包含或者只包含少量异常点的数据，再经过多个学习器最终的“投票”或者“平均”，可以使得随机森林对异常值不敏感，有很强的抗干扰能力。

“特征随机”是指如果每个样本的特征变量数目为 M，指定一个常数 $k<M$，随机地从 M 个特征中选取 k 个特征，一般地，可以选取特征的个数 k 为 $\sqrt{M}$。特征随机可以说是随机森林自带的特征选择的功能，由于实际数据中会有很多多余甚至无关特征，这些特征会严重影响模型效果，随机森林中让每棵决策树只选择少量的特征进行学习，最后再合成它们的学习成果，因此随机森林能处理高维数据，并且无须做特征选择。

与单独的决策树算法相比，随机森林由于集成了多棵决策树，其预测结果会更准确，且不容易造成过拟合现象，泛化能力更强。

6.9.3　随机森林算法应用案例

本小节将通过搭建客户营销响应预测模型来学习随机森林在市场营销上的应用。

1. 案例概述

某企业的市场部门需要对公司的某款新产品展开营销推广，公司的客户数据库约有 200 多万个客户的信息，若对所有客户都进行触达，营销成本会超出预算。因此，营销人员希望借助数据分析和挖掘的方法，给他们提供营销名单，将信息推送给那些最有可能响应的客户，将产品和服务推荐给真正需要的客户，提高公司营销活动的客户响应率及收益。

本案例将根据前一轮小范围营销测试回收的客户响应数据，采用数据挖掘的分析方法，建立营销响应预测模型，然后根据营销响应预测模型，对公司的客户数据库进行扫描，预测客户对营销活动的响应概率。根据客户的响应概率，锁定目标人群名单，辅助下一轮大范围营销活动的展开，提高营销的命中率，降低了营销成本，提高投资回报率，避免地毯式“轰炸”，维护良好的客户关系，提升客户的满意度。

2. 数据集

本次案例使用的样本数据共有600组，其中，274组为有响应数据，326组为无响应数据。精准营销数据集字段说明见表6-10，表格中的“Buyer”为目标变量，剩下的字段为特征变量。根据这些历史数据搭建随机森林模型，帮助新产品展开营销活动，提高命中率，节约营销成本，维护良好的客户关系。

表6-10　精准营销数据集字段说明

变量名（英）	变量名（中）	详细说明	取值范围
Buyer	是否购买	离散型变量，共2个	YES—购买，NO—未购买
Age	年龄	客户的具体年龄	
Gender	性别	离散型变量，共2个	Female—女，Male—男
Marital_status	婚姻状况	离散型变量，共2个	YES—已婚，NO—未婚
Dependents	子女个数	单位：个	0～3
City	城市	离散型变量，共4个	上海、苏州、宁波、杭州
Salary	薪资	单位：元	
Role	工作性质	离散型变量，共3个	管理人员、技术人员和服务人员
House_owner	是否有房	离散型变量，共2个	YES—有，NO—无
Credit_card	是否有信用卡	离散型变量，共2个	YES—有，NO—无

3. 分析过程——大数据应用平台

本案例将按照下面步骤展开分析。

1）响应客户的特征探索：分析对营销活动有响应的客户具有什么样的特征。

2）模型建模和评估：基于分类算法，在训练集上构建营销响应预测模型，并在测试集上评估模型性能。

3）模型应用：将营销响应预测模型应用到新数据集，预测客户的响应概率。

（1）响应客户的特征探索

响应客户特征探索主要分析对营销活动有响应的客户有哪些特点，可以采用堆积百分比柱状图和箱形图探索离散变量和连续变量与是否购买的关系，如图6-57所示。

从图上可以看到，未婚人群比已婚人群的响应率高，管理人员更愿意购买，子女个数为1的越会购买，年龄越大越会购买，薪资越高越会购买。另外，性别、城市和是否有房这3个变量的不同属性值的响应与不响应的比例基本接近，因此这些变量对目标变量是否购买的影响比较小。

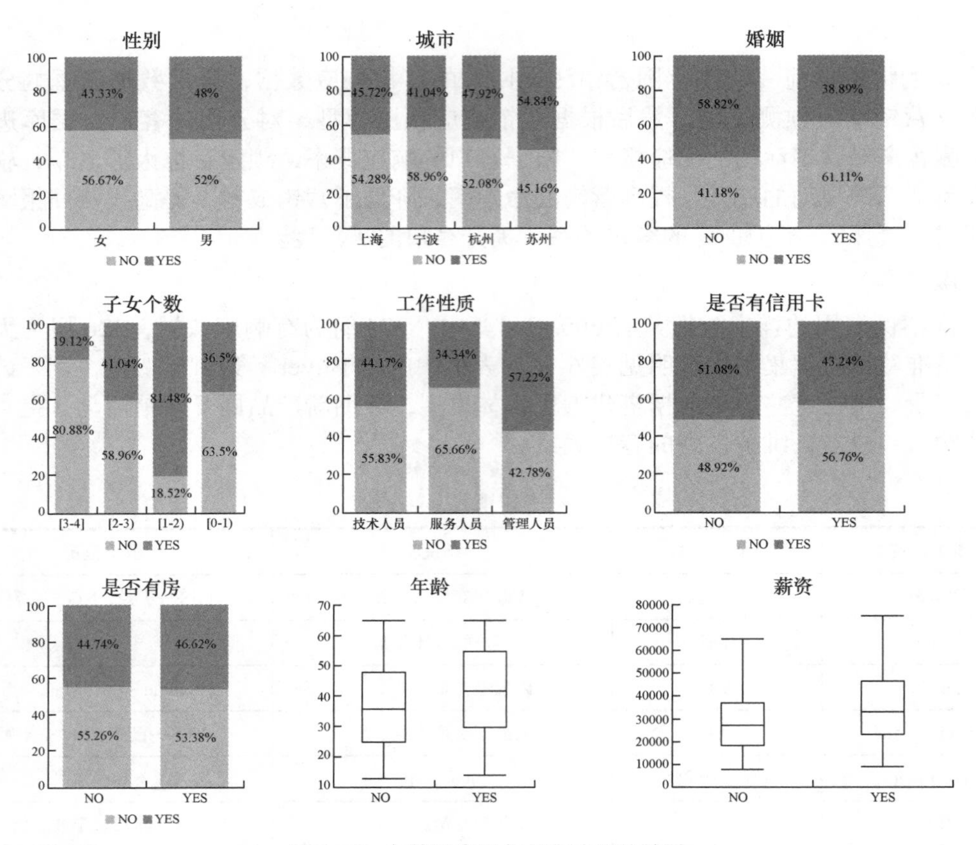

图 6-57 各特征变量与是否购买的关系

（2）模型构建和评估

在大数据应用平台的工作流功能模块中，使用分析组件构建分析工作流，实现精准营销响应预测模型的构建和评估，模型构建和评估的分析流程如图 6-58 所示。

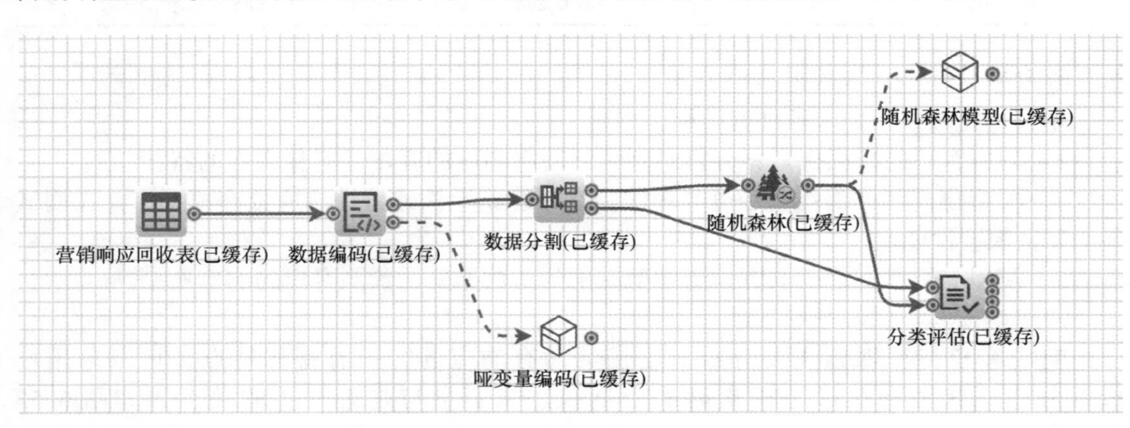

图 6-58 精准营销响应预测模型的分析流程

1）属性编码。将“数据编码”节点与数据表相连接，该节点实现了 One-Hot 编码和哑变量编码两种方法将离散型变量数值化。本案例使用哑变量方法进行属性编码，该节点的参数设置如下：

① 需要编码的列：这里选择“Gender”“Marital_status”“City”“Role”“House_owner”

和“Credit_card”。

② 使用引用类别：是否需要选取一个类别作为参照，“是”表示哑变量编码，“否”表示 One-Hot 编码。这里使用哑变量进行编码。

数据编码节点有两个输出端口，一个为表格，存放编码后的数据集，用于后续的模型构建。另一个为模型，存放编码的规则，用于对新数据集中离散型变量的编码。执行模型输出端口，将模型保存在用户空间，以便在模型应用阶段使用。

2）划分训练集和测试集。在进行模型构建和评估前，通过“数据分割”节点，将数据集划分为训练集和测试集。本案例的 600 组数据并不算多，因此设定“测试集百分比”为 20%。即按 8 : 2 的比例来划分训练集和测试集，抽样方法选择“线性”，同时选择“ Buyer”列为分层列，以避免少数类没有参与训练建模的问题。数据分割后，训练集共 480 条，用于进行模型训练；测试集共 120 条，用于检验模型性能的优劣。

3）模型构建。在训练集上，采用“随机森林”算法建立模型。将“数据分割”节点的训练集输出端口与“随机森林”节点相连接，并对该节点的参数进行设置。

① 预测变量：从表中可选择若干列，接受数值型或者字符型的列。这里选择除“Buyer”和“CustID”之外的所有列。

② 目标变量：只能从表中选择一列，且只接受字符型的列。这里选择“Buyer”。

③ 树的数目：随机森林中树的数量，默认值为 100。这里设置为 50。

④ 每棵树的样本比例：每棵树使用的训练样本大小，以训练集大小的百分比表示。这里设置 95，表示从训练集中有放回地抽取 95% 的样本构建树。

⑤ 每棵树的特征数量：设置随机选择的属性的数量，每棵树使用的特征个数。如果为 0，则使用 int（log2（#predictors）+1）。这里设置为 9。

⑥ 最大树深度：树的最大深度，默认值为 0，表示无限制。这里设置为 6。

⑦ 计算属性重要性：是否计算属性重要性，如需计算，则以表格的形式输出。默认值为 true。

（3）模型评估

在测试集上，对“随机森林”算法的性能进行评估。使用分类评估节点，连接“数据分割”节点的测试集输出端口和“分类评估”节点的表格输入端口，同时连接“随机森林”节点的模型输出端口和“分类评估”节点的模型输入端口。执行“分类评估”节点，得到评估结果。单击“模型”端口→“文本查看器”，可以查看分类评估报告，如图 6-59 所示。

随机森林算法构建的营销响应预测模型，在测试集上总错误率为 13.333%，总体准确率比较高。除了模型的总准确率，从评估报告中还可以看到有响应（类名 =YES）的查准率等于 88.24%，这说明提供的预测可能会响应的客户名单中有 88.24% 的客户最后真的购买了商品。另外，提供的预测为响应（类别 =YES）的客户人数占所有响应的客户人数的 81.82%，查全率比较高。从查准率和查全率这两个指标可以看出模型在测试集上的预测效果还不错，可以保存该随机森林模型到用户空间，在模型应用阶段可以在新的客户数据集上使用。

（4）模型应用

用“应用”节点基于训练好的随机森林预测模型对公司数据库中的所有客户进行预测，预测用户响应的概率。根据用户的响应概率和限定条件对每个可营销客户进行选择，精准筛选目标客户群，节约营销成本，提高投资回报率及客户满意度。

文本查看器:分类评估

分类评估报告

总体评价

总样本数	120.0
分类错误样本数	16.0
总错误率	13.333%

混淆矩阵

	预测值	
实际值	NO	YES
NO	59 90.769%	6 9.231%
YES	10 18.182%	45 81.818%

指标评估

类名	准确率	查准率	查全率	F1值	AUC
NO	0.8667	0.8551	0.9077	0.8806	0.8917
YES	0.8667	0.8824	0.8182	0.8491	0.8737

图 6-59　随机森林模型的分类评估报告

由于在模型构建阶段使用了属性编码，因此在预测阶段，也需要对新数据集进行属性编码。将模型构建阶段保存的“哑变量编码”模型和新数据分别与“转换应用”节点相连接，执行转换应用节点可以得到新数据的编码结果，之后该数据可以与“应用”节点相连接。另外，基于预测结果还可以使用“过滤”节点编写筛选规则，得到符合条件的营销客户名单，便于业务人员进行营销推广。整个预测的分析工作流如图 6-60 所示。该节点会在原始数据的基础上增加新的两列，一列为目标变量的预测值，另一列为概率值，即可信度。

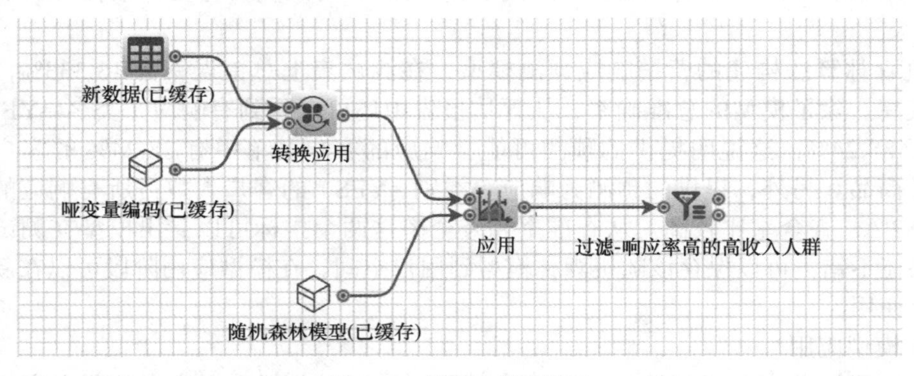

图 6-60　模型应用工作流

本案例通过随机森林算法构建了营销响应预测模型，该模型可以预测客户对营销活动的响应情况，根据客户的响应概率，锁定目标人群名单，辅助下一轮大范围营销活动的展开，提高营销的命中率，避免地毯式地“轰炸”，维护良好的客户关系。

4. 分析过程——基于 Python

（1）数据读取

首先通过 Pandas 库读取数据，代码如下：

```
1. import pandas as pd
2. df = pd.read_excel('营销响应回收表.xlsx')
3. df.head()
4. df = df.replace({'Gender': {'MALE': 0, 'FEMALE': 1}})
5. df = df.replace({'Marital_status': {'NO': 0, 'YES': 1}})
6. df = df.replace({'House_owner': {'NO': 0, 'YES': 1}})
7. df = df.replace({'Credit_card': {'NO': 0, 'YES': 1}})
8. df = df.replace({'Buyer': {'NO': 0, 'YES': 1}})
9. df = df.drop(columns='CustID')
10. df = pd.get_dummies(df,drop_first=True)
```

第 2 行代码用 read_excel() 函数读取 Excel 文件数据赋给变量 df；第 3 行代码用 df.head() 查看表格的前 5 行，结果如图 6-61 所示。

	CustID	Age	Gender	Marital_status	Dependents	City	Salary	Role	House_owner	Credit_card	Buyer
0	C5901	43	MALE	NO	1	苏州	35454	技术人员	NO	YES	YES
1	C5902	36	MALE	YES	0	上海	19337	服务人员	YES	NO	YES
2	C5903	37	FEMALE	YES	1	宁波	24447	技术人员	NO	NO	YES
3	C5904	28	FEMALE	YES	3	苏州	33606	管理人员	YES	YES	NO
4	C5905	15	FEMALE	NO	2	上海	21571	技术人员	NO	YES	NO

图 6-61 表格前 5 行

第 4 ～ 8 行代码用 replace() 函数对 Gender、Marital_status、House_owner、Credit_card 和 Buyer 列的内容进行数值化处理；第 10 行代码用 get_dummies() 函数来创建哑特征，get_dummies 默认会对 DataFrame 中所有字符串类型的列进行独热编码。特征编码后的数据结果如图 6-62 所示。

	Age	Gender	Marital_status	Dependents	Salary	House_owner	Credit_card	Buyer	City_宁波	City_杭州	City_苏州	Role_服务人员	Role_管理人员
0	43	0	0	1	35454	0	1	1	0	0	1	0	0
1	36	0	1	0	19337	1	0	1	0	0	0	1	0
2	37	1	1	1	24447	0	0	1	1	0	0	0	0
3	28	1	1	3	33606	1	1	0	0	0	1	0	1
4	15	1	0	2	21571	0	1	0	0	0	0	0	0

图 6-62 数据结果

其中“Buyer”列为目标变量 y，数字 1 代表有响应，数字 0 代表无响应，其余列为特征变量 X。虽然随机森林的基础算法决策树本身是天然支持离散型变量的机器学习算法，但是 scikit-learn 中的决策树算法只支持数值型变量，因此需要对离散型变量先进行特征编码，将其转换为数值型变量。接下来将利用这些数据搭建精准营销响应预测模型。

（2）提取特征变量和目标变量

首先将特征变量和目标变量分别提取出来，代码如下：

```
1. X = df.drop(columns='Buyer')
2. y = df['Buyer']
```

第 1 行代码用 drop() 函数删除“Buyer”列，即目标变量，其余的作为特征变量赋给变量 X；第 2 行代码提取“Buyer”列作为目标变量赋给 y。

（3）划分训练集和测试集

提取完特征变量和目标变量后，将数据划分为训练集和测试集，代码如下：

```
1. from sklearn.model_selection import train_test_split
2. X_train, X_test, y_train, y_test = train_test_split(X, y, test_size=0.2, 
random_state=123)
```

这里将 test_size 设置为 0.2，表示选取 20% 的数据用于测试。random_state 设置为 123，使每次运行程序得到的数据划分结果保持一致。

（4）模型构建

划分好训练集和测试集之后，可以从 scikit-learn 库中引入随机森林算法进行模型训练，代码如下：

```
1. from sklearn.ensemble import RandomForestClassifier
2. rf_model = RandomForestClassifier(max_depth=5, n_estimators=50, min_
samples_leaf=10, random_state=1)
3. rf_model.fit(X_train, y_train)
# 通过 DataFrame 的方式展示特征重要性
4. importances_df = pd.DataFrame() # 创建一个空 DataFrame
5. importances_df['特征名称'] = X_train.columns
6. importances_df['特征重要性'] = rf_model.feature_importances_
7. importances_df.sort_values('特征重要性', ascending=False)
8. importances_df
```


第 1 行代码从 scikit-learn 库中引入随机森林分类算法 RandomForestClassifier；第 2 行代码设置参数来初始化随机森林模型，这里设置树的数目为 50 棵，树的最大深度为 5，叶节点所需的最小样本数为 10，并赋给变量 rf_model；第 3 行代码用 fit() 函数进行模型训练，传入的参数就是前面划分出的训练集数据；第 4 ～ 9 行代码输出特征重要性值，随机森林算法可计算出各个特征变量的重要性值，用于筛选出精准营销中最重要的特征变量，结果如图 6-63 所示。

	特征名称	特征重要性
3	Dependents	0.357842
4	Salary	0.236210
0	Age	0.117264
2	Marital_status	0.099992
11	Role_管理人员	0.055547
6	Credit_card	0.054889
7	City_宁波	0.021890
1	Gender	0.018972
10	Role_服务人员	0.018015
5	House_owner	0.012814
8	City_杭州	0.004487
9	City_苏州	0.002079

图 6-63　特征重要性

从图中可以看出，特征重要性最高的特征变量是子女个数（Dependents），其次是薪资（Salary）和年龄（Age）。

（5）模型评估与预测

想要查看测试集的预测准确度，可以使用 accuracy_score() 函数，代码如下：

```
1. from sklearn.metrics import accuracy_score
2. score = accuracy_score(y_pred, y_test)
3. print(score)
```

将 score 打印输出，结果为 0.825，也就是说，模型对整个测试集的预测准确度为 0.825。

对于分类模型的性能优劣，还需要计算查准率和查全率，Python 可以通过如下代码计算每一个类别的查准率和查全率：

```
1. from sklearn.metrics import classification_report
2. y_pred = rf_model.predict(X_test)
3. print(classification_report(y_test, y_pred))
```

运行结果如下所示：

```
              precision    recall  f1-score   support

           0       0.81      0.88      0.84        65
           1       0.84      0.76      0.80        55

    accuracy                           0.82       120
   macro avg       0.83      0.82      0.82       120
weighted avg       0.83      0.82      0.82       120
```

可以看到，对于各个分类，模型的 precision（查准率）和 recall（查全率）都比较高，因此，模型在测试集上的预测效果还不错。另外，也可以利用 ROC 曲线来评估其预测效果，感兴趣的读者可以自己尝试一下，其评估方法与决策树模型的评估方法是一样的。

习 题

6-1 以下两种描述分别对应哪两种分类算法的评估指标？

1）警察抓小偷，描述警察抓的人中有多少个是小偷的标准。

2）描述有多少比例的小偷被警察抓了的标准。

6-2 简述决策树分类的主要步骤。

6-3 在决策树算法中，为什么树剪枝是有用的？

6-4 X =（72 50 81 74 94 84 63 77 78 90 86 59 83 65 33 88 81），Y=（84 63 77 78 90 75 49 79 77 52 74 90）分别为学生的期中和期末考试成绩。

1）对数据作图。X 和 Y 看上去具有线性联系吗？

2）使用最小二乘法，求由学生的期中成绩预测学生的期末成绩的方程式。

3）预测期中成绩为 86 分的学生的期末成绩。

6-5 根据本书配套提供的文件数据，选用合适的算法编写预测银行是否被批准发放信用卡程序。预测提供的数据包括：是否有房产（1：有房产。0：无房产）；年收入（1：过 50 万。0：低于 10 万。2：在 10 万与 50 万间）；是否有欠贷（1：有欠贷。0：无欠贷）。

6-6 根据本书配套提供的文件数据，选用合适的算法编写预测设置在地铁站中的售货机的饮料出售量（瓶 / 天）程序。预测提供的历史数据包括：售货机所处位置附近有几条地铁线、气温和售货机所在站点的每日平均乘客数。

6-7 根据本书配套提供的文件数据，选用合适的算法编写根据网上购买电冰箱客户浏览产品的历史记录，决定是否向客户推送其他特定产品的程序。预测提供客户浏览产品的历史数据包括：冰箱的长、宽、高、容量和售价。

第 7 章

非监督学习

本章分别使用 Inforstack 大数据应用平台和 Python 语言进行建模分析的方法，介绍基于划分的 K- 均值算法、关联规则挖掘的经典算法 Apriori，以及最常用的主成分分析线性降维方法。

7.1 K- 均值算法

7.1.1 聚类算法简介

机器学习除了有监督学习之外，还有一个大类为无监督学习。实际上，在现实的环境中，大量数据处于没有标注的状态，也就是没有“参考答案”的，要使这些数据发挥作用，就需要使用无监督学习。本节将学习无监督学习中最为经典的问题——聚类问题，用于解决聚类问题的算法一般称为聚类算法，聚类算法在思路上呈现百花齐放的盛况，本节将通过一种最为经典的聚类算法 K- 均值，来了解聚类问题的要求和基本解决方法。

聚类分析是一种典型的无监督学习，用于对未知类别的样本进行划分，将它们按照一定的规则划分成若干个类簇，把相似（距离相近）的样本聚在同一个类簇中，把不相似的样本分为不同类簇，从而揭示样本之间内在的性质以及相互之间的联系规律。但聚类算法不会提供每个类簇的解释，这部分需要由分析人员进行归纳总结。聚类算法在银行、零售、保险、医学和军事等诸多领域有着广泛的应用。例如，根据客户交易情况进行分类，也就是通常所说的客户分群。

聚类分析的应用十分广泛，对于聚类方法的研究也很多，有些方法原理比较简单，而有些方法可能融合了几种不同的聚类方法，甚至融合了其他类别的分析方法，如统计理论、神经网络等。

7.1.2 K- 均值算法实现

K- 均值聚类算法是聚类算法中比较简单的一种基础算法，它是一种基于划分的聚类算法。通过计算样本点与类簇中心的距离，与类簇中心相近的样本点划分为同一类簇。K- 均值中样本间的相似度是由它们之间的距离决定的，距离越近，说明相似度越高；反之，则说明相似度越低。通常用距离的倒数表示相似度的值，其中常见的距离计算方法有欧氏距离和曼哈顿距离等，具体公式和介绍见 6.4 节。其中，欧氏距离更为常用。

K- 均值算法聚类步骤如下：

1）首先随机选取 K 个样本点作为初始聚类中心。

2）对剩余的每个样本点，计算它们到各个聚类中心的欧氏距离，并将其归入到与之距离最小的聚类中心所在的簇。

3）在所有样本点都划分完毕后，根据划分情况重新计算各个新簇的聚类中心。

4）重复第 2）步和第 3）步，直到迭代计算后，所有样本点的划分情况保持不变，或者满足终止条件，此时说明 K- 均值算法已经得到了最优解，将运行结果输出。

7.1.3　K- 均值算法应用案例

本小节将通过搭建客户价值评估模型来学习 K- 均值算法在客户关系管理方面的应用。

1. 案例概述

随着互联网的快速发展，企业营销的重点从原来的以产品为中心逐渐转向以客户为中心，因此客户关系的管理就逐渐被企业重视起来。客户关系管理的核心是客户分群，通过客户分群，区分客户价值，如高价值客户、低价值客户和无价值客户等。企业针对不同类型的客户进行个性化的服务方案。针对高价值客户和潜在高价值客户，将有限的资源集中于这部分客户群体，将会实现企业利润的最大化。

面对激烈的市场竞争，各航空公司都推出了更优惠的营销方式来吸引更多的客户，国内某航空公司希望通过数据挖掘技术建立合理的客户价值评估模型，对客户进行分群，分析不同客户群的客户价值，并制定相应的营销策略。目前该航空公司已积累了大量的会员档案信息和其乘坐信息。

2. 数据集

本案例的样本数据集共计 62830 条，包含了会员卡号、入会时间、第一次飞行日期、性别、会员卡级别、工作地城市、工作地所在省份、工作地所在国家、年龄和飞行次数等共 45 个属性，航空公司客户数据集中变量的详细描述见表 7-1，目的是根据这些历史数据搭建航空客户价值评估，用来将客户分成不同类型的群体。

表 7-1　航空公司客户数据集

变量名	详细说明
MEMBER_NO	会员卡号
FFP_DATE	入会时间
FIRST_FLIGHT_DATE	第一次飞行日期
GENDER	性别
FFP_TIER	会员卡级别
WORK_CITY	工作地城市
WORK_PROVINCE	工作地所在省份
WORK_COUNTRY	工作地所在国家
AGE	年龄
LOAD_TIME	观测窗口的结束时间
FLIGHT_COUNT	飞行次数
BP_SUM	观测窗口总基本积分
SUM_YR_1	第一年总票价
SUM_YR_2	第二年总票价
SEG_KM_SUM	观测窗口总飞行千米数
WEIGHTED_SEG_KM	观测窗口总加权飞行千米数（Σ 舱位折扣 × 航段距离）

（续）

变量名	详细说明
LAST_FLIGHT_DATE	末次飞行日期
AVG_FLIGHT_COUNT	观测窗口季度平均飞行次数
AVG_BP_SUM	观测窗口季度平均基本积分累积
BEGIN_TO_FIRST	观察窗口内第一次乘机时间至 MAX（观察窗口始端，入会时间）时长
LAST_TO_END	最后一次乘机时间至观察窗口末端时长
AVG_INTERVAL	平均乘机时间间隔
MAX_INTERVAL	观察窗口内最大乘机间隔
month_count	会员入会时间距观测时间结束的月数 = 观测结束时间 − 入会时间，单位是月份数

3. 分析过程——大数据应用平台

本案例的目标是客户价值识别，即通过航空公司客户数据识别不同价值的客户。识别客户通过最常用的 3 个指标，即最近消费时间间隔（R）、消费频率（F）和消费金额（M）来进行客户细分，识别出高价值客户，简称 RFM 模型。

RFM 模型中，消费金额表示一段时间内，客户购买企业产品金额的总和。由于航空票价受到运输距离、舱位等级等多种因素影响，相同消费金额的不同旅客对航空公司的价值是不同的。例如，一位购买长航线、低等舱位票的旅客与一位购买短航线、高等级舱位票的旅客相比，后者对于航空公司的价值可能更高。因此，消费金额这个指标并不适合航空公司客户价值分析。应选择客户在一定时间内累积的飞行里程 M 和客户在一定时间内乘坐舱位所对应的折扣系数的平均值 C 这两个指标代替消费金额。此外，还考虑航空公司会员入会时间的长短在一定程度上影响客户价值，所以将客户关系长度 L 也加入到航空公司识别客户价值模型中。

1）客户关系长度 L：会员入会时间距观测窗口结束的月份。

2）消费时间间隔 R：客户最近一次乘坐公司飞机距观测窗口结束的月数。

3）消费频率 F：客户在观测窗口内乘坐公司飞机的次数。

4）飞行里程 M：客户在观测窗口内飞行里程。

5）折扣系数的平均值 C：客户在观测窗口内乘坐舱位所对应的折扣系数的平均值。

在大数据应用平台的工作流功能模块中，使用分析组件构建分析工作流，实现航空客户价值识别模型的构建，模型构建的分析流程如图 7-1 所示，它由数据清洗、属性变换、客户分群、特征刻画和结果解释五部分组成。

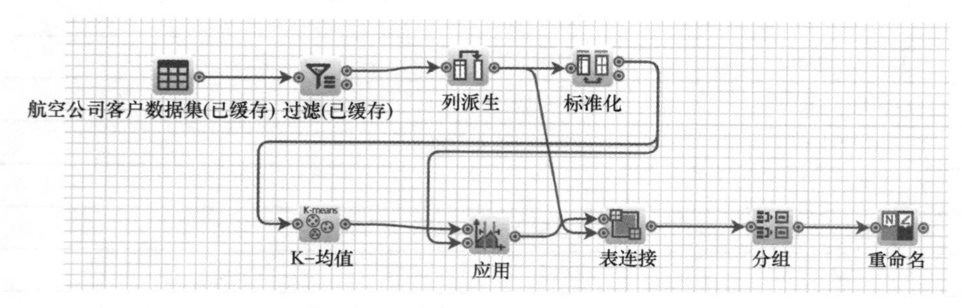

图 7-1　航空客户价值识别模型构建的分析流程

（1）数据清洗

通过数据探索分析，发现数据中存在缺失值。由于原始数据量大，这类数据所占比例较小，直接删除对于分析结果影响不大，因此对其进行删除处理，具体处理方法如下：

1）删除票价为空的记录。

2）删除票价为 0，但平均折扣系数不为 0 和总飞行里程大于 0 的记录。

在平台中，可以使用“过滤”节点来实现，在过滤节点中输入过滤表达式，即可筛选出符合条件的记录。经过“过滤”节点，数据集变为 62044 条。

（2）属性变换

数据变换是将数据转换成“适当的”格式，以适用于挖掘任务及算法。本案例中主要采用的数据变换方式为属性构造和数据标准化。

对于模型所需的 LRFMC 这 5 个指标，由于原始数据没有直接给出 L 这个指标，所以需要通过原始数据构建这个指标，L= LOAD_TIME – FFP_DATE，会员入会时长 = 观测结束时间 – 入会时间。在平台中，可以使用“列派生”节点来实现新属性的构造，表达式为“daysbetween（FFP_DATE，LOAD_TIME）”。其他的 4 个指标与变量的对应关系如下。

1）R= LAST_TO_END：客户最后一次乘坐本公司飞机距观测时间结束的月数。

2）F= FLIGHT_COUNT：客户在观测时间内乘坐本公司飞机的次数。

3）M= SEG_KM_SUM：客户在观测时间内在本公司累计飞行里程。

4）C= avg_discount：客户在观测时间内乘坐舱位所对应的折扣系数的平均值。

对这五个指标进行分析，发现五个指标取值范围数据差异较大，为了消除量纲带来的影响，需要对数据进行标准化处理。在平台中，可以使用“标准化”节点采用“Z–Score”的方法进行数据标准化，标准化节点的参数设置如图 7-2 所示。

（3）客户分群

标准差标准化处理后，采用 K– 均值聚类算法对客户数据进行客户分群，结合业务相关知识确定聚成 4 类客户。在平台上，将“K– 均值”节点与“标准化”节点相连接，并对该节点的参数进行设置，如图 7-3 所示。

1）输入列：从输入表中选择用来聚类的列，这里选择 LRFMC 对应的五个指标。

2）数值型距离方法：用来计算数值型数据点之间距离的方法，有欧式距离、曼式距离等。这里使用欧式距离。

3）字符型距离方法：用来计算字符型数据点之间距离的方法，有二进制距离、汉明距离。由于选中的列没有字符型，因此这个选项不启用。

图 7-2 标准化节点的参数设置

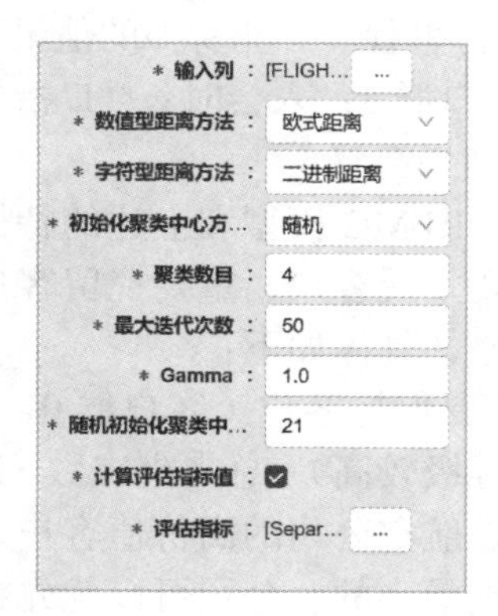

图 7-3 K– 均值节点的参数配置

4）初始化聚类中心方法：用于初始化聚类中心的方法有“First–K”和“随机”两种。这里使用“随机”方法初始化聚类中心。

5）聚类数目：设置合理的聚类数目。这里设置 K=4。

6）Gamma：如输入列数据中既有离散型又有字符型，该值用于设置计算数据点之间的距离时离散型变量和连续型变量的权重比。值小于 1 时将赋予连续型变量较大的权重，相反，值大于 1 时将赋予离散型变量较大的权重。

7）计算评估指标值：是否需要计算衡量聚类质量的指标值。

8）评估指标：在计算评估指标值是可选的指标，包括分离度、紧密度和轮廓系数三种评估指标。

执行“K–均值”节点，可以得到聚类结果，此时得到的聚类中心是标准化后的特征结果。要得到标准化前的各特征聚类中心值，可以先使用“应用”节点得到各样本的聚类标签，然后通过“表连接”得到标准化前的变量值，最后通过“分组”节点，按照各样本聚类标签对各特征变量分组统计，得到标准化前的各特征聚类中心值，四个分群的聚类中心如图 7-4 所示。

类别	总乘坐次数	总飞行里程	最近乘坐过本公司航班	平均折扣系数	入会时长	人数
Cluster_0	46.25228	67305.28165	28.04208	0.79268	1894.45479	5585
Cluster_1	9.56593	13730.81574	98.52619	0.69706	897.78616	26272
Cluster_2	3.89932	6041.20531	474.03119	0.71901	1226.29399	12922
Cluster_3	10.58378	15059.76166	106.23186	0.73998	2452.99803	17265

图 7-4　四个分群的聚类中心

（4）特征刻画

使用平台的自助报告功能，使用雷达图，绘制四个分群的聚类中心，其雷达图如图 7-5 所示。根据聚类结果对不同的客户群进行特征分析，分析结果如下。

1）客户群 0：总乘坐次数（F 指标）、总飞行里程（M 指标）和平均折扣系数（C 指标）的值最大，最近乘坐过本公司航班（R 指标）的值最小。

2）客户群 1：平均折扣系数（C 指标）和入会时长（L 指标）的值最小。

3）客户群 2：最近乘坐过本公司航班（R 指标）的值最大，而在总乘坐次数（F 指标）、总飞行里程（M 指标）的值最小。

4）客户群 3：入会时长（L 指标）的值最大。

（5）结果解释

基于 LRFMC 模型和上述的特征分析，将上述客户群定义为四个客户级别：重要保持客户、重要发展客户、重要挽留客户、一般客户或低价值客户。不同的客户群应采取不同的服务策略，具体如下：

1）重要保持客户（客户群 0，9%）：这类客户的平均折扣系数（C）高（一般所乘航班的舱位等级较高），总乘坐次数（F）和总飞行里程（M）高，最近乘坐过本公司航班（R）低。他们是航空公司的高价值客户，是最为理想的客户类型，对航空公司的贡献最大，所占比例也是最小的。公司可以优先将资源投放到他们身上，对他们进行差异化管理、一对一的服务，提高客户的忠诚度和满意度，尽可能延长客户的生命周期。

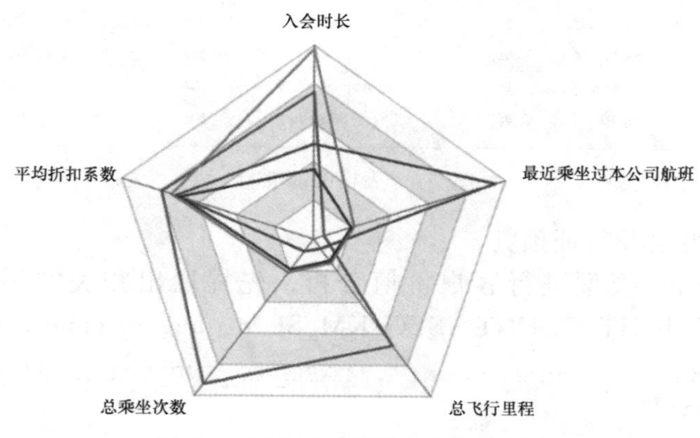

图 7-5 四个分群聚类中心的雷达图

2）重要发展客户（客户群 1，42.34%）：这类客户的最近乘坐过本公司航班（R）较低，入会时长（L）短，总乘坐次数（F）或总飞行里程（M）较低。他们是航空公司的潜在高价值客户。虽然他们当前价值不高，但却非常有潜力。公司应努力增加这类客户在公司的消费次数，同时提升客户的满意度，以防转向竞争对手，应使他们逐渐成为公司的忠诚客户。

3）重要挽留客户（客户群 3，27.83%）：这类客户过去所乘航班的平均折扣系数（C）、总乘坐次数（F）或者总飞行里程（M）较高，入会时间是最长的，但是已经较长时间没有乘坐本公司的航班或是乘坐频率变小。由于客户衰退的原因各不相同，所以掌握客户的最新消息、维持与客户的互动就显得尤为重要。公司应根据客户最近的消费时间、消费次数的变化，推测客户消费的异动状况，并列出客户名单对其重点联系，采取一定的营销手段来延长客户的生命周期。

4）一般与低价值客户（客户群 2，20.83%）：这类客户所乘航班的平均折扣系数（C）很低，最近乘坐过本公司航班（R）高，总乘坐次数（F）或总飞行里程（M）较低，入会时长（L）短。这类客户是低价值客户，可以发送促销短信一般维护即可。

4. 分析过程——基于 Python

前文通过 Inforstack 大数据应用平台来完成分析过程，下文将通过 Python 来完成这个分析过程。

（1）数据读取及预处理

读取航空公司客户群数据及数据预览，Python 代码如下：

```
1.import pandas as pd
2.air_data = pd.read_csv('examples/air_clients/航空公司客户数据集.csv')
3.air_data.head()
```

第 1 行代码导入 Pandas 库，Pandas 库提供了高级的数据结构和函数，本文主要使用的 Pandas 对象是 DataFrame，它是用于实现表格化、面向列、使用行列标签的数据结构。第 2 行使用 read_csv 方法将“航空公司客户数据集.csv”数据表读入。第 3 行通过打印 air_data.head() 查看表格的前 5 行，结果如图 7-6 所示。

	MEMBER_NO	FFP_DATE	FIRST_FLIGHT_DATE	GENDER	FFP_TIER	WORK_CITY	WORK_PROVINCE	WORK_COUNTRY	AGE	LOAD_TIME	...	ADD_Point_S
0	54993	2006/11/02	2008/12/24	男	6	.	北京	CN	31.0	2014/03/31	...	39
1	28065	2007/02/19	2007/08/03	男	6	NaN	北京	CN	42.0	2014/03/31	...	12
2	55106	2007/02/01	2007/08/30	男	6	.	北京	CN	40.0	2014/03/31	...	15
3	21189	2008/08/22	2008/08/23	男	5	Los Angeles	CA	US	64.0	2014/03/31	...	
4	39546	2009/04/10	2009/04/15	男	6	贵阳	贵州	CN	48.0	2014/03/31	...	22

图 7-6　表格的前 5 行

（2）提取特征变量及特征预览

仍然采用 LRFMC 模型进行客户价值分析，先提取出相关的属性：month_count、LAST_TO_END、FLIGHT_COUNT、SEG_KM_SUM、avg_discount，Python 代码如下：

```
1.air_data=air_data[['month_count','LAST_TO_END','FLIGHT_COUNT','SEG_KM_
SUM','avg_discount']]
2.air_data.describe()
```

第 2 行代码使用 describe() 方法查看每个属性值的分布情况，结果如图 7-7 所示。

	month_count	LAST_TO_END	FLIGHT_COUNT	SEG_KM_SUM	avg_discount
count	62988.000000	62988.000000	62988.000000	62988.000000	62988.000000
mean	49.500006	176.120102	11.839414	17123.878691	0.721558
std	28.241057	183.822223	14.049471	20960.844623	0.185427
min	12.200000	1.000000	2.000000	368.000000	0.000000
25%	24.400000	29.000000	3.000000	4747.000000	0.611997
50%	42.300000	108.000000	7.000000	9994.000000	0.711856
75%	72.600000	268.000000	15.000000	21271.250000	0.809476
max	114.600000	731.000000	213.000000	580717.000000	1.500000

图 7-7　属性值的分布情况

从结果可发现每个属性值的取值范围比较大，这对基于距离计算的模型影响很大，因此，需要先将其标准化。

（3）数据标准化


```
5.from sklearn.preprocessing import StandardScaler
6.sc_X = StandardScaler()
7.air_data = sc_X.fit_transform(air_data)
8.air_data= = pd.DataFrame(data=air_data,columns=['month_count','LAST_TO_
END','FLIGHT_COUNT','SEG_KM_SUM','avg_discount'])
```

第 5 行代码导入标准化方法（Z–Score 标准化）StandardScaler；第 6 行代码调用 StandardScaler() 方法，并赋值给 sc_X；第 7 行代码使用 fit_transform() 方法将 air_data 数据进行标准化处理；第 8 行代码是将标准化后的数据重新增加 index（数据集标准化后只有数据，没有索引名称，但数据与原索引顺序不变）。

（4）聚类分析

使用 K– 均值算法对标准化后的数据集进行客户分群，Python 代码如下：

```
1.from sklearn.cluster import KMeans
2.kms = KMeans(n_clusters=4,random_state=10)
3.kms.fit(air_data)
```

```
4.cluster_centers = kms.cluster_centers_
5.cluster_centers = pd.DataFrame(data=cluster_centers,columns=['month_
count','LAST_TO_END','FLIGHT_COUNT','SEG_KM_SUM','avg_discount'])
6.cluster_centers
```

第 1 行代码是从 sklearn.cluster 库导入 KMeans；第 2 行代码设置 KMeans 模型的 n_clusters 的参数为 4，即将样本分为 4 类；第 3 行代码使用 fit() 函数训练模型；第 4 行代码通过模型的 cluster_centers_ 参数获取聚类中心；第 5 行代码给获取的聚类中心（无列名称）添加列名称。第 6 行代码打印出聚类中心结果如图 7-8 所示。

	month_count	LAST_TO_END	FLIGHT_COUNT	SEG_KM_SUM	avg_discount
0	-0.693805	-0.414701	-0.165938	-0.166069	-0.134898
1	-0.312843	1.639362	-0.570748	-0.535793	-0.023740
2	0.482066	-0.804904	2.450341	2.395058	0.382459
3	1.142258	-0.371108	-0.092833	-0.101807	0.101202

图 7-8　聚类中心结果

针对如图 7-8 所示聚类中心结果进行特征分析，其中客户群 0 在 avg_discount（C 指标）和 month_count（L 指标）上最小。客户群 1 在 LAST_TO_END（R 指标）上最大，FLIGHT_COUNT（F 指标）和 SEG_KM_SUM（M 指标）上最小。客户群 2 在 LAST_TO_END（R 指标）上最小，FLIGHT_COUNT（F 指标）和 SEG_KM_SUM（M 指标）以及 avg_discount（C 指标）上最大。客户群 3 在 month_count（L 指标）上最大。

7.2　Apriori 算法

7.2.1　关联规则的基本概念

关联规则用来反映一个事物与其他事物之间的相互依存性和关联性，是数据挖掘的一项重要技术，用于从大量数据中挖掘出有价值的数据项之间的关系。关联规则挖掘源于购物篮分析，沃尔玛“啤酒和尿布”的案例就是通过分析顾客所购买的商品之间的关联性，发现这一有价值的规律。产生这一现象的原因是：美国的太太们常叮嘱她们的丈夫下班后为小孩买尿布，而丈夫们在买尿布后又随手带回了他们喜欢的啤酒。按常规思维，尿布与啤酒风马牛不相及，若不是借助数据挖掘技术对大量交易数据进行挖掘分析，沃尔玛是不可能发现数据内在的规律的。

关联规则可以应用于各种场景。在商业销售上，关联规则可用于交叉销售，以得到更大的收入；在保险业务方面，如果出现了不常见的索赔要求组合，则可能为欺诈行为，需要进一步调查；在医疗方面，可找出可能的治疗组合；在银行方面，对顾客进行分析，可以推荐感兴趣的服务等。这些都属于关联规则挖掘问题，关联规则挖掘的目的是在一个数据集中找出各项之间的关系，从大量的数据中挖掘出有价值的描述数据项之间相互联系的有关知识。

关联规则挖掘用来发现数据集中项集之间有趣的关联联系。如果两项或多项之间存在关联，那么就可以根据其中一项推荐相关联的另一项。下面是几个与关联规则相关的基本概念。

1. 项与项集

数据库中不可分割的最小信息单位（即记录）称为项（或项目），用符号 i 表示，项的集合称为项集。设集合 $I=\{i_1, i_2, \cdots, i_k\}$ 为项集，I 中项的个数为 k，则集合 I 称为 k- 项集。例如，集合｛啤酒，尿布，奶粉｝是一个 3- 项集，而奶粉就是一个项。

2. 事务

每一个事务都是一个项集。设 $I=\{i_1, i_2, \cdots, i_k\}$ 是由数据库中所有项构成的全集，则每一个事务 t_i 对应的项集都是 I 的子集。事务数据库 $T=\{t_1, t_2, \cdots, t_n\}$ 是由一系列具有唯一标识的事务组成的集合。例如，如果把超市中的所有商品看成 I，则每个顾客的购物小票中的商品集合就是一个事务，很多顾客的购物小票就构成一个事务数据库。

3. 项集的频数

包含某个项集的事务在事务数据库中出现的次数称为项集的频数。例如，事务数据库中有且仅有 3 个事务 t_1=｛啤酒，奶粉｝、t_2=｛啤酒，尿布，奶粉，面包｝、t_3=｛啤酒，尿布，奶粉｝，都包含项集 I_1=｛啤酒，奶粉｝，则称项集 I_1 的频数为 3，项集的频数代表支持度计数。

4. 关联规则

关联规则是形如 $A \rightarrow B$ 的表达式，其中 A、B 分别是项集 I 的真子集，并且 $A \cap B=\varnothing$，A 称为前提或先导条件，B 称为关联规则的结果或后续，关联规则反映了 A 中的项目出现时，B 中的项目也跟着出现的规律。这里的 A 和 B 不是指单一的商品，而是指项集，例如，$\{A, B\} \rightarrow \{C\}$ 的含义就是一个用户如果购买了商品 A 和商品 B，则也会购买商品 C。

5. 支持度

关联规则的支持度（Support）是事务集中同时包含项 A 和 B 的事务数与事务集中总事务数的比值。它反映了 A 和 B 中所包含的项在事务集中同时出现的概率，其计算公式为

$$\text{Support}(A \Rightarrow B) = P(A \cup B) = \frac{f(A \cup B)}{|D|} \times 100\% \quad (7\text{-}1)$$

支持度反映关联规则的有效性，表示关联规则在事务数据库中的重要程度或出现的概率，支持度越高，其关联程度越高。

6. 置信度

关联规则的置信度（Confidence）是事务集中同时包含 A 和 B 的事务数与包含 A 的事务数的比值。反映了包含 A 的事务中出现 B 的条件概率 $P(B|A)$，其计算公式为

$$\text{Confidence}(A \Rightarrow B) = P(B \mid A) = \frac{f(A \cup B)}{f(A)} \times 100\% \quad (7\text{-}2)$$

置信度反映关联规则的确定性，表示关联规则的可信程度，置信度越高，其推断的可信度越高。

7. 最小支持度与最小置信度

通常支持度与置信度必须大于或等于人为设置的阈值，这样才表明项与项之间存在

关联。支持度的阈值称为最小支持度（min_sup），它反映了关联规则的最低重要程度；置信度的阈值称为最小置信度（min_conf），它反映了关联规则必须满足的最低可靠性。

8. 频繁项集

如果某个项集的支持度大于或等于最小支持度，则称该项集为频繁项集（frequent item sets），求频繁项集是求强关联规则的第一步。频繁项集是经常出现在一块儿的物品的集合，它暗示了某些事物之间总是结伴或成对出现。

9. 强关联规则

如果某条关联规则 $A \Rightarrow B$ 的支持度大于或等于最小支持度，置信度大于或等于最小置信度，则称关联规则 $A \Rightarrow B$ 为强关联规则，否则称为弱关联规则。只有强关联规则才有实际意义，因此通常所说的关联规则都是指强关联规则。

7.2.2　Apriori 算法实现

关联规则挖掘可分解为两步来实现：第一步是找出事务数据库中所有大于或等于用户指定的最小支持度的数据项集，即频繁项集；第二步是利用频繁项集生成所需要的关联规则，方法是根据用户设定的最小置信度进行取舍，从而得到强关联规则。识别或发现所有频繁项集是关联规则发现算法的核心。

1993 年，Agrawal 等人首先提出了关联规则的概念，1994 年又提出了著名的 Apriori 算法，该算法成为关联规则挖掘的经典算法。Apriori 算法的基本思想是通过对事务数据库的多次扫描来计算项集的支持度，发现所有的频繁项集，从而生成关联规则。Apriori 算法对数据集第一次扫描后会得到频繁 1- 项集的集合 L_1，第 k（$k>1$）次扫描时首先利用第 k-1 次扫描的结果 L_{k-1} 产生候选 k- 项集的集合 C_k，然后在扫描的过程中确定 C_k 中元素的支持度，最后在每次扫描结束时计算频繁 k- 项集的集合 L_k，当候选 k- 项集的集合 C_k 为空时算法结束。

1. Apriori 的基本原理

1）如果某个项集是频繁的，那么它的所有子集也是频繁的。假设一个集合 $\{A，B\}$ 是频繁项集，即 A、B 同时出现在一条记录的次数大于或等于最小支持度 min_support，则它的子集 $\{A\}$、$\{B\}$ 出现的次数必定大于或等于 min_support，即它的子集都是频繁项集。

2）如果某个项集是非频繁的，那么它的所有超集也是非频繁的。假设一个集合 $\{A\}$ 不是频繁项集，即 A 出现的次数小于 min_support，则它的任何超集如 {A，B} 出现的次数必定小于 min_support，因此其超集必定也不是频繁项集。

2. Apriori 的算法实现

Apriori 算法是使用逐层搜索的迭代方法来获得频繁项集，其核心步骤如下：

1）扫描数据库 D，计算各个单项集的支持度，去掉不满足最小支持度的项集，得到频繁 1- 项集的集合。

2）连接：通过将 k-1 维频繁项集 L_{k-1} 中的每个项集与自身执行连接，产生 k 维候选项集的集合 C_k。

3）剪枝：由于 C_k 的子集中有非频繁的，利用 Apriori 性质，频繁项集的所有非空子集均是频繁的，不满足条件项集的将其删除，缩小 C_k 的范围。

4）对剪枝后的 C_k，计算各个候选项集的支持度，去掉不满足最小支持度的项集，得到频繁项集 L_k。

5）令 $k=k+1$，重复步骤 2）～ 4），直至无法挖掘更高阶的频繁项集为止。

6）生成规则：在挖掘出所有的频繁项集后，进一步生成输入数据之间的关联规则。首先基于频繁项集生成一个包含所有可能的规则表，再逐条校验规则表中的每一条规则，筛选出置信度大于阈值的关联规则。

7.2.3 Apriori 算法应用案例

本小节学习 Apriori 算法在超市购物篮分析的应用，将分别使用 Inforstack 大数据应用平台和 Python 语言进行建模分析。

1. 案例概述

超市通常以快速消费品的销售为主，具有和百货、电子商务等不同的特征，比如消费者在购买决策和购买过程上就有自身的特点。快速消费品大都是日常用品，在采购时常出现即兴的情形，可能由于某些因素引发冲动购物。并且在购买时，可能对周围其他人的建议不敏感，更多取决于个人偏好，同时商品的外观、包装、广告、促销、价格和销售点等均对销售起着重要作用。

在国内的快速消费品市场，商品品种的差异性不大，价格竞争的空间也很小。如何对商品进行合理布局，如何设计受欢迎的促销方案就成了超市竞争客户的一个关键点，而布局、广告和促销的设计必须贴近消费者，这就要求超市分析消费者购物的个人偏好，并且找到共性。本案例就是在这种背景下，根据顾客的购买情况来帮助超市优化营销方案和提升客户满意度。

2. 数据集

表 7-2 为超市结账记录数据库中某天的会员购买记录数据表。

表 7-2　超市购买记录数据表

会员 ID	商品	数量	单价	小计
10150	蔬菜水果	1	17.350	17.350
10150	饮料	1	6.500	6.500
10236	冻肉	1	15.680	15.680
10236	啤酒	1	3.990	3.990
10360	冻肉	1	15.680	15.680
10360	罐装蔬菜	1	12.000	12.000
10360	啤酒	1	3.990	3.990
10360	鱼	3	15.500	46.500
10451	冻肉	1	15.680	15.680
10451	罐装蔬菜	1	12.000	12.000

3. 分析过程——大数据应用平台

首先将数据集拖到编辑面板上，由于使用的数据集是交易格式的，因此将“关联规则（交易输入）”节点放到编辑面板上与数据集相连接，关联规则模型的工作流程如图 7-9 所示。

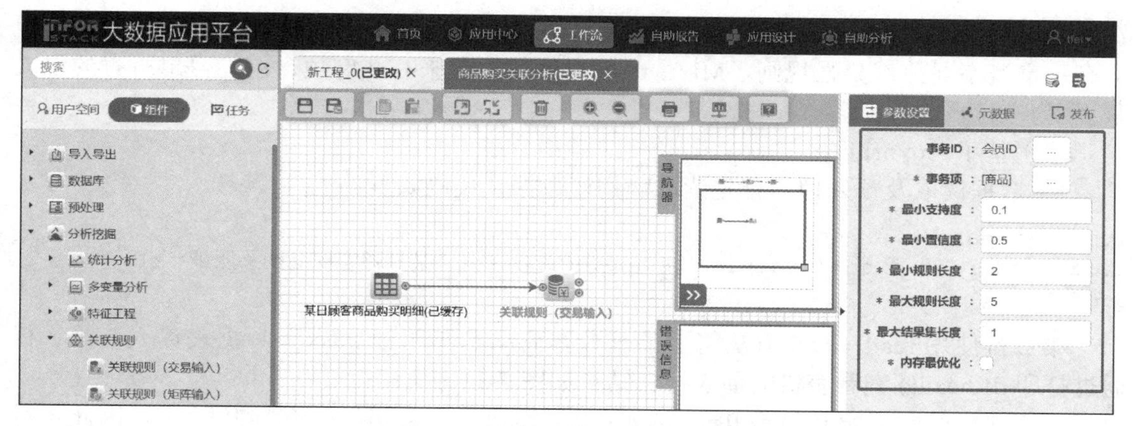

图 7-9　关联规则模型的工作流程

“关联规则（交易输入）”节点的参数设置中“事务 ID”选择“会员 ID”，“事务项”选择“商品”，最小支持度 =10%，最小置信度 =50%。单击“关联规则（交易输入）”节点，构建缓存或执行，都可以生成关联规则结果集，如图 7-10 所示。

Antecedent	Consequent	Support	Confidence	LiftValue
"甜食"	"葡萄酒"	0.1533546326	0.5217391304	1.7129826695
"葡萄酒"	"甜食"	0.1533546326	0.5034965035	1.7129826695
"啤酒"	"冻肉"	0.1810436635	0.5802047782	1.8040141943
"冻肉"	"啤酒"	0.1810436635	0.5629139073	1.8040141943
"啤酒"	"罐装蔬菜"	0.1778487753	0.5699658703	1.7663298753
"罐装蔬菜"	"啤酒"	0.1778487753	0.5511551155	1.7663298753
"冻肉"	"罐装蔬菜"	0.1842385517	0.5728476821	1.7752606386
"罐装蔬菜"	"冻肉"	0.1842385517	0.5709570957	1.7752606386
"啤酒" "冻肉"	"罐装蔬菜"	0.155484558	0.8588235294	2.6615026209
"啤酒" "罐装蔬菜"	"冻肉"	0.155484558	0.874251497	2.7182852837
"冻肉" "罐装蔬菜"	"啤酒"	0.155484558	0.8439306358	2.7046104678

图 7-10　关联规则结果集

分析完商品购买关联后，可以为超市运营者给出如下建议：

1）优化商品布局：通过商品关联分析的结果，能够分析出有些商品很容易被同时购买，在超市进行商品编排时，可以把这些商品摆放得更靠近一些，或者在同一通道内。当顾客购买某一商品时，方便购买其他关联商品，也会产生一些购物冲动来同时购买其他商品。比如把冻肉与罐装蔬菜摆放在一起，甜食跟葡萄酒摆放在一起。

2）设计促销方案：依据商品关联分析的结果，设计促销方案会更能吸引顾客。比如对于关联性强的商品冻肉和罐装蔬菜，可以设计捆绑促销，同时购买这两种商品，可以优惠 5%；或者购买啤酒和罐装蔬菜后，可以优惠 10% 的价格购买冻肉。

3）快速商品推荐：点算完顾客购买的商品后，通过关联分析模型，可以推测顾客还可能购买的商品，此时可以向顾客进行推荐。

4. 分析过程——基于 Python

前文通过大数据应用平台来完成分析过程，下文通过 Python 来完成这个分析过程，在 Python 中可以用 Apyori 库和 Mlxtend 库实现关联分析。Apyori 库使用起来很简便，但会有一定概率漏掉部分强规则。Mlxtend 库虽然使用起来有些麻烦，但能得出所有的强关联规则。

（1）基于 Apyori 库

1）数据读取及预处理。首先读取购物篮数据，代码如下：

```
1.import pandas as pd
2.df = pd.read_excel(examples/shopping_basket/某日顾客商品购买明细.xlsx')
3.df.head()
```

第 2 行使用 read_excel 方法将“某日顾客商品购买明细 .xlsx”数据表读入。第 3 行通过打印 df.head() 查看表格的前 5 行，结果如图 7-11 所示。

由于建模的数据源必须是 list，例如：[[‘面包’，‘牛奶’]，[‘啤酒’]]，因此要对数据进行预处理。

```
1.df=df[['会员ID','商品']]
2.df['商品']=df['商品'].apply(lambda x:','+x+'')
3.df=df.groupby('会员ID').sum().reset_index()
4.df.head()
```

第 1 行代码过滤出会员 ID 和商品两个索引的数据。第 2 行代码为每个商品前加上逗号，这样在汇总后商品之间有逗号间隔，比较清晰。第 3 行代码将同一个会员 ID 的商品聚合到一起。第 4 行代码通过打印 df.head() 查看表格前 5 行，结果如图 7-12 所示。

	会员ID	商品	数量	单价	小计
0	36405	冻肉	1	15.68	15.68
1	109884	冻肉	2	15.68	31.36
2	85259	冻肉	1	15.68	15.68
3	78428	冻肉	1	15.68	15.68
4	78626	冻肉	1	15.68	15.68

图 7-11　表格的前 5 行

	会员ID	商品
0	10150	,蔬菜水果,饮料
1	10236	,冻肉,啤酒
2	10360	,冻肉,罐装蔬菜,啤酒,鱼
3	10451	,冻肉,罐装蔬菜,啤酒,甜食
4	10609	,蔬菜水果,鱼

图 7-12　表格前 5 行


```
1.df['商品']=df['商品'].apply(lambda x :[x[1:]])
2.data_list = list(df['商品'])
3.data_translation = []
4.for i in data_list:
5.    m = i[0].split(',')
6.    data_translation.append(m)
7.data_translation[1:3]
```

第 1 行代码是将同一个 ID 的商品数据前面的逗号去掉，并加上 []。第 2 行代码是将数据转换为 list 格式，以下为转换为 list 格式后的数据预览。第 3 行代码是新建一个列表，用于保存要最终使用的数据。第 4 ～ 6 行代码是将 data_list 内的每个 ID 的数据按逗号分隔并加进最终要用的数据列表内。第 7 行预览最终的数据表。

[['冻肉', '啤酒'], ['冻肉', '罐装蔬菜', '啤酒', '鱼']]

2）调用 Apyori 库中的 apriori() 函数来进行关联关系分析。

```
1.from apyori import apriori
```

```
2.rules = apriori(data_translation , min_support=0.1,min_confidence=0.5)
3.res = list(rules)
```

第 1 行代码是导入 apriori() 函数。第 2 行代码是用 apriori() 函数进行关联分析，data_translation 为数据表，min_support 参数为最小支持度，设置为 0.1；min_confidence 参数为最小置信度，设置为 0.5，以上两个参数跟在 Inforstack 大数据平台上设置的一样。第 3 行代码是将获得的关联规则转为列表，方便之后使用。

```
1.for i in res:
2.      for j in i.ordered_statistics:
3.            pre = j.items_base
4.            post = j.items_add
5.            pre = ','.join([item for item in pre ])
6.            post = ','.join([item for item in post])
7.            if pre != '':
8.                  print(pre + '→' + post)
```

直接查看 res 列表也能获取关联规则，通过第 1 ～ 8 行代码将生成的关联规则结果集从 res 提取并打印出来，这样查看更直观，结果如下：

```
冻肉→啤酒
啤酒→冻肉
冻肉→罐装蔬菜
罐装蔬菜→冻肉
啤酒→罐装蔬菜
罐装蔬菜→啤酒
甜食→葡萄酒
葡萄酒→甜食
啤酒,冻肉→罐装蔬菜
罐装蔬菜,冻肉→啤酒
啤酒,罐装蔬菜→冻肉
```

（2）基于 Mlxtend 库

1）数据读取与预处理。由于 Mlxtend 库中的 apriori() 函数要求输入的数据为矩阵格式，即数据类型由布尔值或 0/1 构成的，在前文中经过预处理后的 data_translation 数据格式为交易类型，即每一行为每个会员 ID 购买的商品明细，要将这样的数据格式转换为矩阵格式，Mlxtend 库中提供了用来转换数据类型的函数 TransactionEncoder()，这里使用该函数进行转换。


```
1.from mlxtend.preprocessing import TransactionEncoder
2.TE = TransactionEncoder()
3.data_transaction_mlxtend = TE.fit_transform(data_translation)
4.data_transaction_mlxtend
```

第 1 行代码从 Mlxtend 库中导入 TransactionEncoder() 函数。第 2 行代码和第 3 行代码是 TransactionEncoder() 函数对 data_translation 转换的过程。第 4 行代码查看数据如下：

```
array([[False, False, False, ...,  True, False, False],
       [ True,  True, False, ..., False, False, False],
       [ True,  True, False, ..., False,  True, False],
       ...,
       [ True,  True, False, ..., False, False, False],
       [ True, False, False, ..., False, False, False],
       [ True, False, False, ...,  True,  True, False]])
```

因为预处理还没有完成，接下来要将数据转换为 DataFrame 格式：

```
1.data_transaction_mlxtend_df=pd.DataFrame(data_transaction_mlxtend ,
```

```
columns=TE.columns_)
2.data_transaction_mlxtend_df
```

第 1 行代码是将 data_transaction_mlxtend 转换为 DataFrame。第 2 行代码是查看转换后的数据集情况，如图 7-13 所示。

	冻肉	啤酒	牛奶	甜食	罐装肉	罐装蔬菜	葡萄酒	蔬菜水果	饮料	鱼	鲜肉
0	False	False	False	False	False	False	False	True	True	False	Fals
1	True	True	False	False	False	False	False	False	False	False	Fals
2	True	True	False	False	False	True	False	False	False	True	Fals
3	True	True	False	True	False	True	False	False	False	False	Fals
4	False	False	False	False	False	False	False	True	False	True	Fals

图 7-13　转换后的数据集情况

2）调用 Mlxtend 库中的 apriori() 函数来进行关联关系分析。

```
1.from mlxtend.frequent_patterns import apriori
2.items_frequent=apriori(data_transaction_mlxtend_df,min_support=0.1,use_
colnames=True)
3.items_frequent.head()
```

第 1 行代码从 Mlxtend 库导入 apriori() 函数。第 2 行代码是挖掘频繁项集，参数 min_support 代表最小支持度，设为 0.1，参数 use_colnames 设为 True 代表使用数据 data_transaction_mlxtend_df 的列名作为频繁项集中项的名称。第 3 行代码预览挖掘出的频繁项集前 5 个数据，如图 7-14 所示。

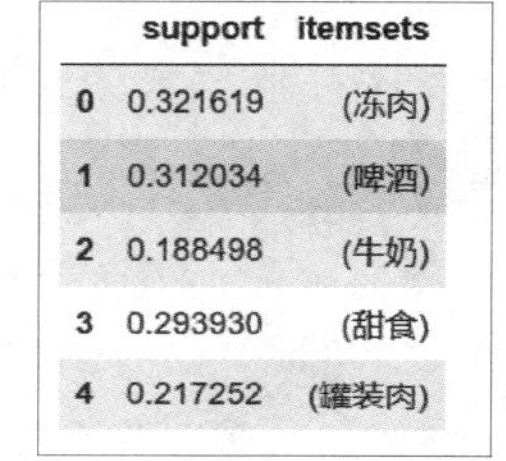

	support	itemsets
0	0.321619	(冻肉)
1	0.312034	(啤酒)
2	0.188498	(牛奶)
3	0.293930	(甜食)
4	0.217252	(罐装肉)

图 7-14　频繁项集前 5 个数据

```
1.from mlxtend.frequent_patterns import association_
rules
2.rules_mlxtend = association_rules(items_frequent , min_threshold=0.5)
3.rules_mlxtend
```

第 1 行代码是从 Mlxtend 库中导入 association_rules() 函数。第 2 行代码是挖掘关联规则，items_frequent 为频繁项集，min_threshold 参数代表最小置信度，设为 0.5。第 3 行代码查看挖掘出的关联规则，如图 7-15 所示。

	antecedents	consequents	antecedent support	consequent support	support	confidence	lift	leverage	conviction
0	(啤酒)	(冻肉)	0.312034	0.321619	0.181044	0.580205	1.804014	0.080688	1.615981
1	(冻肉)	(啤酒)	0.321619	0.312034	0.181044	0.562914	1.804014	0.080688	1.573983
2	(罐装蔬菜)	(冻肉)	0.322684	0.321619	0.184239	0.570957	1.775261	0.080457	1.581150
3	(冻肉)	(罐装蔬菜)	0.321619	0.322684	0.184239	0.572848	1.775261	0.080457	1.585655
4	(啤酒)	(罐装蔬菜)	0.312034	0.322684	0.177849	0.569966	1.766330	0.077160	1.575029
5	(罐装蔬菜)	(啤酒)	0.322684	0.312034	0.177849	0.551155	1.766330	0.077160	1.532748
6	(甜食)	(葡萄酒)	0.293930	0.304579	0.153355	0.521739	1.712983	0.063830	1.454061
7	(葡萄酒)	(甜食)	0.304579	0.293930	0.153355	0.503497	1.712983	0.063830	1.422085
8	(啤酒, 罐装蔬菜)	(冻肉)	0.177849	0.321619	0.155485	0.874251	2.718285	0.098285	5.394746
9	(啤酒, 冻肉)	(罐装蔬菜)	0.181044	0.322684	0.155485	0.858824	2.661503	0.097065	4.797657
10	(罐装蔬菜, 冻肉)	(啤酒)	0.184239	0.312034	0.155485	0.843931	2.704610	0.097996	4.408078

图 7-15　挖掘出的关联规则

7.3　降维算法

7.3.1　降维算法介绍

降维分为特征选择和特征提取两类，前者是从含有冗余信息以及噪声信息的数据中找出主要变量，后者是去掉原来数据，生成新的变量，可以寻找数据内部的本质结构特征。高维数据降维是指采用某种映射方法，降低随机变量的数量，例如将数据点从高维空间映射到低维空间中，从而实现维度减少。降维的本质是学习一个映射函数 f：$x \rightarrow y$，其中 x 是原始数据点的表达，目前最常使用向量表达形式。y 是数据点映射后的低维向量表达，通常 y 的维度小于 x 的维度。f 可能是显式的或隐式的、线性的或非线性的。

降维算法有什么应用场景？在建立模型分析特征数据时，经常会遇到特征维度过大的问题。例如，在基于油站客户的信息来构建分群模型时，客户的信息特征可能包含上百个特征。如果将所有特征输入进模型，会导致模型复杂度高，进而增加过拟合的风险，而且不同的特征可能存在共线性，此时就可以进行降维处理，浓缩特征向量。

主成分分析（Principal Component Analysis，PCA）是最常用的线性降维方法，它的目标是通过某种线性投影，将高维的数据映射到低维的空间中表示，并期望在所投影的维度上数据的方差最大，以此使用较少的数据维度，同时保留住较多的原数据点的特性。通俗的理解是如果把所有的点都映射到一起，那么几乎所有的信息（如点和点之间的距离关系）都丢失了，而如果映射后方差尽可能得大，那么数据点则会分散开来，以此来保留更多的信息。可以证明，PCA 是丢失原始数据信息最少的一种线性降维方式。

7.3.2　降维算法实现

主成分分析的降维是指经过正交变换后，形成新的特征集合，然后从中选择比较重要的一部分子特征集合，从而实现降维。这种方式并非是在原始特征中选择，所以 PCA 这种线性降维方式最大程度保留了原有的样本特征。设有 m 条 n 维数据，PCA 降维算法实现的步骤如下：

1）将原始数据按行组成 m 行 n 列的矩阵 $\boldsymbol{X}$。

2）将 $\boldsymbol{X}$ 的每一列（代表一个属性字段）进行零均值化，即减去这一列的均值。

3）按照式（7-3）求出协方差矩阵。

$$\boldsymbol{C}=\frac{1}{m}\boldsymbol{X}\boldsymbol{X}^{\mathrm{T}} \tag{7-3}$$

4）求出协方差矩阵的特征值及对应的特征向量。

5）将特征向量按对应特征值大小从左到右按列排列成矩阵，取前 k（$k<n$）列组成矩阵 $\boldsymbol{P}$。

6）通过 $\boldsymbol{Y}=\boldsymbol{P}\boldsymbol{X}$ 计算降维到 k 维后的样本数据。

PCA 算法目标是求出样本数据的协方差矩阵的特征值和特征向量，而协方差矩阵的特征向量的方向就是 PCA 需要投影的方向。使样本数据向低维投影后，能尽可能表征原始的数据。协方差矩阵可以用散布矩阵代替，协方差矩阵乘以（n−1）就是散布矩阵，n 为样本的数量。协方差矩阵和散布矩阵都是对称矩阵，主对角线是各个随机变量（各个维度）的方差。

7.3.3 降维算法应用案例

本小节学习 PCA 算法在人脸识别技术中的应用，将分别使用 Inforstack 大数据应用平台和 Python 语言进行建模分析。

1. 案例概述

人脸识别技术是基于人的脸部特征信息进行身份识别的一种生物识别技术。用摄像机或摄像头采集含有人脸的图像或视频流，人脸图像的每个像素点都有不同的值，用这些值可以组成人脸的特征向量，之后根据这些特征向量来进行建模和判断。不过由于采集的人脸图像像素点太多，所以特征变量也很多，这时候 PCA 降维技术就派上了用场，利用 PCA 对人脸数据进行降维，之后再用决策树搭建模型进行人脸识别。人脸识别技术应用十分广泛，例如人脸识别门禁、刷脸支付等。

2. 数据集

这个案例使用的数据集是纽约大学提供的公开人脸数据库 Olivetti Faces，Olivetti Faces 数据库包含 40 个人的人脸图片，每个人 10 张，共计 400 张图片。人脸数据库网址：https://cs.nyu.edu/～roweis/data/olivettifaces.gif。访问该网址会发现这个数据库是一整张图片，因此需要进行拆分，将其拆分为独立的单个图片文件，人脸识别数据集如图 7-16 所示。

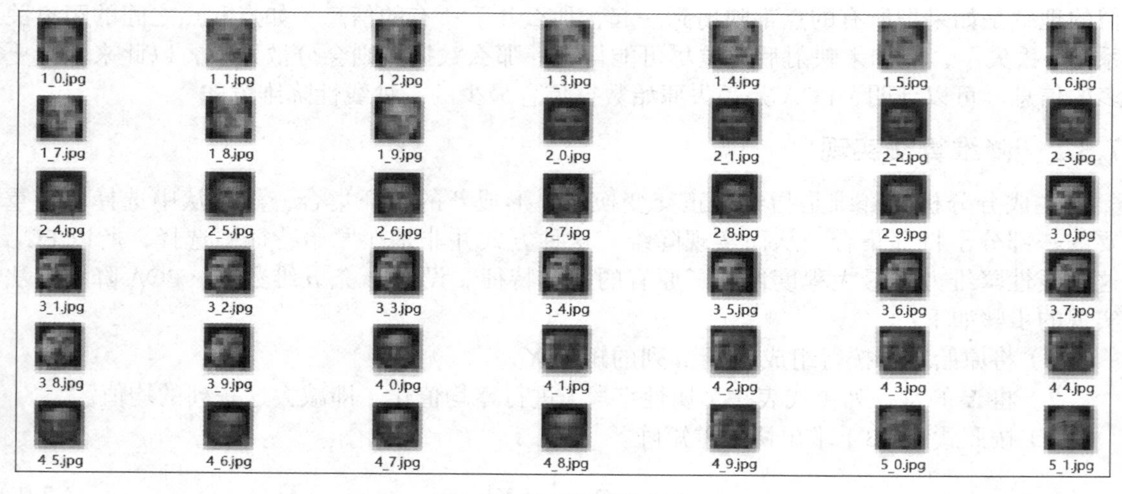

图 7-16 人脸识别数据集

3. 分析过程——大数据应用平台

在大数据应用平台的工作流功能模块中，使用分析组件构建分析工作流，实现基于降维的人脸识别模型，模型构建和评估的分析流程如图 7-17 所示。

（1）划分训练集和测试集

在进行模型构建和评估前，通过“数据分割”节点，将数据集划分为训练集和测试集。本案例的 400 组数据并不算多，因此设定“测试集百分比”为 20，即按 8 ：2 的比例来划分训练集和测试集，抽样方法选择“随机”，同时将人脸类别作为分层列。数据分割后，训练集共 320 条，用于进行模型训练；测试集共 80 条，用于检验模型性能的优劣。

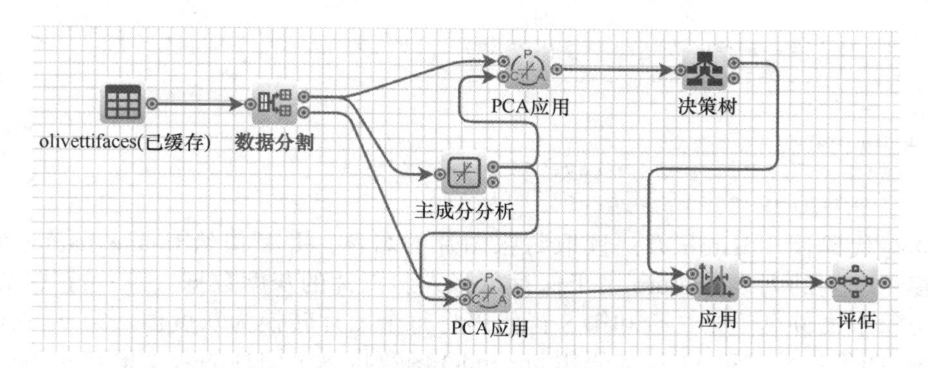

图 7-17　人脸识别模型的分析流程

（2）数据降维

在训练集上，先采用 PCA 算法进行特征降维，将“数据分割”节点的训练集输出端口与“主成分分析”节点相连接，并对该节点的参数进行设置，参数设置如图 7-18 所示。

该节点可以输出各主成分的方差值、贡献率以及累计贡献率。分析结果表示，排名前 50 的特征对应的累计方差贡献率为 89.98%，使用排名前 50 的特征所对应的特征向量，生成 50 个新变量保留住较多的原数据点的特性，使用它们可以进行后续的人脸识别模型的构建。因此，“主成分应用”节点与“主成分分析”节点相连接，以便得到降维后的新变量。

（3）模型构建与评估

在训练集的主成分应用的新数据上，采用“决策树”算法建立人脸识别模型，并设置“决策树”节点的参数。同时在测试集上，连接“主成分应用”节点，将降维应用于测试集，得到新的测试数据集。然后使用“应用”节点，连接“决策树”节点的模型输出端口和新的测试数据集，可以查看分类预测准确率为 71.25%。

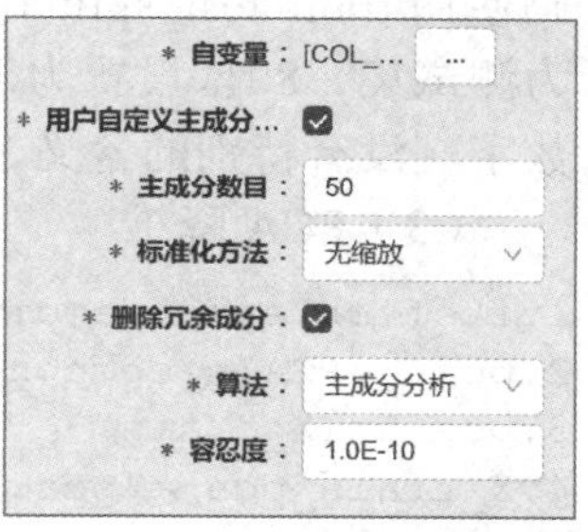

图 7-18　“主成分分析”节点的参数设置

（4）与未降维数据训练模型对比

可以基于未降维的数据集进行模型训练后预测的准确率，决策树与数据分割的参数设置保持与前面一致，最后得到分类预测准确率为 70%，人脸数据通过降维保留了原有数据的信息，既可以提高决策树的运算速度，降低模型的复杂度，同时对于提高模型预测效果也有比较大的作用。

4. 分析过程——基于 Python

（1）数据读入和图像特征提取

```
1.import os
2.import pandas as pd
3.from PIL import Image
4.names = os.listdir('olivettifaces')
5.Feature = []
6.for i in names:
7.       img = Image.open('olivettifaces/' + i)
8.       img = img.convert('L')
9.       img = img.resize((32, 32))
10.      arr = np.array(img)
```

```
11.        Feature.append(arr.reshape(1, -1).flatten().tolist())
12.Feature = pd.DataFrame(Feature)
13.Target = []
14.for i in names:
15.        img = Image.open('olivettifaces/' + i)
16.        Target.append(int(i.split('_')[0]))
```

第 4 行代码使用 listdir 方法读取每张图片的名称，并赋值给 Image_names。第 5 行代码创建一个空的列表 Feature 用于保存每张人脸图片的灰度数据。第 6 行代码通过 for 循环遍历每个文件名。第 7 行和第 8 行代码将每个图片转换为灰度值。第 9 行代码使用 resize 变化图像尺寸。第 11 行代码用 append() 函数将每个图片的灰度值转化为一维特征向量添加到 Feature 列表中。第 12 行代码将列表转换成 DataFrame 格式。第 13 ～ 16 行代码创建一个列表 Target，使用 for 循环遍历每个文件名，提取目标变量值，并保存在目标变量 Target 中。

（2）划分训练集和测试集

```
17.from sklearn.model_selection import train_test_split
18.X_train,X_test,y_train,y_test=train_test_split(Feature,Target,test_
size=0.2,random_state=2)
```

第 17 行代码从 sklearn 库 model 中导入划分数据集方法 train_test_split()。第 18 行代码使用 train_test_split() 方法进行划分，test_size 设置为 0.2 的含义是将 20% 数据集划分为测试集，80% 设置为训练集。设置 random_state 参数为 2，这个参数也可以设置为其他数字，没有特别的含义，主要是保证每次运行代码划分数据的结果一致。

（3）PCA 降维

```
1.from sklearn.decomposition import PCA
2.pca = PCA(n_components=50)
3.pca.fit(X_train)
4.X_train_pca = pca.transform(X_train)
5.X_test_pca = pca.transform(X_test)
```

第 1 行代码从 sklearn 库 decomposition 中导入 PCA。第 2 行代码调用 PCA 方法，并设置降维后特征的数量，这里设置为 50。第 3 行代码用训练数据拟合 PCA 模型。第 4 行和第 5 行代码用拟合后的 PCA 模型对训练数据集和测试数据集进行降维，通过下面代码查看降维后的数据是否满足设置参数要求：


```
1.X_train_pca.shape
```

```
(320, 50)
```

从上述结果看已经成功把数据从 4096 列降维到了 50 列。

（4）模型构建

使用之前学过的决策树分类模型进行模型搭建：

```
1.from sklearn.tree import DecisionTreeClassifier
2.clf = DecisionTreeClassifier()
3.clf.fit(X_train_pca , y_train)
4.y_predict = clf.predict(X_test_pca)
```

第 1 行代码从 sklearn 库中导入决策树模型。第 2 行代码调用决策树方法。第 3 行代码使用模型自带的 fit() 方法基于降维后的数据进行模型训练。第 4 行代码使用训练后的模型对测试集进行预测。

（5）模型评估

对于预测结果，可以采用下述方法来验证准确率：

```
1.from sklearn.metrics import accuracy_score
2.score = accuracy_score(y_predict,y_test)
3.score
```

通过上述代码计算得到的准确率为 70%。

习 题

7-1 什么是聚类？简单描述如下的聚类方法：划分方法、层次方法、基于密度的方法、基于网格的方法及基于模型的方法，并为每类方法给出例子。

7-2 假设聚类分析的任务是将如下的八个点（用（x，y）代表位置）聚类为三个类。八个点分别为：A1（2，10），A2（2，5），A3（8，4），B1（5，8），B2（7，5），B3（6，4），C1（1，2），C2（4，9）。距离函数是 Euclidean() 函数。假设初始选择 A1、B1 和 C1 为每个聚类的中心，用 K 均值算法来给出：

1）在第一次循环执行后的三个聚类中心。

2）最后的三个簇的样本点。

7-3 任选 20 所大学（或选择本书配套提供的文件数据包含的 20 所大学），根据它们在软科、校友会和武书连的最近一年中国大学排名榜的排名，选用合适的算法编写将此 20 所大学分为 3 个梯队（类）的程序。

第 8 章

自然语言与计算机视觉处理

本章重点介绍自然语言处理基础、语音交互技术基础、图像处理与 OpenCV 入门、计算机视觉处理基础等。

8.1 自然语言处理

8.1.1 自然语言处理基础

自然语言处理（Natural Language Processing，NLP）是人工智能领域中的一个重要方向，包含了计算机科学、人工智能、语言学及心理学等学科的交叉学科。主要研究实现人机间用自然语言进行有效交互的理论与方法，以实现人机交流的目的。自然语言处理可分为自然语言理解和自然语言生成两个部分。自然语言处理基于研制能有效使用自然语言进行通信的计算机系统，以实现语音识别、机器翻译、聊天机器人及情感分析等应用。

1. 语音识别

语音识别是自然语言处理的一项重要组成部分，也是实现人机语音交互的首要任务。语音识别以人类语音为研究对象，涉及信号处理、生理学、语言学、概率论和信息论等多个学科的交叉。其最终目标是实现人与机器的自然语言理解与交互。

2. 语音识别的发展历程

20 世纪 50 年代，贝尔实验室实现了世界第一个语音识别系统 Audry（仅能识别 10 个英文数字）；20 世纪 60 年代，产生了动态规划（DP）和线性预测分析（LP）两种技术，后者对语音识别的发展产生深远影响；20 世纪 70 年代，LP 技术继续发展，提出了动态时间规正技术（DTW）、矢量量化（VQ）、隐马尔可夫模型（HMM）；20 世纪 80 年代，人工神经网络（ANN）模型实验成功，其与 HMM 性能相当；20 世纪 90 年代至今，语音识别技术获得空前的关注与巨额的投资，已经从实验室走向实用，取得了飞速的发展。

3. 语义分析

语义分析是自然语言处理的核心任务之一，通常作为对语音识别结果的后续操作步骤。语义分析指运用各种方法，学习与理解一段文本所表示的语义内容，任何对语言的理解都可以归为语义分析的范畴。一段文本通常由词、句子和段落构成，根据理解对象的语言单位不同，语义分析又可分解为词汇级语义分析、句子级语义分析以及篇章级语义分析。

4. 语义分析实际应用

在实际应用中，语义分析通常要结合一个庞大的知识系统，才能实现人机自然语言对话。机器不但要理解人类的问题，还要做出相应的回答。目前常见的相关应用实例有：

聊天机器人、AI 客服、语音点歌机、翻译机和语音遥控系统等。

8.1.2　语音交互技术基础及应用案例

1. 声音的采集、播放与合成

（1）基于 pyaudio 的录音

使用 Python 控制系统的音频设备，实现录音、播放等功能时，通常需要借助 pyaudio 模块。pyaudio 不是 Python 自带的标准模块，一般需要用户手动安装，推荐使用 pip 命令来安装（本书推荐的语音与视觉智能实验套件开发板已安装模块）：①登录命令行终端（Windows 则打开 cmd 窗口）；②输入 pip3 install pyaudio 命令，为 Python3 安装 pyaudio 模块。

1）查看音频设备信息。

【例 8-1】查看音频设备信息 get_dev_info.py 代码操作示例（注：device 是字典结构）。

```
import pyaudio                                         # 导入模块
p = pyaudio.PyAudio()                                  # 实例化
num = p.get_device_count()                             # 获取音频设备总数
for i in range(0, num):                                # 遍历音频设备
      device = p.get_device_info_by_index(i)           # 获取索引号为 i 的设备信息
      # 如果第 i 个设备最大输入通道数大于 0，即是录音设备
      if device.get('maxInputChannels') >0:
        print('Input index:'+str(i)+ ' name:' + device.get('name'))
      # 如果第 i 个设备最大输出通道数大于 0，即是播放设备
      if device.get('maxOutputChannels') >0:
      print('Output index:'+str(i)+ ' name:' + device.get('name'))
```

连接传声器与音响，将 get_dev_info.py 原代码上传到语音与视觉智能实验套件系统，执行 python3 get_dev_info.py，输出结果如图 8-1 所示。PyAudio 类在实例化时，会产生大量的 ALSA 警告，暂不影响本课程的实验，可直接忽略。

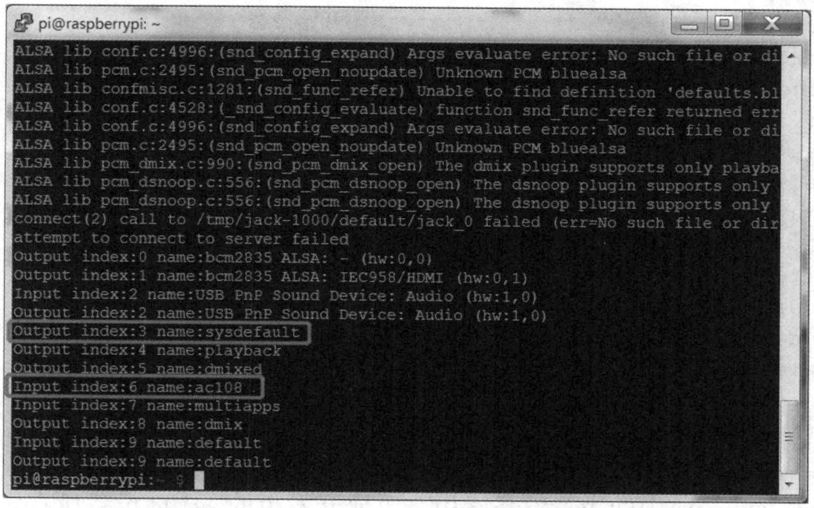

```
pi@raspberrypi: ~
ALSA lib conf.c:4996:(snd_config_expand) Args evaluate error: No such file or di
ALSA lib pcm.c:2495:(snd_pcm_open_noupdate) Unknown PCM bluealsa
ALSA lib confmisc.c:1281:(snd_func_refer) Unable to find definition 'defaults.bl
ALSA lib conf.c:4528:(_snd_config_evaluate) function snd_func_refer returned err
ALSA lib conf.c:4996:(snd_config_expand) Args evaluate error: No such file or di
ALSA lib pcm.c:2495:(snd_pcm_open_noupdate) Unknown PCM bluealsa
ALSA lib pcm_dmix.c:990:(snd_pcm_dmix_open) The dmix plugin supports only playba
ALSA lib pcm_dsnoop.c:556:(snd_pcm_dsnoop_open) The dsnoop plugin supports only
ALSA lib pcm_dsnoop.c:556:(snd_pcm_dsnoop_open) The dsnoop plugin supports only
connect(2) call to /tmp/jack-1000/default/jack_0 failed (err=No such file or dir
attempt to connect to server failed
Output index:0 name:bcm2835 ALSA: - (hw:0,0)
Output index:1 name:bcm2835 ALSA: IEC958/HDMI (hw:0,1)
Input index:2 name:USB PnP Sound Device: Audio (hw:1,0)
Output index:2 name:USB PnP Sound Device: Audio (hw:1,0)
Output index:3 name:sysdefault
Output index:4 name:playback
Output index:5 name:dmixed
Input index:6 name:ac108
Input index:7 name:multiapps
Output index:8 name:dmix
Input index:9 name:default
Output index:9 name:default
pi@raspberrypi:~ $
```

图 8-1　执行 get_dev_info.py 输出结果

注意：记下 pulse 的索引。当使用 pulse 的时候优先使用 USB 声卡作为播放和录音，

如果没用 USB 声卡则使用耳机孔。

2）录音的实现。录音功能的实现，需要借助 pyaudio 模块的 Stream 类。只需实例化一个 PyAudio 类，然后调用它的 open 方法，传入参数，就能返回一个 Stream 实例。常用参数包括：

① rate——采样率。

② channels——通道数。

③ format——采样格式，由样本宽度决定。

④ input——录音使能，True or False（默认）。

⑤ output——播放使能，True or False（默认）。

⑥ input_device_index——录音设备索引。

⑦ output_device_index——播放设备索引。

⑧ frames_per_buffer——每缓存样本数，默认 1024。

⑨ start——是否立即开始，True（默认）or False。

【例 8-2】录制 5s 声音 record_sound.py 操作示例，并保存为同路径下的 output.wav。

```
import pyaudio                                # 导入 pyaudio
Sample_channels = 1                           # 通道数
Sample_rate = 16000                           # 采样率
Sample_width = 2                              # 样本宽度——每个样本占的字节数
Input_index = 6                               # 录音设备索引
p = pyaudio.PyAudio()                         # 实例化
# 录音初始化
stream = p.open(
          rate=Sample_rate,
          format=p.get_format_from_width(Sample_width),
          channels=Sample_channels,
          input=True,
          input_device_index=Input_index,
          start=False )
print("* recording")
stream.start_stream()                         # 开始录音
frames = stream.read(Sample_rate*5)           # 读取 5s 的样本
print("* done recording")
stream.stop_stream()                          # 停止录音
stream.close()                                # 关闭 stream
p.terminate()                                 # 终止任务
# 接下来写入 wav 文件
import wave                                   # 导入 wave，用于读写 wav 文件
file_name = "output.wav"                      #wav 文件输出路径
wf = wave.open(file_name, 'wb')
wf.setnchannels(Sample_channels)
wf.setsampwidth(Sample_width)
wf.setframerate(Sample_rate)
wf.writeframes(frames)
wf.close()
```

将 record_sound.py 中的录音设备索引，改成开发板的 ac108 设备所在索引，然后上传到开发板中。执行命令 python3 record_sound.py，进行测试。输出结果如图 8-2 所示。

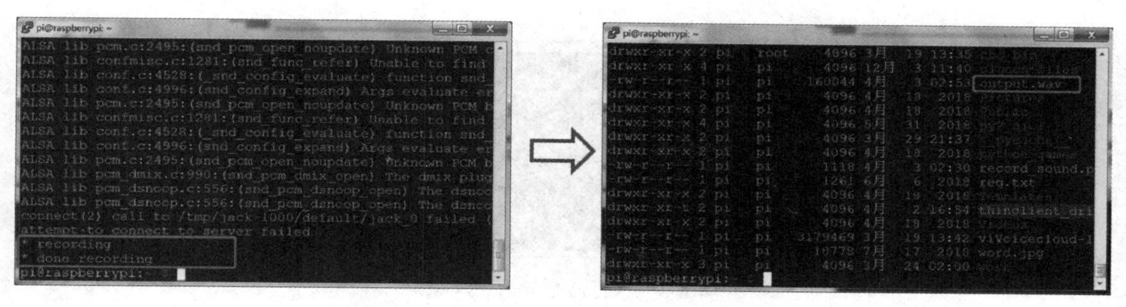

图 8-2　执行 record_sound.py 输出结果

（2）基于 pyaudio 的播放实现

作为录音的反向操作，播放的 Stream 参数含义也同前文所述一致。可将 play_sound.py 中的播放设备索引，改成开发板的 pulse 所在索引，再上传到开发板中与 output.wav 相同的路径下运行测试，从而播放之前录制的 5s 音频。

【例 8-3】实现录音播放功能的 play_sound.py 代码操作示例。

```
# 读取 wav 文件
import wave
file_name = "output.wav"
wf = wave.open(file_name, 'rb')
Sample_channels = wf.getnchannels()          # 通道数
Sample_rate = wf.getframerate()              # 采样率
Sample_width = wf.getsampwidth()             # 样本宽度
Output_index = 3                             # 播放设备索引
nframes = wf.getnframes()                    # 样本总数
frames = wf.readframes(nframes)
wf.close()
import pyaudio
p = pyaudio.PyAudio()# 实例化
# 播放初始化
stream = p.open(
          rate=Sample_rate,
          format=p.get_format_from_width(Sample_width),
          channels=Sample_channels,
          output=True,
          output_device_index=Output_index,
          start=True)
stream.write(frames)                         # 向缓存中写入 frames
stream.stop_stream()                         # 停止播放
stream.close()                               # 关闭 stream
p.terminate()                                # 终止任务
```

另外还有一种更快速的播放音频方法：执行命令 play xxx.wav，如图 8-3 所示。MP3 格式也同样被支持，该方法需要系统中装有 sox 工具。

2. 基于科大讯飞的语音识别及语音合成技术应用

（1）viVoicecloud 模块

1）讯飞开放平台。科大讯飞为 AI 开发者提供了一个在线语音服务平台，主要服务包括：语音识别、语音合成和语义理解等。

```
pi@raspberrypi:~ $ play output.wav

output.wav:

 File Size: 160k      Bit Rate: 256k
  Encoding: Signed PCM
  Channels: 1 @ 16-bit
Samplerate: 16000Hz
Replaygain: off
  Duration: 00:00:05.00
```

图 8-3　执行命令 play xxx.wav

2）安装 viVoicecloud 模块。这里将使用 Python 的 viVoicecloud 模块来对接讯飞开放平台。本书推荐的实验开发板已安装 viVoicecloud 模块。

3）viVoicecloud 功能总览。使用 import viVoicecloud as vv 导入 viVoicecloud 模块。

① 语音识别（类）：vv.asr()。

② 语音合成（类）：vv.tts()。

③ 语义理解（函数）：vv.aiui（s）参数 s 是待理解的文字。

④ 登录与退出（函数）：vv.Login()；vv.Logout()。

另外还提供了两个类，作为扩充功能：

① 百度翻译：vv.baidu_translate()。

② 图灵机器人：vv.tuling()。

（2）在线语音识别功能的应用

1）单次语音识别。基本流程：单次语音识别的流程如图 8-4 所示。该流程的核心操作就是“录音上传 + 获取结果”，需要 pyaudio 和 viVoicecloud 两个模块配合完成。

要点：参考本书范例 asr_once.py，以及 usst 包；在 usst 中新增了 1 个 audio 模块，内部定义函数 findDevice()，功能为查找指定名称和类型的音频设备，并返回其 index；在 while 循环中，AudioWrite() 返回一个 3 元素的元组，代表的含义如下：

① ret：错误代号，等于 0 则代表没有错误。

② status：语音端点检测。0 代表还没开始说话，1 代表正在说话，3 代表一句话结束。

③ recStatus：识别状态。0 代表本片段有结果，1 代表本片段无结果，2 代表正在识别，5 代表整句话识别结束。

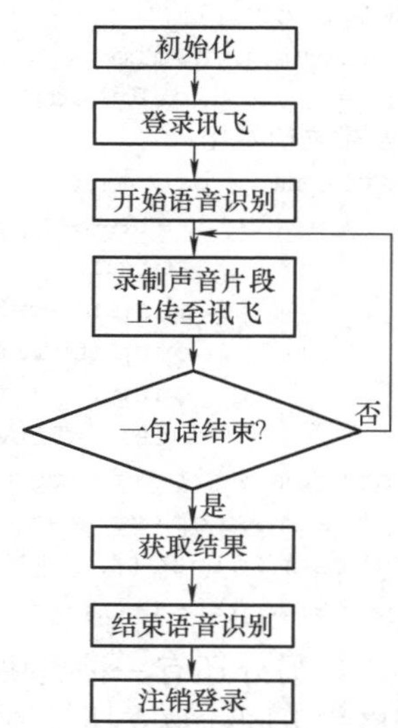

图 8-4　单次语音识别流程

【例 8-4】实现单次语音识别，usst 包以及 asr_once.py 代码操作示例。

```
import pyaudio
import viVoicecloud as vv
from usst.audio import findDevice
device_in = findDevice("pulse","input")
Sample_channels = 1
Sample_rate = 16000
Sample_width = 2
time_seconds = 0.5                              # 录音片段的时长，建议设为 0.2 ~ 0.5s
p = pyaudio.PyAudio()
stream = p.open(
            rate=Sample_rate,
```

```
            format=p.get_format_from_width(Sample_width),
            channels=Sample_channels,
            input=True,
            input_device_index=device_in,
            start = False)
vv.Login()                                         # 登录
ASR=vv.asr()                                       # 实例化
ASR.SessionBegin(language='Chinese')               # 开始语音识别
stream.start_stream()
print ('***Listening...')
# 录音并上传到讯飞，当判定一句话已经结束时，status 返回 3
status=0
while status!=3:
      frames=stream.read(int(Sample_rate*time_seconds))
      ret,status,recStatus=ASR.AudioWrite(frames)
stream.stop_stream()
print ('---GetResult...')
words=ASR.GetResult()                              # 获取结果
ASR.SessionEnd()                                   # 结束语音识别
print (words)
vv.Logout()                                        # 注销
stream.close()
p.terminate()
```

使用音箱运行：①将 asr_once.py 与 usst 包上传到语音与视觉智能实验套件开发板，保持二者在同一路径下，然后执行 python3 asr_once.py；②对着 USB 传声器说话，观察识别结果。

2）循环语音识别。基本流程如图 8-5 所示。与单次识别相比，多了一个外层循环。

try–except 结构负责异常处理：当 try 中的代码运行出错，或者发生中断时（如用户按 <Ctrl+C> 组合键），将执行 except 中的代码，而 except 代码块中的 break 语句会将外层 while 终止，从而整个程序结束。

实现录音循环的 stream.read() 函数中，增加了一项参数 exception_on_overflow = False，目的是屏蔽缓存溢出的报错。这是因为开发板的录音缓存比较小，假如片段读取的速度跟不上录音的速度，就会使缓存溢出。这种报错屏蔽即可，不影响录音的继续工作。

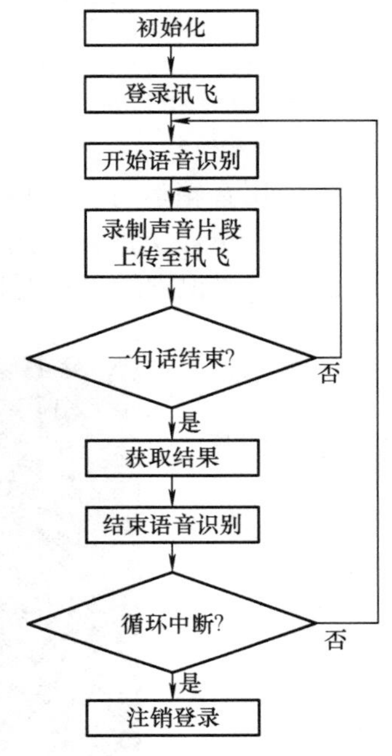

图 8-5　循环语音识别流程

【例 8-5】实现循环语音识别，usst 包以及 asr_circle.py 操作示例。

```
import pyaudio
import viVoicecloud as vv
from usst.audio import findDevice
device_in = findDevice("ac108","input")
Sample_channels = 1
Sample_rate = 16000
Sample_width = 2
time_seconds = 0.5
```

```
p = pyaudio.PyAudio()
stream = p.open(
            rate=Sample_rate,
            format=p.get_format_from_width(Sample_width),
            channels=Sample_channels,
            input=True,
            input_device_index=device_in,
            start=False)
vv.Login()
ASR=vv.asr()
while True:
    try:
        ASR.SessionBegin(language='Chinese')
        stream.start_stream()
        print ('***Listening...')
        status=0
        while status!=3:
                frames=stream.read(int(Sample_rate*time_seconds),exception_
                on_overflow = False)
                ret,status,recStatus=ASR.AudioWrite(frames)
        stream.stop_stream()
        print ('---GetResult...')
        words=ASR.GetResult()
        ASR.SessionEnd()
        print (words)
    except Exception as e:
        print(e)
        print('stopped')
        vv.Logout()
        stream.close()
        p.terminate()
        Break
```

使用音箱运行：①将 asr_circle.py 上传到语音与视觉智能实验套件开发板，保证与之前上传的 usst 文件夹在同一路径下，然后执行 python3 asr_circle.py；②对着 USB 传声器说话，观察识别结果；③通过按 <Ctrl+C> 组合键来停止程序。输出结果如图 8-6 所示。

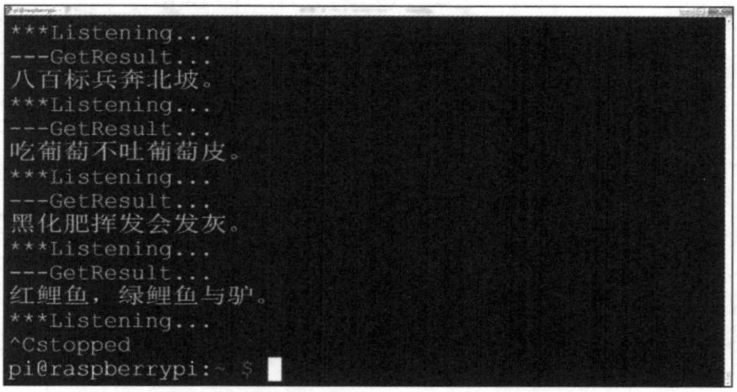

```
***Listening...
---GetResult...
八百标兵奔北坡。
***Listening...
---GetResult...
吃葡萄不吐葡萄皮。
***Listening...
---GetResult...
黑化肥挥发会发灰。
***Listening...
---GetResult...
红鲤鱼，绿鲤鱼与驴。
***Listening...
^Cstopped
pi@raspberrypi:~ $
```

图 8-6　执行 asr_circle.py 输出结果

（3）在线语音合成功能的应用

1）快速合成语音。viVoicecloud 模块下的 tts 类可以实现在线多种语音合成。其中的 say() 函数是一种快速实现方法，参考本书范例 online_tts1.py。两个参数：text 代表待合成的文字，voice 代表播音者。播音者列表见表 8-1。特点是使用 say() 函数直接进行语音合成，声音会保存到与调用方脚本同路径的 aaa.wav 中，并且立刻播放。

表 8-1　播音者列表

播音者	参数名称	语种 / 方言	音色
小燕	xiaoyan	普通话	青年女声
燕平	yanping	普通话	青年女声
晓峰	xiaofeng	普通话	青年男声
晓婧	jinger	普通话	青年女声
唐老鸭	donaldduck	普通话	卡通
许小宝	babyxu	普通话	童声
楠楠	nannan	普通话	青年女声
晓梦	xiaomeng	普通话	青年女声
晓琳	xiaolin	普通话	青年女声
晓倩	xiaoqian	东北话	青年女声
晓蓉	xiaorong	四川话	青年女声
小坤	xiaokun	河南话	青年男声
小强	xiaoqiang	湖南话	青年男声
晓美	xiaomei	粤语	青年女声
大龙	dalong	粤语	青年男声
Catherine	catherine	美式纯英文	青年女声
John	john	美式纯英文	青年男声
henry	henry	英文	青年男声
玛丽安	Mariane	法语	青年女声
阿拉本	Allabent	俄罗斯语	青年女声
加芙列拉	Gabriela	西班牙语	青年女声
艾伯哈	Abha	印地语	青年女声
小云	XiaoYun	越南语	青年女声

【例 8-6】实现快速语音合成，online_tts1.py 操作示例。

```
import viVoicecloud as vv                         # 导入模块
vv.Login()                                        # 登录
t = vv.tts()                                      # 实例化
t.say(text=" 你好啊 ",voice="nannan")
vv.Logout()                                       # 注销
```

2）自定义合成语音。参考范例 online_tts2.py，该方法只会生成音频文件，而不会立刻播放。读者可以分别将 online_tts1.py 与 online_tts2.py 上传到开发板，运行测试。

【例 8-7】实现自定义语音合成，online_tts2.py 操作示例。

```
import viVoicecloud as vv                              # 导入模块
vv.Login()                                             # 登录
t = vv.tts()                                           # 实例化
t.SessionBegin(voice="nannan",speed=7,volume=10)       # 设置播音者、语速和音量
t.TextPut(text=" 你好啊 ")                              # 传入文本
t.AudioGet(filepath="aaa.wav")                         # 设置音频保存路径
t.SessionEnd()
vv.Logout()                                            # 注销
```

3. 基于科大讯飞的语义解析技术应用

（1）AIUI 语义理解功能的应用

1）AIUI 接口的调用。AIUI 是讯飞开放平台的接口之一，常用于语义理解与智能问答的实现。在 viVoicecloud 模块中，AIUI 接口封装成了一个函数，调用时只要向 aiui() 函数中传入问题字符串（UTF-8 编码），就会返回相应的结果列表。该列表一共有五项：[rc，service，action，answer，text]。

① rc ——状态码，取值范围 0 ～ 4，当等于 4 时，代表无法回答。

② service ——服务种类，代表回答该问题所使用的服务类型。

③ action ——一个不定长列表，为其他项目预留。

④ answer ——回答内容，是一个不定长列表。

⑤ text ——用户的问题原文。

2）情景分类。讯飞的 AIUI 接口是面向应用场景而定制的。默认情况下，讯飞会根据用户上传问题的语境，自动切换到相关的服务上。每个问题应用到的具体服务，会体现在返回的结果列表的第二项——service。

3）常用 service 见表 8-2。

表 8-2　常用 service

service	触发句式	answer
openQA	“你好”“谢谢”“你叫什么名字”“你开心吗”“你真聪明”“为什么天会下雨”……	包含 1 个字符串的列表，可以直接作为回答
datetime	“现在几点了”“现在美国几点了”“今天几号”“下周三是几号”“今年除夕是几号”……	包含 1 个字符串的列表，可以直接作为回答
weather	“今天上海天气”“今天上海多少度”	包含 1 个字符串的列表，可以直接作为回答
calc	“100 加 100”“2 的平方根”“5 的四次方”……	包含 1 个字符串的列表，可以直接作为回答
baike	“百科 ×××”“百科搜索 ×××”……	包含 1 个字符串的列表，可以直接作为回答
poetry	“背一首诗”“背一首李白的诗”……	包含 2 个字符串的列表，第 1 项是报幕“为您阅读 ×××”，第 2 项是具体的诗词
news	“有什么新闻”“说几条新闻”“国际新闻”“美国新闻”……	包含 3 个字符串的列表，分别是 3 条新闻的标题
musicX	“唱一首 ×××”“唱一首 ××× 的歌”“唱一首 ××× 的 ×××”……	包含多个字符串的列表，第 1 项是报幕“请欣赏 ×××”，后几项是歌曲检索关键词

4）语音播放回答。在 usst 包中，新增 1 个 answer 模块。在 answer 模块中，封装 1 个函数 aiui_answer()。参数：q—问题字符串、vv—viVoicecloud 模块对象、tts—viVoicecloud 模块下的 tts 类的实例。根据输入的 q，访问 AIUI 获取答案。然后根据有无

答案以及 service 的种类，分情况进行语音合成。

【例 8-8】函数 aiui_answer()，根据输入的 q，访问 AIUI 获取答案。根据有无答案以及 service 的种类，分情况进行语音合成示例。

```
def aiui_answer(q,vv,tts):
    a = vv.aiui(q)
  if a[0]!=4:
    if a[1]  in  ["openQA","datetime","weather","calc","baike","poetry",\
    "news"]:
        for i in a[3]:
                tts.say(i)
    elif a[1] == "musicX":
        tts.say("暂时不会唱歌")
    else:
            tts.say("对不起，我无法回答这个问题")
else:
    tts.say("对不起，我无法回答这个问题")
```

【例 8-9】调用 aiui_answer 的方法，实现文字问答，qa1.py 操作示例。

```
import viVoicecloud as vv
from usst.answer import aiui_answer
vv.Login()
t = vv.tts()
print("请输入问题，输入 exit 退出 \n================")
while 1:
    q = input("问题：")
    if q=="exit":
        break
    else:
        aiui_answer(q,vv,t)
vv.Logout()
```

将本例的 usst 和 qa1.py 上传开发板，执行命令 python3 qa1.py 后输入问题进行测试。

（2）自定义问答

1）简单的一对一结构。一般用户会要求私人定制一些问答内容。根据需求复杂度不同，可采用不同的结构来实现。最简单的一种结构就是将多条“问 + 答”组成 1 对 1 的键值对，写进一个字典结构中。然后根据输入的问题 q，遍历字典寻找匹配的问题，取出对应的答案进行语音合成。

2）一对多结构。在 1 对 1 的基础上做改良。每个问题对应的答案改成一个不定长列表。当输入的问题 q 匹配成功时，从对应的答案列表中随机取出一项进行语音合成。

3）引入正则匹配。前两种结构，对于问题的匹配比较简单，仅仅用 in 来判断 q 中是否包含问题字段。为了能够使问题匹配更灵活，可以引入正则匹配。其中：你（真 | 好 | 非常）？智能匹配所有包含“你聪明”“你真聪明”“你好聪明”“你非常聪明”的问题。再见 | 再会 | 我走了匹配所有包含“再见”“再会”“我走了”的问题。

【例 8-10】引入正则表达式实现一对多结构的自定义问答示例。

```
myqa = {
        "你好":["你好！跟我聊聊吧"],
        "你（真 | 好 | 非常）? 聪明":["没人生来杰出","你的眼光不错","你这样说我会骄
```

```
        傲的 "],
        " 再见 | 再会 | 我走了 ":[" 勇敢地前进吧，朋友 "],
        }
import random
import re
def my_answer(q,tts):
  for key in myqa:
        if key in q:
            alist = myqa[key]
            n = random.randint(0,len(alist)-1)
            tts.say(alist[n])
            return True
        else:
            return False
if __name=="__main__":
import viVoicecloud as vv
vv.Login()
tts=vv.tts()
q=input(" 问题 :")
my_answer(q,tts)
vv.logout()
```

4）自定义问答与 AIUI 结合。将【例 8-10】的代码加入到包的 answer 模块中。参考本书范例 qa2.py，同时导入自定义问答和 AIUI 接口。优先匹配自定义问答，当自定义问答匹配失败时，继续调用 AIUI 接口。将 qa2.py 上传到开发板做测试。

【例 8-11】实现自定义问答与 AIUI 结合，qa2.py 操作示例。

```
import viVoicecloud as vv
from usst.answer import aiui_answer,my_answer
vv.Login()
t = vv.tts()
print(" 请输入问题，输入 exit 退出 \n================")
while 1:
        q = input(" 问题 :")
        if q=="exit":
              break
        else:
              if not my_answer(q,t):
                    aiui_answer(q,vv,t)
vv.Logout()
```


8.2 计算机视觉处理

计算机视觉（Computer Vision，CV）是使用计算机及相关设备对视觉的一种模拟。它的主要任务是通过对采集的图像或视频进行处理，以获得相应场景的视觉信息。

8.2.1 图像处理与 OpenCV 入门

1. OpenCV 安装与入门

OpenCV 是一款基于 C/C++ 语言的开源计算机视觉函数库，并经过优化的代码，适用于实时图像处理。可以进行图像 / 视频载入、保存和采集的常规操作，具有良好的可移植性、具有低级和高级的应用程序接口（API）。可使用如下命令安装 OpenCV：pip install opencv-python -i https://mirrors.aliyun.com/pypi/simple/(如 pip 版本不符，可用 python -m pip install --upgrade pip 更新)。安装完成后用 import cv2 导入无错则安装成功。

（1）控制相机拍照（单帧）

要点：①初始化 VideoCapture 中的值默认为 0，如果设备有多个摄像头则需要确定需要连接的摄像头的 index；②程序结束时切记需要用 cap.release() 释放摄像头资源。

【例 8-12】控制相机拍照（单帧）cvdemo-capture-single.py 源代码示例。

```
import cv2
import os
cap = cv2.VideoCapture(0)                    # 初始化摄像头对象
width = 640
height = 480
cap.set(3, width)
cap.set(4, height)                           # 设置摄像头的长宽参数 :640×480
ret, frame = cap.read()                      # 读取摄像头的一帧
cv2.imwrite("capture.jpg" , frame)           # 将该帧数据写入图片文件
cap.release()                                # 释放摄像头资源
```

（2）控制相机拍照（连续多帧）

要点：①连续摄像需添加 while 循环；② cv2.imshow() 是显示图片或摄像头画面的函数，在 OpenCV 使用中很常用；③程序最后需要注意要释放摄像头资源以及关闭显示框。

【例 8-13】控制相机拍照（连续多帧）cvdemo-capture-loop.py 源代码示例。

```
import cv2
import os
index = 1
cap = cv2.VideoCapture(0)                    # 初始化摄像头对象
width = 640
height = 480
cap.set(3, width)
cap.set(4, height)                           # 设置摄像头的长宽参数： 640×480
while True:
    ret, frame = cap.read()                  # 读取摄像头的一帧
    frame=cv2.cvtColor(frame ,cv2.COLOR_BGR2HSV)
    cv2.imshow("capture", frame)             # 显示摄像头画面
    input = cv2.waitKey(1) & 0xFF            # 读取按键 ( x 为拍照， q 为退出循环 )
    if input == ord('x'):                    # 保存图片
        cv2.imwrite("capture%d.jpeg" % (index,),frame)
        print("%d 张图片已拍摄 " % (index,))
        index += 1
    if input == ord('q'):
        break
cap.release()                                # 释放摄像头资源
cv2.destroyAllWindows()                      # 关闭显示框
```

（3）图像读取与显示操作

要点：① OpenCV 目前支持读取 bmp、jpg、png 和 tiff 等常用图像格式，更详细的说明可参考 OpenCV 的参考文档；②如不添加 waitKey，在命令行中执行的话，则会一闪而过。

【例 8-14】对如图 8-7 所示小猫图片 cat.jpg 进行读取、显示源代码 cvdemo-read-show.py 示例。

```
import cv2
img = cv2.imread("cat.jpg")      # 读取图片文件
cv2.namedWindow("Image")
cv2.imshow("Image", img)         # 显示该图片内容
cv2.waitKey (0)                  # 等待一定时间，让显示内容
                                 # 可以被看到
cv2.destroyAllWindows()          # 关闭所有显示框
```

图 8-7　小猫图片

（4）图像裁剪、缩放与保存操作

要点：① img 本身就是像素的二维数组，因此从数组中截取部分即为剪切图片；② img.shape 是有三个元素的元组（Tuple），即图片的行像素点、图片的列像素点以及通道数（灰度图的通道数为 0，彩色图的通道数为 3 即 RGB）；③ cv2.resize 实现对图片的缩放，cv2.imwrite 实现图片的保存。

【例 8-15】对如图 8-7 所示小猫图片进行裁剪、缩放与保存源代码 cvdemo-crop-resize.py 示例。

```
import cv2
img = cv2.imread("cat.jpg")                     # 读取图片文件
cv2.namedWindow("Image")
cv2.imshow("Image", img)                        # 显示该图片内容
img_cropped = img[0:128, 0:128]                 # 按照像素范围剪切图片
cv2.imshow("Cropped",img_cropped)               # 显示被剪切的图片部分
size = img.shape                                # 获取图片大小（长、宽和通道数）
# 图片放大为原来尺寸的 2 倍
img_resize = cv2.resize(img,(size[1]*2,size[0]*2),cv2.INTER_LINEAR)
cv2.imshow('Resized',img_resize)                # 显示被放大的图片
cv2.imwrite("cat_resized.jpeg",img_resize)      # 保存被放大的图片文件
cv2.waitKey (0)                                 # 等待一定时间，让显示内容可以被看到
cv2.destroyAllWindows()                         # 关闭所有显示框
```

2. 图像基础处理

（1）图像色彩空间变换

颜色空间是对色彩的组织方式。在 OpenCV 中有超过 150 种进行颜色空间转换的方法，但是经常使用到的也就以下两种：BGR ↔ Gray 实现 RGB（RGB 代表红、绿、蓝三个通道的颜色）色彩图像与灰度图转换、BGR ↔ HSV（详见 8.2.2 小节）。

下例要用到的函数是 cv2.cvtColor（input_image，flag），其中 flag 就是转换类型。对于 BGR ↔ Gray 的转换，要使用的 flag 就是 cv2.COLOR_BGR2GRAY。同样对于 BGR ↔ HSV 的转换，要用的 flag 就是 cv2.COLOR_BGR2HSV。

【例 8-16】使用 cv2.cvtColor（input_image，flag）对本书素材 cat.jpg 图像进行色彩空间变换，源代码 cvdemo-cvtColor.py 操作示例。

```
import cv2
img = cv2.imread("cat.jpg")                               # 读取图片文件
cv2.namedWindow("Image")
cv2.imshow("Image", img)                                  # 显示该图片内容
img_cvtHSV = cv2.cvtColor(img, cv2.COLOR_BGR2HSV)         # 图片转换 HSV 空间
```

```
cv2.imshow("cvtHSV",img_cvtHSV)                      # 显示 HSV 图片
img_cvtGRAY = cv2.cvtColor(img, cv2.COLOR_BGR2GRAY)  # 图片转换 GRAY 空间
cv2.imshow("cvtGRAYO",img_cvtGRAY)                   # 显示 GRAY 图片
cv2.waitKey (0)                                      # 等待一定时间，让显示内容可
                                                     # 以被看到
cv2.destroyAllWindows()                              # 关闭所有显示框
```

图 8-8 为颜色空间转换效果。

图 8-8　颜色空间转换效果

（2）图像二值化

图像二值化就是将图像上的像素点的灰度值设置为 0 或 255，也就是将整个图像呈现出明显的黑白两色效果的过程，如图 8-9 所示。

图像二值化可使用函数 threshold（src，thresh，maxval，type[，dst]）–> retval，dst。src 参数表示输入图像（多通道，8 位或 32 位浮点）；thresh 参数表示阈值；maxval 参数表示与 THRESH_BINARY 和 THRESH_BINARY_INV 阈值类型一起使用设置的最大值；type 参数表示阈值类型。type 参数：纯固定阈值算法，效果相对比较差。此外，还有自适应阈值算法：自适应计算合适的阈值，而不是采用固定阈值，比如结合 cv2.THRESH_OTSU，写成 cv2.THRESH_BINARY | cv.THRESH_OTSU；全局自适应阈值，第二个参数值 0 可改为任意数字但不起作用。再比如结合 cv2.THRESH_TRIANGLE，写成 cv2.THRESH_BINARY | cv2.THRESH_TRIANGLE；全局自适应阈值，第二个参数值 0 可改为任意数字但不起作用。

图 8-9　图像二值化

【例 8-17】全局自适应阈值算法实现图像二值化，源代码 cvdemo-binary.py 操作示例。


```
import cv2
img = cv2.imread("cat.jpg")                          # 读取图片文件
cv2.namedWindow("Image")
cv2.imshow("Image", img)                             # 显示该图片内容
img_cvtGRAY = cv2.cvtColor(img, cv2.COLOR_BGR2GRAY)  # 图片转换 GRAY 空间
# 采用固定阈值 100 进行二值化（灰度值低于阈值取 0，高于阈值取 255）
ret, img_binary0 = cv2.threshold(img_cvtGRAY, 100, 255, cv2.THRESH_BINARY)
cv2.imshow("cvtGRAYO",img_binary0)                   # 显示固定阈值二值化结果
ret,img_binary1 = cv2.threshold(img_cvtGRAY, 0, 255, cv2.THRESH_BINARY |
```

```
cv2.THRESH_OTSU)                                # 采用大律法自适应计算合适阈值进行二值化
cv2.imshow("cvtGRAY1",img_binary1)              # 显示自适应大律法阈值二值化结果
ret, img_binary2 = cv2.threshold(img_cvtGRAY, 0, 255, cv2.THRESH_BINARY |
cv2.THRESH_TRIANGLE)                            # 采用三角法自适应计算合适阈值进行二值化
cv2.imshow("cvtGRAY2",img_binary2)              # 显示使用三角自适应阈值法二值化结果
cv2.waitKey (0)                                 # 等待一定时间，让显示内容可见
cv2.destroyAllWindows()                         # 关闭所有显示框
```

图 8-10 为图像二值化自适应阈值算法处理效果比较图。

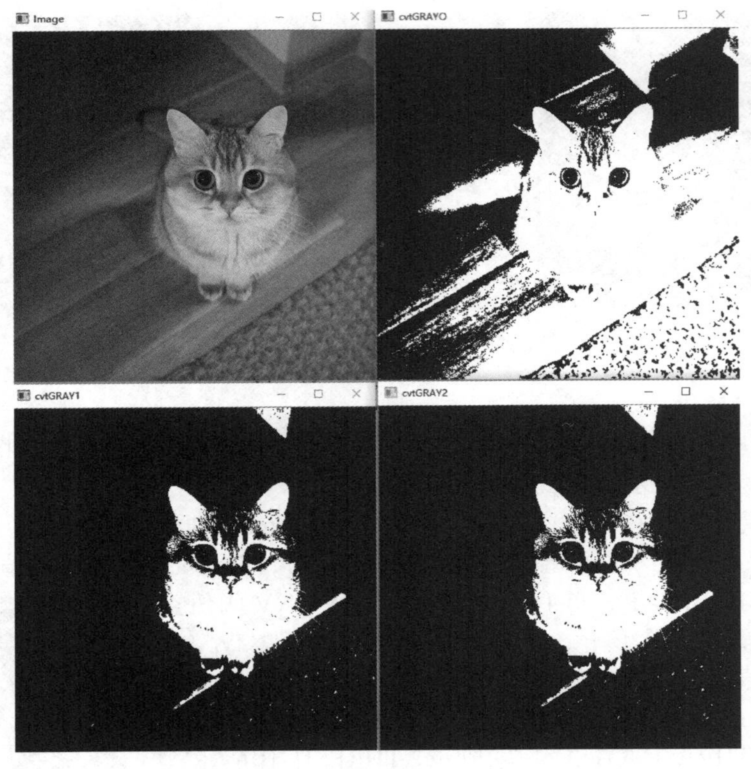

图 8-10　图像二值化自适应阈值算法处理效果比较图

（3）图像取轮廓

OpenCV 自带寻找轮廓的函数，流程是：获取灰度图→图片二值化→寻找轮廓。可以使用 cv2.findContours() 函数来查找检测物体的轮廓。函数格式如下：


```
cv2.findContours(image, contours, hierarchy, mode, method, offset)
```

image：输入图像，图像必须为 8-bit 单通道图像，图像中的非零像素将被视为 1，0 像素保留其像素值，故加载图像后会自动转换为二值图像。

contours：检测到的轮廓，每个轮廓都是以点向量的形式进行存储，即使用 point 类型的 vector 表示。

hierarchy：可选的输出向量（std::vector），包含了图像的拓扑信息，作为轮廓数量的表示 hierarchy 包含了很多元素。每个轮廓 contours[i] 对应 hierarchy 中 hierarchy[i][0] ～ hierarchy[i][3]，分别表示后一个轮廓、前一个轮廓、父轮廓和内嵌轮廓的索引，如果没有对应项，则相应的 hierarchy[i] 设置为负数。

mode 轮廓检索模式，可以通过 cv::RetrievalModes() 查看相关详细信息。

【例 8-18】使用 cv2.findContours() 函数查找检测物体的轮廓，源代码 cvdemo-contour.py 操作示例。图 8-11 为 OpenCV 取轮廓。

图 8-11　OpenCV 取轮廓

```
import cv2
img = cv2.imread("cat.jpg")    # 读取图片文件
img_cvtGRAY = cv2.cvtColor(img, cv2.COLOR_BGR2GRAY)          # 图片转换灰度图
ret, img_binary1 = cv2.threshold(img_cvtGRAY, 0, 255, cv2.THRESH_BINARY |
cv2.THRESH_TRIANGLE)             # 采用三角自适应法计算合适阈值进行二值化
contours , hierarchy = cv2.findContours ( img_binary1,cv2.RETR_EXTERNAL,
cv2.CHAIN_APPROX_SIMPLE )        # 寻找图片轮廓（只保存轮廓拐点并返回最外层轮廓）
cv2.drawContours(img,contours,-1,(0,0,255),3)                # 在已有图片中画
                                                             # 出轮廓
cv2.imshow("Image", img)         # 显示增加轮廓的图片
cv2.waitKey (0)                  # 等待一定时间，让显示内容可以被看到
cv2.destroyAllWindows()          # 关闭所有显示框
```

（4）直方图均衡化

直方图均衡化是图像处理领域中利用图像直方图对对比度进行调整的方法。基本思想是把原始图的直方图变换为均匀分布的形式，这样就增加了像素灰度值的动态范围，从而达到增强图像整体对比度的效果。

【例 8-19】直方图均衡化源代码 cvdemo-equalize.py 操作示例，效果如图 8-12 所示。

图 8-12　直方图均衡化效果图

```
import cv2
img = cv2.imread("cat.jpg")                    # 读取图片文件
cv2.imshow("image",img)
# 彩色图像均衡化，需要分解通道对每一个通道均衡化
(b, g, r) = cv2.split(img)
bH = cv2.equalizeHist(b)
gH = cv2.equalizeHist(g)
rH = cv2.equalizeHist(r)
# 合并每一个通道
result = cv2.merge((bH, gH, rH))
cv2.imshow("dst", result)
cv2.waitKey (0)                                # 等待一定时间，让显示内容可以被看到
cv2.destroyAllWindows()                        # 关闭所有显示框
```

（5）开 / 闭运算

开 / 闭运算的基础操作是腐蚀和膨胀操作。①腐蚀操作，选择滑动窗口中像素值最小的点（局部最小值）；②膨胀操作，选择滑动窗口中像素值最大的点（局部最大值）。

1）开运算：先腐蚀后膨胀的操作称为开操作。它具有消除细小物体、在纤细处分离物体和平滑较大物体边界的作用。Opening = cv2.morphologyEx（img，cv2.MORPH_OPEN，kernel）。

2）闭运算：先膨胀后腐蚀的操作称为闭操作。它具有填充物体内细小空洞、连接邻近物体和平滑边界的作用。closing = cv2.morphologyEx（img，cv2.MORPH_CLOSE，kernel）。

【例 8-20】实现开 / 闭运算 cvdemo-openclose.py 示例（操作效果对比如图 8-13 所示，左边为经二值化处理的原图；经开运算后，中间的二值图背景白点减少；经闭运算后，右边二值图的猫身上的一些黑点纹被填补）。

```
import cv2
import numpy as np
img = cv2.imread("cat.jpg")                    # 读取图片文件
cv2.imshow("image",img)
img_cvtGRAY = cv2.cvtColor(img, cv2.COLOR_BGR2GRAY)
                                               # 图片转换 GRAY 空间
ret, img_binary0 = cv2.threshold(img_cvtGRAY, 0, 255, cv2.THRESH_BINARY|
cv2.THRESH_TRIANGLE)                           # 采用三角法自适应计算合适阈值进行二值化
cv2.imshow("cvtGRAY2",img_binary0)             # 显示使用三角自适应阈值法二值化结果
kernel = cv2.getStructuringElement(cv2.MORPH_CROSS, (3, 3))
                                               # 取十字结构核元素
opening = cv2.morphologyEx(img_binary0, cv2.MORPH_OPEN, kernel)
                                               # 开运算
cv2.imshow('canny1', opening)
closing = cv2.morphologyEx(img_binary0, cv2.MORPH_CLOSE, kernel)
                                               # 闭运算
cv2.imshow('canny2', closing)
cv2.waitKey (0)                                # 等待一定时间，让显示内容可以被看到
cv2.destroyAllWindows()                        # 关闭所有显示框
```

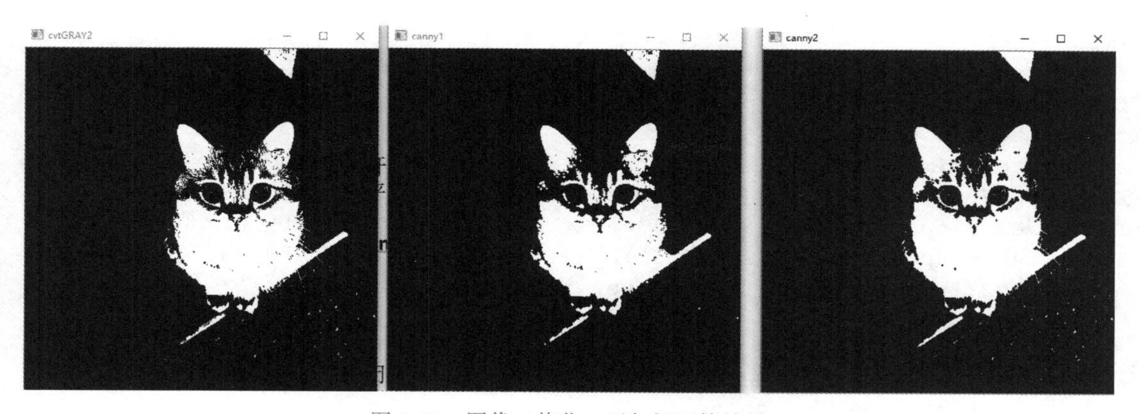

图 8-13　图像二值化、开与闭运算效果

8.2.2　计算机视觉处理基础及应用实例

1. 对图像中特定颜色的筛选

可以应用转换颜色空间来进行物体追踪，提取带有某个特定颜色的物体。在 HSV 颜色空间中比在 BGR 空间中更容易表示一个特定颜色。图 8-14 为 HSV 颜色空间。

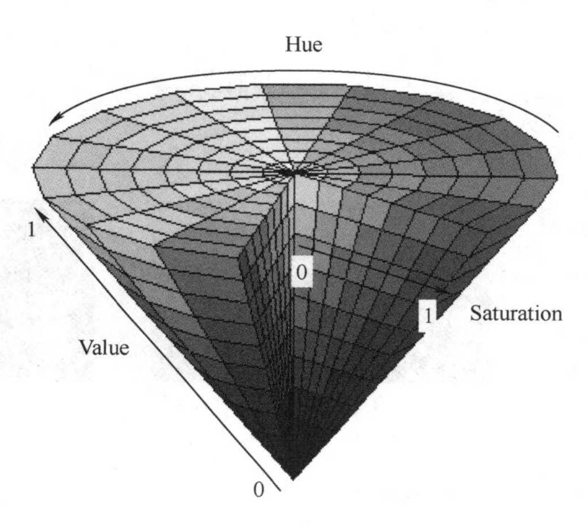

图 8-14　HSV 颜色空间

主要思路：获取图像→转换图像为 HSV 颜色空间→设置所要筛选的颜色的范围（上下界）→获得颜色范围的 mask→图像按位操作。首先将 BGR 模型的彩色图转换成 HSV 模型，使用 hsv = cv2.cvtColor（img，cv2.COLOR_BGR2HSV）。然后，筛选 HSV 中的特定颜色，msk = cv2.inRange（hsv，（hmin，smin，vmin），(hmax，smax，vmax)），在 HSV 颜色范围表（见表 8-3）中（hmin，smin，vmin）和（hmax，smax，vmax）分别代表所筛选颜色的 H（色相)、S（饱和度)、V（亮度）下限和上限。该函数会遍历 HSV 中的每一个点，如果该点颜色值在上述范围内，msk 中对应位置返回一个白点 [255，255，255]，否则返回一个黑点 [0，0，0]。

表 8-3　HSV 颜色范围表

	黑	灰	白	红		橙	黄	绿	青	蓝	紫
hmin	0	0	0	0	156	11	26	35	78	100	125
hmax	180	180	180	10	180	25	34	77	99	124	155
smin	0	0	0	43		43	43	43	43	43	43
smax	255	43	30	255		255	255	255	255	255	255
vmin	0	46	221	46		46	46	46	46	46	46
vmax	46	220	255	255		255	255	255	255	255	255

【例 8-21】颜色筛选 cvdemo-colordetect.py 对本书素材图像 grass.jpg 操作示例。

```
import cv2
import numpy as np
img = cv2.imread("grass.jpg")                              # 读取图片文件
cv2.namedWindow("Image")
cv2.imshow("Image", img)                                   # 显示该图片内容
img_cvtHSV = cv2.cvtColor(img, cv2.COLOR_BGR2HSV)          # 图片转换 HSV 空间
lower_red = np.array([0,180,0])                            # 设定红色 HSV 值下限
upper_red = np.array([20,255,255])                         # 设定红色 HSV 值上限
mask = cv2.inRange(img_cvtHSV, lower_red, upper_red)
                                                           # 获取 mask，以去除背景
cv2.imshow('Mask', mask)
# 对图像进行 Canny 边缘检测，梯度值低于阈值 90 为非边缘点，高于第 2 阈值 200 为边缘点
edges = cv2.Canny(mask, 90,200)
cv2.imshow('edges', edges)
res = cv2.bitwise_and(img, img, mask=mask)                 # 图像按位操作
cv2.imshow('Result', res)
cv2.waitKey (0)                                            # 等待一定时间，让显示内容可
                                                           # 以被看到
cv2.destroyAllWindows()                                    # 关闭所有显示框
```

图 8-15 为昆虫颜色筛选。

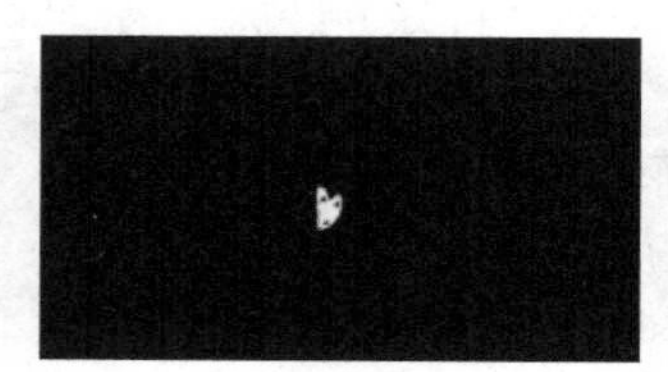

图 8-15　昆虫颜色筛选

2. 霍夫直线检测

霍夫变换常用来在图像中提取直线和圆等几何形状，已知直线可以分别用直角坐标系 $y=ax+b$ 和极坐标系 $r=x\cos\theta+y\sin\theta$（如图 8-16 所示）来表示，那么经过某个点（$x_0$，$y_0$）的所有直线都可以用这个式子来表示，也就是说每一个（r，θ）都表示一条经过（x_0，y_0）的直线，那么同一条直线上的点必然会有同样的（r，θ）。如果将某个点所有的（r，θ）绘制成曲线，那么同一条直线上的点的（r，θ）曲线会相交于一点。

图 8-16　直角坐标系与极坐标系

霍夫变换格式：

```
lines = cv2.HoughLines(image, rho, theta, thresh, [, lines[, srn[, stn[,
min_theta[, max_theta]]]]])
```

lines：输出检测到的直线的向量，每条直线用（r，θ）表示。r 表示直线到原点（就是图片的左上角）的距离。θ 表示直线的旋转角度。

image：输入的色深 8 位或者单通道灰度图片，否则运行时会报错。

rho：以像素为单位累加器的分辨距离值。

theta：用弧度表示的角度。

thresh：累加器阈值参数，只有落在直线上的像素点数大于 thresh 值才会返回直线。

srn：对于多个范围（尺度）的霍夫变化，它是距离分辨率 rho 的除数。估算的距离分辨率是 rho，精确计算的分辨率是 rho/srn。如果 srn 和 stn 都是 0，则使用的是经典霍夫变化。否则这两个参数必须是正数。

stn：对于多范围（尺度）的霍夫变化，它是角度分辨率 theta 的除数。

min_theta：检测直线的最小角度，值的范围是 0 ~ max_theta。

max_theta：检测直线的最大角度，值的范围是 min_theta ~ pi 之间。

HoughLines 方法得到的是直线且计算量较大，而在现实应用中，需要识别更多的线段，所以提出了统计概率霍夫直线变换（Probabilistic Hough Transform），它是一种改进的霍夫变换。该变换格式如下：

```
lines = cv2.HoughLinesP(image,rho,theta,threshold[, lines[, minLineLength[,
maxLineGap]]])
```

变换格式说明：

1）前面四个参数跟 cv2.HoughLines 方法中的用法相同。

2）lines 返回值是以（$x1,y1,x2,y2$）4 个元素的向量为元素的列表。（$x1,y1$）和（$x2,y2$）表示一条线段的起点和终点。

3）minLineLength 指最小的线段长度，小于该参数的直线被舍弃掉，认为不合格。

4）maxLineGap 指同一条线上的最大间断值。

【例 8-22】 使用霍夫直线检测源代码 cvdemo-houghLines.py，对本书素材图像 linegraph.jpg 操作示例，效果如图 8-17 所示。

```
import cv2
import numpy as np
img = cv2.imread("linegraph.jpg")                         # 读取图片文件
cv2.namedWindow("Image")
cv2.imshow("Image", img)                                  # 显示该图片内容
gray = cv2.cvtColor(img, cv2.COLOR_BGR2GRAY)              # 图片转换为灰度格式
edges = cv2.Canny(gray, 90,110)                           # 对图片进行 Canny 边缘检测
lines = cv2.HoughLinesP(edges,1,np.pi/180,200,20,10)
                                                          # 通过 HoughLinesP 检测直线
# 在图片中标识出找到的所有直线
for line in lines:
      x1 = int(round(line[0][0]))
      y1 = int(round(line[0][1]))
      x2 = int(round(line[0][2]))
      y2 = int(round(line[0][3]))
      cv2.line(img,(x1,y1),(x2,y2),(255,255,0),10)
                                              # 按照坐标点画 2 点间直线，线粗 10
cv2.imshow('HoughLinesP',img)
cv2.waitKey (0)                               # 等待一定时间，让显示内容可以被看到
cv2.destroyAllWindows()                       # 关闭所有显示框
```

3. 霍夫圆检测

霍夫圆变换跟直线变换类似，线是用（r，θ）表示，圆则是用（x_center，y_center，r）来表示，从二维变成了三维，数据量变大很多，一般使用霍夫梯度法减少计算量。

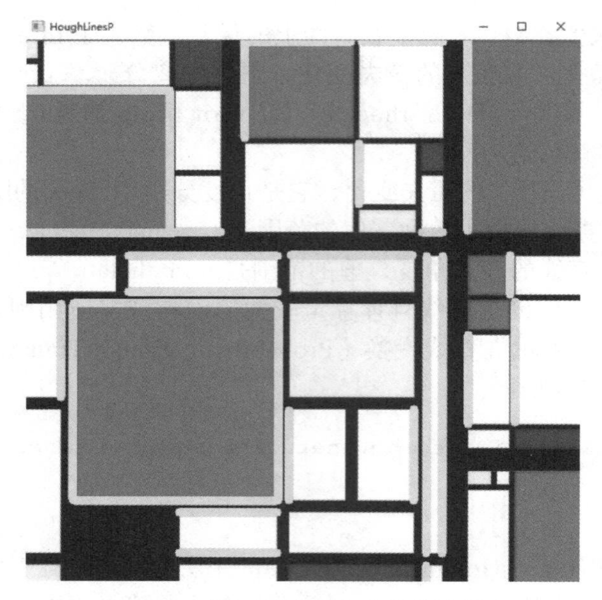

图 8-17　霍夫直线检测操作效果示意图

霍夫圆变换格式如下：

```
cv2.HoughCircles(image,method,dp,minDist[, circles[,param1[, param2
[,minRadius[,maxRadius]]]]])
```

image：表示图片变量。

method：cv2.HOUGH_GRADIENT 表示霍夫圆检测梯度法。

dp：计数器的分辨率，即图像像素分辨率与参数空间分辨率的比值，一般设置 dp=1。

param1：canny 表示检测的双阈值中的高阈值，低阈值是它的一半。

param2：最小投票数（基于圆心的投票数）。

minRadius：需要检测圆的最小半径。

maxRadius：需要检测圆的最大半径。

【例 8-23】 使用霍夫圆检测源代码 cvdemo-houghcircles.py，对本书素材图像 circlegraph.jpg 操作示例，效果如图 8-18 所示。

```
import cv2
import numpy as np
# 定义霍夫圆形检测函数
def hough_circle(img, image):
    circles = cv2.HoughCircles(img, cv2.HOUGH_GRADIENT, 1, 30,
param1=55, param2=65, minRadius=40, maxRadius=100)
    circles = np.uint16(np.around(circles))
    # 在彩色图上绘制检测到的所用的圆，圆心坐标为 (c[0],c[1]) 的蓝色 (255,0,0) 圆
    for c in circles[0, :]:
        cv2.circle(image, (c[0], c[1]), c[2], (255, 0, 0), 2)
                                                # 以 c[2] 为半径画检测到的圆
        cv2.circle(image, (c[0], c[1]), 2, (255, 0, 0), 2)
                                                # 以 2 为半径所画的圆作为圆心
    return image                                # 返回彩色图
image = cv2.imread('circlegraph.jpg')           # 读取文件图像数据
```

```
image1 = cv2.imread('circlegraph.jpg', cv2.IMREAD_GRAYSCALE)
                                                    # 图像转为灰度图
cv2.imshow("Image", image1)
blur = cv2.medianBlur(image1, 5)                    # 灰度图进行中值滤波
hough = hough_circle(blur, image)                   # 调用霍夫圆形检测函数
cv2.imshow("Hough Circle", hough)                   # 显示霍夫圆形检测结果图像
cv2.waitKey(0)
cv2.destroyAllWindows()
```

图 8-18　霍夫圆检测效果示意图

习　题

8-1　制作简易翻译机（汉译英）。要求：采用循环语音识别结构，识别并翻译用户的语音；如果某次识别结果为空，则不进行翻译；每句话识别之后，分别输出中文和英文；用播音者 John 的声音，合成英文并播放。

8-2　简易的人机语音对话程序设计。要求：循环识别用户的语音问题，并给出语音回答；每一次问答，都要先显示出问答的文字，然后再播放回答语音；同时使用 AIUI 和自定义问答（自定义优先）；自定义问答内容参考表 8-2，使用正则表达式，尽量灵活匹配；当用户说“退出”时，终止程序；当用户说“开灯”与“关灯”时，分别点亮和熄灭连在 GPIO17 上的 LED。

8-3　使用 OpenCV 模块，实现摄像头实时拍照，并将拍到的照片进行一系列图像处理后保存到本地。要求：在一个脚本之内实现功能，代码尽量简洁，灵活修改参数观察不同结果，理解与掌握图像处理的基本方法；对拍摄的图片进行直方图均衡化、灰度化、二值化、开闭运算以及寻找轮廓等处理，最终将处理完成的图片保存在图片文件中（包括原图片）。

8-4　交通标志形状识别。对如图 8-19 所示的交通标志图片（shape.jpg）进行形状识别，检测到直线以及圆。要求在一个脚本之内实现功能，代码尽量简洁；灵活修改参数观察不同结果，基本理解与掌握颜色及形状检测的效果。

图 8-19　交通标志图片

第 9 章

人工神经网络与深度学习

本章主要介绍神经网络与深度学习基础知识，并对 Tensorflow、PyTorch、人工智能视觉模型及模型的终端部署等做简单的介绍。

9.1 人工神经网络与深度学习基础

9.1.1 人工神经网络基础

1. 人工神经网络基本概念

人工神经网络（Artificial Neural Network，ANN）是 20 世纪 80 年代以来人工智能领域兴起的研究热点。它从信息处理角度对人脑神经元网络进行抽象，建立某种简单模型，按不同的连接方式组成不同的网络。

神经网络是一种由大量的节点（或称神经元）之间相互连接构成的运算模型。每个节点代表一种特定的输出函数（称为激励函数）。每两个节点间的连接都代表一个对应通过该连接信号的加权值（权重），从而赋予人工神经网络记忆功能。根据环境的变化，网络对权重进行调整，以改善系统的行为。网络的输出根据网络的连接方式、权重和激励函数的不同而变化。人工神经网络模型主要考虑网络连接的拓扑结构、神经元特征和学习规则等要素。

2. 前馈神经网络

（1）基本概念

前馈神经网络（Feed Forward Neural Network，FFNN）是一种最简单的神经网络，也是目前应用最广泛、发展最迅速的人工神经网络之一。

图 9-1 所示为前馈神经网络示意图，图中每个圈为一个神经元（每条输入边上的标注值为输入权重），单个神经元的左边所有的输入值乘以输入权重后求和（求点积），神经元再对得到的输入加权和做函数变换，并输出结果。整个神经网络由输入层（input layer）、隐藏层（hidden layers，简称隐层）和输出层（output layer）组成。FFNN 的结构特点是每个神经元只与前一层的神经元相连，接收前一层的输出，并输出给下一层，各层间没有反馈。

FFNN 可以是多层的网络，如 BP 网络、RBF 网络；也可以是单层的网络，比如一个神经元就能构成一个最简单的 FFNN——单层感知器。

下面重点讲解 BP 网络模型以及实现方法。

（2）BP 网络模型

BP 网络模型属于前馈神经网络的一种。其结构特点是整个网络由输入层、一个或多个隐层，以及输出层构成。所以，网络的总层数等于“隐层数 +2”，每一层的变量（或向量）数，就是该层的神经元数量，如图 9-2 所示。

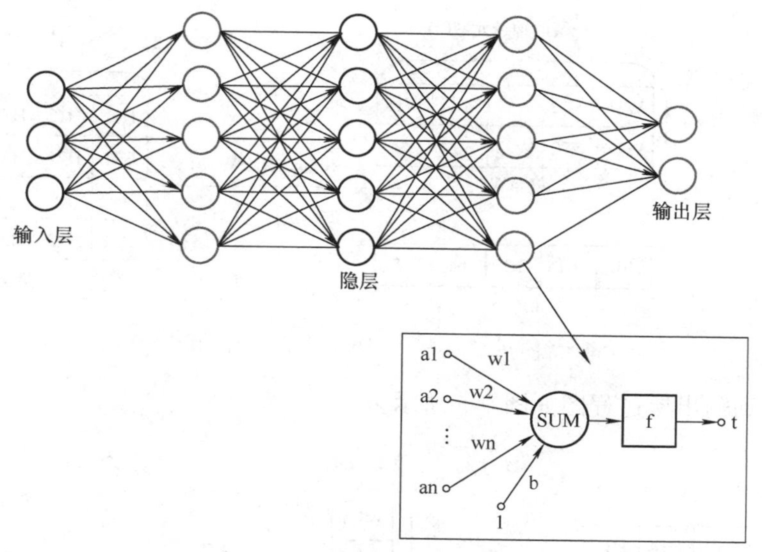

图 9-1　前馈神经网络示意图

这里设置层间传递的权重为 W，偏置为 b。数据每向前传递一层，都要先根据 W 和 b，将本层的数据求加权求和，并用 Sigmoid() 函数实现输出数据的归一化，再传给下一层（也可用 tanh() 作为激活函数，与 Sigmoid() 函数同效）。

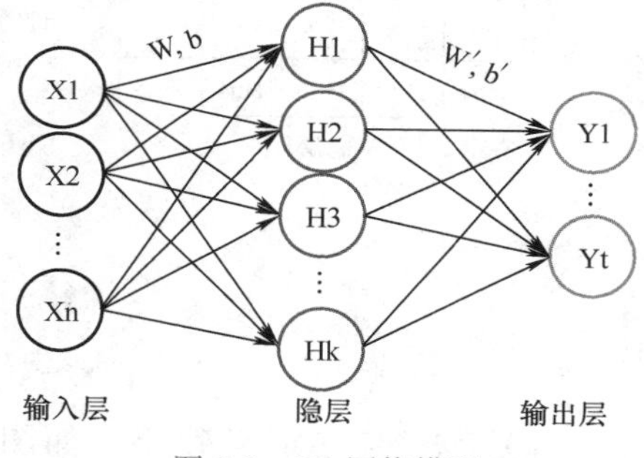

图 9-2　BP 网络模型

BP 网络的最大特点，就是在训练过程中，采用误差逆向传播（Back Propagation）算法，不断修正各层的 W 和 b，从而使输出误差最小，整个网络达到收敛。

（3）BP 网络的简单实现

以“石头、剪刀、布”游戏裁判为例简单介绍其实现过程。

1）第一步：设计网络结构。拟采用简单的 3 层 BP 网络模型（只含 1 个隐层），隐层神经元取 5 个，如图 9-3 所示。每次训练样本数 n = 50，每一个样本的输入输出结构如下。

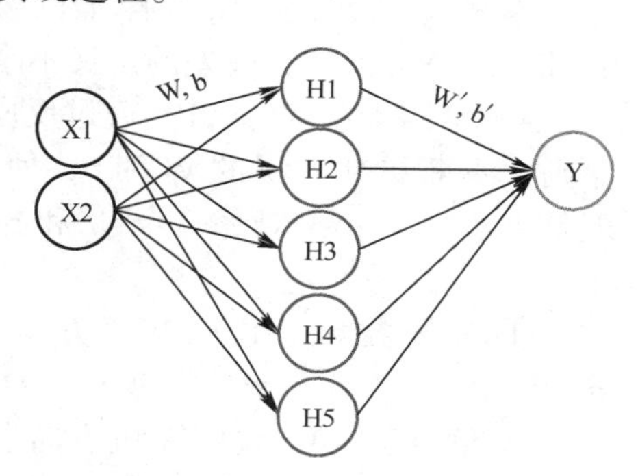

图 9-3　3 层 BP 网络模型

输入 X：长度为 2 的序列，代表甲乙两人的猜拳结果。将“石头、剪刀、布”归一化为 [0.0，0.5，1.0]，比如甲出石头、乙出布，那么输入 X 为 [0.0，1.0]。

输出 Y：1 个实数，代表判决结果。将“甲胜、平局、乙胜”三种结果归一化为 [0.0，0.5，1.0]，甲胜时输出 0.0，乙胜输出 1.0，平局输出 0.5。

2）第二步：定义前向传播过程。

① 从输入层到隐层过程图如图 9-4 所示。

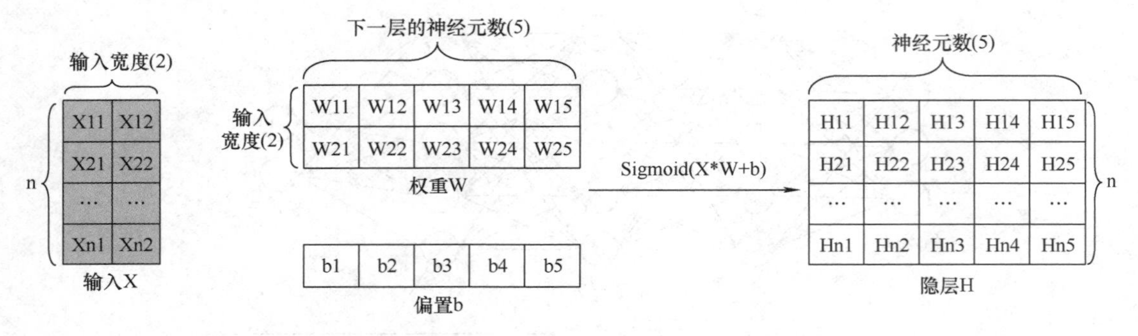

图 9-4　从输入层到隐层过程图

② 从隐层到输出层过程图如图 9-5 所示。

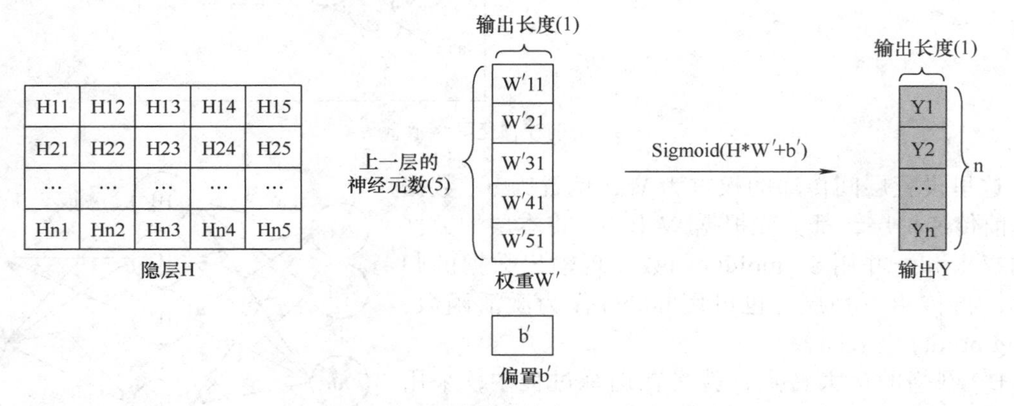

图 9-5　从隐层到输出层过程图

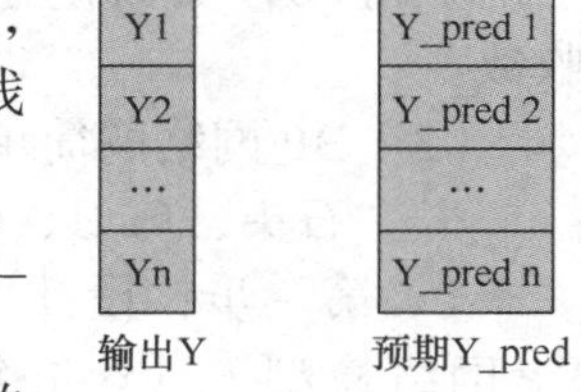

图 9-6　定义残差示意图

3）第三步：定义残差，如图 9-6 所示。残差又称损失函数，它反映网络的实际输出 Y 与预期结果 Y_pred 之间的偏差程度。残差是 BP 网络通过"反向传播"优化 W、b 时的重要依据。

本例定义残差为 n 个样本的方差，则：loss = 1/n × ∑（Y_pred（i）– Y（i））²，残差的定义不唯一，可根据实际需要自定义。

4）第四步：训练。BP 通过反向传播，依照"残差最小化"的原则，不断更新各层的 W 和 b，使网络收敛。反向传播算法的原理是求出残差 loss 对每一个 W 和 b 的偏导数（梯度），偏导数代表残差在该方向上的变化率：

① 偏导数 >0，说明在该方向上残差递增，于是该方向上的 W 或 b 要减去 η× 偏导数。

② 偏导数 <0，说明在该方向上残差递减，于是该方向上的 W 或 b 要加上 η× 偏导数（η 是学习效率，或称学习步长）。

9.1.2　深度学习

深度学习作为机器学习研究中的一个新领域，它极大地拓展了人工智能的应用领域。深度学习通过组合低层特征形成更加抽象的高层来表示属性类别或特征，以发现数据（如文字、图像和声音等）的分布式特征表示，其目的在于建立、模拟人脑进行分析学习的神经网络，以模仿人脑的机制解释数据。深度学习在数据挖掘、机器翻译、无人驾驶、自然语言处理、语音分析与处理技术，以及其他相关领域都取得了很多成果。

深度学习是源于神经网络研究的机器学习的一种形式，可看成是包含更多的隐藏层的神经网络结构，并为提高深层神经网络的训练效果，对神经元的连接方式和激活函数等方面做了改进。深度学习特别适合计算机视觉和自然语言处理，由于深度学习的神经网络涉及的计算量很大，通常需借助 GPU(Graphic Processing Unit，图形处理器）以提高算力。

卷积神经网络（Convolutional Neural Networks，CNN）是一种深度学习模型或类似于人工神经网络的多层感知器，常用来分析视觉图像，但卷积神经网络不同于人工神经网络输入是 n×1 维的矢量，它能够接受多个特征图作为输入，例如输入层是 n×m×3 RGB 彩色图像。卷积神经网络主要构成: 输入层、卷积层（Convolutional layer)、非线性层（常使用非线性激活函数 ReLU()：当输入是负值时函数输出 0；当输入为正值时函数输出等于输入值)、池化层（Pooling layer）和全连接层（fully connected layers)。

用卷积神经网络识别图像，一般需要以下关键步骤：

1. 卷积运算

如图 9-7 所示设有 6 × 6 图像矩阵，每个矩阵元素表示一个像素的信息。对图像左上角带黑框的 3 × 3 滑动窗口区域和 3 × 3 卷积核（权重矩阵）进行点积运算（各对应位置数值相乘后求和)，得到 123；如 3 × 3 滑动窗口在图像矩阵上整体右移一列，再进行点积运算得到 184，这样滑动窗口移遍整个图像矩阵，就完成了卷积过程，并将其结果作为该卷积层的输出，用于提取信号特征。显然，完成了卷积过程后得到的矩阵变小了，这是因为原图像矩阵四周边缘上的元素未与卷积核进行点积运算（如图 9-8b 所示)，这样会造成图像边缘信息的损失。可以选用如图 9-8a 所示通过填充的方法，当卷积核扫描（移动）时，对原始图像边界四周进行伪像素填充，允许卷积核超出原始图像边界进行点积运算，并使得卷积后结果的大小与原图像矩阵的大小一致。

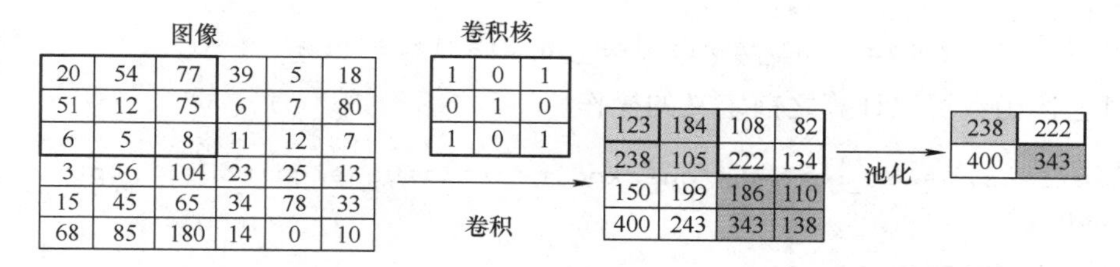

图 9-7　卷积与池化运算示意图

卷积层的作用通过不断改变卷积核，从而选择、确定能表征图像特征的有效卷积核，达到初步提取图像特征的目的。

2. 池化运算

卷积层处理输出的特征被输入到池化层，由于卷积核的数量和输入的特征维度都很大。为减少训练的数据量和可能出现的过拟合（因模型太关注细节特征，反而降低了特征的有效性)，因此，通过抽取有效特征，以降低特征维度并提高特征泛化能力。最大值和最小值池化是两种最常用的池化方式，即分别取选择区域的最大或最小值。如图 9-7 所示，卷积层输出的数据矩阵被划分成 4 个 2 × 2 的区域，然后选取每个区域的最大值组成池化处理结果矩阵（见图 9-7 最右侧的矩阵图)。

3. 全连接层处理

在卷积神经网络结构中，经多个卷积层和池化层处理后，全连接层中的每个神经元与其前一层的所有神经元进行全连接，利用输入的有效图像特征进行分类，起到特征分类器的作用。

9.2 Tensorflow 入门

9.2.1 Tensorflow 安装与基本 API 的使用

Tensorflow 是一个谷歌开发的用于多维矩阵（张量）流式运算的计算库，通过这些基本的矩阵运算可以制作出一个神经网络。Tensorflow 支持 GPU 模式和 CPU 模式。

可以在 Anaconda 环境下安装 Tensorflow。首先需安装完成 CUDA 与 cuDNN（CUDA 与 cuDNN 的运行条件与显卡的能力相关，具体安装过程参考 9.3.2 小节）。然后，选择 Anaconda 菜单中的“ Powershell Prompt”选项，并在出现的提示符后输入 pip install tensorflow==2.3.0 即可安装 Tensorflow。

在使用过程中要注意的是，尽管在本书推荐的实验设备上集成了 Tensorflow，但由于 ARM 平台性能的原因，在板子上训练一个模型是相当不明智的选择。建议在安装了 NVIDIA CUDA 和 cuDNN 的计算机上通过 pip3 install tensorflow-gpu 来安装支持 GPU 加速的版本。

1. Tensorflow 会话建立与保存

首先要导入 tensorflow 库：

```
import tensorflow as tf
```

接着如同打开文件操作那样打开：

```
with tf.Session() as sess:
     Sess. Run(tf.global_variables_initializer())
```

通过上述函数可以计算之前定义的操作。

```
aver.save(sess, save_path='./checkpoints/traffic_sign_model.ckpt', global_
step=epoch)
```

通过上述函数可用于保存。

2. Tensorflow 基本操作

（1）创建常量

```
def bias_variable(shape, start_val=0.1):
    initialization = tf.constant(start_val, shape=shape)
    return tf.Variable(initialization)
```


创建常量，其中 start_val 是这个张量的初始值，shape 即每个维度的尺寸用元组表示，如 shape=（3，3），则：

$$\begin{bmatrix} 0.1 & 0.1 & 0.1 \\ 0.1 & 0.1 & 0.1 \\ 0.1 & 0.1 & 0.1 \end{bmatrix}$$

（2）截断产生正态分布随机数

```
def weight_variable(shape, mu=0, sigma=0.1):
    initialization = tf.truncated_normal(shape=shape, mean=mu, stddev=sigma)
    return tf.Variable(initialization)
```

随机数与均值的差值若大于两倍的标准差，则重新生成随机数。tf.truncated_normal（shape，mean，stddev）中参数含义：

1）shape：生成张量的维度。

2）mean：正态分布的均值。

3）stddev：正态分布的标准差。

例如：tf.truncated_normal（shape=[2，3]，0.1，0）产生 2 行 3 列均值为 0.1、标准差为 0 的正态分布随机数。

（3）创建卷积层的函数

```
def conv2d(x, W, strides=[1, 1, 1, 1], padding='SAME'):
    return tf.nn.conv2d(input=x, filter=W, strides=strides, padding=padding)
```

tf.nn.conv2d 是 Tensorflow 里面实现卷积的函数，其参数含义：

1）input：指需要做卷积的输入图像，它要求是一个 Tensor，具有 [batch，in_height，in_width，in_channels] 这样的 shape，具体含义是 [训练时一个 batch 的图片数量，图片高度，图片宽度，图像通道数]，注意这是一个 4 维的 Tensor，要求类型为 float32 和 float64 其中之一。

2）filter：相当于 CNN 中的卷积核，它要求是一个 Tensor，具有 [filter_height，filter_width，in_channels，out_channels] 这样的 shape，具体含义是 [卷积核的高度，卷积核的宽度，图像通道数，卷积核个数]，要求类型与参数 input 相同，有一个地方需要注意，第三维 in_channels，就是参数 input 的第四维。

3）strides：卷积时在图像每一维的步长，这是一个一维的向量，长度为 4。

4）padding：string 类型的量，只能是“SAME”或“VALID”其中之一，这个值决定了不同的卷积方式；参数 padding 的值为“VALID”时不进行任何处理，只使用原始图像，不允许卷积核超出原始图像边界；padding 取值“SAME”时，表示卷积核可以停留在图像边缘，图 9-8 为两种参数输出 5×5 的特征图（feature map，卷积核可停留位置用 x 表示）。

```
x x x x x        - - - - -
x x x x x        - x x x -
x x x x x        - x x x -
x x x x x        - x x x -
x x x x x        - - - - -
    a)               b)
```

图 9-8　不同的卷积方式输出

（4）最大值池化操作

```
def max_pool2x2(x):
    return tf.nn.max_pool(value=x, ksize=[1, 2, 2, 1], strides=[1, 2, 2, 1], padding='SAME')
```

max pooling 是 CNN 当中的最大值池化操作，其参数含义如下：

1）value：需要池化的输入，一般池化层接在卷积层后面，所以输入通常是 feature map，依然是 [batch，height，width，channels] 这样的 shape。

2）ksize：池化窗口的大小，取一个四维向量，一般是 [1，height，width，1]，因为不在 batch 和 channels 上做池化，所以这两个维度设为了 1。

3）strides：与卷积类似，窗口在每一个维度上滑动的步长，一般也是 [1，stride，stride，1]。

4）padding：与卷积类似，可以取"VALID"或者"SAME"。

返回一个 Tensor，类型不变，shape 仍然是 [batch，height，width，channels] 这种形式。

3. 注意事项

所有 tf 运算符可查阅 https://www.w3cschool.cn/tensorflow_python/，建议给整个图的输入张量和输出张量命名，这可以为之后打包为 protobuf 提供便利：pre=tf.argmax(logits，1，name="output")。

9.2.2 基于 Tensorflow 的语音训练与识别

1. 语音端点检测

（1）概念与意义

语音活动检测（Voice Activity Detection，VAD)，又被称为语音端点检测。它的任务是区分噪声和语音，进而从一段声音波形数据中，检测出语音的起点和终点。

语音端点检测如图 9-9 所示，是语音识别系统的一项重要的前端步骤。借助 VAD 技术，可以避免后端系统对大量的"非语音"波段数据进行无意义的计算，提高系统的性能和效率。

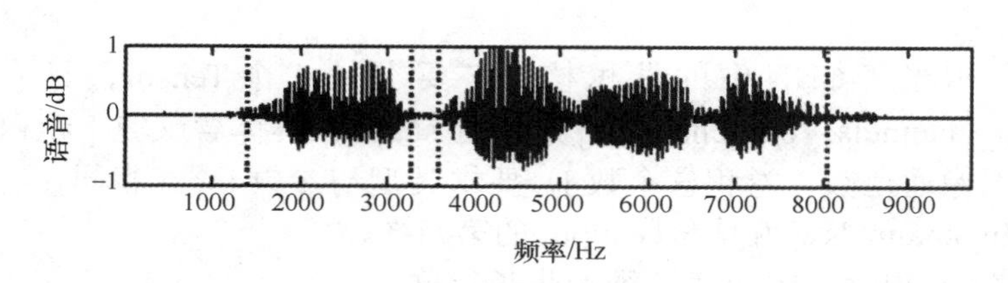

图 9-9 语音端点检测

（2）原理与方法

1）短时能量（或短时幅度）检测法：在信噪比高的情况下，一般认为语音的能量比环境噪声的能量要高得多，所以通过计算短时信号能量或短时信号幅度，就可以区分出语音和非语音。

2）双门限法：双门限是指短时能量和短时平均过零率。语音可以分为清音和浊音。对于短时能量，浊音 > 清音 > 环境噪声；对于短时平均过零率，清音 > 浊音 > 环境噪声。因此，双门限法可以区分清音和浊音、有声和无声。

3）特征提取与建模：分别提取语音和噪声波形的特征，并以此训练模型。将声音片段逐个通过模型计算，得到对片段的分类结果（是语音还是噪声）。常用的提取特征有：倒谱、子带能量等。常用的模型为 GMM（高斯混合模型）。

（3）快速实现语音端点检测

1）webrtcvad 模块。借助 Python 的 webrtcvad 模块可快速实现语音端点检测。webrtcvad 提取声音频谱的 6 个子带特征，分别对噪声和语音建立 GMM，用于对声音片段进行分类。6 个子带频段为：80 ～ 250Hz，250 ～ 500Hz，500Hz ～ 1kHz，1 ～ 2kHz，

2 ～ 3kHz，3 ～ 4kHz。

2）安装 webrtcvad 模块。在终端执行：pip3 install webrtcvad，PC 和音箱开发板均可安装。

```
# 导入模块
import webrtcvad
# 创建分类器实例
vad = webrtcvad.Vad(mode=1)
# 判断是否归类为语音，是返回 1，否返回 0
vad.is_speech(buf=frames,sample_rate=16000)
```

要点：

① mode 代表激进程度，取值 0、1、2、3。mode 数值越大，对语音质量的要求越低（也越容易将噪声归类为语音）。

② buf 须传入声音片段，类型为 bytes 字符串。只支持单声道 16 位样本，且在各种采样率下，片段长度只能是 10ms、20ms 或 30ms，例如，16000Hz 采样率下，传入 buf 的字节长度只能是：16000 × 0.01 × 2B、16000 × 0.02 × 2B 或 16000 × 0.03 × 2B。

③ sample_rate 为采样率，支持 8000Hz、16000Hz、32000Hz、48000Hz。

2. MFCC 特征提取

（1）原理简介

语音中包含了多种信息，比如说话人的身份、性别、情绪和说话的内容（语言）等。想要实现语音转文字，首要任务就是从语音波形中，提炼出能够体现“语言”的特征序列。梅尔频率倒谱系数（MFCC）是目前应用最广泛的提取方法。它的理论基础如下：

1）人的发声器官，由声带 + 声道组成。声带振动产生基波 e，经过声道的滤波作用 h，生成最终的语音 x。

2）不同的口型（声道形状），等效为不同的 h。语言信息主要体现在口型的时序上。

3）在极短的时间内，可认为口型保持不变，于是 h 不变。此时发声器官等效为一个“线性时不变”系统，频域关系为：X（n）= E（n）H（n）。

4）上述等式两边取对数，将声带与声道的影响分离成两个相加的成分。其中 log（H）是低频成分，只要对 log（X）做 IFFT（快速傅里叶逆变换）得到“倒谱”，取低频的系数，就能体现 log（H）的特征。

实验证明，人耳对频率的敏感度呈现非线性变化，而在梅尔频率尺度上是均匀变化的。所以，先将对数谱 log（X）转换到梅尔尺度，再求倒谱系数得到 MFCC，往往有更好的实用性能。

（2）MFCC 特征提取实现

1）两种模块：目前至少有 2 种模块提供 MFCC 的计算方法。python_speech_features 和 librosa。

2）安装模块：以下二选一，在终端执行 pip3 install python_speech_features、pip3 install librosa。

建议音箱开发板只安装 python_speech_features 模块。因为 librosa 还包含对音乐的分析，相对而言比较庞大。

代码一：python_speech_features

```
from python_speech_features import mfcc
```

```
ret1 = mfcc( signal=waveArray,
             samplerate=16000,
             winlen=0.03,
             winstep=0.02,
             numcep=13)
```

要点：①signal须传入16位采样的波形数据，格式为归一化的numpy数组；②samplerate传入采样率，默认16000；③winlen是窗口长度，即分割片段的时长，单位为s；④winstep是窗口移幅，即片段的步进时长，单位为s；⑤numcep是每个片段提取的mfcc数量；⑥最终返回的ret1，是一个“N行numcep列”的numpy数组，每一行的numcep个值，代表1个片段的mfcc特征向量。

片段总数N = 1 +（总时长 – winlen）/winstep（或者将时间转化成样本数，进行等效计算）。

代码二：librosa

```
from librosa.feature import mfcc
ret2 = mfcc( y=waveArray,
             sr=rate,
             n_mfcc=13,
             n_fft=int(rate*0.03),
             hop_length=int(rate*0.02))
```

要点：①y须传入16位采样的波形数据，格式为归一化的numpy数组；②sr传入采样率，默认22050；③n_mfcc是每个片段提取的mfcc数量；④n_fft是窗口长度，即分割片段的样本数；⑤hop_length是窗口移幅，即片段的步进样本数；⑥最终返回的ret2，是一个“n_mfcc行N列”的numpy数组，每一列的n_mfcc个值，代表1个片段的mfcc特征向量（刚好与方法一的ret1转置）。

片段总数N的计算原理与方法一类似，但是在相同的总时长、步长和步幅的情况下，方法二得到的N总要比方法一多出1～2个，这是因为librosa考虑了边缘效应，即在y的两端补充了若干“0”参与运算。

3. 训练单一命令词语音的网络模型

（1）方案设计

下面设计BP神经网络模型训练一个语音命令词识别网络。输入的是一段语音的MFCC序列，输出是相似度，取值范围为0～1。结合上节内容，整个系统的结构如图9-10所示。

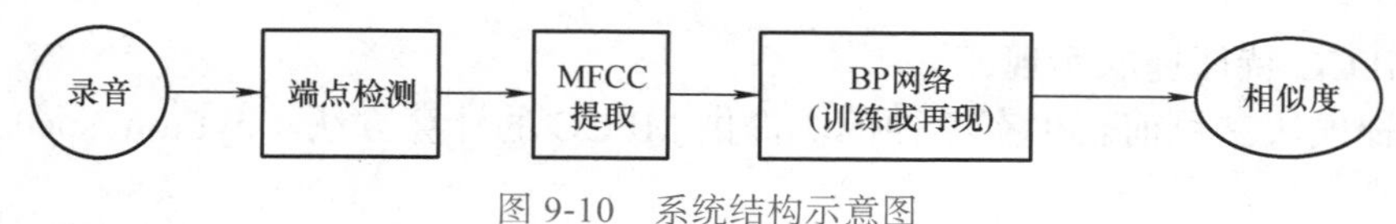

图9-10　系统结构示意图

（2）语音预处理

命令词的语音，限定在一个固定的时长内，比如两个字的词，可以设为0.5s。假如通过端点检测，切割出的片段不是0.5s，那么用重采样方法，将其伸缩成0.5s。只要时长固定，那么每一个样本的MFCC的数量也就固定了。

（3）输入与预期

由于 MFCC 返回的是二维向量，那么其作为 BP 网络输入时有两种处理办法：①将 MFCC 降维，排成一字长龙，作为一个样本序列；②将二维 MFCC 直接作为一个样本。那么每次训练的 n 个样本，将组成一个三维 X 矩阵，后续的 W 权重矩阵的结构，也要相应地调整。预期：当输入命令词语音时，输出预期设为 1.0，否则设为 0.0。

9.2.3　基于 Tensorflow 的图像数据训练与识别

1. 物体识别算法原理概述

（1）识别算法选型：Yolo

Yolo（You only look once）是一种物体检测算法框架。物体检测算法功能为检测出一张图片中目标物体种类，并且输出该物体在图片中的矩形框，如图 9-11 所示，检出人（person）。

图 9-11　Yolo 算法识别

（2）Yolo v1 算法原理概述

Yolo 的识别原理简单清晰，如图 9-12 所示。对于输入的图片，将整张图片分为 7×7（7 为参数，可调）个方格。当某个物体的中心点落在了某个方格中，该方格则负责预测该物体。每个方格会为被预测物体产生 2（参数，可调）个候选框并生成每个框的置信度。最后选取置信度较高的方框作为预测结果。

Yolo 对于图片的特征提取采用了卷积神经网络。该网络的结构如下：输入大小为 448×448 像素的图片。在多个卷积层结合池化层后，提取出的 feature map 尺寸为 7×7×1024，之后两个全连接层将输出结果尺寸改变为 7×7×30。其中 7×7 为最开始的格子数，每个格子有一个对应的长度为 30 的向量。该向量中包含两个候选框，每个候选框有 x、y（候选框的起始坐标点），w、h（候选框的宽与高），c（该候选框的置信度）五个数值。30 维向量中剩余的 20 维对应 20 个类别。所以最后输出为 7×7×30，如图 9-13 所示。

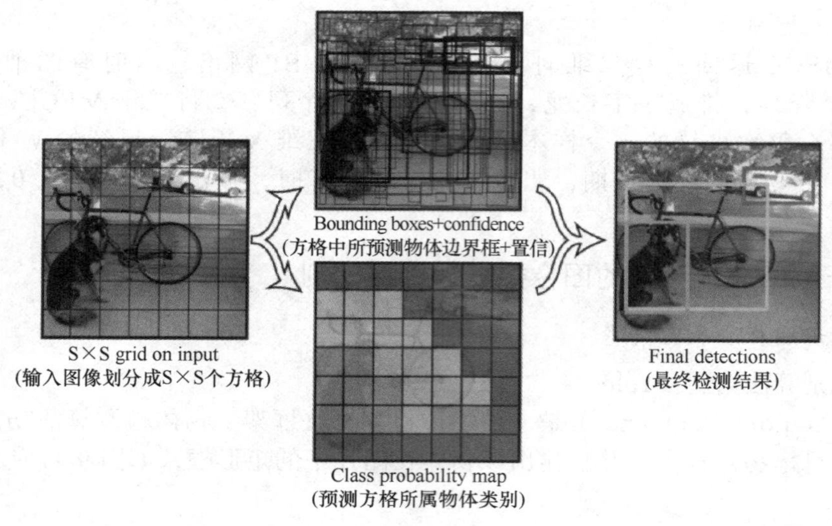

图 9-12　Yolo 识别原理

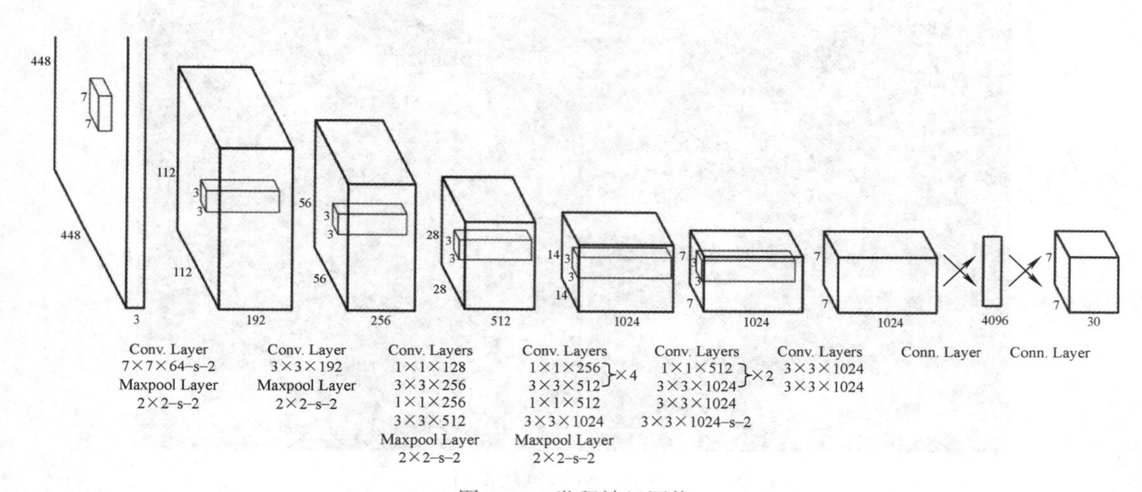

图 9-13　卷积神经网络

2. 训练数据集准备

（1）物体识别数据集：手机数据集

本例中使用的数据集源自 coco 数据集。将 coco 数据集中含有手机标注的图片单独整理出来。整理好的手机数据集在附件中（本书附件见本书所提供的配套学习代码或素材，另外代码或素材也可从网页 https://kdocs.cn/l/cnUTZiLTUYd1 中下载，后同）。train 为训练数据，val 为测试数据。

（2）数据集示例

训练图片如图 9-14 所示，为日常生活中收集到的图片数据，标注信息如图 9-15 所示，为面积、矩形框（x，y，w，h）、物体类别号（手机类别号在 coco 数据中为 77），以及与图片对应的索引信息。

图 9-14　训练图片

```
'area': 10782.40615,
'bbox': [153.53, 189.44, 84.51, 169.03],
'category_id': 77,
'id': 321724,
'image_id': 143959,
'iscrowd': 0,
```

图 9-15　标注信息

（3）按代码要求整理数据

本书 Yolo 代码采用 github 开源代码（https://github.com/wizyoung/YOLOv3_TensorFlow）或使用本书学习配套代码，按照如下要求进行整理数据标准文件。

制作两个 txt 文件：train.txt/val.txt，每一行的标注信息为 image_absolute_path box_1 box_2 ... box_n，box 格式为 label_index x_min y_min x_max y_max，如下所示。

```
xxx/xxx/1.jpg 0 453 369 473 391 1 588 245 608 268
xxx/xxx/2.jpg 1 466 403 485 422 2 793 300 809 320
...
```

由于 coco 数据集中 box 的标注为“x，y，w，h”，而这份代码中要求的格式为 x_min y_min x_max y_max，所以将 coco 的标注信息转换时需要修改为“x，y，x+w，y+h”。

生成该开源代码所需标注文件的代码见附件中的 generate_annotation_for_yolov3.py（使用本书学习配套代码或打开网页 https://kdocs.cn/l/cnUTZiLTUYd1 并下载相关实例程序）。

```
# train
image_absolute_folder = "/Path/to/image/"
annotation_absolute_folder = "/Path/to/annotations/train.json"
save_folder = "/Path/to/my_data/train.txt"
transfer_annotation(image_absolute_folder, annotation_absolute_folder,
save_folder)
```

找到代码中上述四行，前三行分别为手机数据集的图片文件夹路径、对应的标注文件路径和生成结果保存路径。对于 train 数据与 val 数据需要各执行一次该脚本。生成的 train.txt 与 val.txt 需要按后文中的要求，移动到指定位置。

注意：该文件生成后，图片的路径位置不能改变。若图片的位置被改变，则需要修改 image_absolute_folder 重新生成对应的 txt 文件。

3. 训练物体识别模型

（1）使用 Yolov3 模型代码

进入附件（使用本书学习配套代码，或打开网页 https://kdocs.cn/l/cnUTZiLTUYd1 并下载使用相关实例程序）的 YOLOv3_master 文件夹中，运行下述命令：

```
python test_single_image.py demo.jpg
```

模型会根据已在 coco 数据集上训练好的模型权重，对 demo 图片（如图 9-16 所示）进行预测。预测结果（如图 9-17 所示）为 detection_result.jpg。

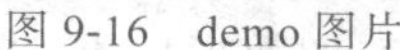
图 9-16　demo 图片

图 9-17　预测结果图片

（2）使用 Yolov3 模型训练手机数据集

训练模型使用 train.py 文件，首先打开 train.py 观察默认参数：

```
parser.add_argument("--restore_path",type=str,default="./data/darknet_
weights/yolov3.ckpt",
        help="The path of the weights to restore.")
parser.add_argument("--save_dir", type=str, default="./data/new_model/
checkpoint/",
        help="The directory of the weights to save.")
```

restore_path 是恢复权重文件，支持断点训练。若训练中止，再次训练则将该路径设置为上次训练最后生成的文件路径即可（注：如最新文件为 model-step_2300_loss_0.164928_lr_0.0001.data-00000-of-00001，则将代码修改为 default="./data/darknet_weights/model-step_2300_loss_0.164928_lr_0.0001" 即可）。

save_dir 为训练后模型保存路径。

```
parser.add_argument("--train_evaluation_freq", type=int, default=1000,
        help="Evaluate on the training batch after some steps.")
parser.add_argument("--val_evaluation_freq", type=int, default=1000,
        help="Evaluate on the whole validation dataset after\
   some steps.")
parser.add_argument("--save_freq", type=int, default=100,
        help="Save the model after some steps.")
```

evaluation_freq 为模型评估频率。default=1000 则每训练 1000 次，对模型进行一次准确率、召回率评估。

save_freq 为模型权重保存频率。default=100 则每训练 100 次保存一次模型权重。Tensorflow 默认最多保存 5 组权重文件，若有第 6 组权重文件保存时，第 1 组模型权重文件会被删除。


```
parser.add_argument("--learning_rate_init", type=float, default=1e-4,
        help="The initial learning rate.")
```

learning_rate_init 为模型初始学习率。当该值越大时，模型收敛越快，但是训练一定程度后，模型精度不再提升，需要减小学习率再进行训练。该值过大时，训练模型容易出现梯度爆炸，loss 数值会变为 nan，此时则需要减小学习率再训练。

训练该手机识别模型时，可以先使用默认的模型权重，将学习率设置为 1e–3，即 0.001。当 total_loss 降低至 5 甚至更小以内后，再将学习率设置为 1e–4 进行训练。当 loss 出现 nan 时，则说明学习率过大，需要从上一次不是 nan 的断点重新开始训练。

（3）训练数值解释

设置好参数后，训练启动则运行如下代码：

```
python train.py
```

成功开始训练后会看到如下信息：

```
Epoch: 0, global_step: 70, total_loss: 154.532, loss_xy: 0.542, loss_wh: 0.809, loss_conf: 149.199, loss_class: 3.983
```

其中 total_loss 会逐渐下降，当模型训练效果好时，该值应该降至 0.2 以内。

当模型训练次数到达预先评估频率设置时可以看到如下信息：

```
===> batch recall: 0.870, batch precision: 0.860 <===
```

则该模型在当前批次测试数据上的召回率为 0.87，准确率为 0.86。

4. 模型训练结果

打开 test_single_image.py，将 --restore_path 的默认值改为训练好的模型权重文件，再执行：python test_single_image.py test.jpg，则会看到训练后的模型对图片进行检测的结果，效果展示如图 9-18 所示。

图 9-18　效果展示图片

9.3 人工智能视觉模型及模型的终端部署

9.3.1 PyTorch 简介

PyTorch 是由 Facebook 开发的一款深度机器学习框架。从名称可看出 PyTorch 是由 Py 和 Torch 构成的，其 API（应用程序编程接口）类似 Numpy，支持动态图和静态图，也支持 NVIDIA-GPU（CUDA）和 AMD-GPU（ROCm）的加速。

PyTorch 使用 Python 作为其主要 API，其具有稳定的 API、易于调试开发和导出部署等特性。PyTorch 框架中有一个非常重要且好用的包：torchvision，该包主要由 3 个子包组成，分别是 torchvision.datasets、torchvision.models 和 torchvision.transforms，即常用数据集、常见模型、常见图像增强方法。torchvision.models 这个包中包含用于解决不同任务的模型：图像分类、语义分割、对象检测、实例分割、人物关键点检测和视频分类，并且提供了预训练模型，可以通过简单调用来读取网络结构和预训练模型。更详细的内容可查看官方说明文档：https://pytorch.org/vision/stable/models.html。

9.3.2 Yolov5 基于 CUDA 的模型部署

使用 CUDA 进行模型部署，完成 GPU 版 Torch+CUDA 环境的部署，部署方式如下：

1. 环境检查

1）只有 NVIDIA 显卡才支持 CUDA，如计算机没此类显卡，则将无法进行后面的步骤。

2）打开 NVIDIA 控制面板，单击系统信息，如图 9-19 所示，再单击组件，查看当前的显卡驱动最高支持的 CUDA 版本。

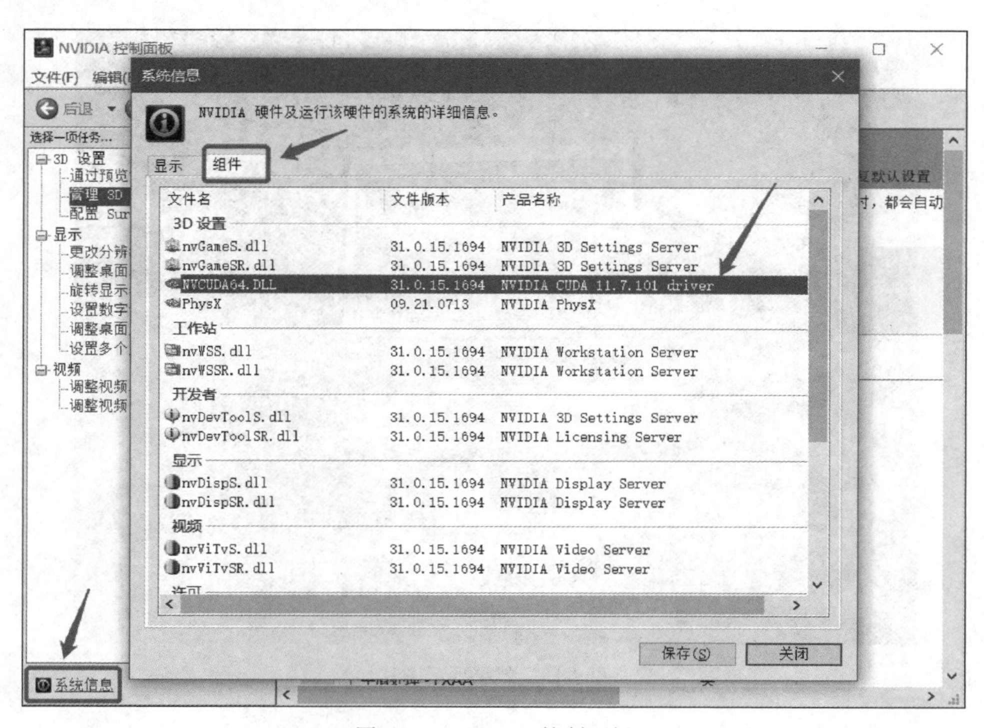

图 9-19 NVIDIA 控制面板

3）目前 Torch 支持最好的 CUDA 版本分别是 10.2、11.3 和 11.6。如果当前驱动低于用户想要的版本，可前往 NVIDIA 官网（https://www.nvidia.com/Download/index.aspx），根据用户的显卡型号，下载并安装最新的驱动程序。

4）确认 Python 版本为 3.7 及以上，再检查是否已经安装 Torch。在 Python IDLE 中：

```
>>>import torch                    # 如果没有报错，说明已安装
>>>torch.__version__               # 输出版本
```

CPU 版会输出‘版本号 +cpu’，GPU 版会输出‘版本号 +cuxxx’。

5）如果没有安装 Torch，跳过本步骤；如果已安装 CPU 版 Torch，先卸载 3 个包：

```
pip3 uninstall torch torchvision torchaudio
```

如果已安装 GPU 版 Torch，用户的计算机可能已经完成过部署。假如仍然无法使用 GPU 进行训练，可再对照后面的 CUDA 安装步骤。

2. 安装 CUDA

1）登录 NVIDIA 开发者中心 https://developer.nvidia.com/cuda-toolkit-archive，下载 CUDA 安装包，如图 9-20 所示。在版本 10.2、11.3、11.6 中，选择 1 个计算机显卡能够支持的版本（提示：GTX 16XX 系列显卡，安装 10.2 版），再选择系统类型，最后单击 Download（Win11 系统也可以安装 Win10 的 CUDA）。

2）双击下载的 EXE 安装包，开始安装。

3）提取安装文件的（临时）存放位置，保持默认，单击“OK”按钮，等待文件提取完成。

4）NVIDIA 软件许可协议如图 9-21 所示，单击“同意并继续”按钮。

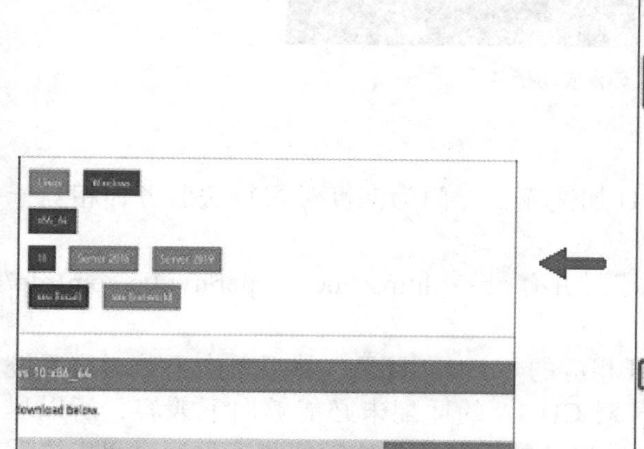

CUDA Toolkit 11.7.0 (May 2022), Versioned Online Documentation
CUDA Toolkit 11.6.2 (March 2022), Versioned Online Documentation
CUDA Toolkit 11.6.1 (February 2022), Versioned Online Documentation
CUDA Toolkit 11.6.0 (January 2022), Versioned Online Documentation
CUDA Toolkit 11.5.2 (February 2022), Versioned Online Documentation
CUDA Toolkit 11.5.1 (November 2021), Versioned Online Documentation
CUDA Toolkit 11.5.0 (October 2021), Versioned Online Documentation
CUDA Toolkit 11.4.4 (February 2022), Versioned Online Documentation
CUDA Toolkit 11.4.3 (November 2021), Versioned Online Documentation
CUDA Toolkit 11.4.2 (September 2021), Versioned Online Documentation
CUDA Toolkit 11.4.1 (August 2021), Versioned Online Documentation
CUDA Toolkit 11.4.0 (June 2021), Versioned Online Documentation
CUDA Toolkit 11.3.1 (May 2021), Versioned Online Documentation
CUDA Toolkit 11.3.0 (April 2021), Versioned Online Documentation
CUDA Toolkit 11.2.2 (March 2021), Versioned Online Documentation
CUDA Toolkit 11.2.1 (February 2021), Versioned Online Documentation
CUDA Toolkit 11.2.0 (December 2020), Versioned Online Documentation
CUDA Toolkit 11.1.1 (October 2020), Versioned Online Documentation
CUDA Toolkit 11.1.0 (September 2020), Versioned Online Documentation
CUDA Toolkit 11.0.3 (August 2020), Versioned Online Documentation
CUDA Toolkit 11.0.2 (July 2020), Versioned Online Documentation
CUDA Toolkit 11.0.1 (June 2020), Versioned Online Documentation
CUDA Toolkit 11.0.0 (March 2020), Versioned Online Documentation
CUDA Toolkit 10.2 (Nov 2019), Versioned Online Documentation
CUDA Toolkit 10.1 update2 (Aug 2019), Versioned Online Documentation
CUDA Toolkit 10.1 update1 (May 2019), Versioned Online Documentation
CUDA Toolkit 10.1 (Feb 2019), Online Documentation

图 9-20　NVIDIA 开发者中心

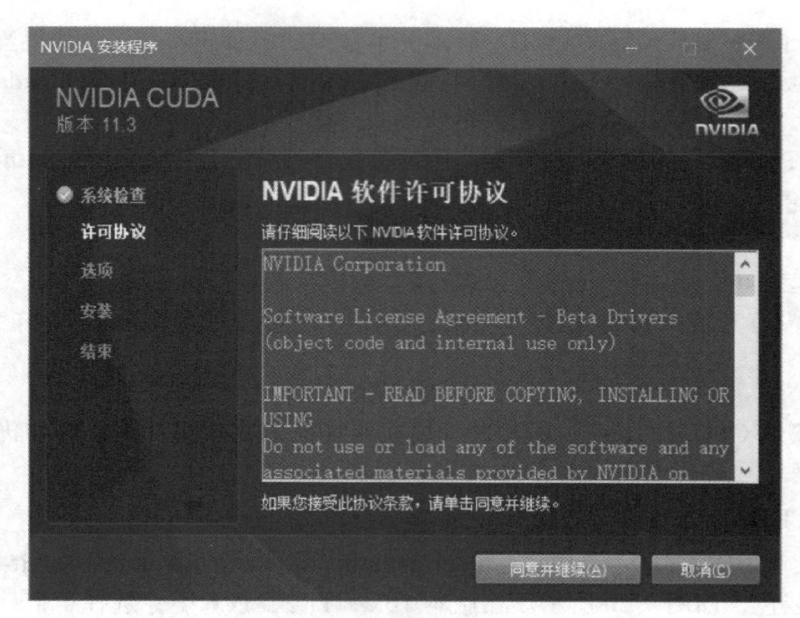

图 9-21　NVIDIA 软件许可协议

5）选择“自定义”安装，单击“下一步”按钮。

6）选择驱动程序组件，展开第一项 CUDA，取消勾选其中的 Visual Studio Integration，剩余的选项全部保持勾选，单击“下一步”按钮。

7）选择安装位置。3 个路径分别对应文档（Documentation）、样例（Samples）和开发包（Development）。默认安装在 C 盘，也可以自定义（最好先手动创建自定义的路径，然后再单击“浏览…”按钮，找到创建的路径），完成后单击“下一步”按钮。

8）等待安装完成，单击“下一步”和“关闭”按钮，退出安装向导。

9）验证安装是否成功。打开一个命令终端，输入指令 nvcc –V 得到如图 9-22 所示的输出时说明 CUDA 安装成功。

图 9-22　安装成功指令

3. 安装 cuDNN

cuDNN 是基于 CUDA 的深度学习 GPU 加速库，专门为深度学习算法服务，相当于 CUDA 的一个补丁。

1）登录 cuDNN 下载网页（必须注册账号并登录）：https://developer.nvidia.com/rdp/cudnn–archive。

2）根据之前安装的 CUDA 版本，展开相应的 cuDNN 目录，然后单击下载对应系统的压缩包，如图 9-23 所示。注意：cuDNN 对 CUDA 的适配未必能够向下兼容，所以尽量安装与 CUDA 版本完全一致的 cuDNN（此网站的标题分类比较模糊，可通过单击之后实际下载的压缩包名称，确认其版本和适配情况）。

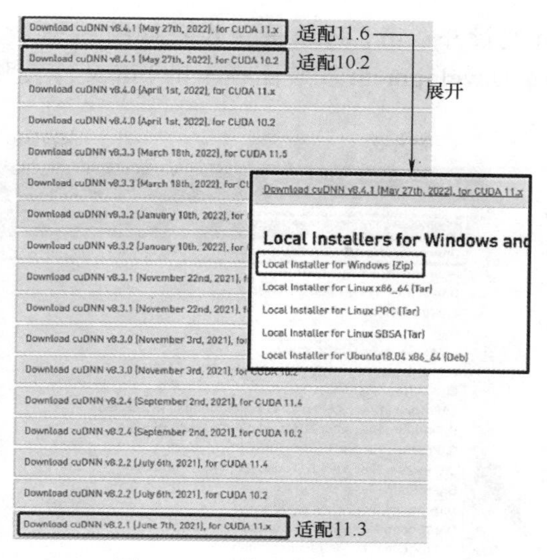

图 9-23　下载对应系统压缩包

3）将下载的压缩包解压。

4）将解压后的文件夹中的 bin、include、lib 三个文件夹，移动到 CUDA Development 安装路径下，与同名文件夹合并。

4. 配置环境变量

1）鼠标右击“此计算机”，依次选属性、高级系统设置和环境变量，打开环境变量窗口，如图 9-24 所示。首先检查是否已有两个环境变量（不同版本名称有变化）：CUDA_PATH 和 CUDA_PATH_V11_3，值为 CUDA Development 的安装路径。如没有，可手动添加。

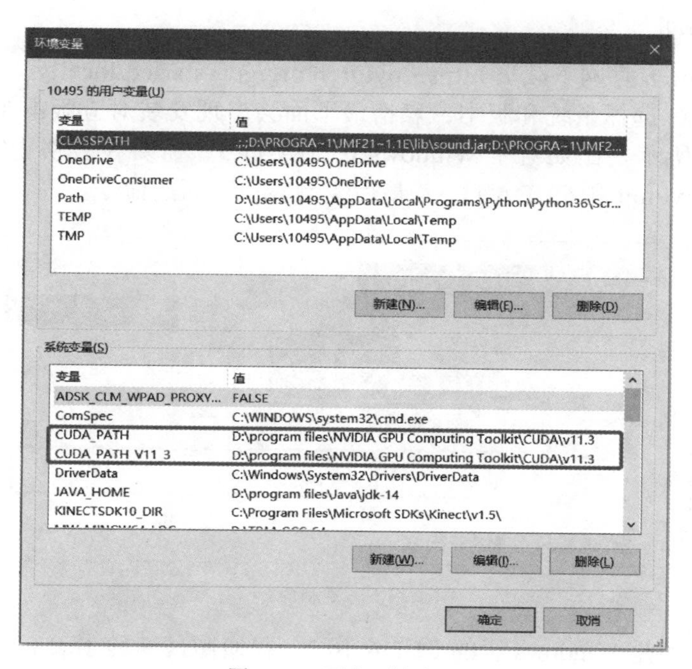

图 9-24　两个环境变量

2）接着，找到 Path 变量并双击，Path 变量设置如图 9-25 所示。检查列表中是否已经有两项分别指向 CUDA Development 安装路径下的 bin 文件夹和 libnvvp 文件夹。如没有，可手动添加。

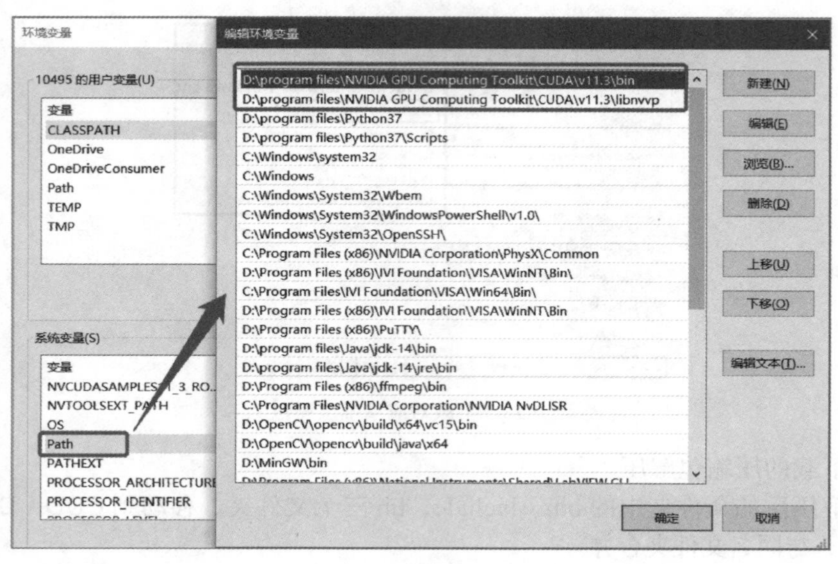

图 9-25　Path 变量设置

3）然后，在 Path 中继续追加几项：单击“新建”按钮，添加一个路径指向 CUDA Development 安装路径下的 lib\x64 文件夹；单击“新建”按钮，添加一个路径指向 CUDA Development 安装路径下的 include 文件夹。最后单击“确定”按钮，并且之前的所有窗口都单击“确定”按钮，设置完成。

5. 安装 PyTorch

1）登录 PyTorch 官网下载页 https://pytorch.org/get-started/locally/。

2）找到表格，选择系统和版本，表格最下面会出现安装对应版本 Torch 所需执行的命令，如图 9-26 所示。比如对于 Windows CUDA 11.3，需要在表格中依次单击 Stable、Windows、Pip、Python 和 CUDA 11.3，最后复制表格下面的命令。

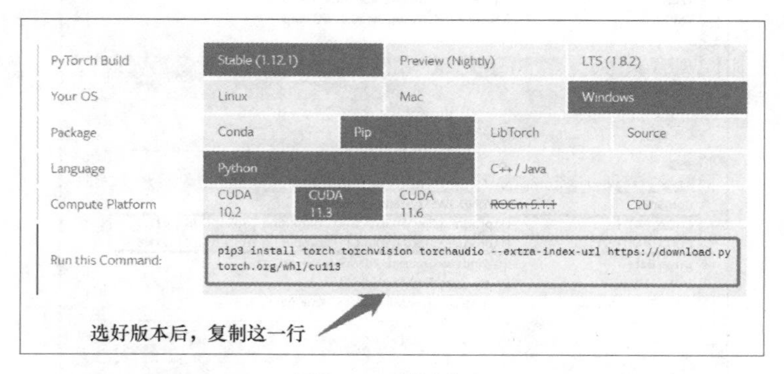

图 9-26　复制命令

3）如果安装的是 Windows 版的 CUDA 10.2，很遗憾最新的 Torch 1.12.1 已不再支持，只能下载旧版的 Torch，不再支持 Windows 版 CUDA 10.2 的提示信息如图 9-27 所示。

PyTorch Build	Stable (1.12.1)	Preview (Nightly)	LTS (1.8.2)
Your OS	Linux	Mac	Windows
Package	Conda	Pip	LibTorch	Source
Language	Python	C++ / Java
Compute Platform	CUDA 10.2	CUDA 11.3	CUDA 11.6	ROCm 5.1.1	CPU
Run this Command:	CUDA-10.2 PyTorch builds are no longer available for Windows, please use CUDA-11.6

最新Torch不再支持Windows CUDA 10.2

图 9-27　不再支持 Windows 版 CUDA 10.2 的提示信息

在这种情况下，推荐安装 Torch 1.9.1，安装命令可从网站 https://pytorch.org/get-started/previous-versions/ 查到。

4）打开一个命令终端，粘贴、执行命令。等待下载并安装完成。

5）在 Python IDLE 中，尝试 import torch，并执行 torch.__version__，验证是否成功安装 GPU 版 Torch。

至此环境成功部署。

9.3.3　下载源码及模型

1）下载 Yolov5：从 Github 上下载最新版本的 Yolov5 项目文件（https://github.com/ultralytics/yolov5/tags），解压下载的压缩包 yolov5-xxx.zip。

2）安装依赖库：在 yolov5-xxx 文件夹下打开命令终端（方法：在该文件夹下，Shift+ 鼠标右键，选择“在此处打开命令窗口”），执行命令 pip3 install -r requirements.txt，下载并安装项目依赖的所有包和模块。常见报错：

① 下载时报错多属网络问题，可反复重试命令。

② 如报 'gbk' codec can’t decode byte 0x98 …，是同路径下的 setup.cfg 编码问题。解决方法有 2 种：一是将 setup.cfg 中的所有中文单引号删除，再重试命令；二是将 requirements.txt 复制到其他路径（离开 setup.cfg），再在新路径下打开终端，重试命令。

③ 当提示某个已安装的包版本过低，与其他包不适配时，先手动卸载那个包（pip3 uninstall 包名），再重试命令。

3）下载模型：下载一个已经训练好的 Yolov5 模型。推荐下载 yolov5s.pt，并放入工程根目录下（即 yolov5-xxx 文件夹下）。

4）准备图片和模型：确保已经将范例（待检测的）图片和 yolov5s.pt 文件放入项目根目录。

9.3.4　实现使用 GPU 进行目标检测

1）进入 yolov5-xxx 的文件夹，在此处打开命令终端。

2）执行命令：python detect.py --source zidane.jpg --weights yolov5s.pt。

3）其中：--source zidane.jpg 代表检测数据源是工程根目录下的 zidane.jpg（source 可以是一张图片、包含多图片的文件夹、图片 URL 链接、glob 图片列表，或者填 0 代表从摄像头实时采集的画面进行检测），--weights yolov5s.pt 代表使用 yolov5s.pt 模型。

4）其他常用参数有（更多参数用法可查看 detect.py 源码）--device 设备号，可选 cpu、0、1、2、3 等，数字为 GPU 索引。如果安装了 GPU 版 Torch，默认优先使用 GPU。

5）检测的结果输出在 runs/detect/exp 文件夹中。

6）多次执行检测指令时，输出路径的 exp 会自动变为 exp2、exp3、…以此类推。

7）试着检测其他图片或者采用摄像头实时采集的画面进行检测。

9.4 Inforstack 深度学习组件

Inforstack 大数据应用平台基于 DeepLearning4J（简称 DL4J）框架开发。DL4J 是一套基于 Java 语言的神经网络工具包，可以构建、定型和部署神经网络。DL4J 与 Hadoop 和 Spark 集成都支持 CPU 和 GPU 分布式，为商业环境（而非研究工具目的）所设计应用。

DL4J 以在开放堆栈中作为模块组件的功能，成为首个为微服务架构（opens new window）打造的包括分布式、多线程和普通单线程的深度学习框架，能够快速处理大量数据，且实现与 Java、Scala（opens new window）和 Clojure（opens new window）的兼容。DL4J 以先进技术、即插即用为目标，通过更多预设的使用以避免多余的配置，便利非企业性质单位或个人进行快速的原型制作，同时也提供规模化的定制服务。它遵循 Apache 2.0 许可协议，一切以其为基础的衍生作品，均属于衍生作品的作者。

此外，DL4J 不仅仅只是一个深度学习库，它也拥有完整的生态系统。其使用者能够从各类浅层网络出发设计深层神经网络的灵活性，有助于用户根据需求，实现在分布式 CPU 或 GPU 的基础上，与 Spark 和 Hadoop 协同工作。

大数据应用平台主要有 4 个深度学习的节点，分别为 BP 神经网络、深度学习（图片）、深度学习（文本）和深度学习（表）。

9.4.1 Inforstack 平台内置 BP 神经网络节点

前面章节已介绍了 BP 神经网络及其特点，神经网络节点既可以用于分类问题也可以用于回归问题。离散型属性值被自动编入 -1 ～ 1 的范围内。连续型属性可以直接输入到它们的输入节点中，但是理想的情况是应该在 -1 ～ 1 之间，这可以通过用“标准化”节点来实现。

要得到好的神经网络模型往往需要仔细地调节网络参数，神经网络节点参数说明见表 9-1。

表 9-1 神经网络节点参数说明

参数名称	描述
预测变量	从表中选择若干列作为预测变量，可以接受数值或者字符型的列
目标变量	从表中选择一列作为目标变量，只接受字符型的列
构建隐藏层	勾选该选项，可以添加并连接网络中的隐藏层
定义隐藏层	仅当勾选了“构建隐藏层”时才可见。该参数用于定义神经网络的隐藏层。这是一个正整数列表，每个隐藏层 1 个数值，用逗号分隔。例如要构建 3 个隐藏层，每个隐藏层的节点数为 5，则该参数值为：5，5，5。定义的时候，以下数值有特殊含义：0 表示没有隐藏层；a 表示（预测变量数 + 目标变量数）/2；i 表示预测变量数；o 表示目标变量数；t 为预测变量数 + 目标变量数。默认值为 a
衰减	勾选该选项，将导致学习率下降。它将初始学习率除以迭代次数，计算当前学习率，这有助于阻止网络偏离目标输出，并提高总体性能
学习率	学习率决定了参数移动到最优值的速度快慢，如果学习率过大，很可能会越过最优值导致函数无法收敛，甚至发散；反之，如果学习率过小，优化的效率可能过低，算法长时间无法收敛，也易使算法陷入局部最优。默认值为 0.3

（续）

参数名称	描述
动量	用于权重更新，默认值为 0.2。它用于保持权重更新变化在一致的方向上移动，动量值一般在 [0.1，1] 之间
回合数	迭代次数。默认值为 500
自动标准化	是否将训练集的预测变量规范化到 [-1，1] 的区间。这有助于提高网络性能
随机种子数	用于初始化随机数生成器。随机数用于设置节点之间连接的初始权重

9.4.2　Inforstack 平台内置深度学习节点

深度学习节点根据输入数据类型的不同分为：深度学习（图片）、深度学习（文本）和深度学习（表）。深度学习（图片）节点的输入数据为图片，深度学习（文本）节点的输入数据为文本数据，深度学习（表）节点是二维表格，深度学习节点的参数说明见表 9-2。

表 9-2　深度学习节点的参数说明

参数名称	描述
预测变量	从表中选择若干列作为预测变量，可接受数值型的列
目标变量	从表中选择一列作为目标变量，只接受字符型的列
层	定义神经网络层，一般为多层。包括：激活层、卷积层、稠密层、全局池化层、长短期记忆网络、输出层、RNN 层和零填充层等
回合数	所有训练集参与网络训练的次数，默认值为 10
网络配置	设置微调模型的参数。内部参数包括：优化算法名称、是否最小化目标函数、权重优化器，schedule、偏置优化器和 L1/L2 正则系数等
模型库	已经搭建好的神经网络框架，包括 customnet、alexnet、darknet19、facenetnn4small2、inceptionresnetv1、lenet、resnet50、squeezenet、VGG、xception、densenet、efficientnet、inceptionv3 和 nasnet
标准化	对训练集进行标准化处理
缓存模式	设置缓存模式。模式包括 Memory 和 Filesystem、None
数据队列	数值为 0 时为同步传输，默认值为 0
是否缓存	设置训练是否会在后期被重置缓存
保存缓存	是否保存模型训练缓存文件
GPU 数	设置模型训练使用的 GPU 数
GPU 预缓存	设置用于后台载入数据的空间大小，默认值为 0.0
平均频率	设置几次迭代，计算各个 CPU 模型参数的平均值
批大小	设置每次训练所使用的观测值数量，默认值为 100
随机种子数	设置随机数种子，默认值为 1

9-1　训练一个识别“你好”命令词的神经网络，返回相似度。层数、神经元个数自定义，训练平台任意。

9-2　使用 MNIS 手写数字数据集，基于 PyTorch 或 Tensorflow 创建 CNN，分类手写数字。

第 10 章 人工智能综合应用案例

本章的前两个综合应用案例使用 Inforstack 大数据应用平台实现客户流失模型建立与评估和商品价格预测；应用案例三介绍使用 Python 语言实现的基于深度学习的产品缺陷检测；应用案例四在介绍本书推荐的人工智能设备和 Dobot Magician 智能机械臂的基础上，介绍使用 Python 语言实现的垃圾智能分拣系统。

10.1 客户流失模型建立与评估

10.1.1 案例概述

客户是企业最重要的资源，是企业收入的重要来源，如何把企业的客户保留住成为企业的工作重点，因为通常情况下，获得新客户的成本比保留现有客户的成本要高得多，这也使得客户流失成为众多企业关注的主题之一。那么如何在客户即将流失之前有效地发现他们，预测哪些客户可能会流失，流失的概率是多大，这些客户都有什么特征，从而帮助企业提前发现客户流失的倾向，及时采取合适的营销方案，挽留客户。

在本案例中，将通过一个电信的例子来说明数据挖掘如何进行流失分析，采用数据挖掘的方法，建立客户流失预测模型，预测客户流失的概率，根据概率值预测哪些客户（尤其是高价值客户）可能会流失，企业的营销人员可以针对流失客户群制定有效的市场挽留活动，可以为企业节省可观的成本，改善与客户的关系。

1. 客户流失定义

在本案例中首先要思考的一个业务问题就是如何定义流失，流失是一个业务术语，该如何用数据表达它？

首先需要与业务人员讨论，客户状态有哪些种类，客户状态可以分为三类：

1）不流失：正常使用电信业务的客户。

2）自愿流失：主动放弃电信业务的客户，可能会去销号，也可能某一天不使用手机号，但不欠费（预付费）。

3）非自愿流失：欠费被停机（后付费）。

进一步，可把业务定义关联到数据层面，即在数据表中对每个客户都给出标识 1 或者 0，代表流失与不流失。数据库中并没有流失变量，这就需要将上文的讨论结果转换为逻辑规则，下面是客户流失的逻辑规则：

1）以销户为标准：销户的客户标记为流失，否则为不流失。

2）以有无通话行为作为标准：若某一客户在 3 个月内未使用任何语音、数据业务则可定义为流失，否则为不流失，适合预付费用户。

3）以欠费为标准：例如欠费 3 个月以上的客户定义为流失，否则为不流失，此标准尤其适合后付费用户。

4）话费流失：例如客户连续 3 个月的话费平均比过去 6 个月的话费平均降低了 70% 以上，可以定义为流失，否则定义为不流失。这种客户不是真的离开，而是价值降低了。

这里将满足以上 1）～ 3）中任意一条的客户定义为流失，变量值标记为 1，否则定义为不流失，变量值记为 0。

2. 时间窗口定义

进行流失分析的目的是预测可能的流失客户，而在业务系统中，客户行为是连续发生的，因此需要选择合适的时间窗口。分析的窗口应该取多长时间的数据？取的时间过短，可能客户的行为受随机因素影响太大，不具有代表性；取的时间过长，历史太久远的数据不能反映客户最新的行为趋势。这个问题并没有标准答案，一般需要综合考虑数据的可获取性和有效性，以 3 ～ 6 个月的时间窗口为宜，本例以 6 个月作为时间窗口。

对于目标变量来说，为了得到的预测结果既具有前瞻性，又能给营销部门充分的营销时间，因此可以考虑定义流失的时间窗口和定义自变量的窗口间隔一个月。再考虑到流失定义需要 3 个月的观察期，具体预测自变量和目标变量的时间窗口如图 10-1 所示。

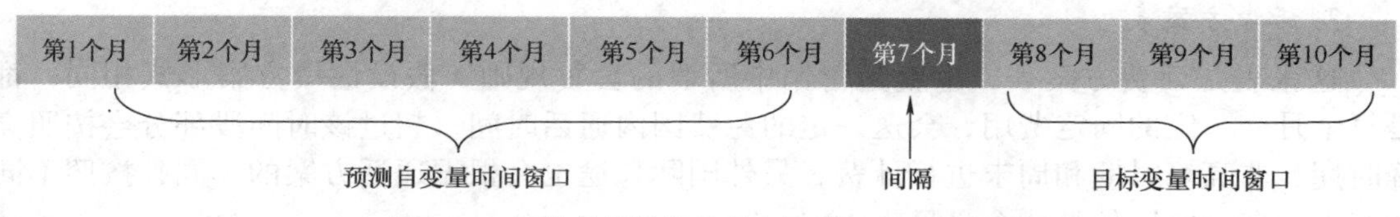

图 10-1　流失分析数据挖掘应用时间窗口示意图

10.1.2　数据集

在构建模型之前，先来了解一下客户流失的数据集，本案例的数据集由四张表格组成。

1. 客户基本信息表

这张表包含了客户的基本信息，字段的具体含义见表 10-1。

表 10-1　客户基本信息表结构和字段含义

变量名称	变量标签	变量类型	取值范围
Customer_ID	客户编号	离散	—
Gender	性别	离散	男、女
Age	年龄	连续	12 ～ 82
L_O_S	在网时长	连续	9.53 ～ 58.2
Tariff	话费方案	离散	CAT50，CAT100，CAT200，Play100，Play300
Handset	手机品牌	离散	ASAD170，ASAD90，BS110，BS210，CAS30，CAS60，S50，S80，SOP10，SOP20，WC95

2. 客户通话情况表

这张表是客户的月度通话行为数据，根据客户通话详单记录汇总而来。其中高峰时期是指典型的工作时间（周一至周五早 8:00 至晚 8:00），非高峰时间是指典型的不含周末的非工作时间（周一至周五早 0:00 至早 8:00、周一至周五晚 8:00 至晚 12:00），周末时间是指周六早 0:00 至周日晚 24:00 的时间。字段的具体含义见表 10-2。

表 10-2 客户通话情况表结构和字段含义

变量名称	变量标签	变量类型	取值范围
Customer_ID	客户编号	离散	—
Peak_calls	高峰时期电话数	连续	0 ~ 486
Peak_mins	高峰时期电话时长	连续	0 ~ 2527.8
OffPeak_calls	低谷时期电话数	连续	0 ~ 154
OffPeak_mins	低谷时期电话时长	连续	0 ~ 745.5
Weekend_calls	周末时期电话数	连续	0 ~ 33
Weekend_mins	周末时期电话时长	连续	0 ~ 162.6
International_mins	国际电话时长	连续	0 ~ 255.506
Nat_call_cost	国内电话话费	连续	0 ~ 47
Month	月份	连续	1 ~ 6

3. 话费方案表

这张表是话费方案表，也就是营销中所谓的套餐规则。假设话费方案形式相同，都是每个月交一定的固定费用，会送一定的免费国内通话时间，超过该时间段部分会按照高峰时期、非高峰时期和周末进行计费，另外国际长途也会根据通话方案的不同，按照不同的标准收费。字段的具体含义见表 10-3。

表 10-3 话费方案表结构和字段含义

变量名称	变量标签	变量类型	变量取值（范围）
Tariff	话费类型	离散	CAT50，CAT100，CAT200，Play100，Play300
Fixed_cost	固定费用	连续	9.99 ~ 25.0
Free_mins	免费时长	连续	50 ~ 300
Peak_rate	高峰时期单价	连续	10 ~ 25
OffPeak_rate	非高峰时期单价	连续	2 ~ 5
Weekend_rate	周末单价	连续	2 ~ 5
International_rate	国际长途单价	连续	30 ~ 40

4. 客户是否流失标记表

本表是以定义流失方式对客户是否流失进行标记的结果。字段的具体含义见表 10-4。

表 10-4 客户是否流失标记表结构和字段含义

变量名称	变量标签	变量类型	变量取值（范围）
Customer_ID	客户编号	离散	—
Churn	是否流失	离散	0，1（0 代表不流失，1 代表流失）

10.1.3 数据准备

从业务系统中取出的数据都是根据业务的需要考虑设计的，但往往不能达到取得良好数据挖掘结果的目的，这时需要对数据进行计算，生成相关的衍生变量。

为了更清晰地说明衍生变量的生成，把数据分成两类：一类是横截面数据，指某一时间点上收集到的数据；另一类是时间序列数据，指按照时间顺序排列的数据，一条记录代表一个时间点或者时间段的取值，通常会有一个表示时间的变量，例如这个案例中客户通话情况表中 Month 就是表示时间的变量，而 6 个月的高峰时期通话时长等都是时间序列数据。

1. 横截面数据

对横截面数据的衍生变量来说有以下一些常用的生成衍生变量的方法：

（1）强度相对指标

强度相对指标是通过有一定联系的两个指标之间相比的结果得到的指标。例如，本案例中平均每次通话时长就是这种指标，它通过通话总时长和通话总次数两个指标相除，可了解到客户的通话习惯，是长话短说型，还是细致描述型。

（2）比例相对指标

它是用来反映总体中各组成部分所占比例的一个指标。例如，本案例中高峰时期通话比例就是典型的比例相对指标，这个指标可以帮助了解客户的通话结构比例，是工作时间电话多，还是休闲时间电话多（假设定义工作时间为高峰，休闲时间为非高峰）。

2. 时间序列数据

对时间序列数据常用的生成衍生变量的方法：

（1）汇总类指标

在本案例中，同一个客户有 6 个月的数据，为了便于构建挖掘模型，需要把这 6 条数据汇总成一条数据，以便与是否流失相对应。汇总类指标有求和、平均值、最大值、最小值和标准差，还可以得到记录计数。

（2）趋势类指标

对于时间序列数据，一个重要的方面是看趋势。本案例特别关注每个客户的通话时长等指标的趋势，是变多、变少，还是随机波动？如果一个客户的通话时长趋势是变少，那么这个客户的流失可能性可能会变大。但是如何衡量趋势？可以建立变量与时间的回归模型（例如本案例中，自变量为月份，因变量为通话时长），将自变量的回归系数作为趋势（也可以使用标准化回归系数作为趋势），这个值大于 0，则趋势是变多；这个值小于 0，则趋势是变少。几种常见的时间序列趋势如图 10-2 所示。趋势计算公式见式（10–1）（以 x 作为月份，y 代表通话时长，n 代表月份数）：

$$\text{趋势值} = \frac{n\sum xy - \sum x \sum y}{n\sum x^2 - \left(\sum x\right)^2} \tag{10-1}$$

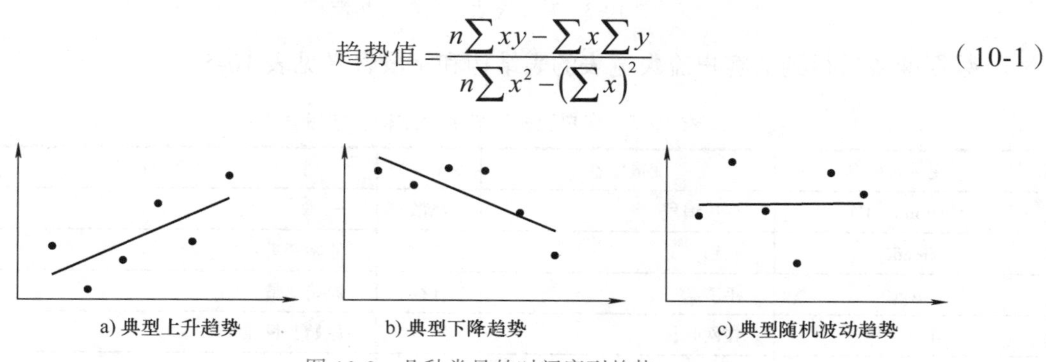

图 10-2　几种常见的时间序列趋势

（3）波动类指标

对时间序列变量来说，趋势只反映了大致方向，但是这个方向的过程是一帆风顺，还是惊涛骇浪？可以使用波动指标来进行衡量。简单地说，可以使用标准差或变异系数来衡量波动，可以使用式（10-2）计算波动：

$$\text{波动值}=\frac{x_{\text{最大值}}-x_{\text{最小值}}}{x_{\text{平均值}}} \tag{10-2}$$

3. 数据准备步骤

在数据准备过程中，从业务和数据分析的角度出发，对数据做了以下处理：

1）将客户 6 个月的各类通话行为数据进行月度汇总，生成若干汇总变量，这些变量体现了客户通话行为的绝对值状况。

2）生成若干比例指标和强度相对指标，用来反映客户通话情况的相对值状况。

3）生成若干反映客户话费状况的指标，尤其是其中的话费方案合理性指标，它反映了客户选择的话费方案是否与客户的实际消费状况相匹配。

4）生成若干反映客户通话行为趋势和波动状况的指标。

最后将这些新指标合并在一起形成客户流失特征变量宽表，以方便后续的数据分析和建模。整个数据宽表准备的分析流程如图 10-3 所示。

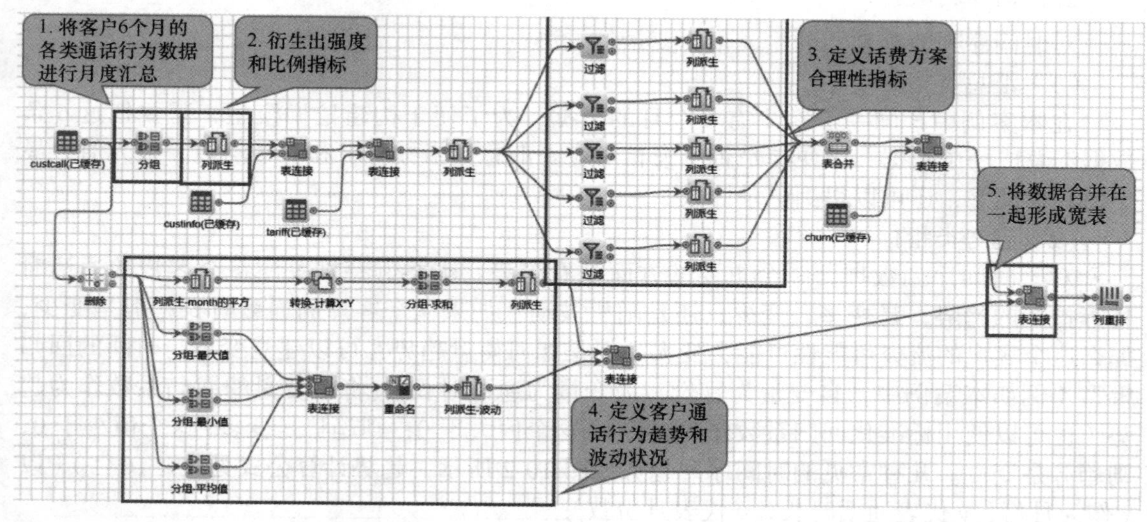

图 10-3　数据宽表准备的分析流程

数据准备后得到的客户流失宽表的表结构和字段含义见表 10-5。

表 10-5　客户流失宽表的表结构和字段含义

变量名称	变量标签	变量类型	变量说明
Customer_ID	客户编号	离散	—
Gender	性别	离散	原始变量
Age	年龄	连续	原始变量
L_O_S	在网时长	连续	原始变量
Handset	手机品牌	离散	原始变量

（续）

变量名称	变量标签	变量类型	变量说明
Tariff	话费方案	离散	原始变量
Tariff_OK	话费方案是否合理	离散	衍生变量，表明客户话费方案是否与实际消费相匹配
Usage_Band	话务量级别	离散	衍生变量，表明客户话务量多少与全体客户相比的级别情况
Peak_Calls	高峰时期通话数	连续	汇总变量，客户 6 个月高峰时期通话数合计
Peak_Mins	高峰时期通话时长	连续	汇总变量，客户 6 个月高峰时期通话时长合计
Offpeak_Calls	非高峰时期通话数	连续	汇总变量，客户 6 个月非高峰时期通话数合计
Offpeak_Mins	非高峰时期通话时长	连续	汇总变量，客户 6 个月非高峰时期通话时长合计
Weekend_Calls	周末时期通话数	连续	汇总变量，客户 6 个月周末时期通话数合计
Weekend_MIns	周末时期通话时长	连续	汇总变量，客户 6 个月周末时期通话时长合计
International_MIns	国际通话时长	连续	汇总变量，客户 6 个月国际通话时长合计
National_Calls	国内通话数	连续	汇总变量，客户 6 个月国内通话数合计
National_Mins	国内通话时长	连续	汇总变量，客户 6 个月国内通话时长合计
All_Calls_Cost	所有通话时长	连续	衍生变量，客户 6 个月所有通话时长合计
Nat_Calls_Cost	国内通话消费	连续	原始变量
Peak_Mins_Ratio	高峰时期通话时长占比	连续	衍生变量，比例指标，高峰时期通话时长占国内通话时长比例
Offpeak_Mins_Ratio	非高峰时期通话时长占比	连续	衍生变量，比例指标，非高峰时期通话时长占国内通话时长比例
Weekend_Mins_Ratio	周末时期通话时长占比	连续	衍生变量，比例指标，周末时期通话时长占国内通话时长比例
International_Mins_Ratio	国际通话时长占比	连续	衍生变量，比例指标，国际通话时长占全部通话时长比例
Avepeak	高峰时期平均每次通话时长	连续	衍生变量，强度相对指标
Aveoffpeak	非高峰时期平均每次通话时长	连续	衍生变量，强度相对指标
Aveweekend	周末时期平均每次通话时长	连续	衍生变量，强度相对指标
Avenational	国内平均每次通话时长	连续	衍生变量，强度相对指标
Peak_Mins_Trend	高峰时期通话时长趋势	连续	衍生变量，趋势指标
Offpeak_Mins_Trend	非高峰时期通话时长趋势	连续	衍生变量，趋势指标
Weekend_Mins_Trend	周末时期通话时长趋势	连续	衍生变量，趋势指标
Peak_Mins_Fluctuation	高峰时期通话时长波动	连续	衍生变量，波动指标
Offpeak_Mins_Fluctuation	非高峰时期通话时长波动	连续	衍生变量，波动指标
Weekend_Mins_Fluctuation	周末时期通话时长波动	连续	衍生变量，波动指标
Mins_Charge	计费通话时长	连续	衍生变量，扣除免费时长后时长合计
Actual Call Cost	实际通话话费	连续	衍生变量，反映客户国内通话实际花费

（续）

变量名称	变量标签	变量类型	变量说明
Total_Call_Cost	总通话话费	连续	衍生变量，反映客户全部通话花费
Total_Cost	总花费	连续	衍生变量，反映客户全部总花费（包括固定费用）
Call_Cost_Per_Min	平均每分钟通话话费	连续	衍生变量，反映客户平均每分钟通话的花费
Average Cost Min	平均每分钟话费	连续	衍生变量，反映客户平均每分钟花费
Churn	是否流失	离散	原始变量，是否流失标记变量

10.1.4 流失客户特征分析

流失客户特征分析主要分析各个变量与目标变量“是否流失”之间的关系，探索流失的客户有哪些特点，对于不同数据类型可以采用不同的方法来分析。根据各变量的数据类型可以分为：

1）连续变量与是否流失的关系：可以使用直方图或者箱形图，如果希望得到离散变量与连续变量之间关系的量化描述，可以使用方差分析。

2）离散变量与是否流失的关系：可以使用柱状图或者堆积柱状图，如果希望得到两个离散变量之间关系的量化描述，也可以使用交叉表。

1. 离散型变量与流失的关系

对于离散型变量，可以采用堆积百分比柱状图探索这些变量与是否流失的关系，离散型变量与流失的关系如图 10-4 所示。

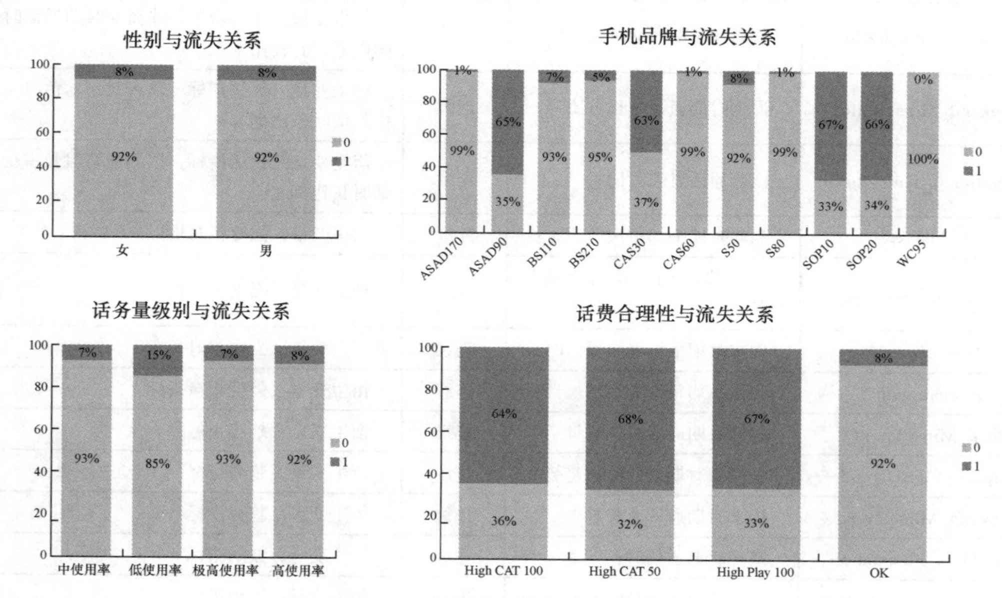

图 10-4 离散型变量与流失的关系

从图上看，除性别与流失的关系不密切（男性与女性流失比例相差不多）外，还有以下特征：

1）手机品牌与流失相关性很大，其中 ASAD90、CAS30、SOP10 及 SOP20 的流失比例尤其高，猜测这些手机品牌可能使用体验较差，造成客户体验下降从而流失。实际情况需要与业务人员讨论，若猜测正确，给这些客户推荐或者赠送其他品牌手机是一种有效的挽留手段。

2）话务量级别与流失之间有一定的关系，低使用率客户流失比率高一些。

3）话费合理性与流失之间关系密切，话费方案不合理的流失率要远高于话费合理的流失率。这表明话费不合理，运营商虽然可以在短期内获取超额利润，但是难以长久，建议业务部门关注这一点，向用户推荐更加合理的话费方案。

2. 连续型变量与流失的关系

连续型变量与流失的关系，只挑选了三个高峰时期通话相关的变量来做特征可视化分析，图 10-5a 是变量分布的直方图，图 10-5b 是按照是否流失标准化，求得百分比之后的图形，流失和高峰时期的通话行为之间的关系如图 10-5 所示。

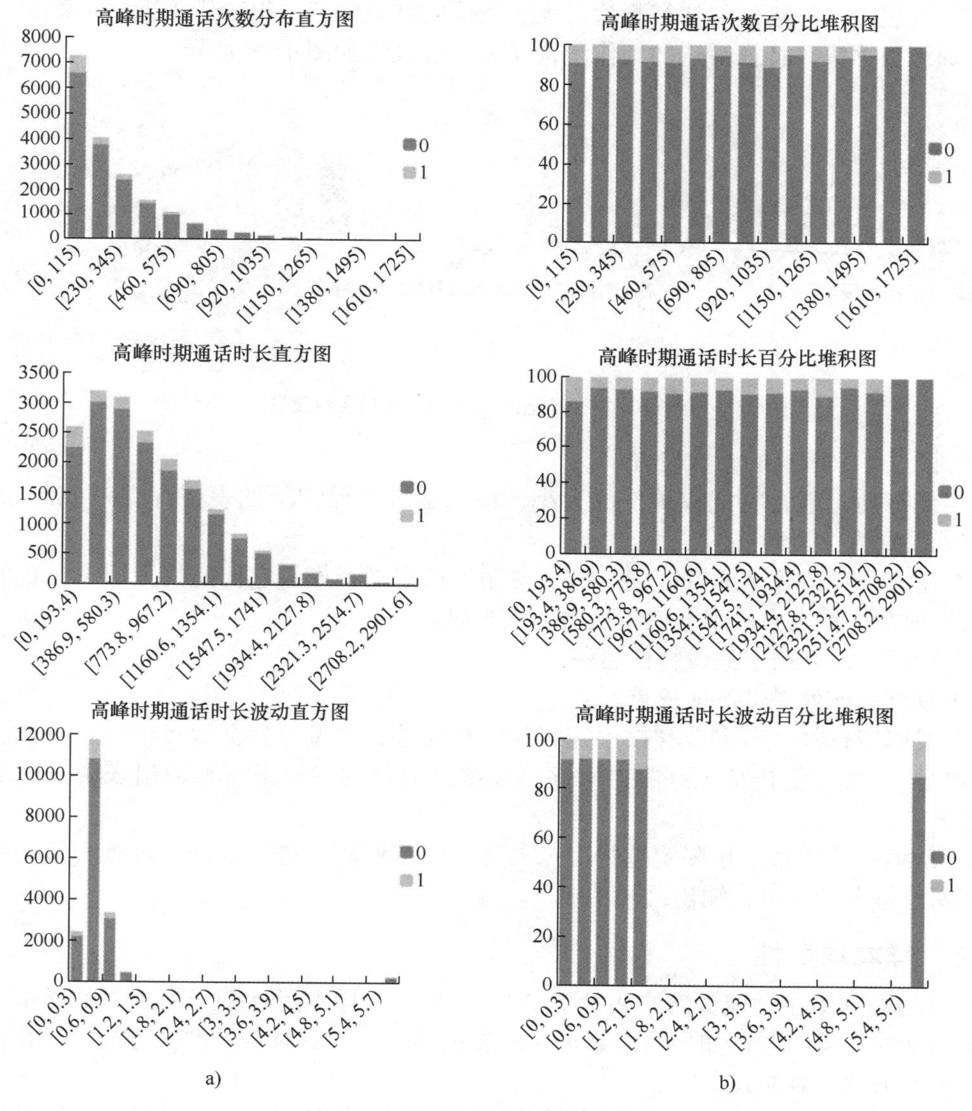

图 10-5　连续型变量与流失的关系

从图中可以看到，流失似乎和高峰时期的通话行为的关系并不是特别密切，但大致可以看出高峰时期通话次数较少、高峰时期通话时长越短、高峰时期通话时长波动越大、高峰时期平均每次通话时长较长的客户，流失的倾向性更大一些。其他连续性变量与是否流失的关系的图形化分析可以类似进行。

10.1.5 特征重要性分析

特征重要性分析是一种为预测模型的输入特征评分的方法，该方法揭示了进行预测时每个特征的相对重要性。建模前对特征进行筛选，有利于降低模型的复杂度，减少训练和预测的时间，防止过拟合，利于对模型进行理解和解释。常用的方法有过滤法、包装法和嵌入法，具体参考 5.4.2 小节。本例采用以信息增益为评分指标的过滤法进行，根据信息增益值，可以设置相应的阈值对特征变量进行筛选。在大数据应用平台里，可以使用“特征过滤”节点进行特征选择，该节点根据特征表中的特征权重值，按照所设置的阈值，将输入表中小于阈值的特征删除，大于阈值的特征保留，得到用于下一步模型构建和评估的训练数据集。特征筛选的工作流构建和参数设置如图 10-6 所示。

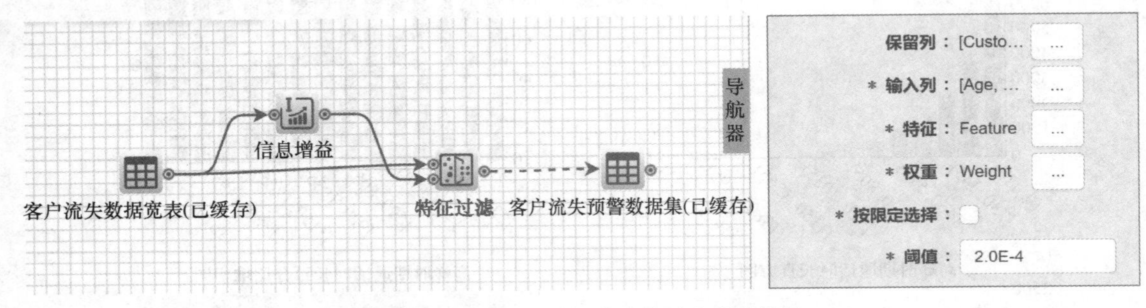

图 10-6 特征筛选的工作流构建和参数设置

“特征过滤”节点的参数设置：

1）保留列：不管特征权重值的大小，该列必定被保留。如表格含有一个目标变量，则它应该设置为保留列。

2）输入列：待筛选的特征列。该列遵循过滤规则，如果它们的权重低于设置的阈值或者未出现在权重表中，则它们将从输入表被删除。

3）特征：该列用于提供特征名称。

4）权重：该列提供特征权重。

5）按限定选择：若参数“按限定选择”被勾选，则按照特征数量值进行筛选。设置“限定数目”，特征值按从大到小的顺序，前限定数目的特征保留在输出表中。这里选择不勾选。

6）阈值：若参数“按限定选择”未勾选，则按照阈值进行筛选。设置阈值，特征值小于该阈值将不被保留在输出结果中。

10.1.6 样本均衡性

本例的数据集中，流失客户占比为 8.1%，流失的样本远远少于不流失的样本，这是样本不均衡的分类问题。如果模型要求对流失和不流失均具有较好的区分能力，在样本不均衡的情况下就很难实现。

样本不均衡最理想的办法是收集更多的少数类样本以达到样本近似均衡的量级，然而少数类样本收集的时间成本很高，只能在样本不均衡的情况下完成模型开发，此时只能用一些技术手段尽量避免不均衡学习情况对模型造成的影响。因此，任何能改善不均衡情况的方法都是有效的，只是不同方法对模型采用的策略与技术手段不同，并且使用场景不同导致改善的效果也有所差异。

从数据层分析，样本不均衡表现在频数上即为某一类样本数量显著多于另一类的样本数量。因此，从数据层进行样本不均衡补偿的思想很朴素，即频数上互补。其目的是让模型能够“重视”占比少的流失客户，获得较好的预测能力。具体实现方法分为过采样和欠采样两种方法。

1）过采样：对目标变量取值占少数的这类样本重复抽样，使得在新的数据集中这类样本的数量与其他类的样本数量相当。

2）欠采样：对目标变量取值占多数的这类样本只抽取其中一部分，使得在新的数据集中这类样本的数量与其他类的样本数量相当。

10.1.7 模型构建和评估

客户流失预测模型构建的方法可以采用分类算法，例如朴素贝叶斯、决策树、支持向量机和随机森林等，本案例将采用决策树和朴素贝叶斯两种算法进行建模，并比较两种算法的性能，选择较优的一个模型应用于新数据集。在大数据应用平台构建分析工作流程，客户流失模型构建与评估工作流程如图 10-7 所示。

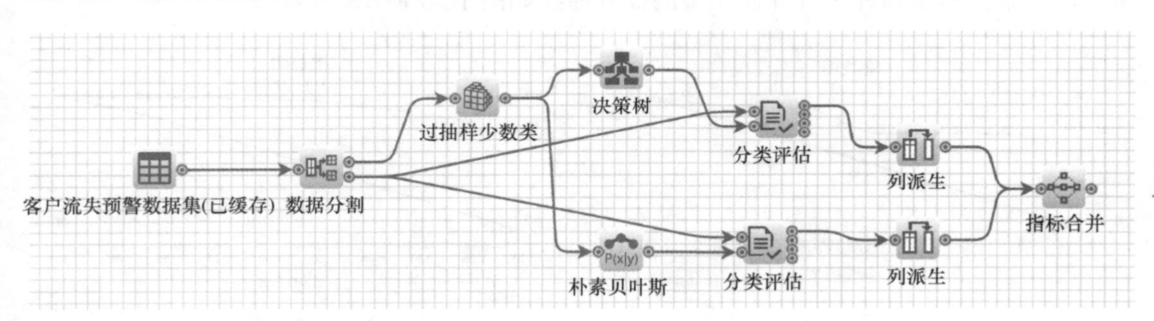

图 10-7　客户流失模型构建与评估工作流程

1）数据分割：将数据集分划成训练集和测试集，本例按 8 ∶ 2 的比例来划分训练集和测试集。

2）样本均衡性：前面观察到 Churn 列中按 0 和 1 汇总，发现流失的占比非常低，属于少数但重要的类。过抽样少数类节点可用来重复那些包含较少出现的种类的行，以便增加这些少数类的出现频率。该操作通常在要预测少数类时用于过度采样要预测的少数类。

3）模型构建：在训练集上，采用决策树和朴素贝叶斯两种算法构建客户流失预测模型。

4）模型评估：使用相同的测试集，基于分类评估节点，对不同算法构建的模型性能进行评估。

5）模型比较：将不同算法的评估指标合并在一张表格内，便于比较。

运行“指标合并”节点，可以得到两种算法在相同测试集上的结果，决策树和朴素贝叶斯模型的性能比较如图 10-8 所示。

算法	总体准确率	总体错误率	查全率	查准率
决策树	91.99%	8.01%	71.86%	49.77%
朴素贝叶斯	88.30%	11.70%	76.95%	38.28%

图 10-8　决策树和朴素贝叶斯模型的性能比较

从图中可知，决策树算法构建的客户流失预测模型，总体准确率要比朴素贝叶斯模型的高。除了模型的总体准确率，还可以看到朴素贝叶斯模型提供的预测为流失响应的客户人数占所有流失的客户人数的比例，即查全率要略高于决策树算法。另外，还可以看到决策树模型的预测类别为流失的查准率要比朴素贝叶斯的高，即提供的预测可能会流失的客户名单中最后真的流失的客户比例。两个算法在新数据集上的预测效果的查准率都不高，查全率还不错。查全率和查准率是互逆关系，实际应用时，会根据应用场景，调整对查准率和查全率的重视程度，本例为客户流失预测的应用场景，业务部门更希望尽可能少漏掉有可能流失的客户。因此，查全率更重要。

对于客户流失预测模型，可以使用 Lift 图（提升图）来评估模型对目标中“流失”的预测能力优于随机选择的倍数，即 Lift 值（提升值）。它是“运用该模型”和“未运用该模型”所得结果的比值，Lift 图衡量的是与不利用模型相比，模型的预测能力“变好”了多少。决策树模型和朴素贝叶斯模型的提升曲线如图 10-9 所示。

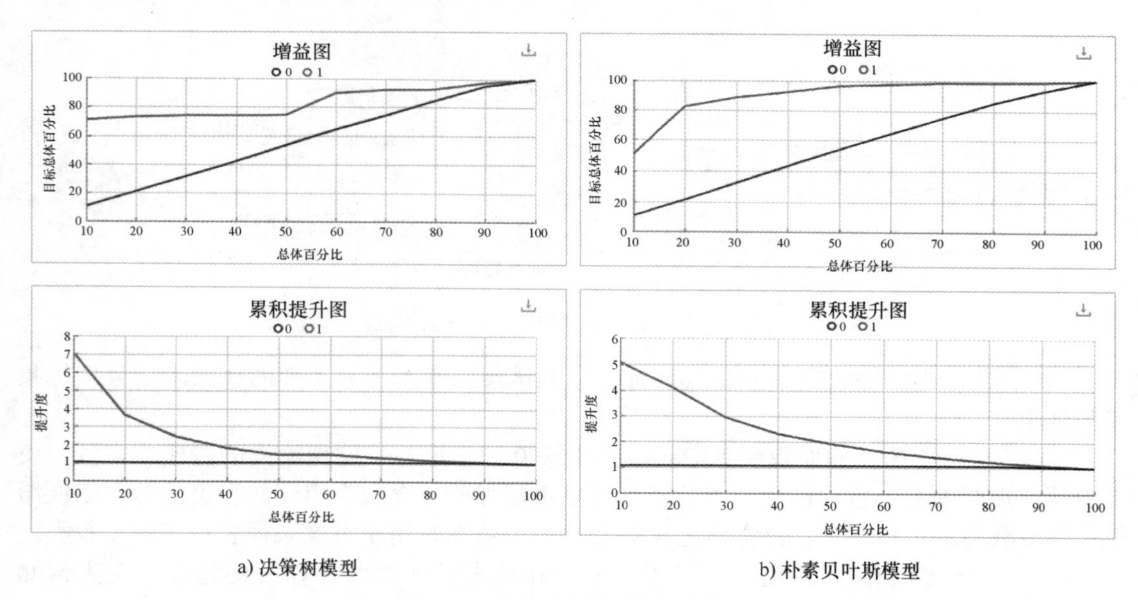

图 10-9　客户流失模型的提升曲线

从增益图上看，根据朴素贝叶斯模型预测，最有可能流失的前 20% 的客户中，包含了所有实际流失客户中的 80% 左右，根据决策树模型预测，则包含了 73% 左右。

从累积提升值曲线来看，根据朴素贝叶斯模型和决策树模型预测的最有可能流失的前 20% 的客户比随机选择的 20% 客户的准确率提升了 4 倍左右，说明使用模型预测客户流失要比随机选择的方法有效很多。

综合上述多方指标比较，朴素贝叶斯模型在流失客户预测中更优一些，因此可以将朴素贝叶斯模型保存到用户空间，用于后续新数据的预测。

10.1.8　模型应用

使用“应用”节点基于训练好的客户流失预测模型定期应用于新数据集，预测每个客户流失的可能性。预测的分析工作流程如图 10-10 所示。

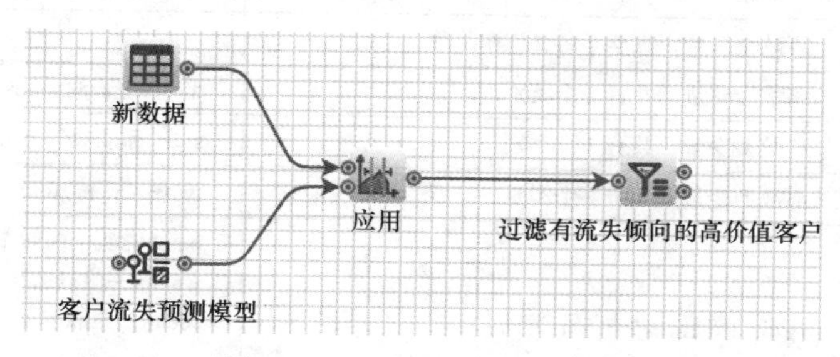

图 10-10　预测的分析工作流程

该节点会在原始数据的基础上增加新的两列，一列为目标变量的预测值，另一列为概率值，即可信度。由于电信企业的客户消费水平差异巨大，在得到每个客户的流失预测结果后，对预测为流失的客户，还需要根据客户价值的高低，采取不同的服务方式。例如，对于高价值 VIP 客户，具体分析每个客户的特点，采取一对一的挽留策略；对于低价值的普通客户，则可以先使用聚类分析，对客户进行分群，分成若干个群体，分析每个群体的特征，针对客户群设计合适的挽留方案则会更加经济有效。

本案例通过分类算法构建了客户流失预测模型，根据客户的流失概率，锁定目标人群名单，辅助业务部门开展有针对性的营销挽留活动，提高挽留的命中率，可以为企业节省成本，留住客户。

10.2　商品价格预测模型建立与评估

10.2.1　案例概述

一家中国汽车公司计划在美国设立生产部门并在当地生产汽车，进入美国市场。因此，希望了解汽车定价所依赖的因素。公司想了解影响美国市场汽车定价的主要因素，因为这些因素可能与中国市场有很大不同。具体来说，该公司想知道：

1）哪些变量与汽车定价关系密切？

2）如何根据汽车指标变量指导定价？

根据各种市场调查，该公司收集了整个美国市场上不同类型汽车的大量数据集。通过对数据集中可用的变量对汽车价格进行分析和建模，可以了解价格随自变量的确切变化情况。依据分析结果来操纵汽车的设计和商业策略等，以达到期望的价格水平。

10.2.2　数据集

本案例的数据集共包含 26 个变量、205 个样本点。汽车价格数据集字段说明见表 10-6，表格中的“汽车价格”为目标变量，剩下的字段为特征变量，变量涵盖了汽车的各个指标，比如车长、车宽、车重、引擎位置和马力等。

表 10-6 汽车价格数据集字段说明

变量名	变量说明	取值范围
car_ID	离散型变量，汽车编码	
保险风险等级	连续型变量，值为 +3 表示汽车有风险，-3 表示它可能相当安全	-3 ～ 3
车名	离散型变量，汽车车名含汽车品牌	
燃油类型	离散型变量，共有 2 个类别	diesel—柴油，gas—汽油
吸气方式	离散型变量，共有 2 个类别	std—标准吸气，turbo—涡轮增压
车门数量	离散型变量，共有 2 个类别	two—两门，four—四门
车身类型	离散型变量，共有 5 个类别	hatchback—两厢车 wagon—旅行轿车 sedan—三厢车 hardtop—硬顶车 convertible—敞篷车
驱动轮类型	离散型变量，共有 3 个类别	4wd—四轮驱动 fwd—前轮驱动 rwd—后轮驱动
引擎位置	离散型变量，共有 2 个类别	front—前置发动机 rear—后置发动机
轴距	连续型变量，汽车前轴中心到后轴中心的距离	86 ～ 121
车长	连续型变量，车厢的长度	141 ～ 209
车宽	连续型变量，车厢的宽度	60 ～ 73
车高	连续型变量，车厢的高度	47 ～ 60
车重	连续型变量，没有乘客或行李时汽车的重量	1488 ～ 4066
引擎类型	离散型变量，共有 7 个类别	dohc，dohcv，l，ohc，ohcf，ohcv，rotor
气缸数量	离散型变量，共有 7 个类别	two，three，four，five，six，eight，twelve
引擎大小	连续型变量，引擎大小	61 ～326
燃油系统	离散型变量，共有 8 个类别	1bbl，2bbl，4bbl，idi，mfi，mpfi，spdi，spfi
缸径	连续型变量，汽缸本体上用来让活塞做运动的圆筒空间的直径	2.54 ～ 3.94
冲程	连续型变量，活塞在汽缸本体内运动时的起点与终点的距离	2.07 ～ 4.17
压缩比	连续型变量，活塞由下止点运动到上止点时，气缸气体被压缩的程度	7 ～ 23
马力	连续型变量，发动机的瞬间爆发力	48 ～ 288
峰值转速	连续型变量，车辆峰值转速	4150 ～ 6600
城市英里每加仑	连续型变量，每 100km 城市油耗	13 ～ 49
高速英里每加仑	连续型变量，每 100km 高速油耗	16 ～ 54
汽车价格	连续型变量，汽车销售价格	5118 ～ 45400

10.2.3　变量相关性

变量相关性分析主要用来分析哪些变量与汽车定价关系密切，根据各变量的数据类型可以分为：

1）离散型变量与汽车价格的关系。可以使用直方图或者箱形图，如果希望得到离散型变量与汽车价格之间关系的量化描述，可以使用方差分析。

2）连续型变量与汽车价格的关系。可以使用散点图进行直观展示，如果希望得到连续型变量与汽车价格之间关系的量化描述，可以使用相关矩阵，计算两者的相关系数。

1. 离散型变量

要分析离散型变量与汽车价格，简单直观的方式可以采用箱形图展示汽车价格与离散型变量之间的关系，相关系数节点的参数设置如图 10-11 所示。箱形图可以展示多组数据分布特征，通过比较各组数据的中位数位置来查看变量与汽车价格关系的密切程度。若离散型变量不同属性值对应的汽车价格的箱形位置差不多，即各组中的汽车价格分布非常相似，则表示该离散型变量对价格的影响不大。若离散型变量不同属性值对应的汽车价格的箱形位置差异很大，即各组中的汽车价格分布有很大差别，则表示该离散型变量对汽车价格有较强的影响，与汽车定价有密切关系。从图中可以看到：

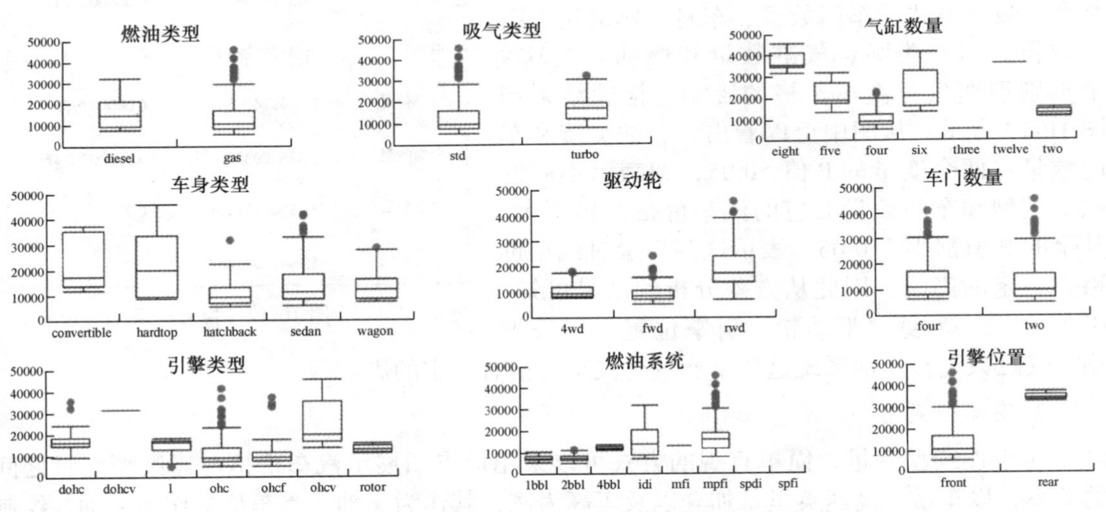

图 10-11　相关系数节点的参数设置

1）从燃油类型看，以柴油为燃料的汽车平均价格略高于以汽油为燃料的汽车，但价格偏高的汽车都是以汽油为燃料。

2）从吸气方式看，标准增压（std）的汽车普遍定价低于涡轮增压（turbo）的汽车，但价格偏高的汽车大部分采用标准增压。

3）从车门数量看，车门数量对于汽车价格的影响较小，两门和四门的汽车价格分布差异小。

4）从车身类型看，敞篷车（convertible）和硬顶车（hardtop）汽车价格较高，其他车身类型相对便宜。

5）从驱动轮看，高级车更倾向于使用后轮驱动（rwd），前驱汽车平均价格 <4 驱汽车平均价格 < 后驱汽车平均价格。

6）从引擎位置看，后置引擎（rear）的汽车比前置引擎（front）的汽车贵得多。

7）从引擎类型看，引擎型号为 ohcv 的汽车全为高价车。

8）从气缸数量看，汽车的价格与气缸的数量成正比，气缸数量越多，汽车价格越高。

9）从燃油系统看，燃油系统为 mpfi 与 idi 的汽车为高价车，燃油系统为 1bbl 和 2bbl 的汽车为低价车，其他燃油系统的汽车为中价车。

对于离散型变量，可以使用方差分析的方法来分析变量对于汽车价格的影响程度。方差分析就是对试验数据进行分析，检验不同组之间的均值是否相等，进而推断因素对试验指标的影响是否显著。根据影响试验指标因素的个数，可以分为单因素方差分析、双因素方差分析和多因素方差分析。

方差分析会提出原假设 H0，不同组的数据均值全相等；备择假设 H1，不同组的数据均值不全相等，然后根据合适的统计量进行假设检验。给定显著性水平，例如 0.05，若 P 值大于 0.05，接受原假设 H0，拒绝备择假设 H1，反之，拒绝原假设 H0，接受备择假设 H1。

在这个例子中，使用方差分析来检验燃油类型、吸气方式、车门数量、车身、驱动轮、引擎位置、引擎类型、气缸数量和燃油系统这 9 个类别型变量对汽车价格的影响。检验结果如图 10-12 所示。从图中可以看出，燃油类型和车门数量这两个变量的 P 值 >0.05，即表示不同的燃油类型和车门数量对应的汽车价格差异不大。其余的 P 值都小于 0.05，表示这些变量对汽车价格有一定的影响。因此从方差分析的结果可知，吸气方式、车身、驱动轮、引擎位置、引擎类型、气缸数量和燃油系统这 7 个变量对汽车价格有一定的影响。

变量	F值	P值
燃油类型	2.2927407367	0.1315356334
吸气方式	6.6366219686	0.0107003008
车门数量	0.2059460058	0.6504483953
车身	8.0319764969	0.0000050317
驱动轮	70.3205526497	0.0
引擎位置	23.9697400547	0.000001993
引擎类型	9.3762203065	0.0000000047
气缸数量	57.5688809954	0.0
燃油系统	15.6418645747	0.0

图 10-12 检验结果

2. 连续型变量

对于连续型变量，简单直观的方式可以采用散点图展示汽车价格与连续型变量之间的关系，以车重、高速英里每加仑以及车高为例，其作为 x 轴，汽车价格作为 y 轴，绘制散点图，如图 10-13 所示。若连续型变量与汽车价格基本在一条直线附近，即表示该变量与汽车价格呈现很强的线性相关，该变量与汽车价格有密切关系。若连续型变量与汽车价格的散点未呈现明显的线性趋势，则表示该变量与汽车价格的相关性比较弱，该变量对汽车价格的影响比较弱。

从图中可以看出，汽车价格与车重呈现一条直线，随着车重的增加，汽车价格也越贵，汽车价格与车重是正相关关系；另外，汽车价格随着高速英里每加仑（油耗）的增加而减少，也就是汽车油耗越高，价格越便宜，是一种负相关关系；而汽车价格与车高并未呈现出明显的趋势，两者的相关性比较弱。对于连续型变量，还可以使用皮尔森相关系数来量化特征变量对汽车价格的影响程度。皮尔森相关系数主要用于衡量两个变量 x 与 y 之间的线性相关程度。数值一般介于 [−1 ～ 1] 之间。相关系数的绝对值越大，相关性越强，绝对值越小，相关性越弱。

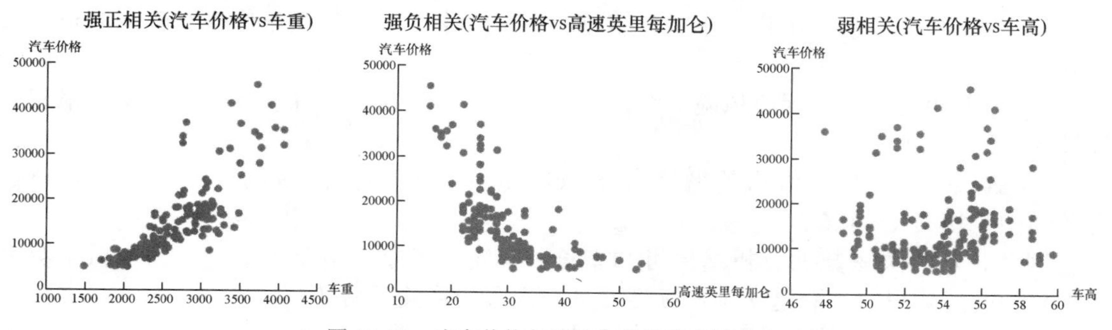

图 10-13 汽车价格与连续变量的散点图分布

将“相关矩阵”节点与数据表相连接，相关系数节点的参数设置如图 10-14 所示。

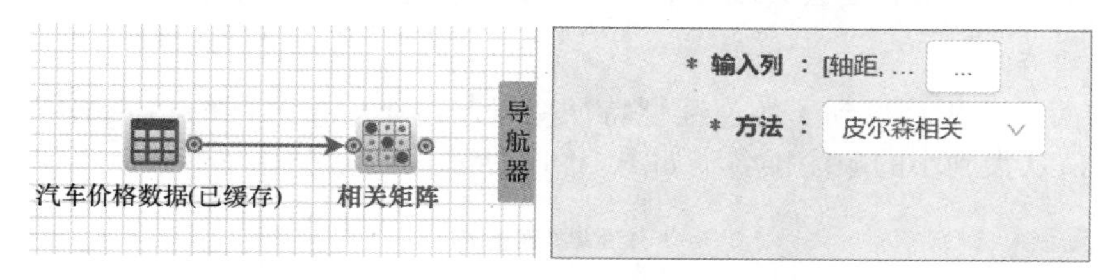

图 10-14 相关系数节点的参数设置

“相关矩阵”节点的参数设置如下：

1）输入列：从表中选择若干变量作为输入列，只接受数值型变量。这里选择除 car_ID 之外的所有变量。

2）方法：计算相关矩阵的方法。这里选择“皮尔森相关”。

对于变量之间的相关系数，通常可以使用热力图来进行展示，使用大数据应用平台的自助报告功能模块的热力图可以可视化连续变量之间的相关系数，汽车价格与特征变量的相关系数热力图如图 10-15 所示。

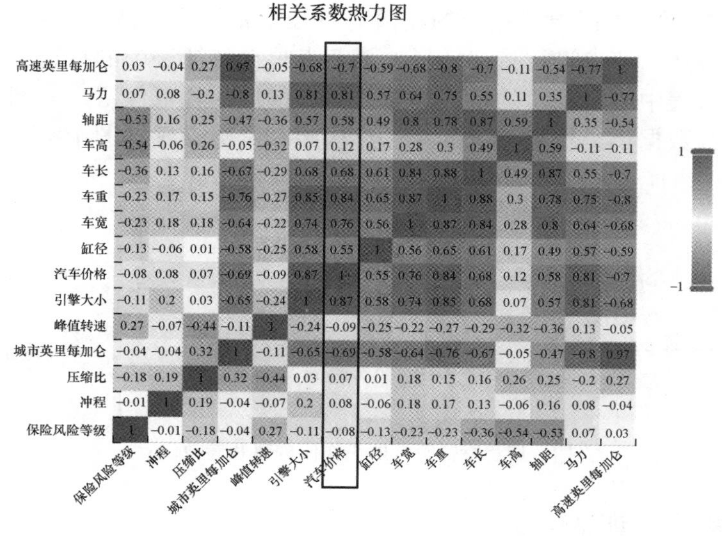

图 10-15 汽车价格与特征变量的相关系数热力图

从图中可以发现，因变量汽车价格和各自变量的相关强度如下：

1）强正相关变量：车长、车宽、车重、引擎大小、马力与汽车价格有较强的正相关（>0.6）。

2）极弱相关变量：保险风险等级、车高、冲程、压缩比、峰值转速与汽车价格相关性较弱（0 ～ 0.2）。

3）强负相关变量：城市英里每加仑（city mpg）和高速英里每加仑（highway mpg）有较强的负相关（<–0.6）。

因此，从相关系数的分析结果可知车长、车宽、车重、引擎大小、马力、城市英里每加仑和高速英里每加仑这 7 个连续型变量与汽车价格关系密切。

另外，从热力图中还可发现很多自变量之间存在着很高的相关性，如城市英里每加仑和高速英里每加仑相关性达到了 0.97，车长和车宽相关性为 0.84，对这些存在高相关性的变量，在建立模型时要么只取其中一个，要么进行其他处理，以消除多重共线性。

3. 特征筛选

根据前面的分析，得到了各连续型特征变量与汽车价格之间的相关系数，按照相关系数的绝对值从大到小的顺序排名，如图 10-16 所示。

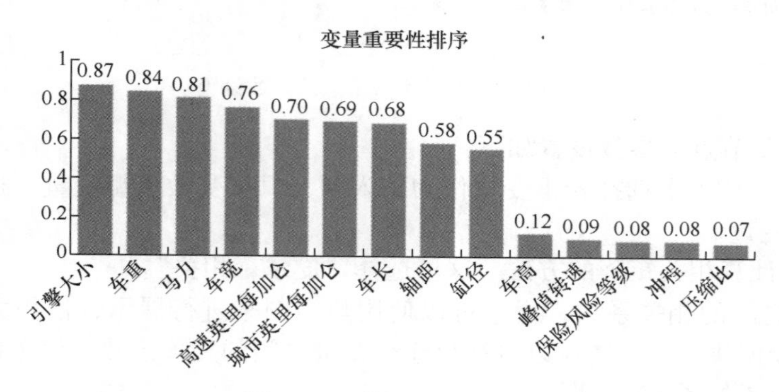

图 10-16　特征重要性排序

根据相关系数值，可以设置相应的阈值对特征变量进行筛选。在大数据应用平台里，可以使用“特征过滤”节点进行特征选择，该节点根据特征表中的特征权重值，按照所设置的阈值，将输入表中小于阈值的特征删除，大于阈值的特征保留，得到用于下一步模型构建和评估的训练数据集。特征筛选的工作流构建和参数设置如图 10-17 所示。

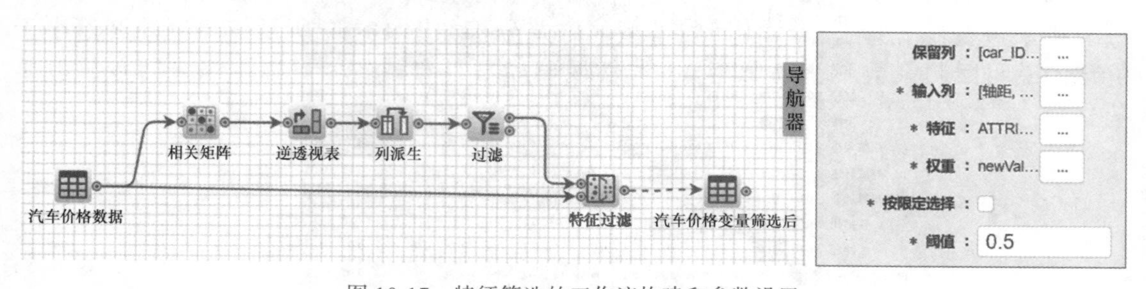

图 10-17　特征筛选的工作流构建和参数设置

10.2.4　模型构建和评估

在了解汽车各指标变量与汽车价格的关系之后，接下来可以使用回归分析的方法将汽车各指标变量与汽车价格之间的关系定量表示出来，构建的模型可用于新车的定价指导。大数据应用平台提供了多种回归分析的方法，如线性回归、神经网络、SVM、K 近邻和随机森林等算法。本案例采用线性回归算法构建汽车指标变量与汽车价格之间的定量关系，并在测试集上使用评估指标来评估预测性能。

在大数据应用平台的工作流功能模块中，使用线性回归组件构建回归模型，并在测试集上评估算法的性能，汽车价格预测模型构建与评估分析工作流如图 10-18 所示。

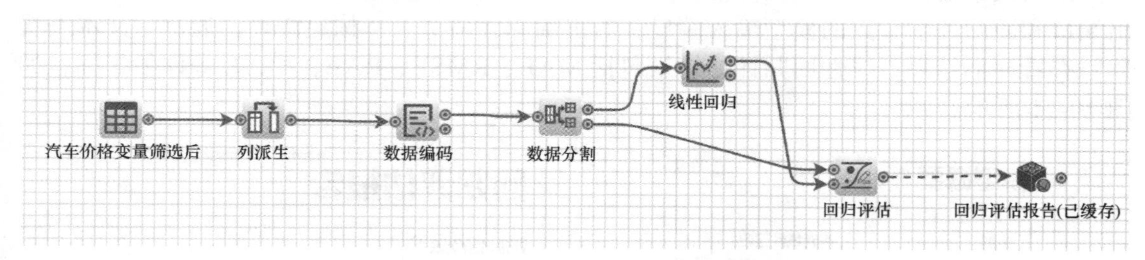

图 10-18 汽车价格预测模型构建与评估分析工作流

汽车价格变量筛选后为经由皮尔森和方差分析筛选后的 14 个变量组成的数据集，整个分析过程如下：

1）使用“列派生”节点将相关系数值较大的两个变量合为一个变量来表示。例如，车长 × 车宽 = 车辆大小,（城市英里每加仑 + 高速英里每加仑）/2= 平均英里每加仑，车辆大小和平均英里每加仑代替原始变量。

2）使用“数据编码”节点即哑变量的方法将字符串类型的变量数值化。

3）使用“数据分割”节点将数据集划分为训练集和测试集。

4）使用“线性回归”节点构建汽车指标变量和汽车价格之间的函数关系。

5）使用“回归评估”节点评估线性回归在测试集上的预测能力。

1. 模型有效性检验

单击“线性回归”，构建缓存，可以查看线性回归的模型报告，包括模型概要、方差分析和系数估计，来判断模型的有效性。

（1）方程显著性检验

在参数估计求得回归方程的各系数值后，需要进行方程显著性检验，检验这个回归方程的有效性，即检验回归方程所有的系数值是否为 0。一般而言，可以使用方差分析来进行统计检验。线性回归模型的方差分析如图 10-19 所示，模型的 P 值小于 0.05，说明回归系数不全都等于 0，线性回归模型是有效的，可以用来进行预测汽车价格。

来源	自由度	二次方和	均方差	F值	P值
回归	33	10,676,506,606.999731	323,530,503.2424161	54.1981798268	0
残差	130	776,021,732.7571443	5,969,397.944285725		
合计	163	11,452,528,339.75669			

图 10-19 线性回归模型的方差分析

（2）拟合优度

在线性回归分析中，一般用 R-Square 和调整 R-Square 来度量模型的拟合程度，其取值范围为 0 ～ 1，值越接近 1，说明模型的拟合程度越高。本例的 R–Square 和调整 R–Square 分别为 0.93 和 0.91，如图 10-20 所示，说明模型的线性拟合程度较高。

2. 模型预测性能评估

R–Square 和方差检验是检验在训练集上构建的回归模型的拟合优度和有效性，对于回归模型的预测性能的评估，则需要在测试集上进行。使用回归评估节点，连接数据分割节点的测试集输出端口和回归评估节点的表格输入端口，同时连接线性回归节点的模型输出端口和回归评估节点的模型输入端口，右击回归评估节点，构建缓存，通过“文本查看器”查看评估结果，线性回归评估结果包括 MAE、RMSE、RAE、RRSE 等评估指标，如图 10-21 所示。

模型概要

类型	多元线性回归
幂	1
样本数目	164
R-Square	0.9322401386
调整R-Square	0.9150395584
均方根误差（RMSE）	2,443.2351389675

图 10-20　线性回归模型概要

回归评估报告

评价试验次数 1

平均绝对误差（MAE）	131.13823356709563 +- 0.0
均方根误差（RMSE）	177.36735525262344 +- 0.0
相对绝对误差（RAE）	56.367272312995865 +- 0.0
相对二次方根误差（RRSE）	66.45531365524909 +- 0.0

图 10-21　线性回归评估结果

10.2.5　模型应用

使用“应用”节点基于训练好的回归模型对新汽车的价格进行预测，用于指导新汽车的定价。预测的分析工作流程如图 10-22 所示。执行“应用”节点，该节点会在原始数据的基础上增加新的一列，该列为目标变量的预测值，如图 10-23 所示。

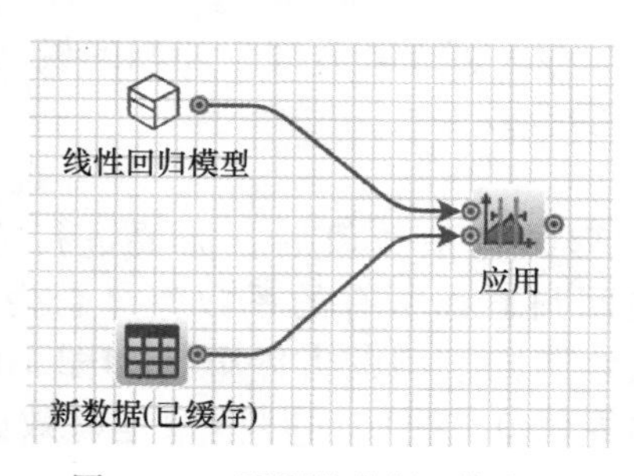

图 10-22　预测的分析工作流程

本案例先通过相关系数和方差分析的方法分析了汽车各指标变量与汽车价格的密切关系，了解了汽车价格随自变量的确切变化情况，同时根据相关系数值和 P 值筛选出对汽车价格影响比较大的特征变量。基于筛选出的特征变量，采用回归算法构建汽车价格与指标变量之间的定量关系，依据构建好的回归模型，指导汽车设计，以达到期望的价格水平。汽车价格的预测方式能够应用在很多其他的商业场景中，比如预测商品销售量、门店的客流量等。只要是要预测的变量是连续型的，都可以运用相同的分析思路进行分析。

表格浏览器:应用

车名	系统_spdi	马力	城市英里每加仑	高速英里每加仑	汽车价格	车辆体积	平均英里每加仑	Predicted_Class
audi 4000		140	17	20	23875	13758.78	18.5	22205.411698751082
bmw x1		121	21	28	20970	11456.64	24.5	22040.85926965431
dodge coronet custom		102	24	30	8558	10035.74	27	9338.71364731391
dodge dart custom		88	24	30	8921	11279.16	27	9595.246580411356
dodge coronet custom (sw)		145	19	24	12964	11483.16	21.5	13584.855237451993
honda civic 1300		86	27	33	9095	10921	30	9774.646899521762
isuzu D-Max		70	38	43	8916.5	9915.24	40.5	6285.091014235644
isuzu D-Max		90	24	29	11048	11253.52	26.5	10014.425500436217
jaguar xj		176	15	19	32250	13892.16	17	31014.603900685874
jaguar xf		176	15	19	35550	13892.16	17	31014.603900685874
mazda rx-4		68	31	38	6695	10708.56	34.5	6917.744840833676
mazda glc 4		135	16	23	15645	11103.3	19.5	17209.018129034972
mazda rx-4		84	26	32	10245	11823.7	29	11045.744980605963

每页 1000条　共 41 条数据　K < 当前第 1 页　共 1 页　> K　到 1　跳转

关闭

图 10-23　线性回归模型预测结果

10.3　基于深度学习的产品缺陷检测

10.3.1　案例概述

在制造业领域，减少缺陷产品出现的概率对于最大化企业利润是至关重要的。为了降低缺陷产品出现的概率，企业有必要在质量保证这块投入预算，通常采用的都是实施手工检查工作，并审查制造过程。这样的方式在当前的绝大多数企业都得到应用，但是也存在一些问题，例如因检验工人不同而导致的检查精度不同，同时企业也面临着人工成本不断增加的挑战。在产品制造过程中，缺陷通常是指偏离初始预期的事件或项目。产品中可能出现的异常通常是随机的，例如划痕、错位、颜色或纹理的变化。本案例将在浇铸产品生成过程中尝试使用 Python 的深度学习模块来解决当前人工检验所产生的问题。

10.3.2　数据集

本案例的数据集总共包含 7348 个图像，这些图像是潜水泵叶轮的俯视图，图像大小为 300 × 300 像素灰度图像（如图 10-24 所示）。

数据集已经打好了标签，正常的标签为 ok，有缺陷的标签为 def，如图 10-25 所示。

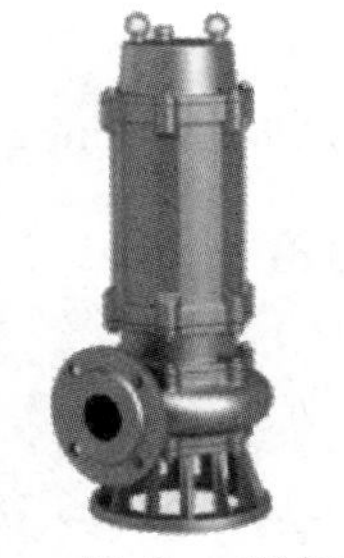

Submersible Pump(潜水泵)

Impeller(叶轮)

图 10-24　潜水泵叶轮的俯视图

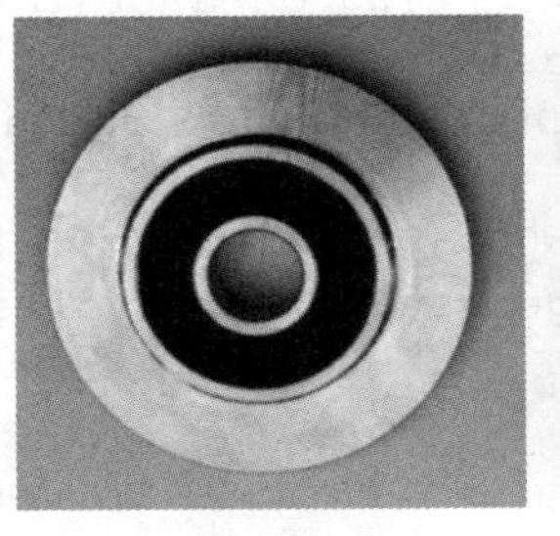

cast_ok_0_1.jpeg

cast_def_0_0.jpeg

图 10-25　打上数据集标签

图像分为训练集和测试集，其中训练集中有 3758 张图片为 def、有 2875 张图片为 ok，测试集中有 453 张图片为 def、有 262 张图片为 ok。

10.3.3 Keras 导入与数据准备

1. Keras 安装

Keras 神经网络框架是一个用 Python 编写的、基于 Tensorflow 或 Theano 的、高度模块化的神经网络库，可直接调用一些封装好的函数就可快速实现深度学习的功能。在 Tensorflow 搭建成功之后，选择 Anaconda 菜单中的“Powershell Prompt”选项，并在出现的提示符（当前目录选你的用户名）后输入：pip install keras 即可安装 Keras（也可以参考 Keras 的官网 https://keras.io 安装指南）。提示安装完成后，选择 Anaconda 菜单中的“Jupyter Notebook（Anaconda3）”选项，即可通过网页形式打开 Jupyter Notebook，并在 Python 运行环境下用 import keras 载入 Keras，无报错即安装成功。

2. 导入包

导入 Python 中与本案例分析相关的包，代码如下：

```
   # Data Analysis
1.import pandas as pd
2.import numpy as np
   # Neural Network Model
3.from keras.preprocessing.image import ImageDataGenerator
4.from keras.models import Sequential, load_model
5.from keras.layers import *
6.from keras.callbacks import ModelCheckpoint
   # Evaluation
7.from sklearn.metrics import confusion_matrix, classification_report
```

第 1、2 行导入数据分析包 Pandas 和 Numpy；第 3 ～ 6 行导入 Keras 中深度神经网络相关的包；第 7 行导入分类评估相关的包。

3. 图像读入和预处理

图像数据的文件夹的结构如图 10-26 所示。

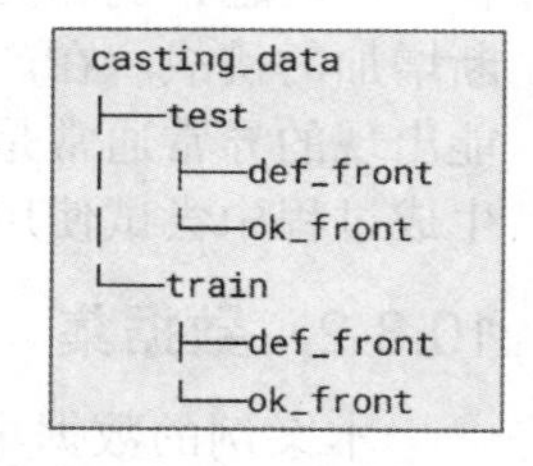

图 10-26　图像数据的文件夹的结构

casting_data 文件夹由两个子文件夹 test 和 train 组成，其中每个子文件夹都有其子文件夹：def_front 和 ok_front，表示目标变量的类别。文件夹 train 中的图像用于模型拟合和验证，而文件夹 test 中的图像用于模型性能测试。图像读入和预处理 Python 代码如下：

```
1.train_path = ' /casting_data/train/'
2.test_path = '/ casting_data/test/'
3.image_gen=ImageDataGenerator(rescale=1/255, zoom_range=0.1, brightness_
range=[0.9,1.0])
4.image_shape = (300,300,1)    # 300 × 300,graysclaed (full-color : 3)
5.train_set = image_gen.flow_from_directory(train_path,
                                    target_size=image_shape[:2],
                                    color_mode="grayscale",
                                    classes={'def_front': 0, 'ok_front': 1},
                                    batch_size=32,
                                    class_mode='binary',
```

```
                                    shuffle=True,
                                    seed=0)
6.test_set = image_gen.flow_from_directory(test_path,
                                    target_size=image_shape[:2],
                                    color_mode="grayscale",
                                    classes={'def_front': 0, 'ok_front': 1},
                                    batch_size32,
                                    class_mode='binary',
                                    shuffle=False,
                                    seed=0)
```

第 3 行引入图像增强函数 ImageDataGenerator()，rescale 通过将每个像素值乘以一个常数对图像进行归一化，zoom_range 用于放缩图片，brightness_range 用于改变图像的亮度，本例将图像的亮度范围设置在 [0.9，1] 之间。

10.3.4 模型构建与评估

1. 神经网络构建

本例将训练一个基于 CNN（卷积神经网络）的深度学习神经网络模型来对铸造产品图像进行分类。CNN 可以自动提取图像的特征，并学习如何区分缺陷和合格铸件，它有效地使用相邻像素对图像进行降采样，然后使用完全连接层来解决分类问题。本例使用 Sequential 构建了一个简单深度学习的框架，代码如下：

```
1.backend.clear_session()
2.model = Sequential()
3.model.add(Conv2D(filters=16, kernel_size=(7,7), strides=2, input_
shape=image_shape, activation='relu', padding='same'))
4.model.add(MaxPooling2D(pool_size=(2, 2), strides=2))
5.model.add(Conv2D(filters=32, kernel_size=(3,3), strides=1, input_
shape=image_shape, activation='relu', padding='same'))
6.model.add(MaxPooling2D(pool_size=(2, 2), strides=2))
7.model.add(Conv2D(filters=64, kernel_size=(3,3), strides=1, input_
shape=image_shape, activation='relu', padding='same'))
8.model.add(MaxPooling2D(pool_size=(2, 2), strides=2))
9.model.add(Flatten())
10.model.add(Dense(units=224, activation='relu'))
11.model.add(Dropout(rate=0.2))
12.model.add(Dense(units=1, activation='sigmoid'))
13.model.summary()
```

第 2 行使用 Sequential() 创建一个容器，第 3 ～ 12 行使用 add() 函数向模型容器中添加不同的神经网络层。

2. 模型编译和拟合

构建好深度神经网络框架后，还需要设置神经网络的优化算法以及损失函数用于不断更新网络中的权重参数 W_i，使得神经网络模型的预测结果与真实结果之间的差距越来越小，直到满足停止条件为止，其 Python 代码如下：

```
1.model.compile(loss='binary_crossentropy', optimizer='adam',
metrics=['accuracy'])
2.model_save_path = 'casting_product_detection.hdf5'
```

```
3.early_stop = EarlyStopping(monitor='val_loss', patience=2)
4.checkpoint = ModelCheckpoint(filepath=model_save_path, verbose=1, save_best_only=True, monitor='val_loss')
5.n_epochs = 20
6.results = model.fit_generator(train_set, epochs=n_epochs, validation_data=test_set, callbacks=[early_stop,checkpoint]
```

第 1 行代码用 compile() 函数指定优化器、损失函数以及评估指标参数。本例用 adam 优化器和二元交叉熵（binary cross-entropy）损失函数，因为处理的是二分类问题，用于监控训练进度的指标是准确性；第 3 行代码使用 EarlyStopping() 函数来设置提前停止训练的条件，比如验证损失在两个回合内没有持续改善；第 4 行使用 ModelCheckpoint() 存放每个回合的模型保存设置；第 6 行使用 fit_generator() 函数进行神经网络模型训练。

3. 模型评估

对于分类模型的性能优劣，还需要计算查准率和查全率，Python 可以通过如下代码计算每一个类别的查准率和查全率：

```
1.pred_probability = model.predict_generator(test_set)
2.predictions = pred_probability > 0.5
3.print(classification_report(test_set.classes, predictions, digits=3))
```

分类模型的评估一般需要结合业务需求，在本例中希望尽量减少假阴性的情况，即缺陷产品被错误分类为合格产品，这可能导致整个订单被拒绝，并给公司造成巨大损失。因此，在这种情况下，将查全率优先于查准率。但是如果考虑到重新铸造产品的成本，还必须将误判的情况降到最低，即合格产品被误分类为缺陷产品。因此，可以优先考虑 f1-score，该指标结合了查全率和查准率两个指标。从图 10-27 可以看到，对于各个分类，模型的 precision（查准率）和 recall（查全率）都非常高，f1-score 值也在 0.99 以上，因此模型检测产品缺陷的可信度和覆盖度都十分不错，可以考虑应用于实际生产当中。

	precision	recall	f1-score	support
0	0.998	0.996	0.997	453
1	0.992	0.996	0.994	262
accuracy			0.996	715
macro avg	0.995	0.996	0.995	715
weighted avg	0.996	0.996	0.996	715

图 10-27　模型评估结果

通过使用 CNN（卷积神经网络）和数据增强构建产品缺陷检测模型，该模型在图像测试集上的性能几乎完美，达到 98% ～ 99% 的准确率和 F1 分数。可以利用这个模型，将其嵌入监控摄像头中，系统可以自动将有缺陷的产品从生产线中分离出来。这种方法可以减少人工检查的人为错误和人力资源，但由于模型并非始终 100% 正确，因此仍需要人工监督。

10.4　垃圾智能分拣系统

10.4.1　垃圾智能分拣系统技术基础

1. 基于 pySerial 模块的串口通信垃圾桶控制

首先把实验套件中的音箱和垃圾桶控制板连接到核心控制板上（如图 10-28 所示）。

（1）库的简介

1）功能：pySerial 封装了串口通信模块，并具有如下特性：

① 在支持的平台上有统一的接口。

② 通过 Python 属性访问串口设置。

③ 支持不同的字节大小、停止位、校验位和流控设置。

④ 可以有或者没有接收超时。

⑤ 类似文件的 API，例如 read 和 write，也支持 readline 等。

⑥ 支持二进制传输，没有 null 消除，没有 cr–lf 转换（回车 – 换行转换）。

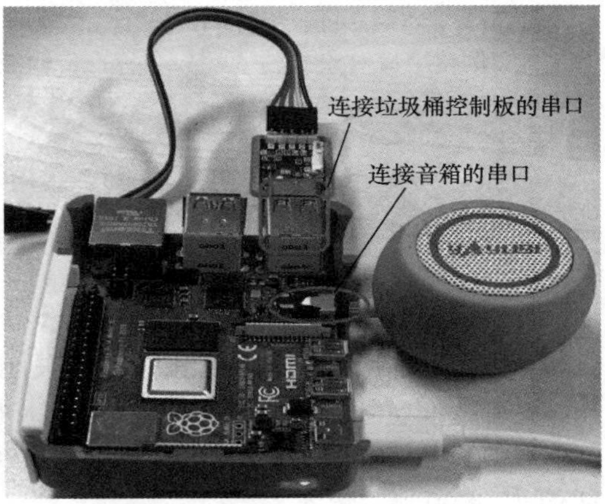

2）安装（音箱开发板已安装）：pySerial 不是 Python 自带的标准模块，一般需要用户手动安装。推荐使用 pip 命令来安装。

图 10-28　连接示意图

① 登录命令行终端（Windows 则打开 cmd 窗口）。

② 输入命令：pip install pyserial 安装模块。

（2）查看端口信息

导入模块来查询连接设备的端口信息（参考范例 listAllPorts.py）。

注意调用该模块的 comports() 方法返回值是一个存放 ListPortInfo 对象的列表，该对象有设备名（device）、设备描述（description）、技术参数（hwid）等属性。

代码运行结果可看到连接垃圾桶控制板（Arduino）的串口（/dev/ttyACM0）信息。

【例 10-1】查看端口信息，源代码 listAllPorts.py 操作示例。

```
import serial                                       # 导入串口模块
import serial.tools.list_ports as tl                # 导入查询端口列表模块
port_list = list(tl.comports())                     # 得到端口列表
if len(port_list) <= 0:                             # 如果列表中没有元素
      print("The Serial port can't find!")          # 提示没有发现连接设备的端口
else:
      for i in port_list:                           # 循环遍历端口列表
            print("Port Device:"+i[0])              # 输出端口路径 / 名称
            print("Port Description:"+i[1])         # 输出端口详细描述
            print("Port hwid:"+i[2])                # 输出端口技术参数
```

（3）创建 serial 实例对象

pySerial 模块的核心类 serial，实现串口通信的建立、断开和数据传输等功能。该类的实例化对象在初始化时常用的参数有：端口名称（port）、传输波特率（baudrate）、接收超时设置（timeout），该对象在创建时若传入了端口名即可打开与该串口设备的连接。

【例 10-2】创建 serial 实例对象，源代码 createSerial.py 操作示例。

```
import serial                                       # 导入串口模块
import serial.tools.list_ports                      # 导入查询端口列表模块
plist = list(serial.tools.list_ports.comports())    # 得到端口列表
if len(plist) <= 0:                                 # 如果列表中没有元素
   print ("The Serial port can't find!")            # 提示没有发现连接设备的端口
```

```
else:
    plist_0 =list(plist[0])                          # 获得第一个端口
    portName = plist_0[0]                            # 获得端口名称（含路径）
    # 实例化串口对象，传入端口名称、传输波特率、超时
    serialFd = serial.Serial(portName,9600,timeout = 60)
    print ("check which port was really used >",serialFd.name)
                                                     # 输出串口对象的名称属性
```

（4）serial 对象常用的属性和方法

1）name：设备名称，只读属性。

2）port：端口名称，例如：/dev/ttyUSB0（GNU/Linux 系统）、COM3（Windows），设置该属性可导致原来已打开的串口关闭并打开设置指定的串口。

3）baudrate：传输波特率，常见波特率（单位：Baud）有 50、75、110、134、150、200、300、600、1200、1800、2400、4800、9600、19200、38400、57600、115200。默认值为 9600。

4）timeout：读数据等待超时时间，默认值为 None 永远等待直到数据全部接收完毕。

5）is_open：只读属性，布尔值，表示串口状态是否打开。

6）open()：打开串口连接。

7）read（size=1）：读字节数据，参数为字节数，返回值为读取的字节数据或字符串。

8）write（data）：写字节数据，注意数据必须是字节类型或字节数组。

9）close()：关闭串口连接。

（5）使用 serial 对象进行串口数据传输

进行串口数据传输需要如下几个步骤：

① 导入串口模块。

② 创建串口对象（初始化时可传入参数）。

③ 设置串口参数如端口名称、传输率（可在串口对象创建初始化时传入）。

④ 打开串口连接（串口对象创建初始化时传入了端口名就无须做打开操作）。

⑤ 读写数据。

⑥ 关闭串口连接。

【例 10-3】使用 serial 对象进行串口数据传输，serialDataTransfer.py 源代码示例。

```
import serial                                   # ①导入串口模块
ser = serial.Serial()                           # ②创建串口对象
ser.port = '/dev/ttyACM0'                       # ③设置串口对象的端口名称
ser.timeout=1                                   # ③设置串口读超时等待时间
print(ser.name,"连接状态:",ser.is_open)         # 输出串口是否连接
ser.open()                                      # ④打开串口连接
print(ser.name,"连接状态:",ser.is_open)
#time.sleep(3)
ser.write(b'hello')                             # ⑤写入串口设备
binResponse = ser.read(1)                       # ⑤读出串口设备的 1 字节信息
print(ser.name,"读出的数据:",binResponse)
ser.close()                                     # ⑥关闭串口连接
print(ser.name,"连接状态:",ser.is_open)
```

（6）字节数据转换

由于串口对象只接受字节数据，所以对于普通的数据需要转换为字节串，如下是几

种转换方式：①创建字节串（引号前加 b），例如 b'A'、b"ABCD"、b'\x41\x42'。

② 使用字符串的转码方法 str.encode（' 编码类型 '）。

③ 字节串的构造函数 bytes（'string'，encoding=' 编码类型 '）。

④ 用字符串的转换编码生成一个字节串。

【例 10-4】实现字节数据转换，bytesDataEncode.py 源代码示例。

```
import sys
import serial                              # 导入串口模块
ser = serial.Serial('/dev/ttyACM0')        # 创建串口对象
numOfBytes=ser.write(b'hello')             # 把字节串字面常量写入串口设备
print(ser.name," 写入字节数 :",numOfBytes)
wStr=' 你好 ！'
try:
    numOfBytes=ser.write(wStr)             # 将字符串写入串口设备
    print(ser.name," 写入字节数 :",numOfBytes)
except:
    print("Error:",sys.exc_info()[0],sys.exc_info()[1])
wUtfStr=wStr.encode('utf-8')               # 给字符串编码
wData=bytes(wStr,'utf-8')                  # 直接使用构造函数传入字符串和编码方式
print(" 原字符串 :",wStr)
print(" 编码后的字符串 :",wUtfStr)
print(" 转字节串结果 :",wData)
print(" 两种字节串转换方式相同否 :",wData==wUtfStr)
numOfBytes=ser.write(wUtfStr)              #wUtfStr 写入串口设备
print(ser.name," 写入字节数 :",numOfBytes)
numOfBytes=ser.write(wData)                #wData 写入串口设备
print(ser.name," 写入字节数 :",numOfBytes)
print(" 解码字节串 :",wData.decode('utf-8'))  # 字节串解码
ser.close()                                # 关闭串口连接
```

（7）使用串口通信控制垃圾桶盖开关

1）实验套件中垃圾桶使用 Arduino 控制四路电动机，与人工智能核心板 USB 串口连接。

2）不同的垃圾桶给予不同的代号：a、b、c、d 分别代表 4 个垃圾桶，分别装干垃圾、可回收垃圾、有害垃圾和湿垃圾。

3）发送的数据格式：发送对应的小写字母代表“开”，大写字母代表“关”。

【例 10-5】使用串口通信控制垃圾桶盖开关，binControl.py 源代码操作示例。

```
import serial                              # 导入串口模块
ser = serial.Serial('/dev/ttyACM0',9600,timeout=60)        # 实例化串口对象
#ser = serial.Serial('COM3',9600,timeout=60) 如串口号为 COM3 本语句也能实例化串口
print(ser)                                 # 输出该串口对象信息
print(ser.is_open)                         # 输出串口是否连接成功
binOrder = int(input(" 请输入垃圾桶指令 ---1 打开 ,0 关闭 :"))      # 获取垃圾桶命令值
if binOrder:                               # 如果垃圾桶命令为“Open”
    binData=b"a"                           # 传输内容为小写字母 a，即打开垃圾桶
else:
    binData=bytes("a",encoding="utf-8").upper()
                                           # 否则传输内容为大写字母 A
# 把字节串转为指定编码的字符串
```

```
print("写入字符串为：",binData.decode('utf-8','strict'))
ser.write(binData)                              # 把传输内容写到串口设备中
ser.close()                                     # 关闭串口连接
```

读者可进一步尝试使用语音输入控制实现指定垃圾桶盖子的开关，如用输入“打开干垃圾桶”“关闭湿垃圾桶”等语音指令控制指定垃圾桶盖子的开和关。

2. 基于 pySerial 模块串口通信的 Dobot Magician 智能机械臂

（1）Dobot Magician 智能机械臂简介

项目中使用的 Dobot 魔术师是越疆科技自主研发的多功能高精度轻量型智能实验机械臂，Dobot 机械臂可通过更换机械臂末端工具，除支持常规的机械爪抓取或吸盘负压吸取目标物体外，同时支持 3D 打印和激光雕刻等功能。

该机械臂支持 Python 编程及 LabVIEW 等软件，实现机械臂的灵活翻转挪移，并能实现画、写、移动和抓握物体等功能，用户可借助机械臂的功能复用 I/O 端口、12 位精度的 ADC（模数转换器）等，通过软件编程结合硬件进行功能扩充与二次开发。

（2）Dobot Magician 智能机械臂的安全使用与基本操作

1）人身安全。

① 机械臂净重 3.4kg，外形略有棱角，因此搬移机械臂时，要当心割伤手部。

② 使用激光雕刻时，应佩戴防护眼镜，严禁照射眼睛及衣物。

③ 使用 3D 打印时，加热棒会产生 250℃的高温，应注意安全。

④ 机械臂在运动过程中，勿将手伸入机械臂运动范围，以免碰伤、夹伤。

2）设备使用安全。

① 通电状态下，任何时候都不可以用蛮力扳动关节，必须用软件控制或者通过按住小臂上的 Unlock 键来拖动机械臂改变姿态。

② 机械臂本身具有限位保护，但是也应尽量避免向它下达超过设计范围的运动指令，不能超过机械臂的运动范围，机械臂运动结构如图 10-29 所示。

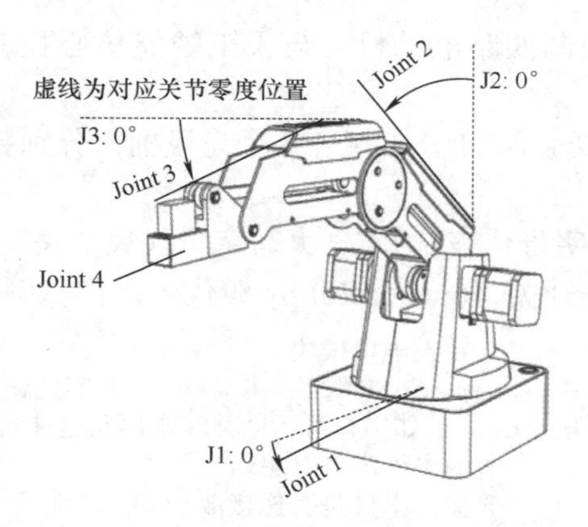

关节参数如下：
自由度：4
Joint 1：底部转盘，-90°～+90°
Joint 2：底座与大臂连接处，0°～+85°
Joint 3：小臂与大臂连接处，-10°～+95°
Joint 4：末端旋转舵机，-90°～+90°
虚线为零角度位置，箭头方向是角度正方向

图 10-29　机械臂运动结构

3）手持与回零。

① 开机：用手将大小臂放在约 45° 的位置并开启主电源，此时所有电动机会锁定。等待约 5s 后可以听到一声短响，且机械臂的右下方灯由黄色变为绿色后，说明开机正常。如果此时灯为红色，说明机械臂处于限位状态，应确保大小臂在机械臂正常运动范围内。

② 按住位于小臂上的 Unlock 键，并握住小臂，拖动机械臂到达任一合适的姿态，然

后松开按钮，姿态将被锁定。

③ 再次执行上一步操作，将机械臂定位到另一合适姿态。提示：手持操作后可结合获取机械臂位置的函数读取其位置。

④ 关机：当机械臂右下方指示灯为绿色时，按下主电源按钮进行关机，机械臂会自动缓慢地收回大小臂到指定位置。此时应注意安全，以防夹手！

⑤ 移除机械臂周围的障碍物，保证在 Joint1 旋转范围内（如图 10-30 所示），不会使机械臂碰触到任何物体。

⑥ 长按位于底座的 Key 按键 2s 后松开，观察机械臂的“回零”过程。

⑦ 按一下 Reset 复位按键，观察效果。

⑧ 再次按下电源开关，关闭电源。

4）画笔的安装。

① 打开机械臂电源，并手持到一个适合安装的姿态。

② 将夹笔器的凸头插入机械臂末端的凹槽。如果遇到阻碍，就将末端的缩紧螺钉旋松一些。

③ 将螺钉旋紧，固定夹笔器。

④ 摘除笔帽。

图 10-31 所示为画笔安装示意图。

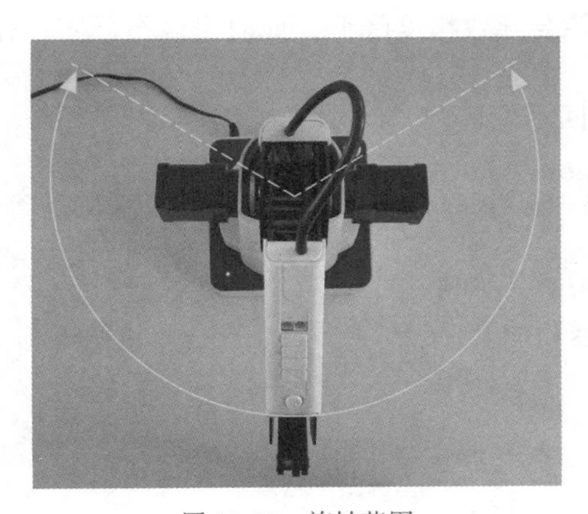

图 10-30　旋转范围

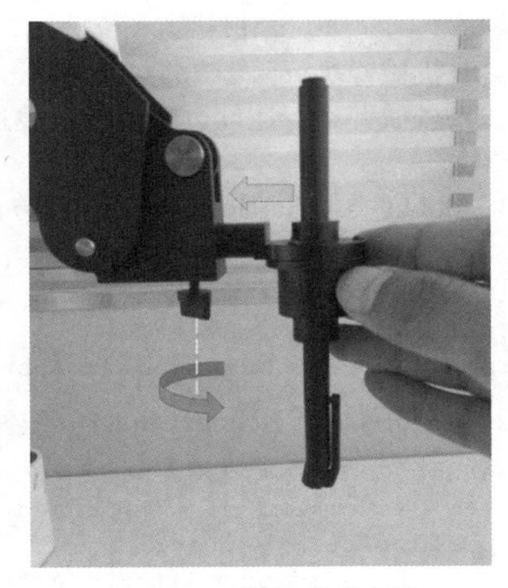

图 10-31　画笔安装示意图

5）吸盘的安装。

① 按照安装画笔的方法，将吸盘舵机安装到机械臂末端。

② 将吸盘舵机的 GP3 接线头，插到小臂接口板对应的位置。

③ 根据标签，连接气压泵到底座 18pin 接口板。

④ 将导气管连接到吸盘，一切就绪后可使用相关控制代码。

（3）其他准备工作

1）准备人工智能实验套件。

2）dobot_garbage 库：用于控制机械臂的 dobot_garbage 库，在 "…\fromPi\project\" 下，包含许多运动控制函数。

3）找到 fromPi 目录下的 obo.rules 文件并执行以下操作：把 obo.rules 传输到人工智能实验设备中，并以管理员权限复制该文件到 /etc/udev/rules.d/ 路径下。

4）安装 pySerial 库（如已安装则跳过）：用 putty 登录到智能音箱实验设备，使用 pip3 install pyserial 指令为其安装。

3. Dobot Magician 智能机械臂的运动控制

（1）机械臂连接到核心控制板

通过 USB 线连接机械臂与人工智能核心控制板（如图 10-32 所示），连接完毕后再打开机械臂电源。同样需关闭机械臂电源后，才能断开机械臂与人工智能核心控制板的连接，否则容易造成机器损坏。

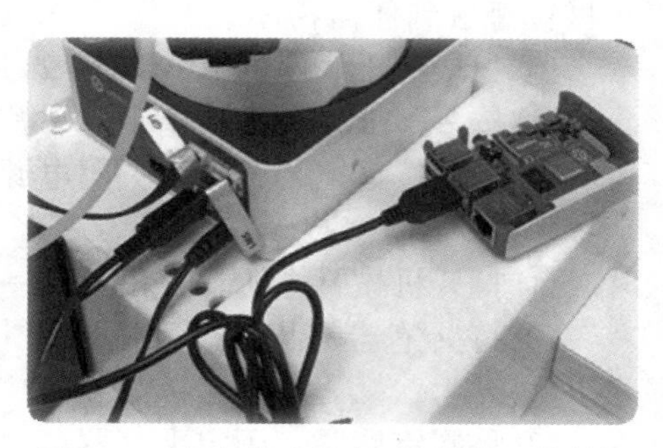

图 10-32　机械臂连接人工智能核心控制板

（2）机械臂的串口通信

1）dobot 类。机械臂串口通信的 API 包（dobot_serial 模块）中的 dobot 类封装了机械臂串口通信，只要实例化 dobot 类，即可调用其属性和方法来实现机械臂的控制。

2）实例化 dobot 类。d1 = dobot ("/dev/obo2")，串口号以实际接入的 USB 位置而定，详见板子上的贴纸。若报错，则修改端口号为 "/dev/ttyUSB0"。

（3）机械臂执行回零功能

如果机械臂运行速度过快或者负载过大可能会导致精度降低，此时可执行回零操作，提高精度。

1）dobot 类的 SetHomeParams () 方法设置回零位置。

```
def SetHomeParams(self,homeParams,isQueued=True):
mybuffer=SetHomeParams_code(isQueued,homeParams)
self.port.write (mybuffer)
return SetHomeParams_uncode(readbuffer (self.port))
```

2）dobot 类的 SetHomeCmd() 方法实现回零功能。

```
def SetHomeCmd(self,isQueued=True):
Mybuffer=SetHomeCmd_code(isQueued)
self.port.write(mybuffer)
return SetHomeCmd_uncode(readbuffer(self.port))
```

如果未调用 SetHomeParams，则表示直接回零至系统设置的位置。如果调用了 SetHomeParams，则回零至 SetHomeParams 设置的用户自定义的回零位置。

其中参数 homeParams 是回零位置在坐标位置 [x，y，z，r]。isQueued 指是否将该指令加入指令队列。

3）执行回零功能示例。

```
d1 = dobot("/dev/obo2")
d1.SetHomeParams([0,-170,50,0],True)
d1.SetHomeCmd(isQueued=True)                # 执行回零
```

4）系统回零功能硬件操作。如果使用过程中机械臂坐标读数异常，可按底座背面的 Reset 复位键（如图 10-33 所示）。

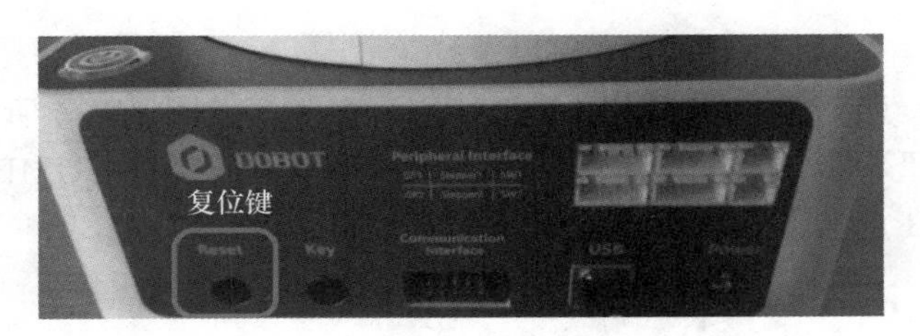

图 10-33　复位键

（4）机械臂的指令队列控制

Dobot 控制器中有一个存放指令的队列，以达到顺序存储和执行指令的目的。同时，通过启动和停止指令，还可实现丰富的异步操作。

大部分 set 方法都有参数 “isQueued”，当 isQueued 连接 False 时，该指令为立即指令，会立刻执行而不会存入队列，并会让机械臂中止当前动作，立即执行该指令；只有将 “isQueued” 参数设置为 “True” 的指令才能加入指令队列，等待执行。

使用 dobot 类的 GetQueuedCmdCurrentIndex () 方法实现获取当前执行完成指令的索引：

```
def GetQueuedCmdCurrentIndex(self):
mybuffer=GetQueuedCmdCurrentIndex_code()
Self.port.write( mybuffer)
return GetQueuedCmdCurrentIndex_uncode(readbuffer(self.port))
```

阻塞等待执行完毕功能是为了确保机械臂在完成一组指令后再执行其他指令，在其完成指令序列前进行等待。dobot 类的 waitUntilFinished () 方法实现阻塞等待执行完毕功能：

```
# 阻塞等待执行完毕
    def waitUntilFinished(self,dstIndex):
    while 1:
      time.sleep(0.5)              # 推迟 0.5s 执行
      if self.GetQueuedCmdCurrentIndex()[0]>=dstIndex:
        break
      else:
        Pass
```

参数：dstIndex 为指令在队列中的索引号。

本方法实现阻塞等待 dstIndex 索引号对应的指令执行完毕后再进行后续代码运行。

代码示例如下：

```
last = dobot.SetPTPCmd(tagPTPCmd= [PTP.MOVJ_ XYZ] +Safe_Init,isQueued=True
Dobot.waitUntilFinished (dstIndex=last [0] )         # 阻塞等待执行完毕
```

（5）机械臂的运动模式

机械臂运动模式包括点动模式、点位模式（PTP）、圆弧运动模式（ARC）。这里主要使用的是点位模式。

点位模式即实现点到点运动，Dobot Magician 的点位模式包括 MOVJ、MOVL 以及 JUMP 三种运动模式：

1）MOVJ：关节运动，由 A 点运动到 B 点，各个关节从 A 点对应的关节角运行至 B 点对应的关节角。关节运动过程中，各个关节轴的运行时间需一致，且同时到达终点，如

图 10-34 所示。

2）MOVL：直线运动，A 点到 B 点的路径为直线，如图 10-34 所示。

3）JUMP：门形轨迹（如图 10-35 所示），由 A 点到 B 点的 JUMP 运动，先抬升高度 Height，再平移到 B 点上方 Height 处，然后下降 Height。

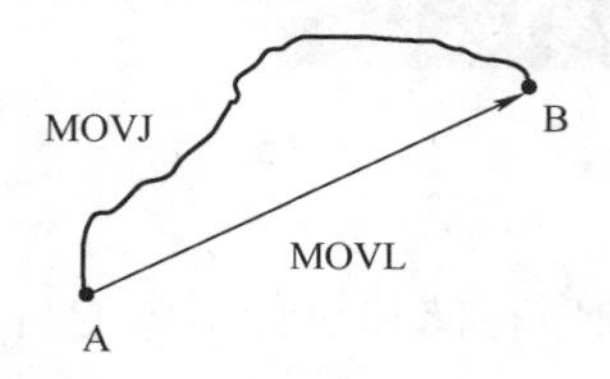

图 10-34　MOVJ 和 MOVL 运动模式

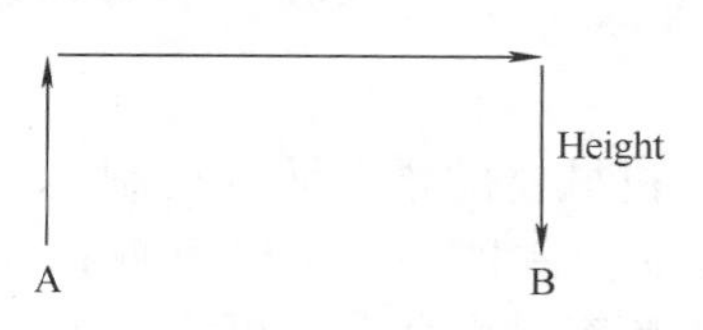

图 10-35　JUMP 运动模式

（6）机械臂的坐标系

Dobot Magician 的坐标系可分为笛卡儿坐标系和关节坐标系（本套件使用笛卡儿坐标）：

1）关节坐标系：以各运动关节为参照确定的坐标系。

2）笛卡儿坐标系：以机械臂底座为参照确定的坐标系（如图 10-36 所示）。坐标系原点为大臂、小臂以及底座三个电动机三轴的交点。X 轴方向垂直于固定底座向前，Y 轴方向垂直于固定底座向左。

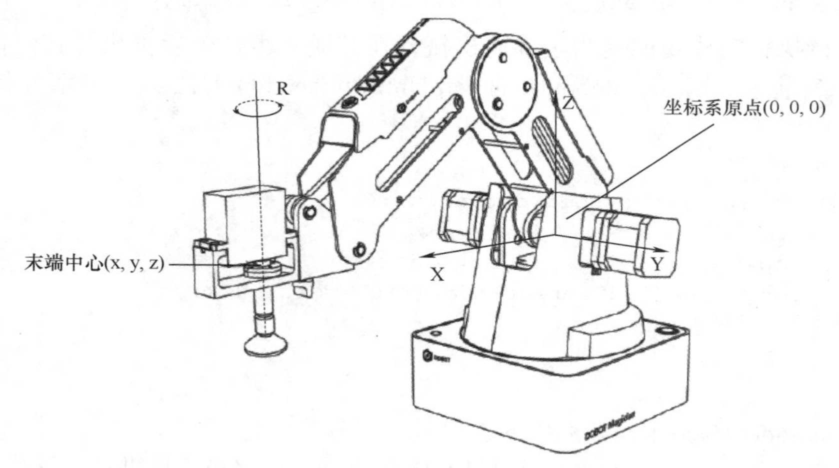

图 10-36　机械臂坐标系

（7）机械臂的运动控制

dobot 类的 SetPTPCmd () 方法实现执行 PTP 指令。设置 PTP 相关参数后，调用此函数可使机械臂运动至设置的目标点。

```
# 执行 PTP 指令。点位模式即实现点到点运动，调用此函数可使机械臂运动至设置的目标点
def SetPTPCmd(self,tagPTPCmd=[0,200.0,30.0,50.0,0.0],isQueued=True):
    mybuffer=SetPTPCmd_code(isQueued,tagPTPCmd)
    self.port.write(mybuffer)
    return SetPTPCmd_uncode(readbuffer(self.port))
```

其中，tagPTPCmd 参数为拥有 5 个元素的列表。分别表示如下。

PTP 模式，取值范围 0 ～ 9：JUMP_XYZ=0、MOVJ_XYZ=1、MOVL_XYZ=2、JUMP_

ANGLE=3、MOVJ_ANGLE=4、MOVL_ANGLE=5、MOVJ_INC=6、MOVL_INC=7、MOVJ_XYZ_INC=8、JUMP_MOVL_XYZ=9。

（x，y，z，r）为坐标参数，可为笛卡儿坐标、关节坐标、笛卡儿坐标增量或关节坐标增量，坐标参数单位 mm，取值范围如图 10-37、图 10-38 所示。

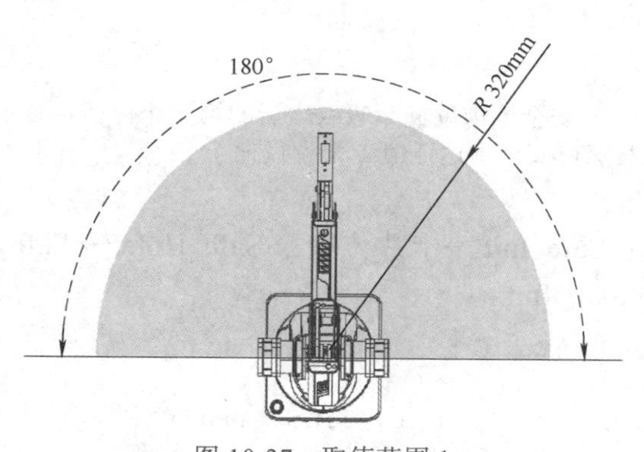

图 10-37　取值范围 1

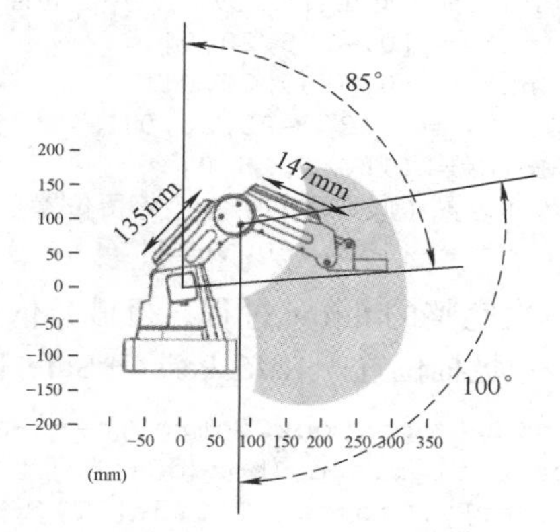

图 10-38　取值范围 2

代码示例如下：

```
d1 = dobot("/dev/obo2")
d1. SetPTPCmd(tagPTPCmd=[PTP.MOVJ_XYZ]+[0,-155,20,0],isQueued=True)
```

（8）机械臂吸放垃圾图像卡片功能

Dobot Magician 末端默认安装为吸盘。通过 suck() 方法能实现对气泵进行状态设置，从而控制机械臂的吸放功能：

```
def suck(dobot,on):
```

其中，传入的 dobot，是 dobot 类的一个实例；布尔值 on 代表是否吸。

```
dobot.SetEndEffectorSuctionCup(True,on,True)
```

该方法中调用的 dobot 类的 SetEndEffectorSuctionCup() 实现设置气泵的状态。参数 on 表示控制气泵吸气或吹气：False，吹气；True，吸气。

```
def SetEndEffectorSuctionCup(self,enableCtrl,suck, isQueued):
    mybuffer=SetEndEffectorSuctionCup_code(isQueued,suck,enableCtrl)
    self.port.write(mybuffer)
    return SetEndEffectorSuctionCup_uncode(readbuffer(self.port))
```

其中参数 enableCtrl：末端使能，False 未使能，True 使能。suck：控制气泵吸气或吹气，False 吹气，True 吸气。

代码示例如下：

```
d1 = dobot("/dev/obo2")
suck(d1,True)# 吸取
suck(d1,False)# 释放
```

（9）机械臂扔垃圾图像卡片命令

throw() 方法实现从吸取垃圾卡片到把卡片扔入指定垃圾桶的整个过程。传入参数分别为机械臂实例 dobot、垃圾桶实例 boxControl、卡片位置 cardPosition、垃圾桶代号

boxCode。

先定义相关位置：

```
Hold_Z = 20                                    # 持物高度原 20
Suck_Z = -55                                   # 拾物高度（吸取高度）
# 安全初始位置（此位置可避免“归零”碰撞，也不遮挡摄像头）
Safe_Init = [0,-155,20,0]
Safe_Init = [0,-180,20,0]
Safe_Init2 = [130,-95,20,0]
Safe_Hold = [180,0,25,0]                       # 安全持物位置（吸取之后的第 1 个停留位置）
# 安全传递位置（吸取后的第 2 个停留位置，在此出发，可安全到达任何 1 个垃圾桶）
Safe_Pass = [175,180,90,0]
```

一次完整的 throw 过程，机械臂依次到达：Safe_Init →卡片位置→ Safe_Hold → Safe_Pass →垃圾桶位置→ Safe_Pass → Safe_Hold → Safe_Init。

```
def throw(dobot,boxControl,cardPosition,boxCode):
    boxControl.open(boxCode)# 打开垃圾桶
dobot.SetPTPCmd(tagPTPCmd=[PTP.MOVJ_XYZ]+Safe_Init,isQueued=True)
                                               #Safe_Init
dobot.SetPTPCmd(tagPTPCmd=[PTP.MOVJ_XYZ]+Safe_Init2,isQueued=True)
                                               #Safe_Init 卡片位置
dobot.SetPTPCmd(tagPTPCmd=[PTP.MOVJ_XYZ]+cardPosition+[-20,0],isQueued=
True)
dobot.SetPTPCmd(tagPTPCmd=[PTP.MOVJ_XYZ]+cardPosition+[Suck_Z,0],isQueued=
True)
suck(dobot,True)                               # 吸取
    time.sleep(1.5)
dobot.SetPTPCmd(tagPTPCmd=[PTP.MOVJ_XYZ]+Safe_Hold,isQueued=True)
                                               #Safe_Hold
dobot.SetPTPCmd(tagPTPCmd=[PTP.MOVJ_XYZ]+Safe_Pass,isQueued=True)
                                               #Safe_Pass     垃圾桶位置
dobot.SetPTPCmd(tagPTPCmd=[PTP.MOVJ_XYZ]+Box_pos[boxCode],isQueued=True)
    suck(dobot,False)                          # 释放
dobot.SetPTPCmd(tagPTPCmd=[PTP.MOVJ_XYZ]+Safe_Pass,isQueued=True)
                                               #Safe_Pass
dobot.SetPTPCmd(tagPTPCmd=[PTP.MOVJ_XYZ]+Safe_Hold,isQueued=True)
                                               #Safe_Hold
last = dobot.SetPTPCmd(tagPTPCmd=[PTP.MOVJ_XYZ]+Safe_Init,isQueued=True)
                                               #Safe_Init
dobot.waitUntilFinished(dstIndex=last[0])               # 阻塞等待执行完毕
boxControl.close(boxCode)                               # 关闭垃圾桶
```

（10）机械臂实现扔垃圾功能

【例 10-6】机械臂扔垃圾图像卡片到指定位置或垃圾桶，源代码 litter.py 操作示例。

1）把卡片放在指定位置（可自己设定指定位置，本例使用机械臂的初始位置）。

2）指定投入某个垃圾桶（可自己设定垃圾桶编号，本例投入干垃圾桶）。

```
import sys
import time
from dobot_garbage.motion import gotoHome,throw,allOpen
from dobot_garbage.dobot_serial import dobot
from dobot_garbage.garbage_box import Box_code,boxControl
```

```
d1 = dobot("/dev/obo2")                        # 机械臂（串口号以实际接入的USB位置而
                                               # 定，详见板子上的贴纸）
# 垃圾桶（串口号以实际接入的USB位置而定，详见板子上的贴纸）
b1 = boxControl("/dev/obo4")
cardPosition=[0,-155,20,0]                     # 垃圾图像卡片放置位置
boxCode="a"                                    # 指定垃圾桶为干垃圾桶
gotoHome(d1)                                   # 机械臂归零
time.sleep(0.2)
throw(d1,b1,list(cardPosition),boxCode)  # 把指定位置的垃圾图像卡片扔到指定垃圾桶内
d1.close()                                     # 关闭机械臂串口通信
b1.release()                                   # 关闭垃圾桶串口通信
```

10.4.2　垃圾智能分拣系统设计与实现

1. 系统设计

本系统旨在利用之前所学知识，综合设计一个基于语音和机器视觉的垃圾智能分拣系统，实现对不同种类的垃圾进行识别并分拣到对应的垃圾桶里。

（1）系统硬件配置

基于语音和机器视觉的垃圾智能分拣系统要求实现对使用者发出的语音指令完成识别、视觉模块识别垃圾种类、对应垃圾桶自动开盖、语音播报垃圾名字及所属垃圾种类、机械臂拾取垃圾并将垃圾分拣到对应垃圾桶内、垃圾桶自动关盖、机械臂自动归位功能。

本系统采用树莓派 4B 作为主控制模块，搭载了配套实验套件的 AIBlockly 操作系统，通过串口与视觉采集设备、音频设备、垃圾桶及机械臂进行通信控制。树莓派 4B 的板载接口的说明如图 10-39 所示。

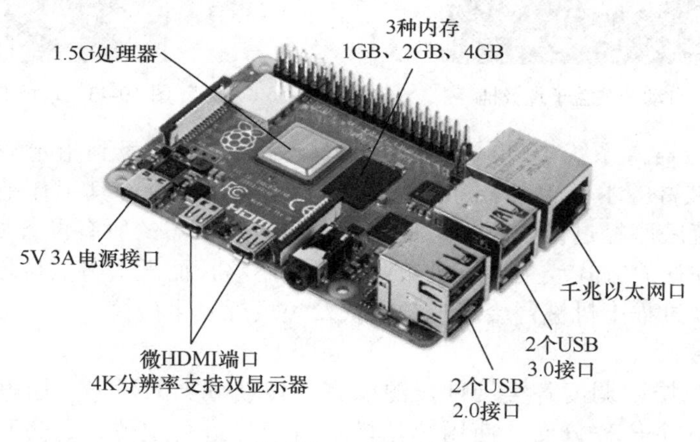

图 10-39　树莓派 4B 的板载接口的说明

音频设备（如图 10-40 所示）主要包括音频采集和音频播放设备，使用传声器进行音频采集并实现语音识别，因传声器没办法直接连接到 USB 接口上，所以配置 USB 声卡，并将传声器接到 USB 接口上；使用小音箱作为音频播放设备，插入 3.5mm 音频插口上用于语音播报。视觉模块采用免驱 USB 高清工业相机搭配工业相机万向摄像头支架（如图 10-41 所示）。系统配置具有功能丰富、性能稳定和操作便携的优势，以满足视觉定位、测量、检测和识别等丰富的视觉应用需求。

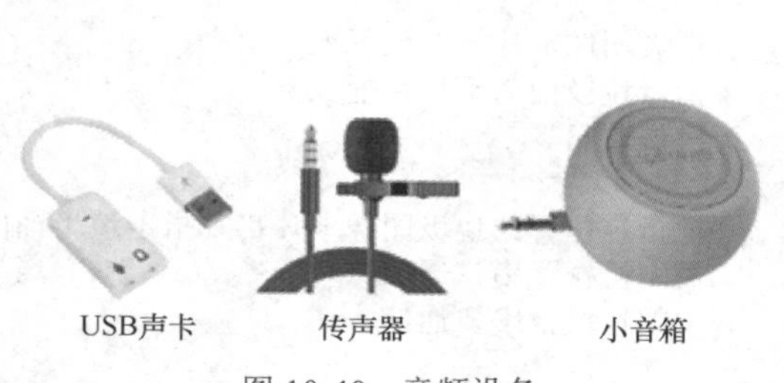

图 10-40　音频设备

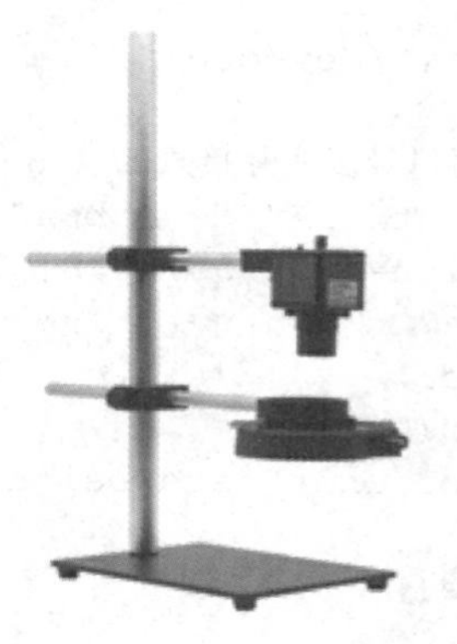

图 10-41　视觉模块设备

自动开关盖子垃圾桶使用 Arduino 控制四路舵机，设定舵机转动角度，与主控板的 USB 接口连接（如图 10-42 所示）。

为方便机械臂吸取分拣，采用实物卡片作为“垃圾”，包含干（其他）垃圾、湿（厨余）垃圾、可回收物、有害垃圾四类有实物图像的卡片（用户可以自行准备更多卡片或实物），垃圾卡片如图 10-43 所示。

图 10-42　自动开关盖子垃圾桶

图 10-43　垃圾卡片

在垃圾分类机器人系统中机械臂主要承担捡垃圾、扔垃圾到指定垃圾桶的功能。用于垃圾分拣的机械臂魔术师 Magician 为一款四轴桌面机械臂，其工作范围符合本次的垃圾分拣要求。系统底座经过设计测量，最终发现将系统所需的所有设备如图 10-44 所示摆放最为合适，其他摆放方式或会导致机械臂因臂展不够长而无法将“垃圾”投放到垃圾桶内，或在分捡垃圾过程中机械臂会与视频模块及垃圾桶发生碰撞。

（2）系统软件设计

范例软件通过协调调度各类硬件资源以完成垃圾分类的任务。通过传声器获取指令消息，然后转至各个任务分支。使用视觉模块对卡片进行定位，通过百度物体识别 API 对其辨别，而后开始分类。控制对应垃圾桶打开，控制机械臂吸取卡片到对应垃圾桶上方，投放结束，机械臂归位之后，垃圾桶自动关闭。全局操作流程为：

1）导入相关库：诸如 OpenCV、pyaudio、viVoicecloud。

2）启动资源：viVoicecloud 登录、录音设备初始化等。

3）会话：分析语音指令并执行相关任务。

4）释放资源：释放已经启动的资源。如释放不及时，可能对下一次程序运行造成影响。

会话流程图如图 10-45 所示，会话流程完成功能如下。

图 10-44　系统设备摆放图

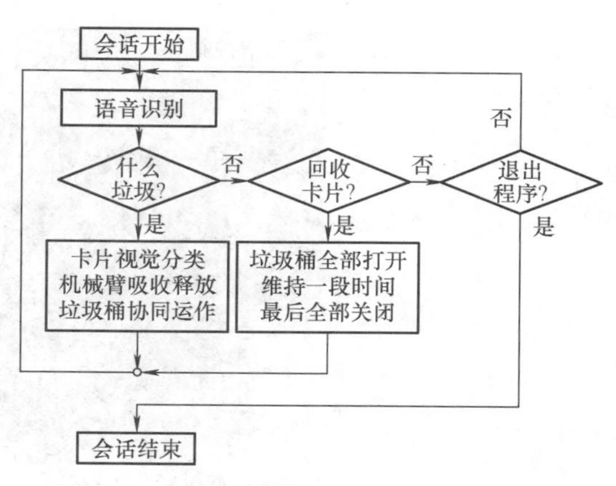

图 10-45　会话流程图

1）语音识别：智能音箱基础。

2）指令匹配：Python 编程基础——正则表达式。

3）执行任务：机器视觉、垃圾桶控制和机械臂控制综合应用。

4）退出程序：结束会话。

2. 系统实现

（1）平台搭建

所需材料：带吸盘末端执行器的机械臂一台、带控制器的四类垃圾桶一套、图像采集平台与摄像头、语音与视觉智能实验套件、实验底座平台、不同类别垃圾图像卡片若干。

本例中使用的 Dobot 机械臂如图 10-46 所示。首先是机械臂的安装，将其放在限位槽中接口板向外侧，并连接好气泵待用（气泵接线按照线上面的标签连接，吸盘上一级的舵机也应该连线）。整个系统搭建完成后如图 10-47 所示。

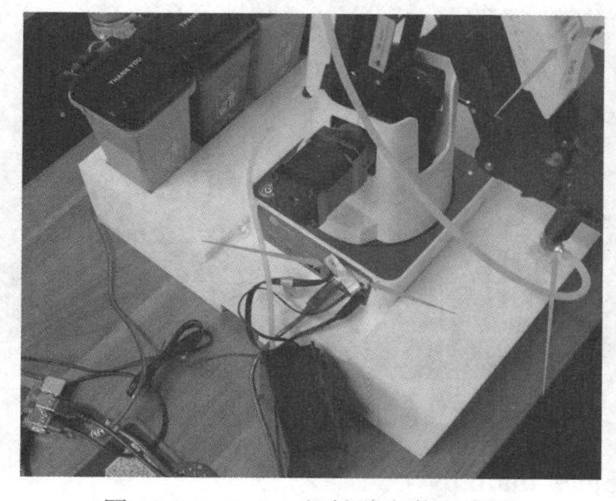
图 10-46　Dobot 机械臂安装示意图

图 10-47　垃圾分拣系统搭建完成图

接着是垃圾桶的排序与安装。以其他垃圾、可回收物、有害垃圾和厨余垃圾（灰、蓝、红、绿）的顺序连接，并依次连接其舵机控制线到驱动板的 6、7、8、9 号舵机控制接口上（线序上，应注意舵机线的杜邦线母口暴露金属的一面要朝向 Arduino 的 USB 供电方向），同时 Arduino 接上 USB 线备用。即 6、7、8、9 四个舵机控制接口分别连接灰、蓝、红、绿四个垃圾桶，如图 10-48 所示。

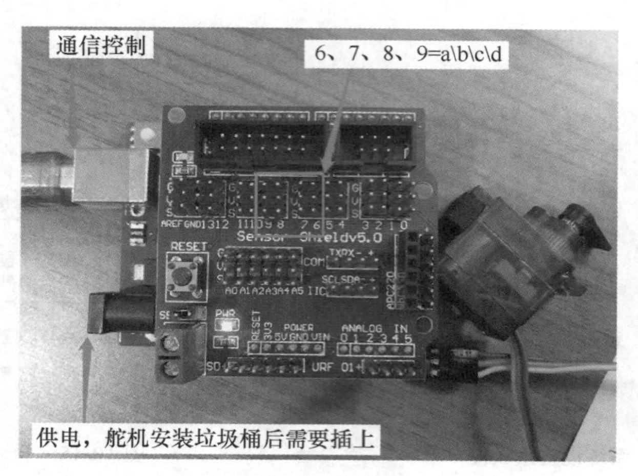

图 10-48　连接示意图

最后是图像采集平台的搭建，如图 10-49 所示，先结合摄像机镜头和主体，按照该图接好线，摄像头高度不超过第一节支架。摘除防尘罩后连接摄像头 USB 线到计算机，打开相机切换到 USB 相机对准黑色底板调焦到清晰为止，保持水平方向上摄像头与机械臂的底座轴心尽量齐平，并调节到适当高度即可。

（2）树莓派上四个 USB 的分配和连接

树莓派最下面一排靠外的接口一个连接垃圾桶（靠近小音箱一侧），另一个连接机械臂（靠近网线接口一侧），上面一排两个可连接传声器和摄像头，顺序不限。小音箱保持开机蓝灯状态。至此，机械臂、摄像头、垃圾桶以及音频外设已全部准备完毕。接下来按一下机械臂基台上的一个机械臂开机按钮，显示灯变绿即为正常开机，如图 10-50 所示。

图 10-49　图像采集平台搭建示意图

图 10-50　正常开机示意图

（3）使用 Python 编写范例代码 dobot_garbage_main.py

```
import cv2
import pyaudio
import viVoicecloud as vv                           # 导入讯飞语音云库
import sys
import time
# 百度通用物体识别，私有垃圾分类接口
from dobot_garbage.ai import get ImageClassify,getGarbageType2
from dobot_garbage.audio import findDevice,asr_once,aiui_answer
```

```
                                                    # 智能语音相关
# 机械臂回靠，路径动作整合，垃圾桶清空
from dobot_garbage.motion import gotoHome,throw,allOpen
from dobot_garbage.vision import video,cameraInit,getcards
from dobot_garbage.dobot_serial import dobot
from dobot_garbage .garbage_box import Box_code,boxControl
#***** 资源启动 ******#
# 机械臂（串口号以实际接入的 USB 位置而定，详见板子上的贴纸）
d1=dobot("/dev/obo2")
# 垃圾桶（串口号以实际接入的 USB 位置而定，详见板子上的贴纸）
b1=boxControl("/dev/obo4")
# 摄像头，使用前架设并使用计算机连接并进行调焦，保证成像效果
CAP=cv2.VideoCapture(0)
v1=video(CAP)                                       # 打开视频，方便观察需要识别的物品视频
v1.start()
MIC=findDevice("ReSpeaker","input")                 # 传声器
PA=pyaudio.PyAudio()
stream=PA.open(                                     # 录音初始化
vv.Login()                                          # 讯飞初始化
ASR=vv.asr()
TTS=vv.tts()
##cameraInit(exposure=500,hue=0)                    # 相机参数设置
gotoHome(d1)                                        # 机械臂归零
TTS.say("启动垃圾分类。")
while 1:                                            #******** 会话 *********#
v1.stop()                                           #****** 资源释放 *******#
vv.Logout()
stream.close()
PA.terminate()
CAP.release()
d1.close()
b1.release()
```

范例代码 dobot_garbage_main.py 中的会话部分，通过协调调度各类硬件资源以完成垃圾分类的任务。通过传声器获取指令消息，然后转至各个任务分支。若进入垃圾分类，则使用摄像头对卡片进行定位，通过百度物体识别 API 对其辨别，而后开始分类。控制机械臂吸取卡片到垃圾桶上方，并控制垃圾桶配合其投放动作。指令以外的内容会触发智能问答，若收到空指令则什么也不做，进入下一轮会话。

3. 垃圾分类系统运行及测试

垃圾分类主控板（树莓派）开机，小音箱播报 IP，在谷歌浏览器地址栏输入小音箱播报的 IP 地址登录。登录成功之后具体如图 10-51 所示。

通过网页登录到人工智能套件远程桌面，如图 10-52 所示。具体操作步骤如下：单击远程桌面→单击连接→输入密码：raspberry，单击 send password 即可成功登录到远程桌面，项目文件夹已经存放在桌面上，文件名字为 project。

进入远程桌面后，在树莓派上运行垃圾分类主程序即 project 文件夹下的 dobot_garbage_main.py，如图 10-53 所示（运行方式为：双击该文件，进入程序，单击 run，即可开启垃圾分类程序）。

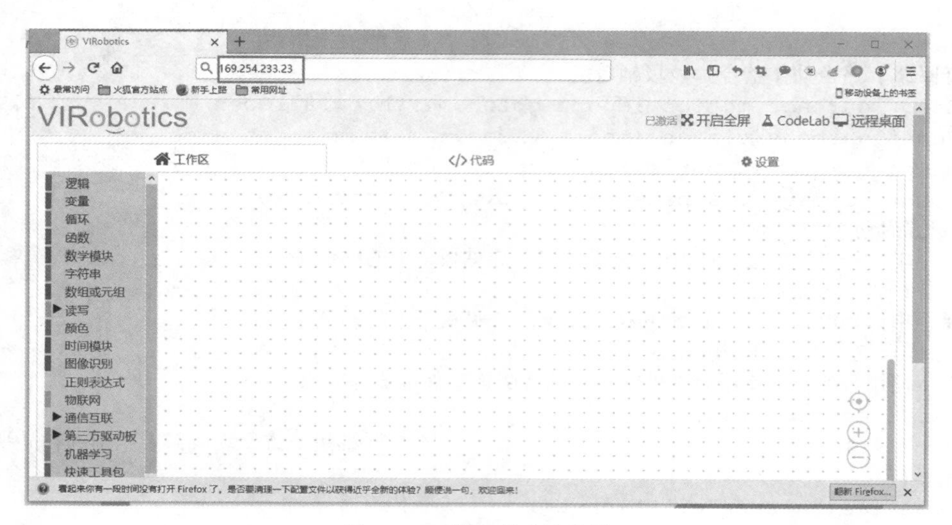

图 10-51　登录成功示意图

图 10-52　远程桌面

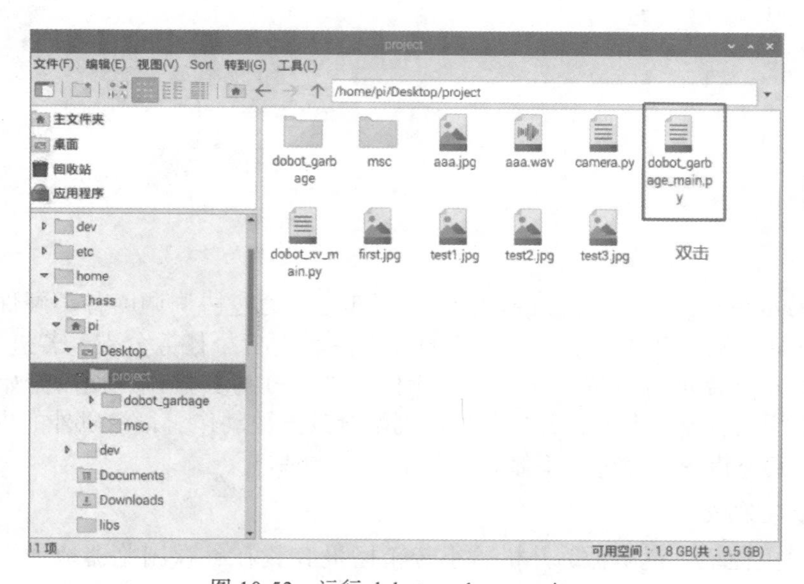

图 10-53　运行 dobot_garbage_main.py

可以观察到程序控制下机械臂回零到一个特定位置，如图 10-54 所示，位置会比平常顺时针方向多走 90°。过程中垃圾桶会一个个打开然后关上，音箱提示垃圾分类，接着把卡片（待识别的垃圾）放在摄像头正下方，在程序打印出 listening 后对传声器说：“这是什么垃圾？”，系统则会给出回应。会有一定的概率识别不了某些卡片，当卡片太多以后可以对系统说：“回收卡片”，这个指令会让垃圾桶挨个打开，取出卡片，一分钟后又可以正常使用。若想要结束垃圾分类，则对系统说：“请退出程序”，则可结束整个垃圾分类程序。若想要下一次垃圾分类，则重新运行 dobot_garbage_main.py 文件。

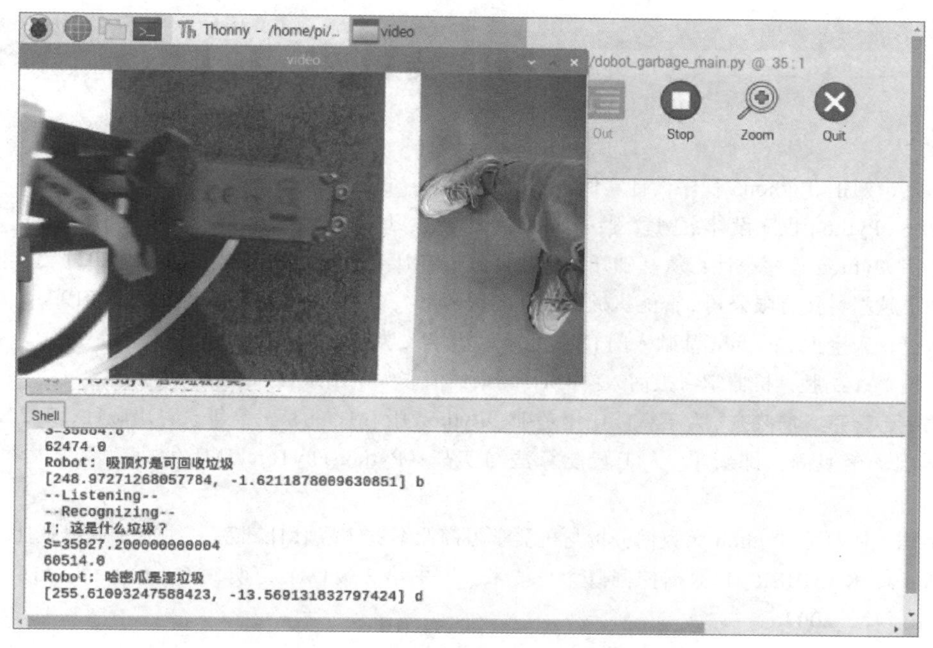

图 10-54　机械臂回零到一个特定位置

4. 操作注意事项

1）保持白色底座干净无杂物，以保证图像采集系统高效、正常运作。

2）熟悉机械臂的安全操作规范，防止夹伤或机械臂损坏。

3）不要在垃圾桶盖上方放置障碍物，以免舵机烧毁。

4）使用结束后为摄像头盖上防尘罩，并妥善收纳。

5）不要随意强制打开或者合上垃圾桶桶盖，因为在通电状态下，强制打开或者关闭垃圾桶桶盖会导致舵机的损坏。

习　题

10-1　创建一个主程序 midMain.py；实现把固定位置的卡片按语音指令移动到各个垃圾桶中；垃圾桶应当及时地打开和关闭；语音控制所有垃圾桶的打开实现卡片的回收功能，然后关闭。

10-2　运用人工智能套件视觉识别 Dobot 分辨传送带上传输的彩色工件的颜色，并使用 Dobot 机械臂将不同颜色的工件分拣摆放到不同的地方。

参 考 文 献

[1] 沈涵飞，刘正 .Python3 程序设计实例教程 [M]. 北京：机械工业出版社，2021.

[2] 张思民 . Python 程序设计案例教程：从入门到机器学习 [M]. 2 版 . 北京：清华大学出版社，2021.

[3] 艾小伟 .Python 程序设计：从基础开发到数据分析 [M]. 北京：机械工业出版社，2021.

[4] 深圳市越疆科技有限公司 . 智能机械臂控制与编程 [M]. 北京：高等教育出版社，2019.

[5] 夏敏捷，宋宝卫 . Python 基础入门 [M]. 北京：清华大学出版社，2020.

[6] 宋立桓 . AI 制胜：机器学习极简入门 [M]. 北京：清华大学出版社，2020.

[7] 盛鸿宇，于京，詹晓东 . 人工智能应用基础：Python 版 [M]. 北京：高等教育出版社，2020.

[8] 于祥雨，李旭静，邵新平 . 人工智能算法与实战：Python+PyTorch[M]. 北京：清华大学出版社，2020.

[9] 王宇韬，钱妍竹 .Python 大数据分析与机器学习商业案例实战 [M]. 北京：机械工业出版社，2020.

[10] HAN J，KAMBER M. 数据挖掘概念与技术：原书第 2 版 [M]. 范明，孟小峰，译 . 北京：机械工业出版社，2007.